RSt
Roberto Sambonet

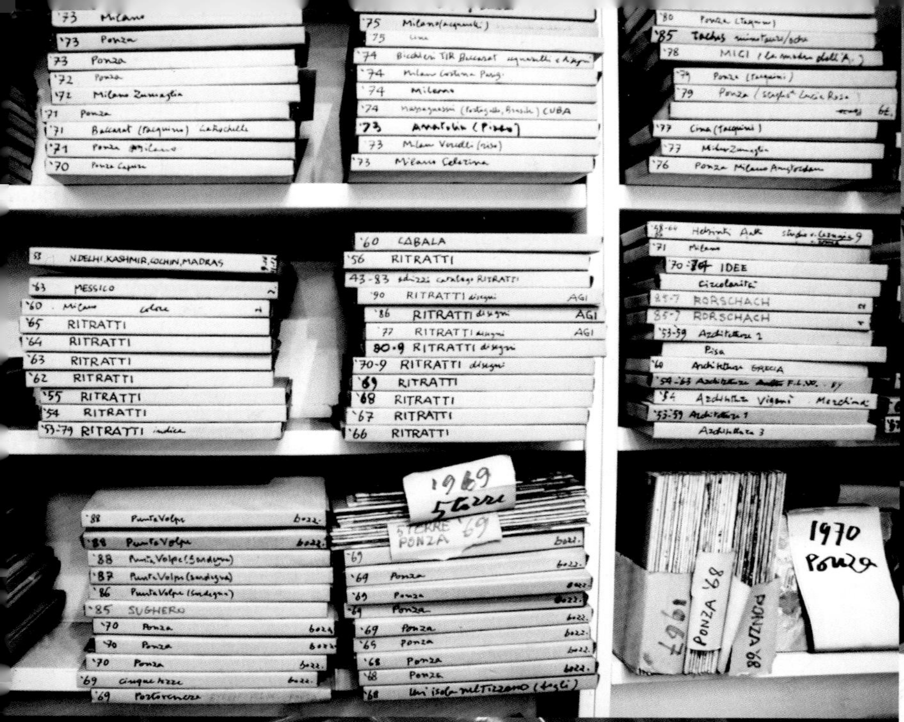
'73 Milano
'73 Ponza
'73 Ponza
'72 Ponza
'71 Ponza
'70 Ponza Capena
'75 Milano
'74 Milano
'73 Milano Celerina
'79 Ponza (Tarquini)
'78 MIGI
'77 Cina (Tarquinia)
'76 Ponza Milano Amsterdam
'60 CABALA
'56 RITRATTI
43-83 schizzi catalogo RITRATTI
'90 RITRATTI disegni AGI
'86 RITRATTI disegni AGI
'77 RITRATTI disegni AGI
80-9 RITRATTI disegni
70-9 RITRATTI disegni
'69 RITRATTI
'68 RITRATTI
'67 RITRATTI
'66 RITRATTI
'63 MESSICO
'60 Milano colore
'65 RITRATTI
'64 RITRATTI
'63 RITRATTI
'62 RITRATTI
'55 RITRATTI
'54 RITRATTI
'53-79 RITRATTI indice
'71 Milano
70-'84 IDEE
Circolarità
85-7 RORSCHACH
85-7 RORSCHACH
'53-59 Architettura 1
Pisa
'60 Architettura GRECIA
'53-59 Architettura 1
Architettura 3
'88 Punta Volpe
'88 Punta Volpe
'85 SUGHERO
'70 Ponza
'70 Ponza
'70 Ponza
1969 5terre
5TERRE PONZA '69
'69 Ponza
'69 Ponza
'68 Ponza
PONZA '68
PONZA '68
1967
1970 Ponza
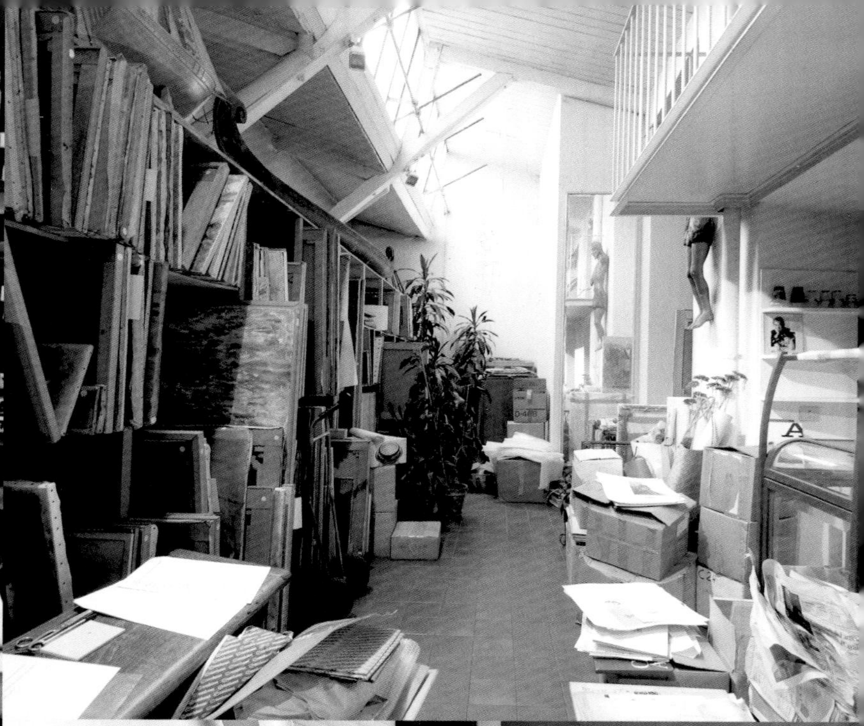
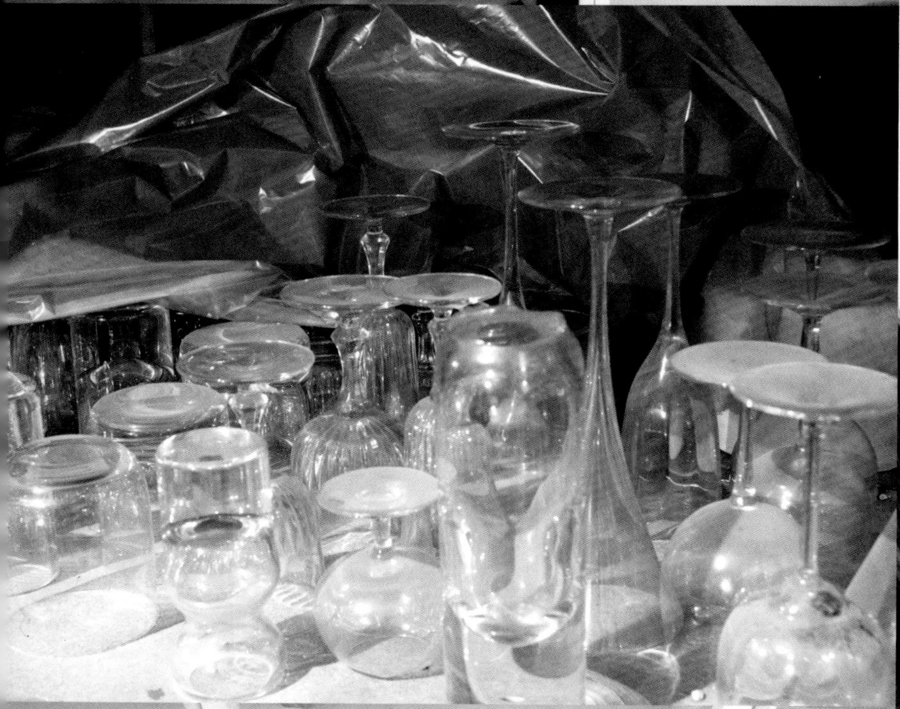
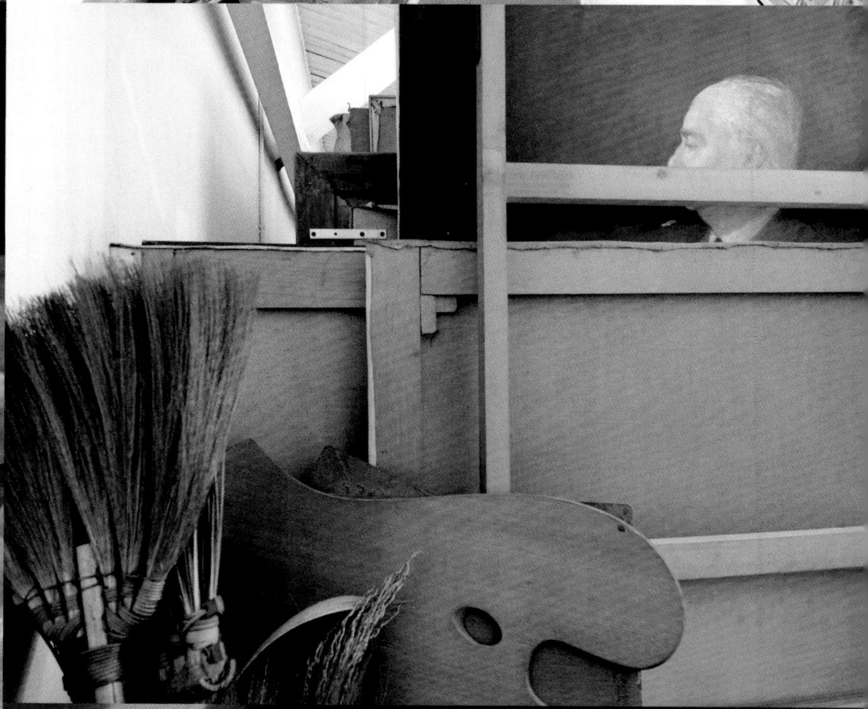
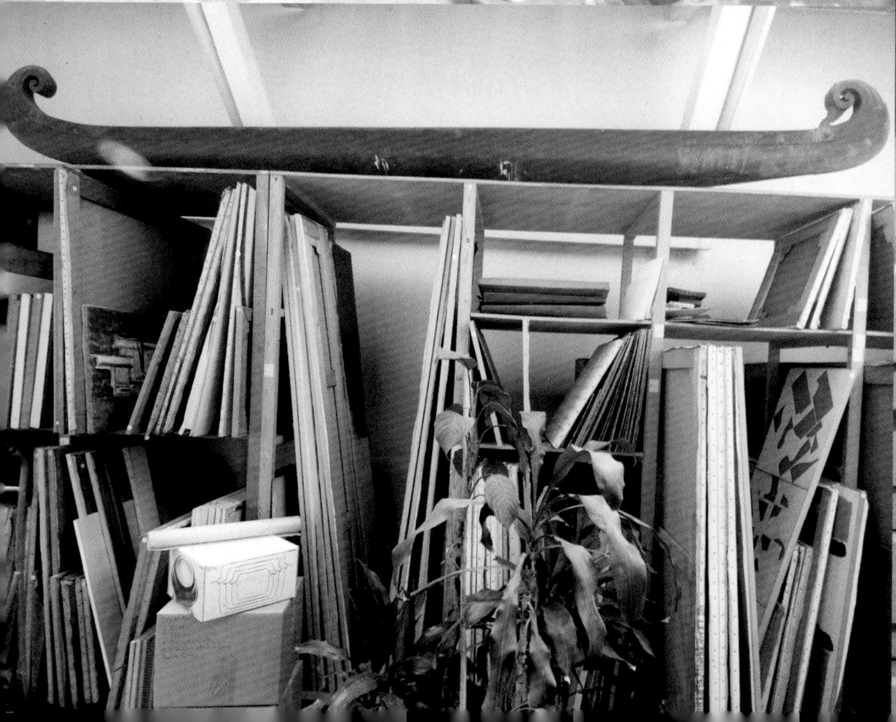
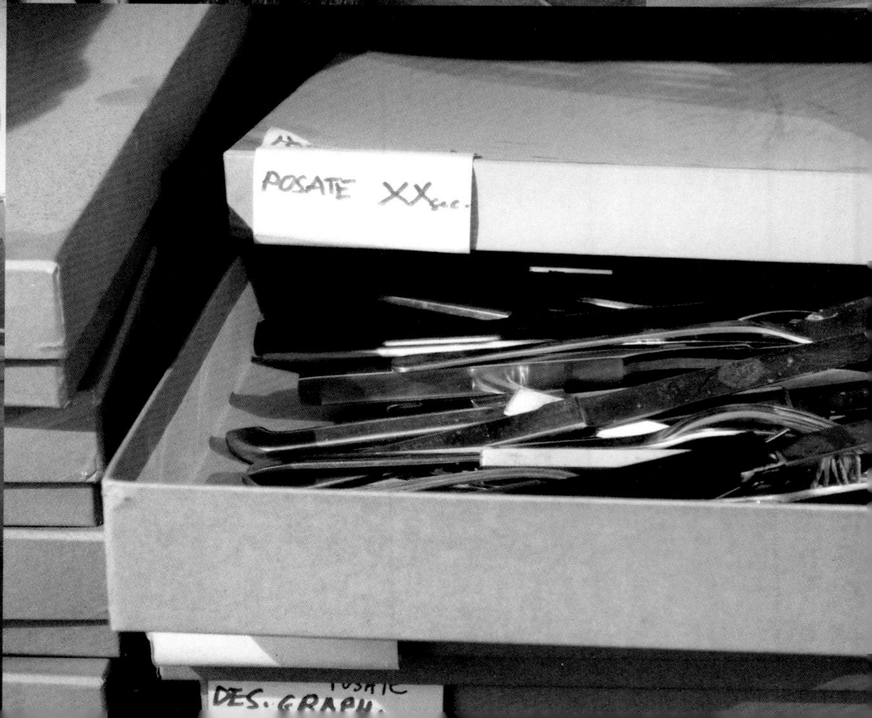
POSATE XX sec.
DES. GRAPH.

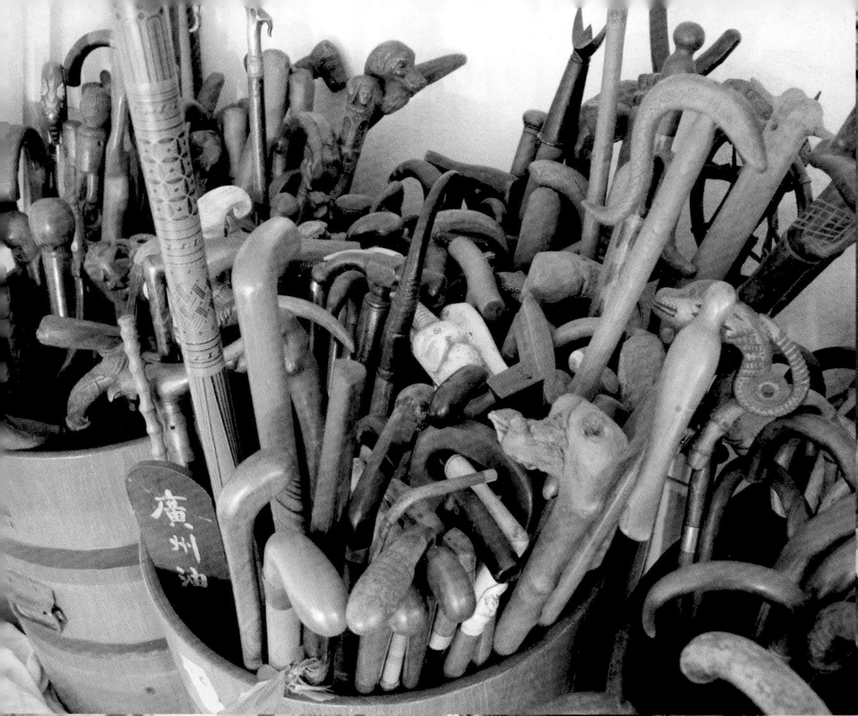
廣州油

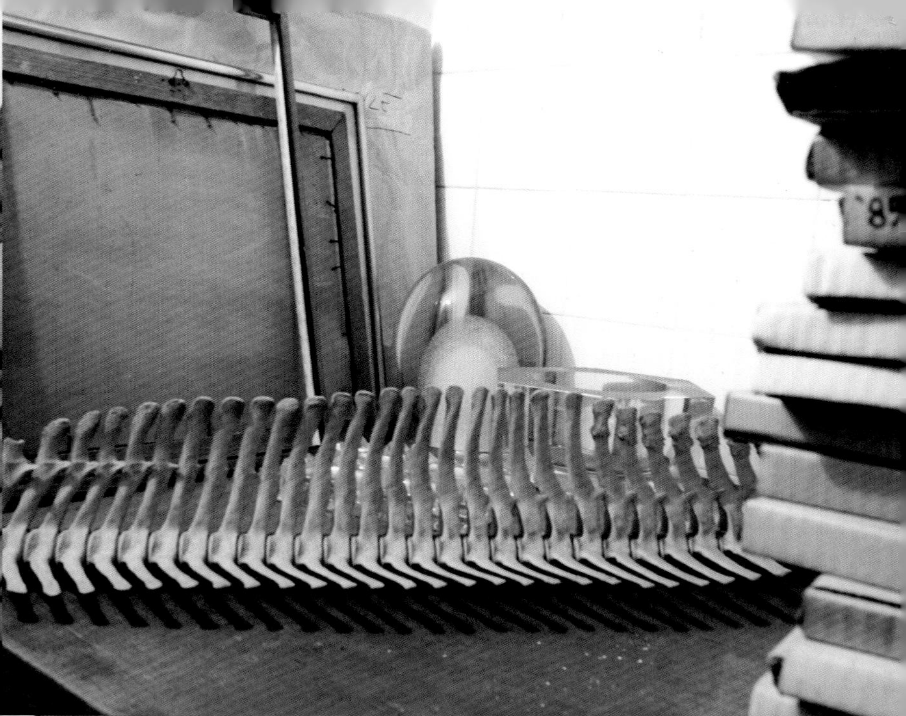

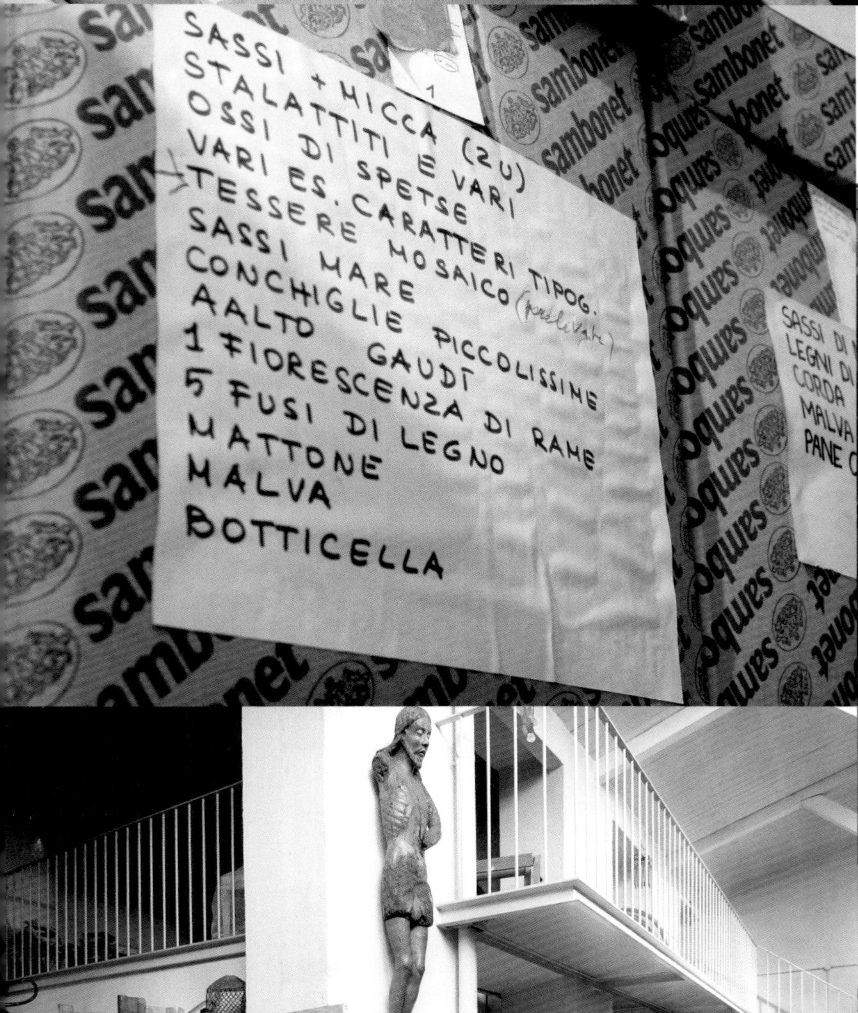
sambonet
SASSI + MICCA (2U)
STALATTITI E VARI
OSSI DI SPETSE
VARI ES. CARATTERI TIPOG.
TESSERE MOSAICO
SASSI MARE
CONCHIGLIE PICCOLISSIME
AALTO GAUDÌ
1 FIORESCENZA DI RAME
5 FUSI DI LEGNO
MATTONE
MALVA
BOTTICELLA
CORDA
MALVA

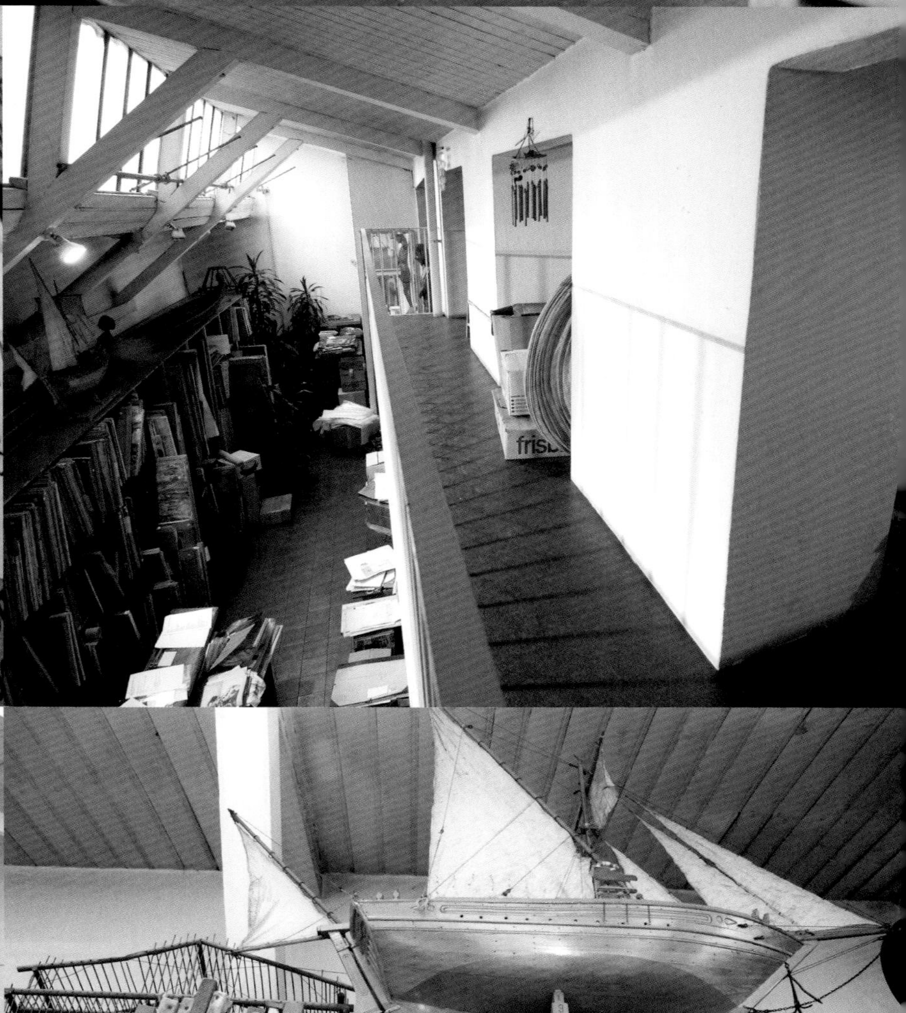

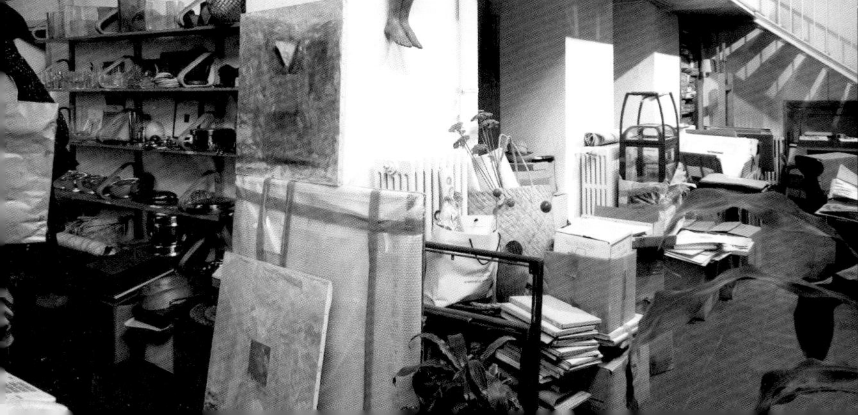

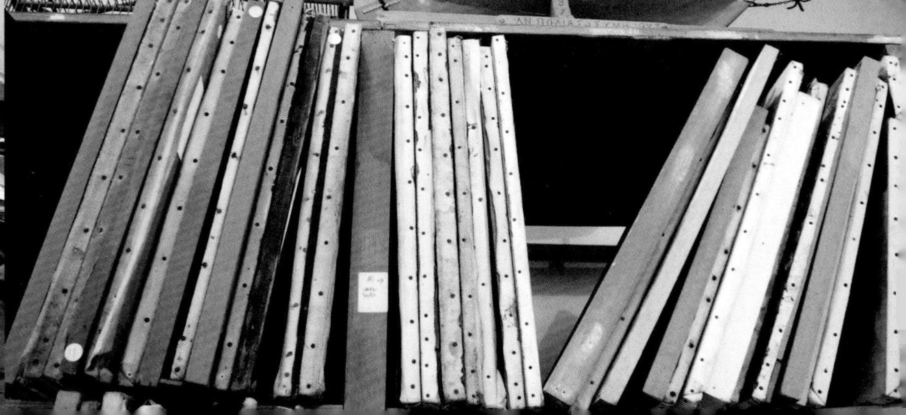

Roberto Sambonet
designer, grafico, artista (1924-1995)

Torino
Palazzo Madama
Museo Civico d'Arte Antica
8 aprile - 6 luglio 2008

ISBN 978-88-89854-22-8
Printed in Italy

roberto sambonet
designer, grafico, artista (1924-1995)

a cura di **Enrico Morteo**

con contributi di
Elisa Camesasca, Domenico De Maio, Gillo Dorfles, Flaminio Gualdoni, Franco Origoni, Benedetto Orsi

OFFICINA
LIBRARIA

MOSTRA

Cura della mostra
Enrico Morteo

Coordinamento
Ilaria Fiumi

Ricerche
Elisa Camesasca

Assistente del curatore
Alexia De Steffani

Organizzazione
Madel Inzaina
con la collaborazione
di Daniela Crosta

Ufficio stampa
Daniela Matteu
Roberta Riassetto

Comunicazione
Laura Bosso

Mailing
Carolina Trucco

Servizi didattici
Anna La Ferla

Sicurezza
Paola Corvetti

Risorse umane
Lina Carnovale
Paola Mussa

Servizi tecnici
Stefano Gulia

Bilancio e contabilità
Carla Rosso
Lucia Mangiamele

Ufficio legale
Cristina Mossino

Progetto dell'allestimento
Franco Origoni e Anna Steiner
Architetti Associati
con Lorenza Perego
e Maria Vittoria Gozio,
Maia Sambonet,
Tiziana Aiello, Caterina Baldini,
Marmar Merati

Progetto grafico e immagine coordinata della mostra
Elio Vigna Design, Torino

Allestimento
Bodino, Torino

Grafica in mostra
Fabbricanti d'immagine, Torino

Restauri
Koinè, Moncalieri (TO)

Assicurazioni
Epoca Insurance Broker S.r.l.,
Bologna

Trasporti
Gondrand, Torino

Traduzioni
Simon Turner

Si ringrazia Alfonso Famà, settore tecnico edifici per la cultura - Città di Torino

PRESTATORI

Collezione Lica Covo Steiner,
Milano
Collezione privata, Milano
Fondazione Franco Albini, Milano
Collezione privata, Torino

Salvo diversa indicazione, tutte le opere e i materiali in mostra e in catalogo provengono dall'Archivio di Roberto Sambonet, Milano. Salvo diversa indicazione, le fotografie in catalogo sono state realizzate in occasione di questa mostra.

CATALOGO

Cura del catalogo
Enrico Morteo

Contributi
Domenico De Maio
Gillo Dorfles
Flaminio Gualdoni
Franco Origoni
Benedetto Orsi

Apparati
Elisa Camesasca

Campagna fotografica
Bruna Biamino, Torino
Studio Gonella, Torino

Editore
Officina Libraria, Milano
www.officinalibraria.com

Progetto grafico e layout
Paola Gallerani e Enrico Morteo

Fotolito
Eurofotolit, Cernusco sul Naviglio,
Milano

Stampa
EBS – Editoriale Bortolazzi-Stei,
Verona

LA MOSTRA FA PARTE DEL CALENDARIO DI
WORLD DESIGN CAPITAL TORINO 2008

Si ringrazia per il contributo
Sambonet Paderno Industrie
S.p.A.

Sponsor tecnico
ANTENNAAUDIO
the world is listening

sambonet

sommario

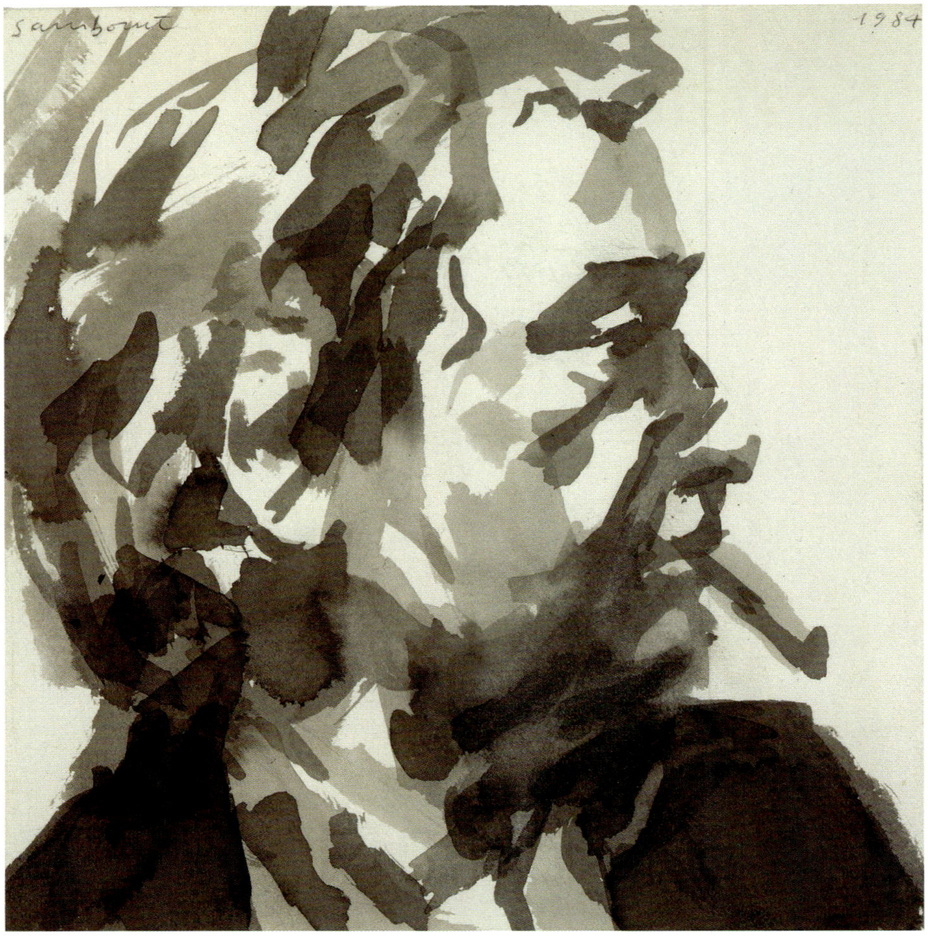
Sambonet
1984

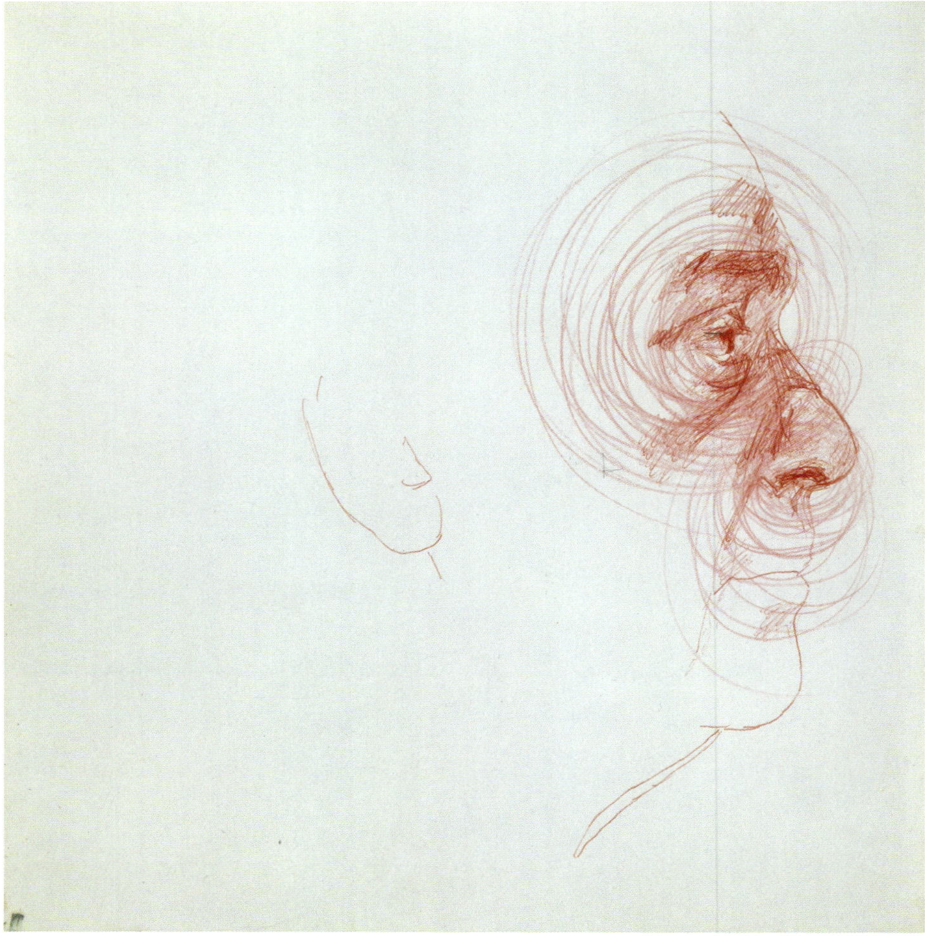

Premessa

A un anno dalla riapertura di Palazzo Madama, se da un lato si sono raggiunti importanti obiettivi per l'alta affluenza di visitatori e per la costante attività di valorizzazione delle collezioni, dall'altro continua il lavoro verso nuovi traguardi e verso la ricerca di aggiornate forme di dialogo e di relazione con il pubblico.
Nell'anno in cui Torino è capitale mondiale del design, la Fondazione Torino Musei contribuisce al programma della città con la mostra «Roberto Sambonet designer, grafico, artista», promossa da Palazzo Madama con il sostegno della Fondazione CRT. L'iniziativa valorizza la figura di un grande protagonista della storia del design italiano, ma anche un momento interessante della storia industriale del Piemonte, in questo caso documentata dalla vicenda di una famiglia vercellese che nel passaggio tra Ottocento e Novecento seppe convertire la propria produzione dall'argento all'acciaio, arrivando a importanti riconoscimenti sul mercato internazionale.
In questo contesto, l'intrinseca vocazione per le arti decorative di Palazzo Madama diventa un punto di partenza fondamentale per la rilettura del legame tra tradizione e design, facendo del confronto tra antico e moderno un elemento caratterizzante non solo del patrimonio artistico che la Fondazione Torino Musei ha in consegna – da Palazzo Madama, al Borgo Medievale, alla Galleria d'Arte Moderna – ma anche delle attività di ricerca, di studio, di valorizzazione.
Un doveroso ringraziamento va agli eredi di Roberto Sambonet, che mettendo a disposizione il patrimonio dell'Archivio hanno consentito la messa a punto di un percorso esaustivo e per molti aspetti inedito sull'attività dell'artista.

Giovanna Cattaneo Incisa
Presidente della Fondazione Torino Musei

Autoritratto, acquerello su carta, 25 x 25 cm, 1984
Autoritratto, biro rossa su carta, 25 x 25 cm, 1991 ca.

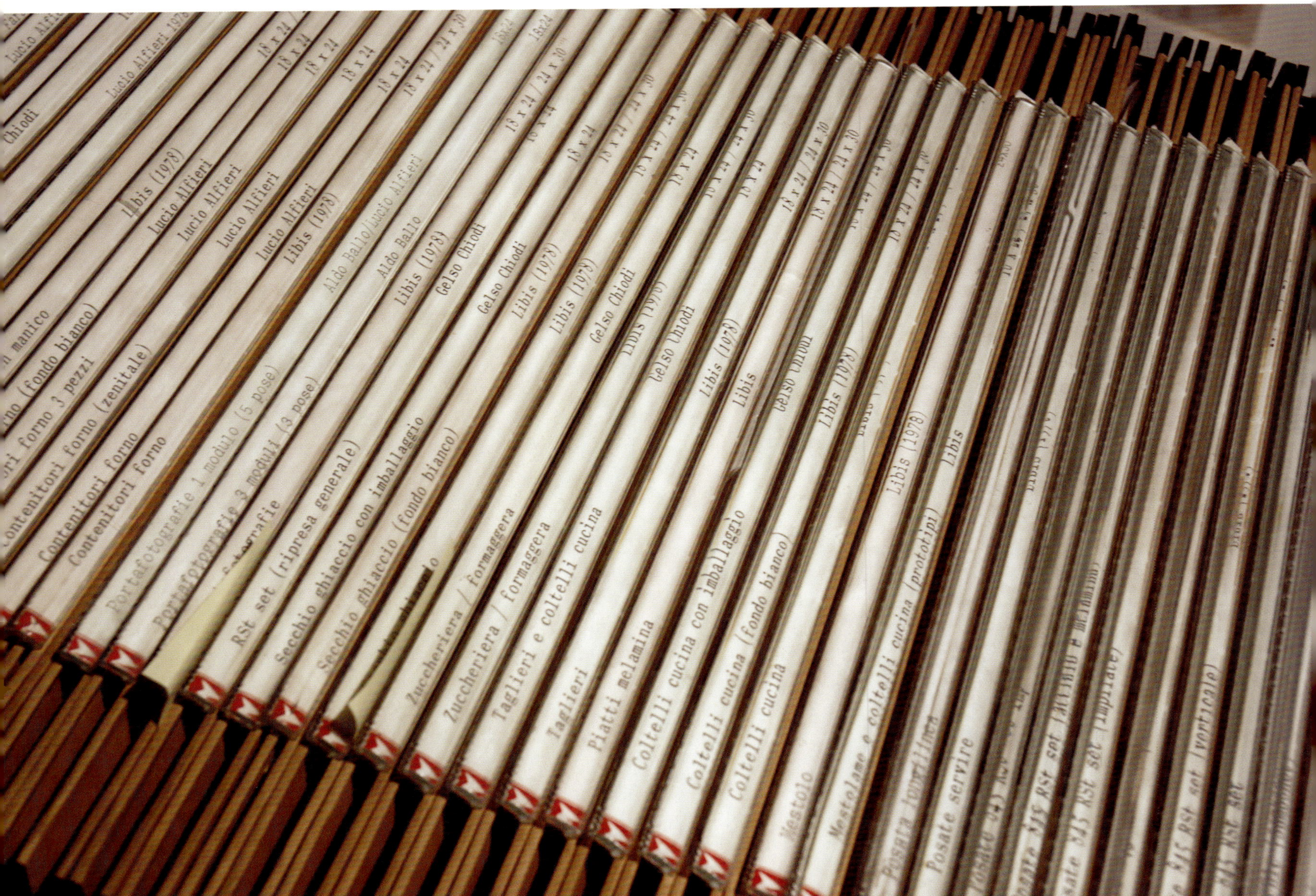

Archivio Roberto Sambonet, Milano

Roberto Sambonet a Palazzo Madama. La mostra e il museo

Il 2008 è l'anno di Torino World Design Capital, ma la mostra che Palazzo Madama dedica a Roberto Sambonet non è solo una mostra d'occasione. Al centro della storia del Museo Civico di Torino, istituito nel 1860, ci sono i temi del lavoro e dell'industria, che venivano allora affrontati con azioni mirate a governare lo sviluppo della produzione di serie. Si coltivava l'idea che la cultura del progresso tecnico potesse fare tesoro del sapere artistico del passato, promuovendone la sintesi attraverso la grammatica degli stili, le infinite combinazioni dei motivi di ornato e la possibilità della loro riproduzione su vasta scala garantita dai processi di fabbricazione seriale.
In questo programma, ai musei di arte decorativa, intesi come giganteschi depositi di forme e di materie, spettava il ruolo di laboratori-scuola destinati soprattutto agli artigiani e agli operai. Di questo momento storico, il Museo Civico di Torino, con le sue collezioni di ceramiche, di tessili, di mobili, di armi, di strumenti musicali, di oggetti in ferro, bronzo, oro, cuoio, avorio, vetro, offre ancora oggi una rappresentazione tanto efficace, quanto ormai lontana dalla sua vocazione originaria. Tramontata l'utopia dell'industria artistica e passato il testimone alla cultura del design, le collezioni sono rimaste fuori dal tempo e hanno imboccato, a Torino come nel resto d'Italia, la strada della storicizzazione forzata. Un destino non inevitabile giacché nei grandi musei d'Europa e d'America l'attenzione per le arti decorative è proseguita come crescita naturale dei musei storici, intendendo l'oggetto d'uso, semplicemente ma essenzialmente, come documento di una civiltà, in ogni luogo e in ogni tempo.
La mostra su Sambonet rappresenta dunque, per il Museo, un momento di bilancio sul senso e sul futuro delle sue collezioni. Ma è anche il tentativo di riportare le arti decorative dentro una vocazione alla modernità che ha forti radici nella cultura dei musei cittadini. Ne è prova la Galleria d'Arte Moderna inaugurata nel 1959, ma anche il tono minore, per noi oggi così significativo, di mostre come «American Industrial Design» (1955), con cui Vittorio Viale sperimentò, proprio nella cornice barocca di Palazzo Madama, un nuovo modo di guardare alle vecchie collezioni di arte applicata.
Inoltre, Roberto Sambonet non è, per il Museo, solo un grande protagonista del design italiano. L'azienda di famiglia ha una storia piemontese che risale al 1856, quando Giuseppe Sambonet, ottenuto il brevetto di Maestro Orefice fondò la propria ditta depositando il punzone con le iniziali "GS" presso la Zecca di Torino. Negli anni Trenta del Novecento la Sambonet si trasformò in un impianto industriale e affrontò, prima in Europa, la produzione di posateria in acciaio inossidabile, conquistando un ruolo importante nel mercato internazionale, anche grazie agli oggetti innovativi progettati da Roberto Sambonet negli anni Sessanta.
Infine, la cultura di Sambonet è la cultura di un artista che pone al centro del proprio lavoro problemi di disegno, di colore, di luce. Il disegno come strumento esplorativo, luogo della classificazione, dell'analisi, dello scarto, della sintesi; il colore come possibilità di infinita combinazione di materia, registrata nei taccuini da lunghi e puntigliosi elenchi di terre e pigmenti, studiati a diretto contatto con la pittura dei grandi maestri (specie quelli prediletti del Quattrocento) e verificati per confronto nell'osservazione del reale. La forma non documenta il preconcetto di un ordine interiore ma l'approdo di un processo conoscitivo, una specie di anima purificata della realtà, ancora viva e palpitante nel progetto finale.
In questo, il lavoro di Sambonet si pone come una sorta di metafora del museo, per tutto quello che il museo rappresenta in termini di raccolta, di selezione, di scelta e, infine, di sintesi. Ma anche, nell'ordinamento voluto da Enrico Morteo, la centralità data ai passaggi del progetto diventa un utile osservatorio per riflettere sui fondamenti di ogni processo creativo. Non a caso, questa mostra parte da un archivio, quello personale di Sambonet, ora in fase di riordino e reso accessibile dalla disponibilità dei suoi eredi. Un archivio che è di per sé un incredibile museo, fatto di centinaia e centinaia di taccuini, schizzi, bozzetti, fotografie, appunti, piccoli acquerelli e grandi tele, oggetti e ricordi di viaggio; tutto accuratamente suddiviso in cartelle, scatole e schedari contrassegnati per tema, per anno e per luogo. Una classificazione che consente talvolta di riagganciare frammenti di esperienza apparentemente lontani, ma legati invece dal fluire di un pensiero formale, che tiene assieme schizzi per posate in acciaio e profili di cattedrali gotiche.
Anche visto dal centro di questa modernità, forse, il museo ottocentesco apparirà meno lontano.

Enrica Pagella
Direttore di Palazzo Madama-Museo Civico d'Arte Antica

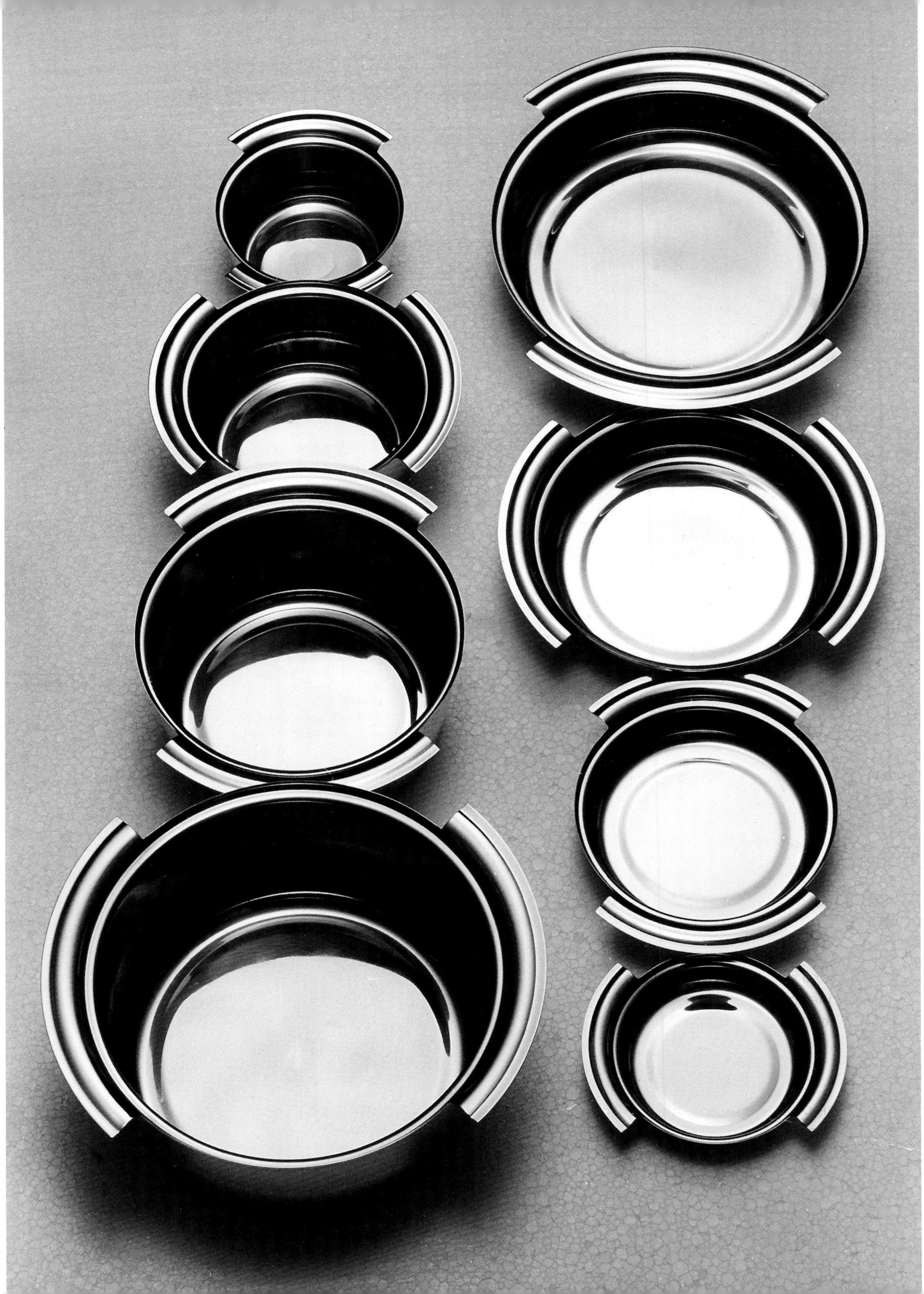

Roberto Sambonet

Non c'è dubbio che un architetto, e naturalmente un designer, debba essere provvisto di una sensibilità artistica. E intendo: non per il fatto di essere in grado di dipingere o di scolpire; ma per quello di possedere quella attitudine verso il mondo delle arti che non è mai acquisibile ma che deve essere innata. Nel caso di Roberto Sambonet, ritengo che questa prerogativa sia stata presente nel modo più completo e spontaneo; e che sia proprio la sua "natura di artista" ad aver condizionato non solo il designer ma l'uomo. Qualcuno a questo proposito penserà subito alla sua indiscutibile abilità di pittore, di ritrattista; ma non è solo qui – con tutta la stima per un indubbio talento nel "cogliere le somiglianze" – che consiste quello che considero il vero aspetto singolare e "solare" del suo carattere; ma piuttosto nella sua globale capacità di essere aperto ad un "colloquio" con gli uomini e con la natura; con gli stimoli provenienti dall'arte, ma anche con quelli provenienti dalla "quotidianità". Ricordo ancora i suoi racconti di certe sue avventure nautiche (ad esempio quella di un quasi naufragio attorno alle coste anatoliche); o certe sue scorribande presso le tribù brasiliane (durante il suo lungo soggiorno in quel quasi–continente); o presso i più diversi paesi: dal Messico, all'India, alla Finlandia (durante la sua collaborazione con il grande "maestro" Alvar Aalto).

Ecco perché – nell'ambito di tanta ottima professionalità lombarda – Roberto rimane un caso a sé e inconfondibile; non tanto per l'origine sociale, la "fabbrica" familiare, la molteplicità degli interessi, ma soprattutto per l'entusiasmo del viaggiatore, la coerenza del progettista; ma anche la "mentalità del pittore". L'impasto di queste diverse nature è stato certamente alla base di quella che è stata la meta effettiva del suo lavoro e insieme del suo "gioco della vita". Per quanto poi riguarda la sua opera di designer, basterebbe un solo oggetto: la molto – giustamente – lodata "pesciera" a giustificare una preferenza per il suo lavoro rispetto a quello di tanti altri famosi designer milanesi. "Preferenza" – per parte mia e di molti – non tanto per l'originalità o il numero dei prodotti; quanto per la sua presa di posizione, sin dagli inizi, lontana dai rigorismi bauhausiani di tanti designer coevi, e invece la ricerca di quella "duttilità formativa" (forse possiamo azzardare "scandinava"), che fa, dell'oggetto domestico, qualcosa di manualmente appetibile e impiegabile. E non si dimentichi quanto è stata "impiegabile", sin dai suoi esordi, la celebre serie delle sue "pentole", dei tegami e degli altri arnesi da cucina in acciaio inossidabile, spesso impilabili, che costituirono una geniale via di mezzo tra l'assoluta funzionalità, l'eleganza e (probabilmente) la sicura "vendibilità".

Ma quanto ho detto a proposito della celebre pesciera si può ripetere per molte delle sue progettazioni; come ad esempio per la serie dei vasi in cristallo Baccarat, per i bicchieri Empilage, e in generale per le diverse sezioni di tutta la sua progettazione. Ecco perché la grande mostra a Palazzo Madama non solo costituisce un dovuto riconoscimento all'attività d'uno dei più originali designer italiani, ma sottolinea una particolarità che spesso non viene presa in considerazione in questo settore della produttività industriale: ossia come non sia sufficiente né la tecnica né la fantasia per la creazione di un'opera in sé compiuta, ma sia necessaria la costante simbiosi tra questi due fattori.

È per questa ragione che la scomparsa di un grande designer (ma diciamo piuttosto d'un vero artista) e quella d'un grande amico, lascia oggi un vuoto "umano" nel nostro panorama estetico e in quello "affettivo", e ci fa almeno sperare che in futuro il design italiano e soprattutto quello lombardo sappiano tener conto delle importanti conquiste di questa opera, non lasciandosi irretire da troppe lusinghe ornamentali, ma mantenendo quel "rigore addolcito" della "buona forma" che ha costituito forse il vero segreto nell'opera di Roberto Sambonet.

Gillo Dorfles

Center line, 1963-1965; 1971
Fotografo Serge Libiszewski

kleeiadi

Il ciclo delle ‘kleeiadi’ è allo stesso tempo un omaggio a Paul Klee e l’affermazione dell’autonomia di Roberto Sambonet, capace di reinventare i propri modelli e trasfigurare in un nuovo progetto i propri riferimenti culturali. A partire dalla firma del grande artista svizzero, Sambonet imposta un vero percorso concettuale: ritagliata, segmentata, dilatata, la firma si fa segno astratto, supporto per infinite digressioni, per nuovi omaggi, per affettuosi tradimenti. Apparentemente frivole, le ‘kleeiadi’ sono in realtà il più fedele paradigma di uno sforzo progettuale teso a rovesciare nel futuro il senso della memoria e dell’esperienza.

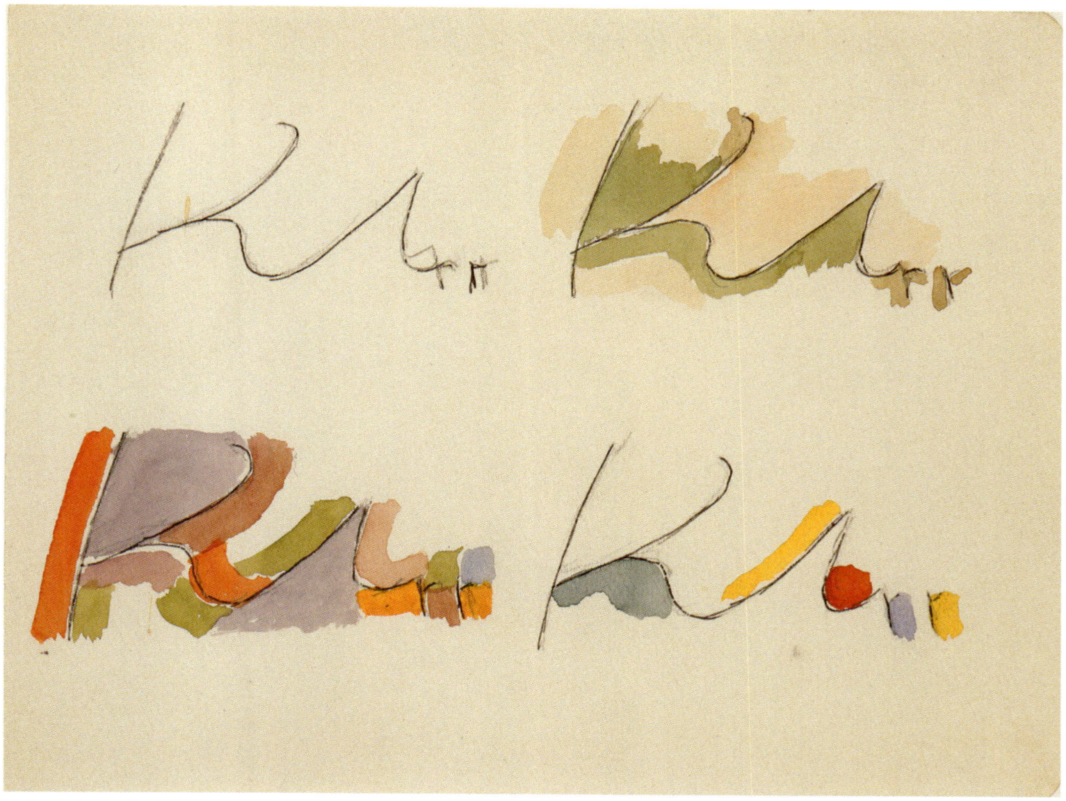

Kleeiade, acquerello e biro su carta, 35 x 25 cm, 1975

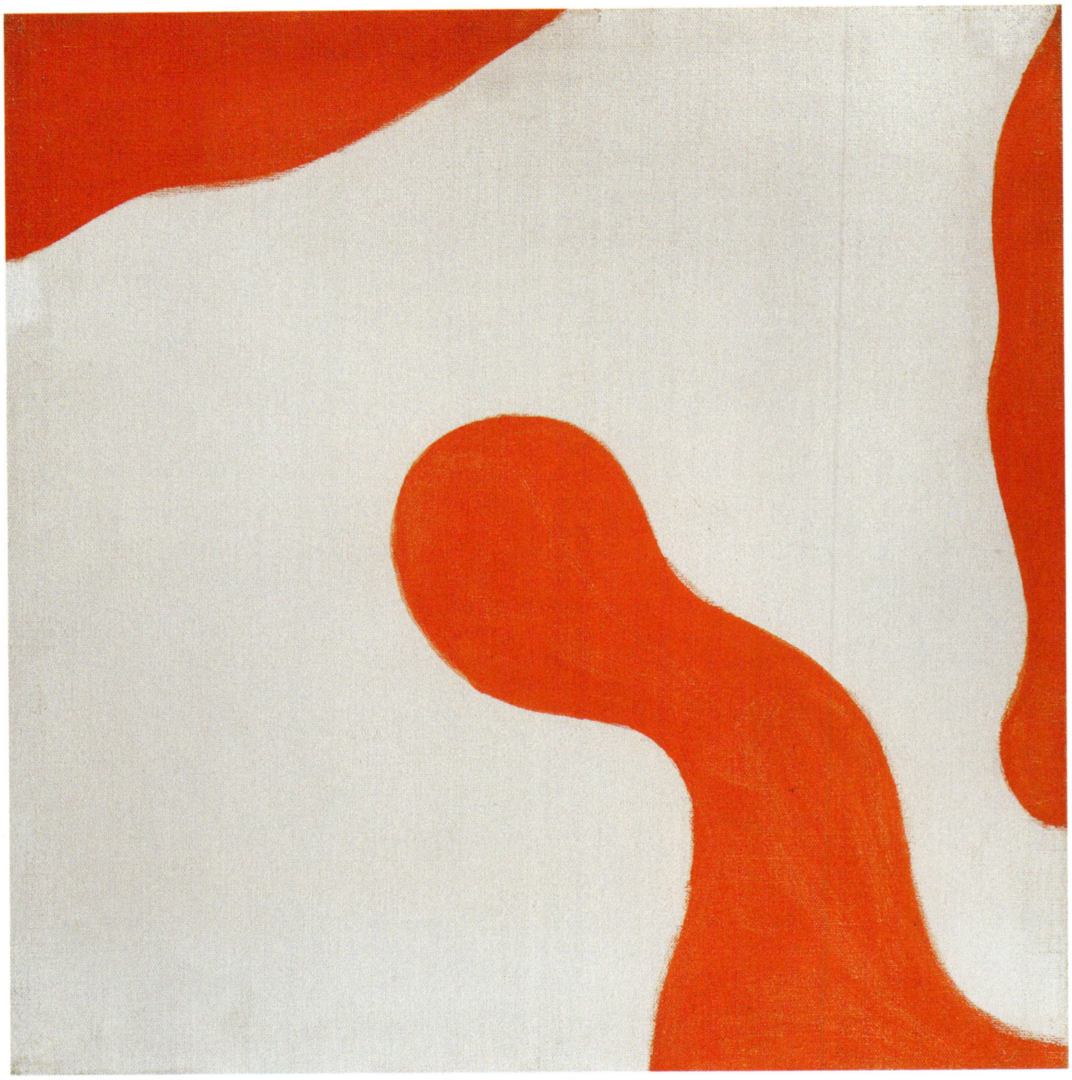

Kleeiade, olio su tela, 50 x 50 cm, 1981

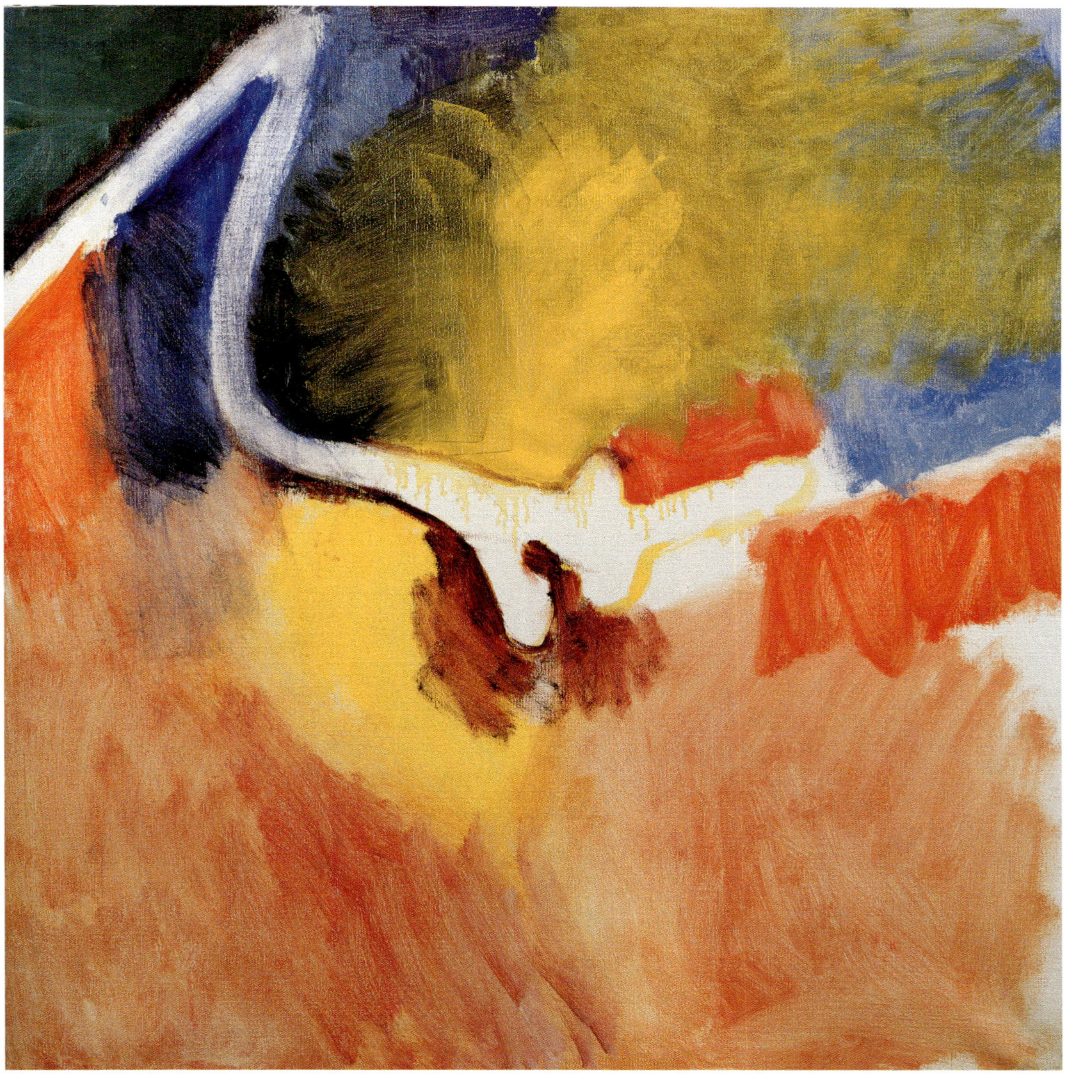

Kleeiade "Omaggio a Kandinskij", olio su tela, 75 x 75 cm, 1981

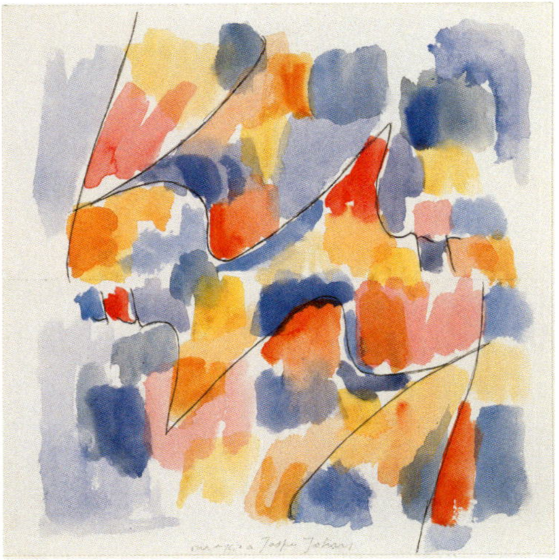
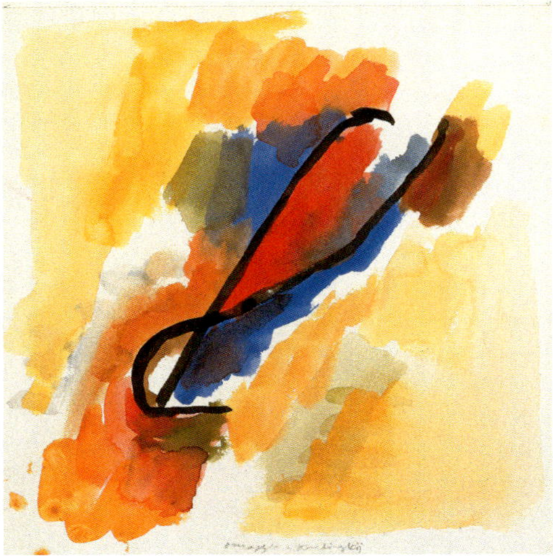
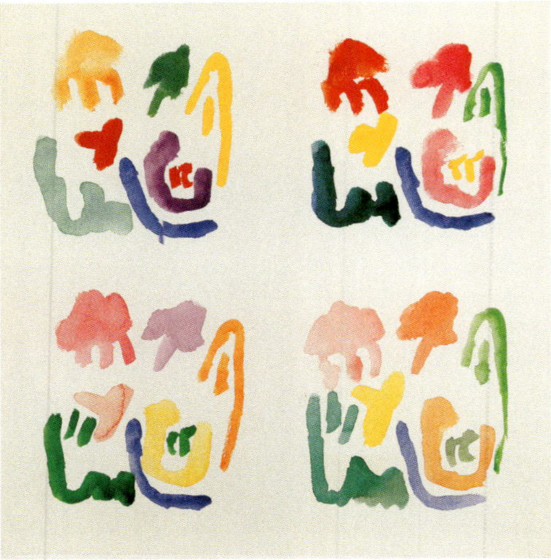
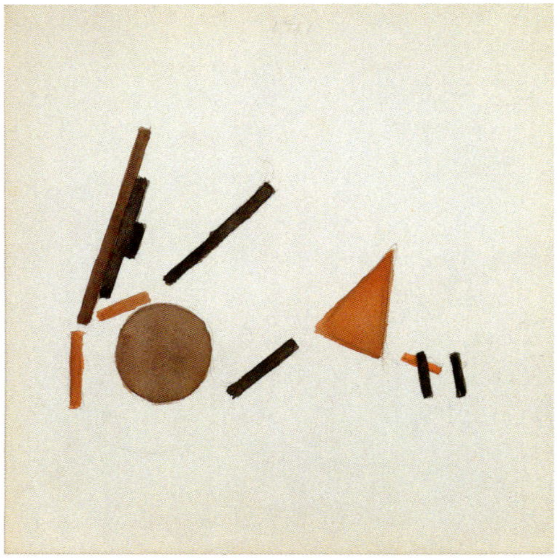
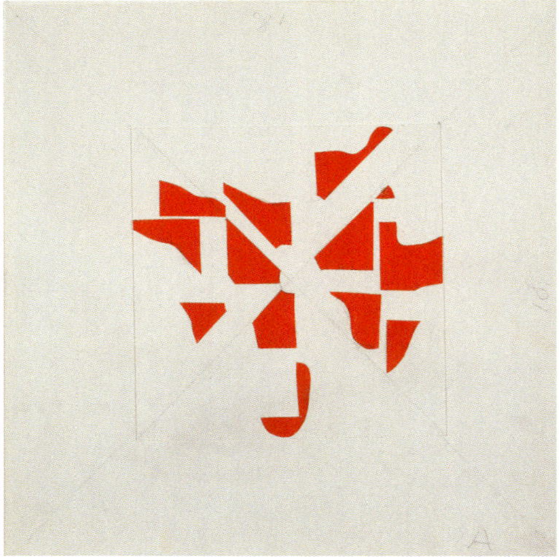
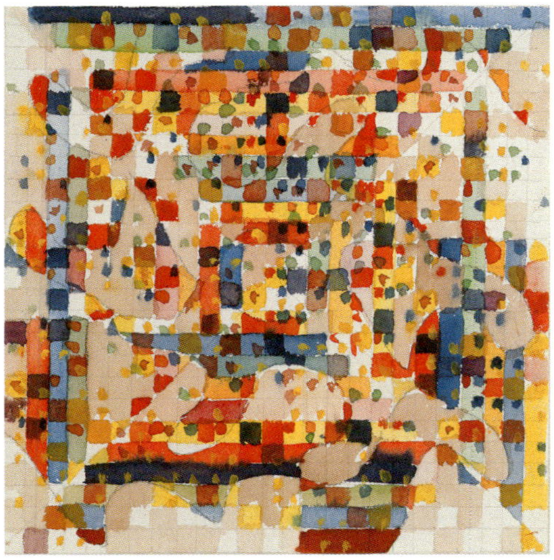
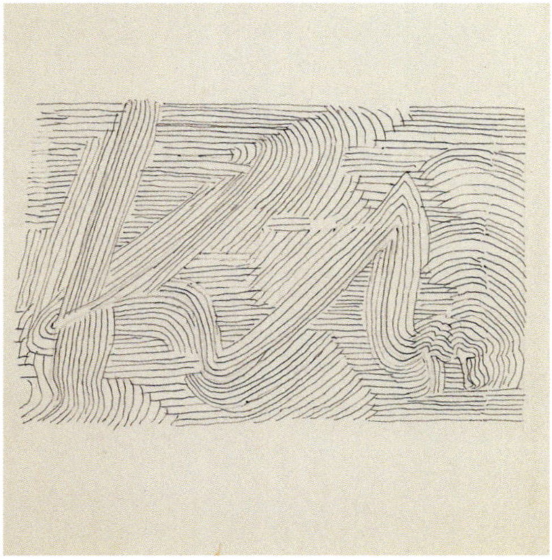
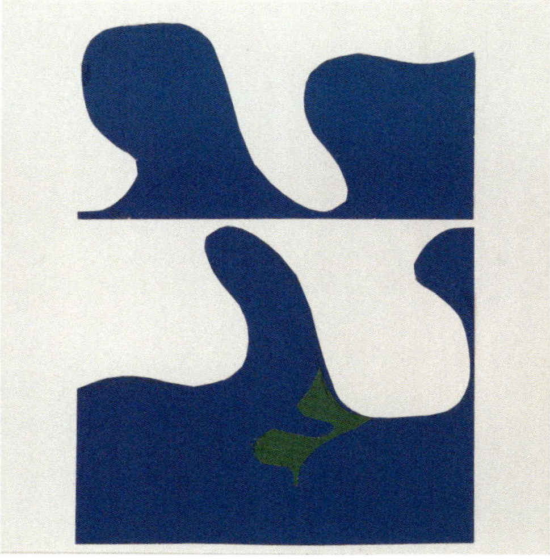
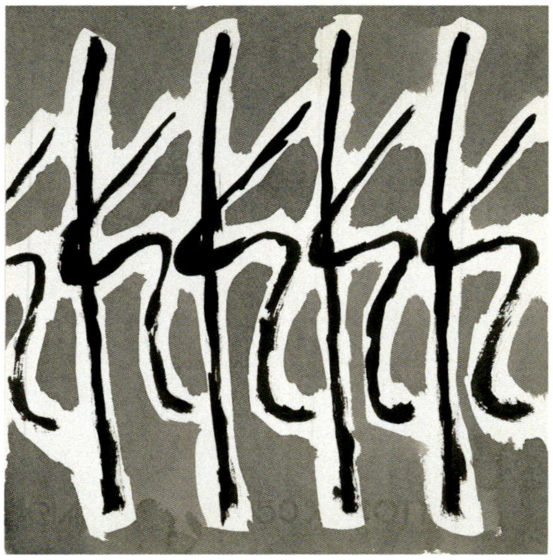

Kleeiade "Omaggio a Jasper Jones", acquerello su carta, 25 x 25 cm, 1981
Kleeiade "Omaggio a Kandinskij", acquerello su carta, 25 x 25 cm, 1980-81
Kleeiade "Matisse", acquerello su carta, 25 x 25 cm, 1980
Kleeiade, acquerello su carta, 25 x 25 cm, 1981
Kleeiade, collage, cartoncino, 25 x 25 cm, 1981
Kleeiade "Arazzo Costa Romantica", acquerello su carta, 25 x 25 cm, 1985 ca.
Kleeiade, biro su carta, 25 x 25 cm, 1981
Kleeiade, collage, cartoncino, 25 x 25 cm, 1980 ca.
Kleeiade, acquerello su carta, 25 x 25 cm, 1981

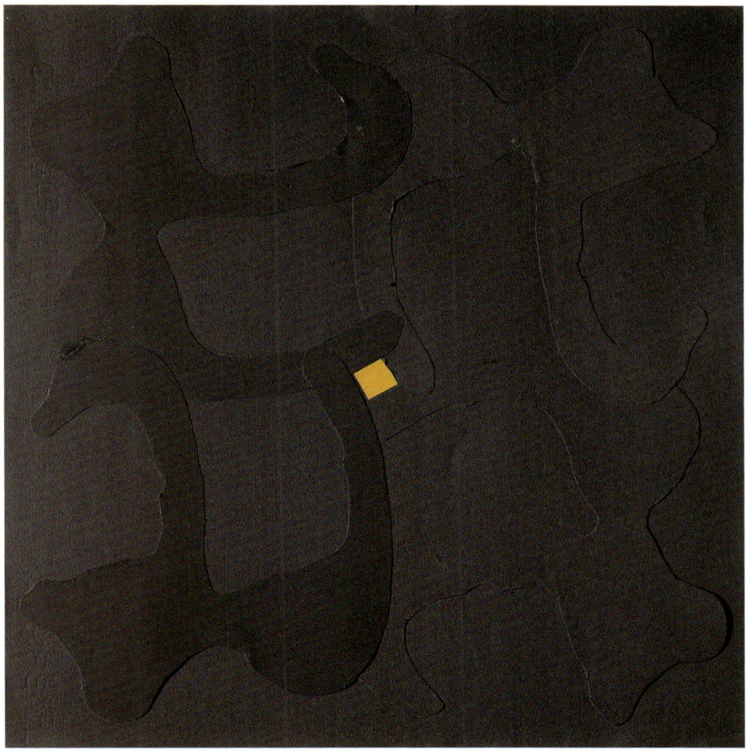

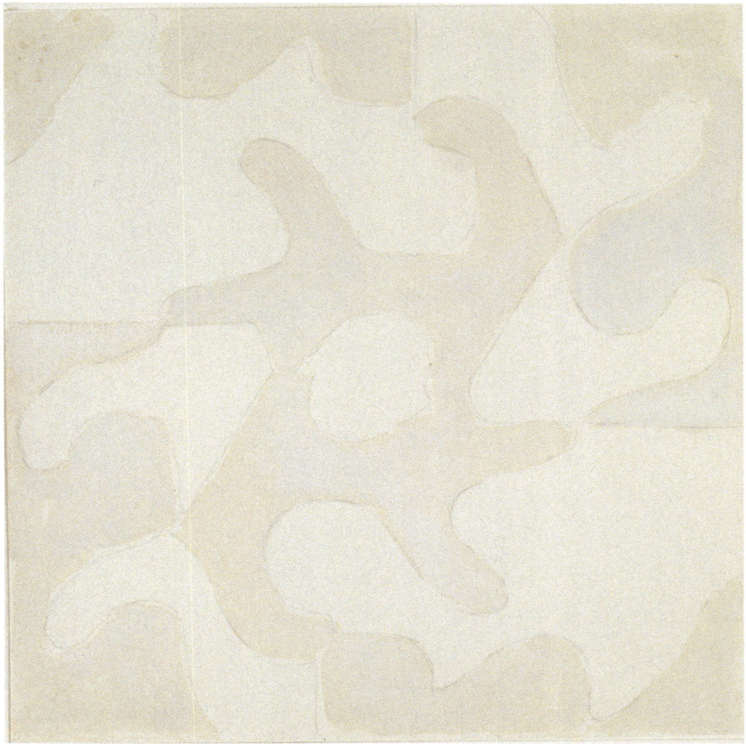

Kleeiade, collage, cartoncino, 35 x 35 cm, 1980

Kleeiade, collage, cartoncino, 25 x 25 cm, 1980

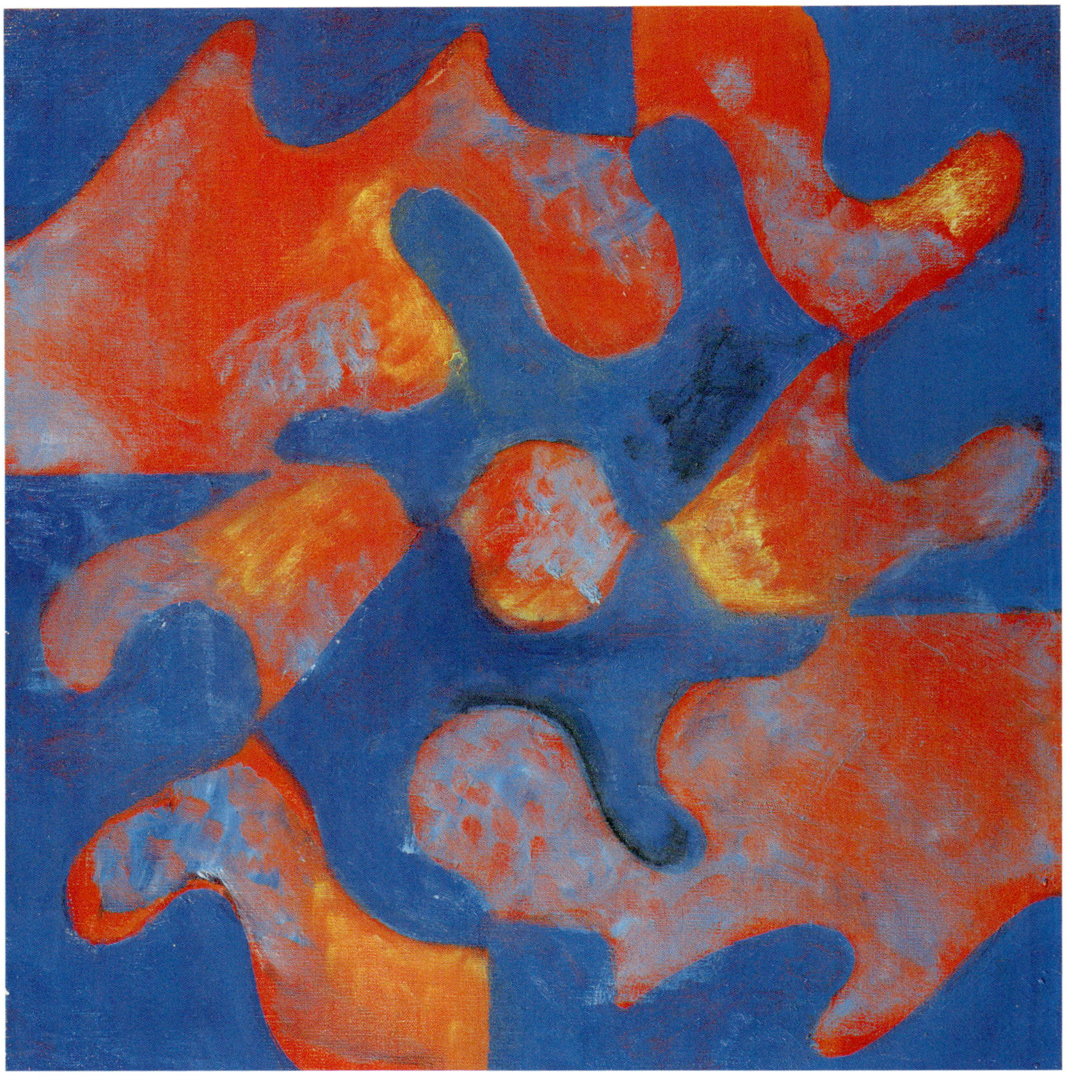

Kleeiade, olio su tela, 50 x 50 cm, 1980

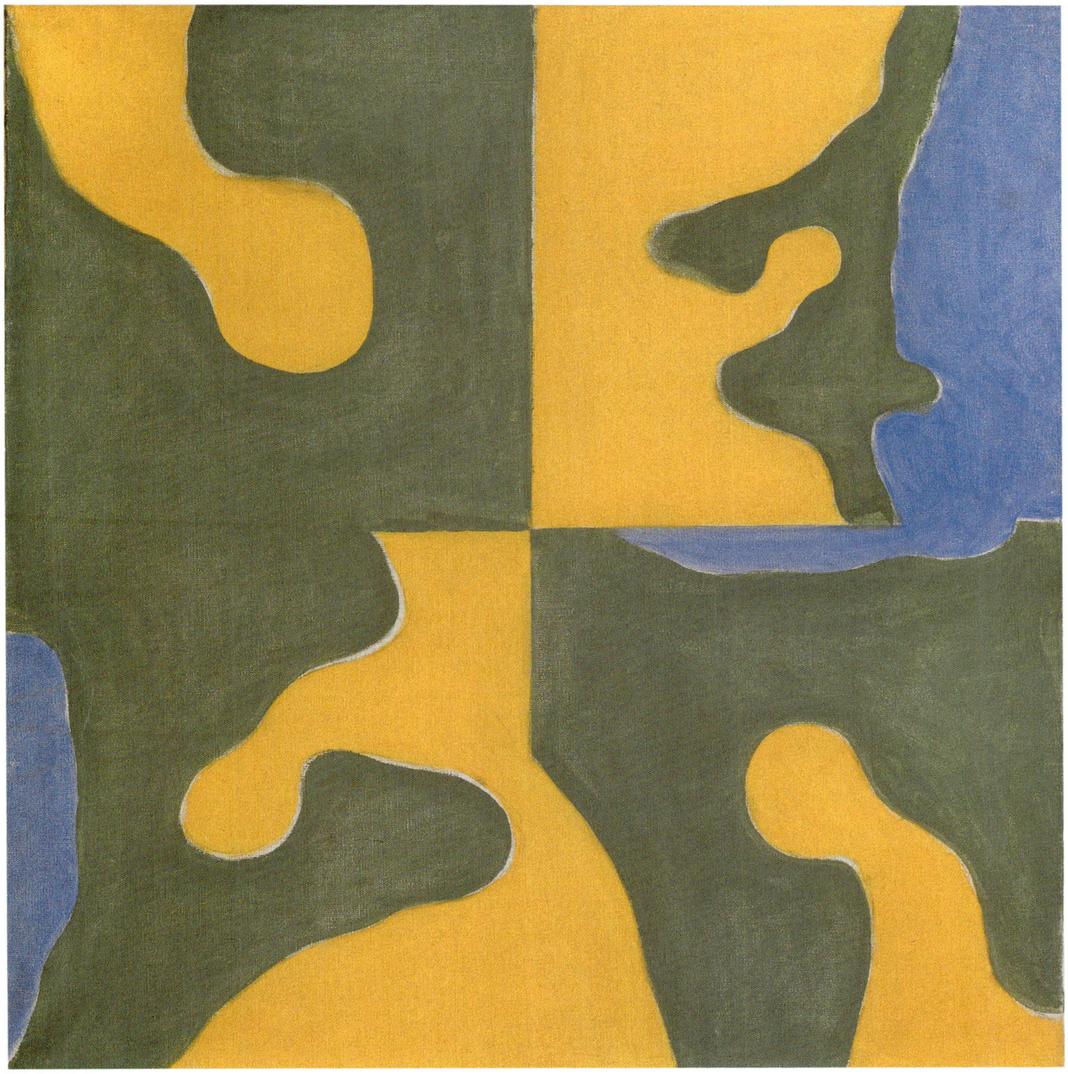

Kleeiade, olio su tela, 100 x 100 cm, 1980 ca.

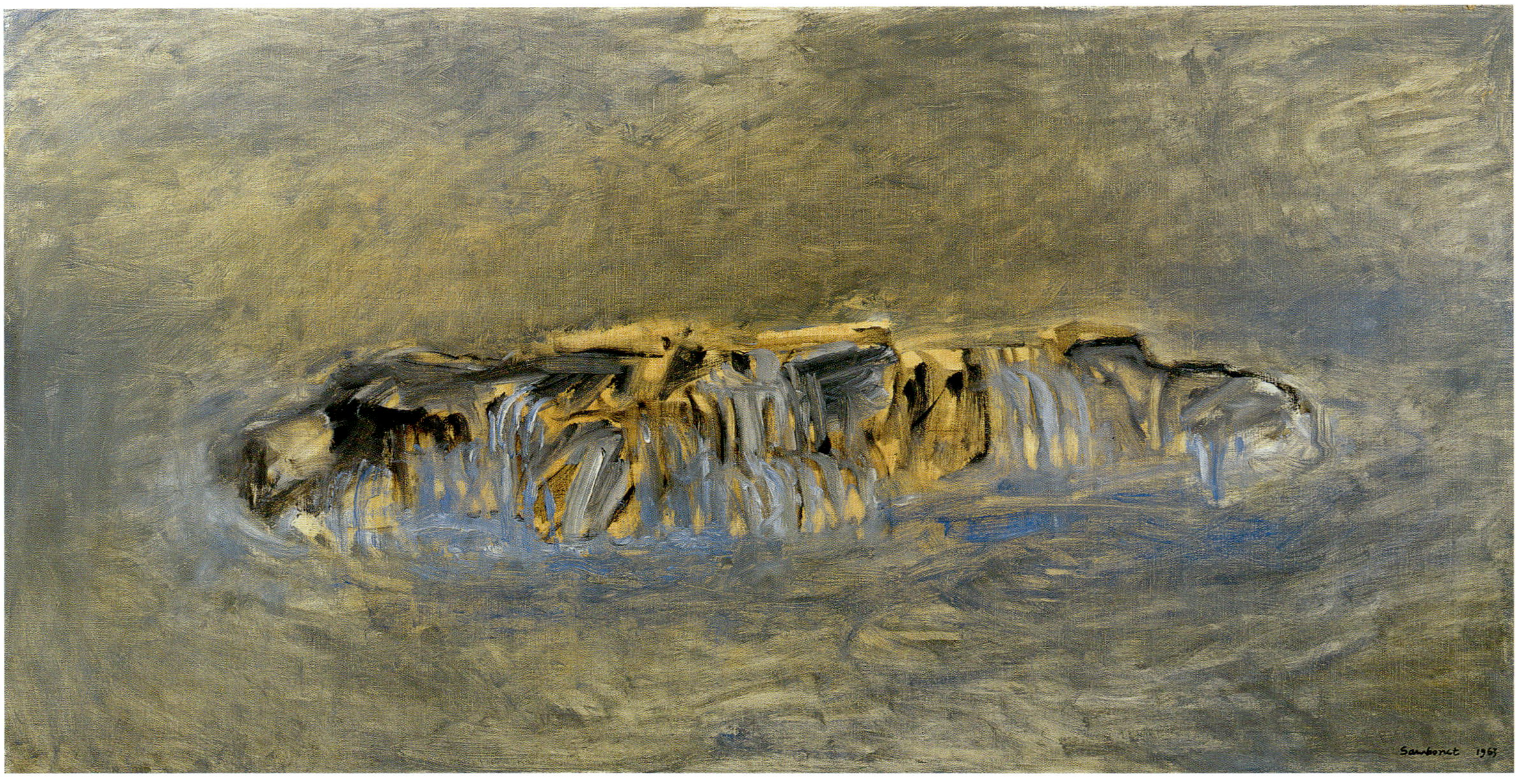

Questioni di metodo
Osservare. Scegliere. Trasformare. Ricomporre

Enrico Morteo

"Ho comprato, pensando ai suoi consigli, una grossissima sveglia che mi aiuti al mattino" RS in una lettera a Pietro Maria Bardi
"La mia maestra è la natura ... e io il ritratto lo faccio anche a un fico, a un sasso" RS in un'intervista a Camilla Cederna
"... ho trovato dovunque, nei semplici oggetti d'uso, i miei Musei" RS in un'intervista a Giorgio Origlia

La cosa che più colpisce negli oggetti disegnati da Roberto Sambonet è l'esattezza, il nitore, l'assoluta precisione delle forme. Sono, queste, qualità insolite nel panorama del design italiano, dove prevalgono piuttosto il gusto della sorpresa, della provocazione, del virtuosismo tecnologico o dell'elegante invenzione funzionale. Ad un primo sguardo, anzi, si potrebbe scambiare il controllo esercitato da Sambonet per un atteggiamento di distaccata freddezza, un mero gioco intellettuale. Eppure, solo un osservatore distratto potrebbe iscrivere Sambonet nel partito dei minimalisti ante litteram, o assimilare il suo itinerario a quello di un tardo epigone del razionalismo Bauhaus. Non che Sambonet non conoscesse ed ammirasse le ricerche del design moderno, ma una differenza sostanziale lo separa da quel percorso: là dove il rigore razionalista deriva da una esplicita premessa teorica, da una ricerca deliberatamente orientata alla riduzione delle forme in nome di un ordine logico e artificiale, l'essenzialità di Roberto Sambonet si rivela al contrario come un punto di arrivo, un traguardo raggiunto attraverso un lavoro che distilla e riduce. Il semplice per Sambonet non è sinonimo di elementare: negli oggetti di Sambonet la semplicità è una dimensione che si raggiunge solo attraverso l'estrema concentrazione di elementi, la capacità di svelare l'essenzialità senza per questo rinunciare ad una forma di raffinata pienezza.
Una semplicità che pare ancor più sorprendente se confrontata con il suo lavoro di pittore: ritratti, studi naturalistici, acquerelli, scomposizioni cromatiche, strutture geometriche e paesaggi. Visti su questo sfondo, i suoi oggetti così puri sollevano interrogativi e chiedono qualche riflessione: sembra quasi che la semplicità, anziché evocare una dimensione serena e rassicurante, funzioni come un segnale d'allarme, uno stimolo ad andare oltre, a cercare connessioni e rimandi, ad oltrepassare l'apparenza. A metterci in guardia sono le affermazioni dello stesso Sambonet, che molte volte ha sottolineato la continuità della sua ricerca pur in campi diversi. Occorre quindi rinunciare alla tentazione di separare il designer dal grafico o dal pittore e cercare invece di comprendere la fertile anomalia del suo percorso.

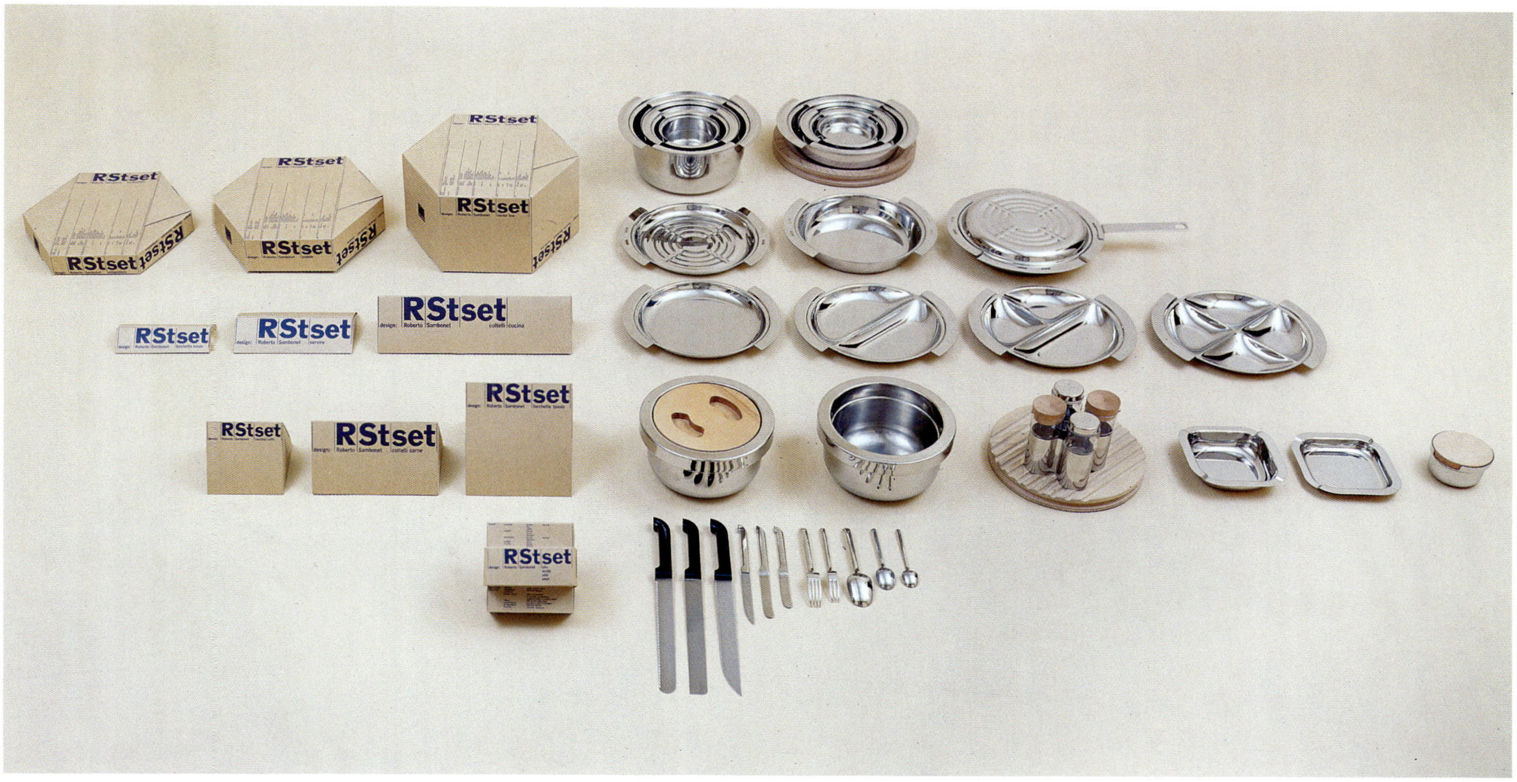

Scoglio a Bogliasco, olio su tela, 75 x 150 cm, 1963

Collezione RSt Set, 1974. Fotografo Serge Libiszewski

L'anomalia di Sambonet inizia dalla sua formazione. Basta ripercorrere le sue note biografiche (Sambonet, ossessionato da la catalogazione, ha compilato decine di elenchi di fatti, luoghi, incontri, eventi, viaggi, progetti sia riguardanti la sua vita professionale che personale) per accorgersi che il suo itinerario non coincide con un lineare percorso scolastico. I suoi tanti maestri Sambonet li ha sempre trovati altrove. Prima di tutto in casa.
Il padre aviatore, lo zio esploratore, il cortile della fabbrica. Fabbrica non come luogo di produzione, ma accumulazione di esperienze, soprattutto il saper fare, il sapere del lavoro, la capacità di estrarre dalla materia la sua natura nascosta.
Dalla fabbrica Sambonet però fugge. Rifiuta le facoltà di legge ed ingegneria, tenta una mediazione iscrivendosi ad architettura, ma ben presto abbandonerà anche quella. Sceglie l'arte e l'Accademia di Brera, senza per altro giungerne mai al termine.
Lascio volentieri ai critici d'arte il compito di ripercorrere gli esordi pittorici di Sambonet, cosa che Flaminio Gualdoni in questo stesso volume compie in maniera esaustiva, collocandolo in una rete di rimandi con l'ambiente artistico-culturale milanese dell'immediato dopoguerra e tessendo fili che da qui rimandano alle grandi correnti dell'arte europea.
Mi ha però colpito un passaggio di una recensione a firma di Leonardo Borgese apparsa sul «Corriere della Sera» a commento di una della prime mostre milanesi di Sambonet: *"... la pittura di Sambonet può piacere soprattutto nelle cose di minor ambizione, e particolarmente in certi paesaggi che rammentano un poco Gino Rossi, lunghi paesi di fine e delicato colore, assai sensibili negli azzurri. Negli altri pezzi si nota lo sforzo di rendere la realtà a larghe e sintetiche masse e chiusa entro ben equilibrati schemi. Questione che lo sforzo il più delle volte rimane tale: lo vediamo nettamente lo sforzo, ed è rappresentato da un'intelaiatura di linee o da una sfaccettatura non più aderente ai volumi e ai piani, ma ad essi esterna: una specie di guarnizione sovrapposta e non come dovrebbe essere una cucitura interna. Levando la sfaccettatura, forse questi quadri migliorerebbero. Per lo meno sarebbero più semplici ed efficaci"*.

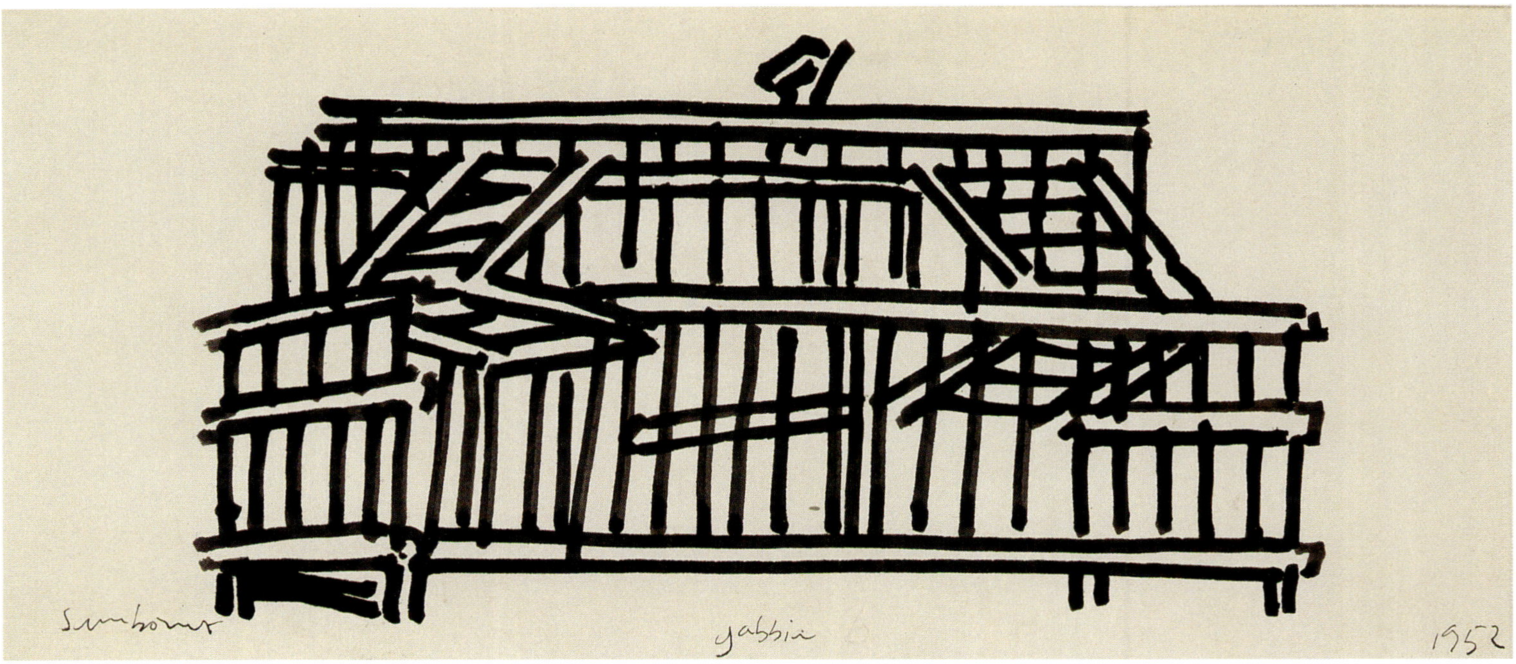

Gabbia, china su carta, 10 x 24 cm, 1952

Lo sguardo di Borgese coglie il punto, ma viziato dalle consuete letture della critica artistica, ne rovescia completamente il significato. Quelle che Borgese definisce guarnizioni, quasi come fossero le gale cucite su di un abito, sono in realtà i primi segni di una ricerca che Sambonet conduce non muovendosi sulla superficie delle cose osservate, bensì entrandovi dentro per farne apparire le linee strutturali.

Nel 1948 Sambonet parte per il Brasile. È quello che si dice un viaggio di formazione, propiziato certo anche dalla famiglia, che vuole mitigare lo spirito bohemien del giovane artista. L'incontro con il Brasile è un autentico shock culturale e, sebbene non ci sia negli scritti o nei carteggi di Roberto Sambonet un passaggio che sintetizzi il senso della sua esperienza brasiliana, non c'è dubbio che quei cinque anni – dal 1948 al 1953 – abbiano rappresentato una svolta e una maturazione.

Nel 1949 Sambonet è a Sao Paulo, dove entra nell'orbita di Lina Bo e Pietro Maria Bardi, alle prese con la fondazione del Museu de Arte della città.

Non vi sono testimonianze scritte che raccontino dell'incontro. Di sicuro però Bardi deve aver visto qualche cosa di interessante nella pittura di Sambonet e quelle 'guarnizioni' che tanto turbano Leonardo Borgese non devono essergli apparse poi così posticce. Per un verso, Bardi inizia una sorta di vera e propria educazione artistica. Lo introduce ai lavori di Max Bill, a quelli di Paul Klee, gli suggerisce di approfondire la conoscenza di Brancusi e dei neoplasticisti. Lo mette in contatto con Oscar Niemeyer, Lucio Costa, Roberto Burle-Marx.

Ma lo avvicina anche all'arte antica: per anni, rientrato in Europa, Sambonet avrà cura di segnalare a Bardi il successivo compiersi di varie viste lungo itinerari che lo stesso Bardi aveva tracciato per lui. Allo stesso tempo, Bardi lo coinvolge in progetti del tutto diversi. Lo incarica di tenere corsi di grafica, di disegno del tessuto, lo coopta nell'organizzazione di sfilate di moda da allestire nelle sale del museo. Nel 1951, in previsione dell'arrivo di Christian Dior, viene addirittura montata negli uffici del museo una vera e propria scuola di mannequin, istruite da una professionista parigina ingaggiata per l'occasione. L'anno dopo Bardi affida a Sambonet

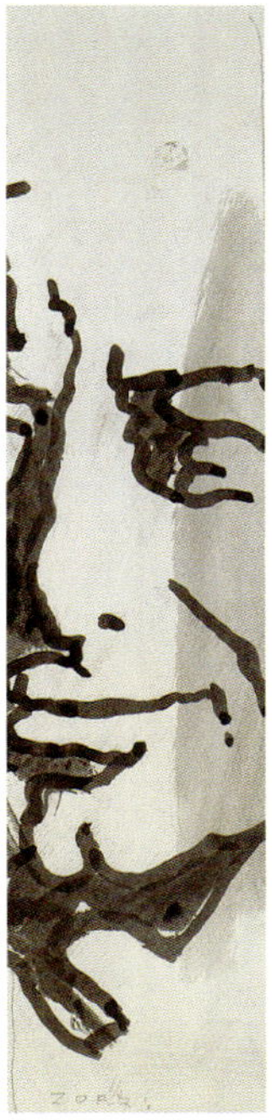

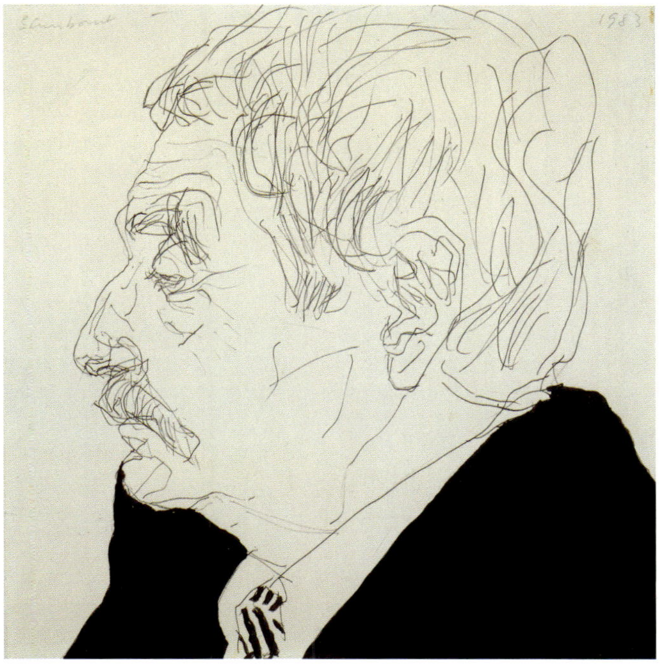

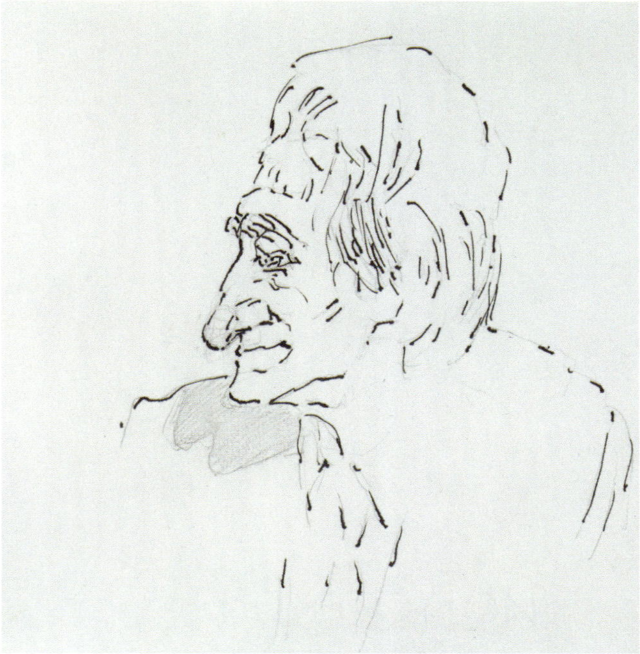

Renzo Zorzi, acquerello su carta, 30 x 7 cm, s. d.
Ettore Sottsass, china e biro su carta, 25 x 25 cm, 1983

Edoardo Sanguinetti, china e matita su carta, 25 x 25 cm, s. d.

l'organizzazione della prima sfilata di moda brasilana, per la quale disegna tessuti, abiti e accessori, nonché inviti e cartoncini di sala.
Sambonet affronta questi compiti non solo con grande passione, ma con metodo scientifico. Per disegnare tessuti inizia a studiare il patrimonio figurativo autoctono degli indios, esce dalla città e si immerge nella dimesione ancora naturale del sub-continente brasiliano. È questa dimensione ad operare uno scarto di prospettiva: l'immanenza pervasiva della natura, l'immediata coincidenza fra paesaggio umano, geografico e culturale, l'urgenza e la possibilità di inventare, sono un universo alieno con cui Sambonet si confronta e a cui si apre.
In veste di aiuto registra del film-documentario *Magia Verde* diretto da Gian Gaspare Napolitano, percorre il semi selvaggio nord-est brasilano, entra nella *mata atlantica* (la foresta costiera) e nel *sertão* (la regione arida del'interno). Qui inizia a disegnare, fermando sulla carta le forme di stecchi e foglie, paglie e oggetti d'uso quotidiano. Se durante il periodo brasiliano i suoi paesaggi si asciugano progressivamente, è nei disegni al tratto e nelle chine che Sambonet sembra cercare un grado zero del linguaggio, uno spazio senza tempo e senza movimento. Paradossalmente, tanto più si abbandona e si appassiona ai luoghi e alle persone che incontra, tanto più sembra interessato a far emergere i dati costanti, le strutture fisse, quasi che, definite le invarianti, si possa dare spazio alle mutevoli identità individuali.
Sfruttando lo status privilegiato del viaggiatore, Sambonet trasforma l'incontro e l'amicizia con lo psichiatra Edu Machado Gomes nell'opportunità di frequentare per sei mesi il manicomio di Jaquerí, 15.000 ricoverati, a 50 chilometri da São Paulo. Fra i reparti dell'ospedale psichiatrico Sambonet conduce una personale ricognizione nei territori della malattia mentale. I suoi disegni registrano con straordinaria precisione i tratti del disagio psichico e umano. Ma i volti che disegna nel manicomio di Jaquerí, poi raccolti nel volume *Della Pazzia* (Milano 1977), non sono solo un catalogo di patologie: i suoi ritratti sono un viaggio di umana partecipazione, uno scavo nelle pieghe della malattia e

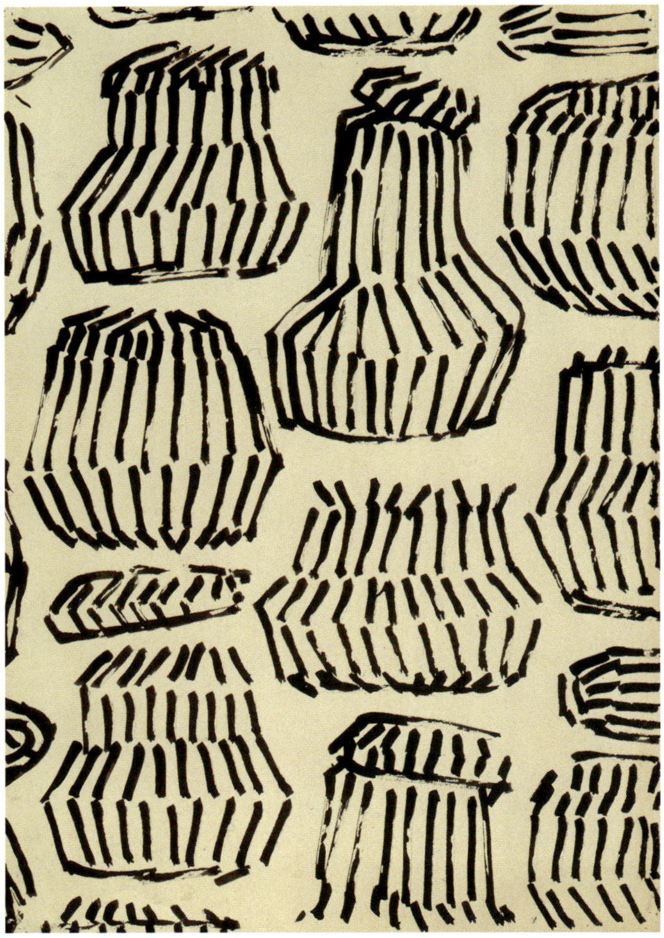

Cesti, china su carta, 25 x 35 cm, 1952

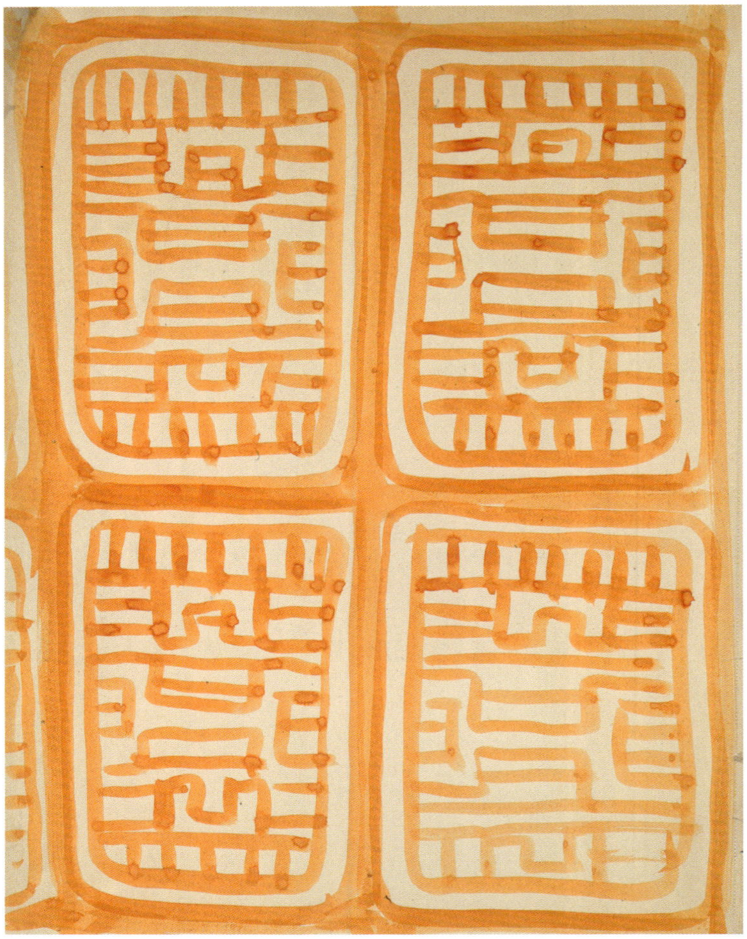

Tessuti indio, studio inchiostro arancione su carta, 34,5 x 48 cm, 1952 ca.

della sofferenza, una misurazione fedele e accorata della distanza che talvolta ci separa da noi stessi.
Sambonet rientra dal Brasile trasformato: partito giovane pittore, ritorna artista, progettista, designer. Ciò che lo accompagna è un metodo tanto sistematico quanto sperimentale, un modo diverso di vedere e di organizzare lo sguardo. L'osservare e il disegnare non sono più atti esclusivamente preparatori alla pittura, ma configurano una personale metodologia dell'esperienza.
La rappresentazione, che Sambonet padroneggia con autentico e straordinario talento di pittore, diventa strumento investigativo: osservare, registrare, catalogare, selezionare come forma di appropriazione del reale. Emblematico in tal senso il rapporto fra Sambonet e i suoi molti maestri. Fu lui per primo a stilare elenchi di presunti debiti contratti con un esercito di artisti, architetti, progettisti: Max Bill, Paul Klee, Piet Mondrian, Constantin Brancusi, Henri Matisse, Sonia e Robert Delaunay, l'arte africana, Kasimir Malevič, i fauves, Frank Lloyd Wright, il bauhaus, Leonardo da Vinci, Piero della Francesca. E Alvar Aalto. Non stupisce che una tale massa di collegamenti abbia mandato spesso in cortocircuito chi si sia lasciato attrarre nel vortice che lo stesso Sambonet alimentava. Eppure non c'è traccia di manierismo nel suo lavoro, non c'è un oggetto o un'opera di cui si possa dire che sia fatta alla maniera di qualcuno. Sambonet era semplicemente colto, in senso etimologico, e sapeva cogliere ovunque elementi di interesse. Molti hanno indicato nella celeberrima pesciera un richiamo a Brancusi, ma ciò che Sambonet ruba a Brancusi non è una forma, è solo la magia della luce, la capacità di smaterializzare l'oggetto facendone un'illusione ottica, svaporandone il profilo. Così per ciascuno: qui ruba una costruzione geometrica, là una tavolozza cromatica, qua ancora un certo rigore compositivo, lì un gusto per l'invenzione e la soluzione tecnica. Sambonet scompone i suoi maestri, coglie ciò che lo attrae e che gli può servire. Lo stesso Alvar Aalto, con cui Sambonet intrattenne un profondo rapporto di amicizia, fu un esempio da cogliere per parti. L'amore e il rispetto per la natura, non certo il linguaggio formale. Da Aalto Sambonet impara qualche cosa forse di più importante: impara che la forma non

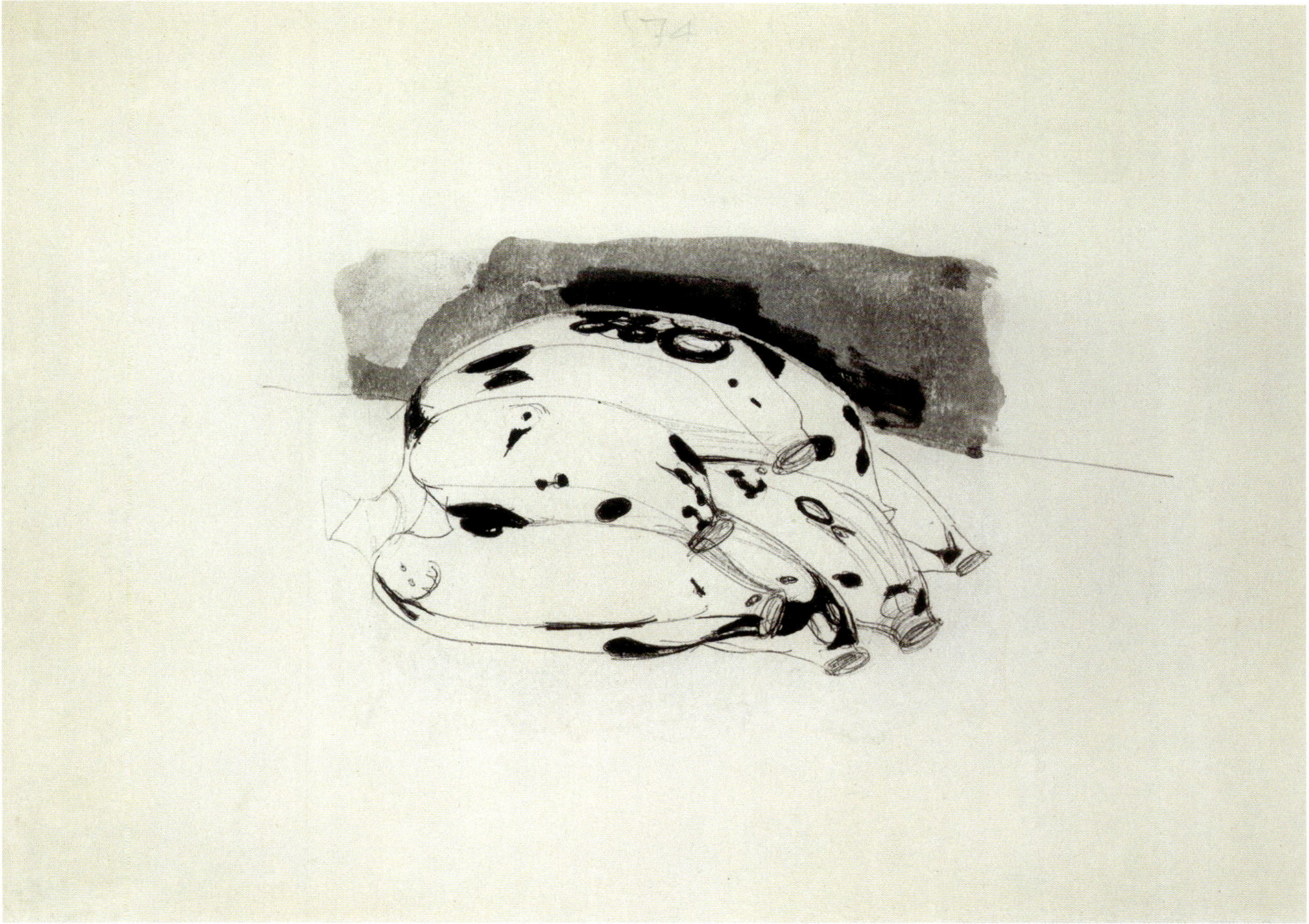

Banane, acquerello e biro su carta, 22 x 32 cm, 1974

nasce di getto, ma si trasforma ed evolve in una costante ricerca che il disegno registra e conduce, crescendo per stadi e fasi successive.
Che il disegno occupi una posizione centrale in questo processo è stato sottolineato più volte dalla critica (basti ricordare il raffinato saggio di Paolo Fossati contenuto nel volume *Il disegno come doppio* del 1974). Ma il disegno non è un terreno autonomo, una ricerca tutta conclusa nella dimensione tecnica del segno o nell'analisi delle forme. Nel personalissimo percorso intrapreso da Sambonet, disegnare e dipingere sono atti allo stesso tempo autonomi quanto funzionali alla concretezza del progetto. Progetto come scelta, come costruzione di una nuova struttura di ordine e di senso. Da un lato il disegno scarnifica l'oggetto osservato sino a mettere in luce le geometrie della sua struttura costitutiva; parallelamente, e con analogo rigore, registra le differenze e le particolarità che distinguono ogni singolo caso. Emblematico il suo lavoro sul ritratto: ridotte al minimo le varianti di posa, Sambonet lavora sui caratteri individuali, estraendo dal soggetto i segni di una irripetibile e talvolta segreta identità. Pur adottando una tecnica apparentemente classica e uno stile pittorico che pare richiamare la maniera ottocentesca, Sambonet affronta il ritratto con assoluta modernità. Ciò che emerge dal volto, ma anche dai toni e dai temi dello sfondo, non è tanto una perfetta somiglianza quanto la struttura dell'interiorità o, come disse Ernesto Nathan Rogers, le 'strutture psicologiche'. Uno schema operativo che definisce una sorta di teoria dell'invarianza e dell'identità, il cui rapporto sarà di volta in volta modulato dal progetto. In un orizzonte nel quale la rappresentazione si configura come strumento per la raccolta di dati sperimentali, un ritratto o un paesaggio sono materiali sostanzialmente equivalenti.
È la forza di questo approccio a caratterizzare il lavoro di Sambonet ed è un metodo che travalica i temi e i soggetti verso cui applica il suo sguardo.
Se dovessi indicare una similitudine con il metodo seguito da Sambonet la cercherei forse nelle ricerche strutturaliste del gruppo Oulipo: il gusto dell'elencazione di Perec, la tecnica combinatoria di Queneau, la stratificazione leggera di Calvino.

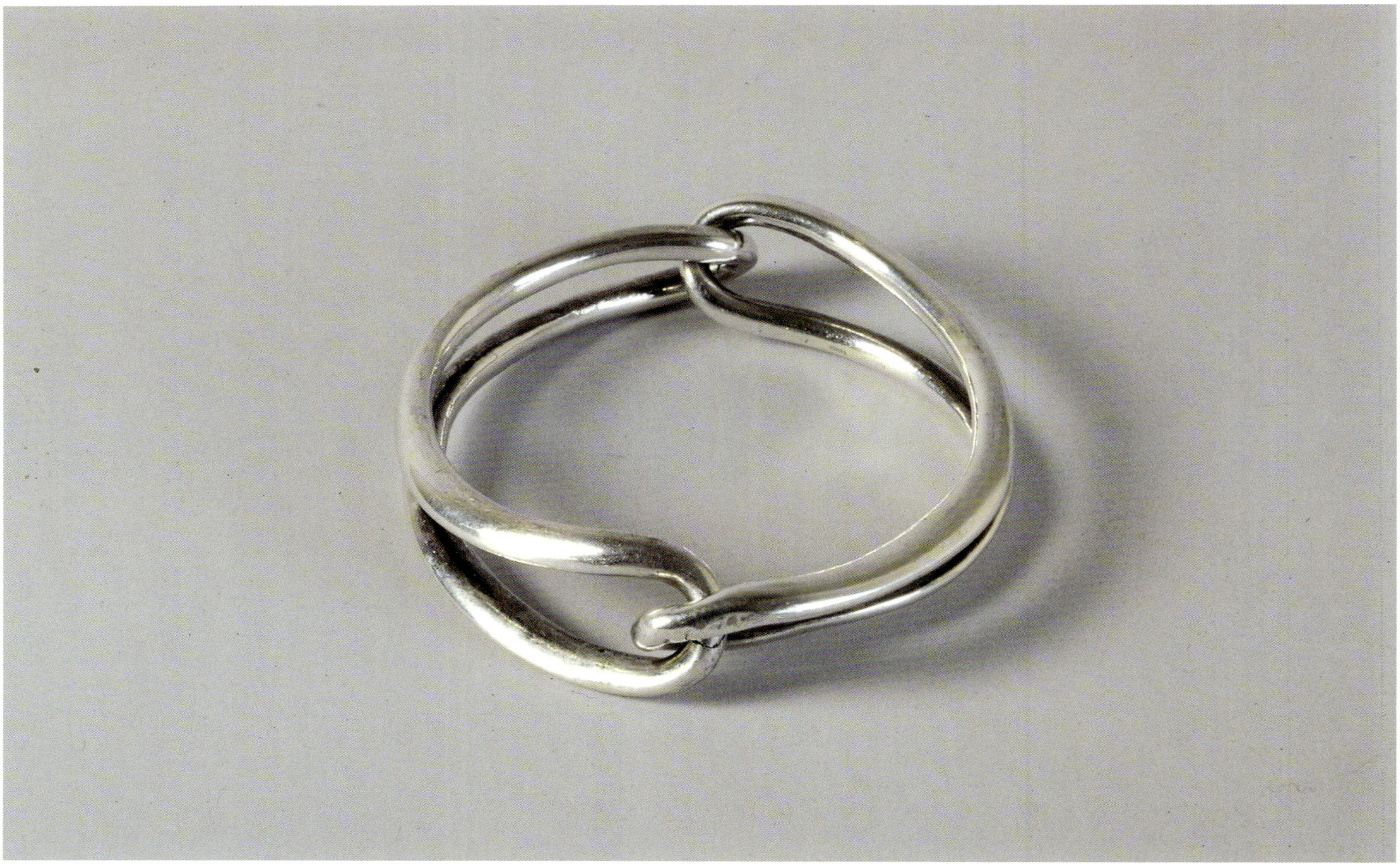

Toi et moi 1955
Braccialetto a incastro. Originariamente pensato in plastica a basso costo, il bracciale fu poi realizzato in argento e oro. Produzione Tiffany

Sambonet è un accumulatore. Ogni viaggio, ogni incontro si sedimenta in oggetti e immagini che vanno a formare un peculiare e sistematico patrimonio di esperienze fatto di volti, luoghi, cose, colori. Sambonet non faceva fotografie. Non ne aveva il tempo, impegnato com'era a registrare sul blocco di schizzi i luoghi che andava attraversando. Nonostante ciò, Sambonet non è mai stato un vedutista. Il paesaggio è piuttosto un'occasione per verificare la profondità dello sguardo. Come un sofisticato obiettivo, Sambonet passa dalla visione ravvicinata alla messa a fuoco all'infinito, scarta dal dettaglio alla panoramica. L'inquadratura lavora sulle linee di forza, siano quelle della luce che inonda la scena, quelle di un'architettura, quelle che emergono dalla grana di un materiale.
Sambonet è metodico. Torna sistematicamente sui suoi soggetti, li analizza in veri e propri cicli, li assedia con lo sguardo, ne registra le variazioni in momenti diversi e con luci diverse. In viaggio lungo il Rio delle Amazzoni, raccoglie un gruppo di acquerelli nei quali il cielo, la linea vegetale della costa e il fiume sono i tre soli elementi di ogni inquadratura. Se presi singolarmente i disegni hanno il garbo di una straordinaria cartolina di viaggio, messi in sequenza acquistano la forza di un programma concettuale, progetto sistematico di osservazione delle varianti cromatiche, fra notazione naturalistica e registro meteorologico. Ma Sambonet non è un naturalista, né un geografo, un geologo o un botanico. Il suo osservare la natura, il ritrarre sistematicamente forme organiche e minerali, non mira alla classificazione di specie, quanto a far emergere le strutture sottese alla forma, i meccanismi di accrescimento, l'evolversi di una gemma, il degradarsi della buccia di una banana.
Sambonet è implacabile. Usando la geometria come un grimaldello che scardina l'apparenza esteriore delle cose, Sambonet snuda l'armatura nascosta del reale, riducendo il molteplice a pochi schemi di base.
Se la luce è la materia stessa del colore, Sambonet la scompone, la classifica, la ricombina, ne studia i ritmi in schemi geometrico-matematici; analizza le tavolozze cromatiche di grandi artisti del passato, le decostruisce, fa di ogni sfumatura una lettera per un infinito alfabeto

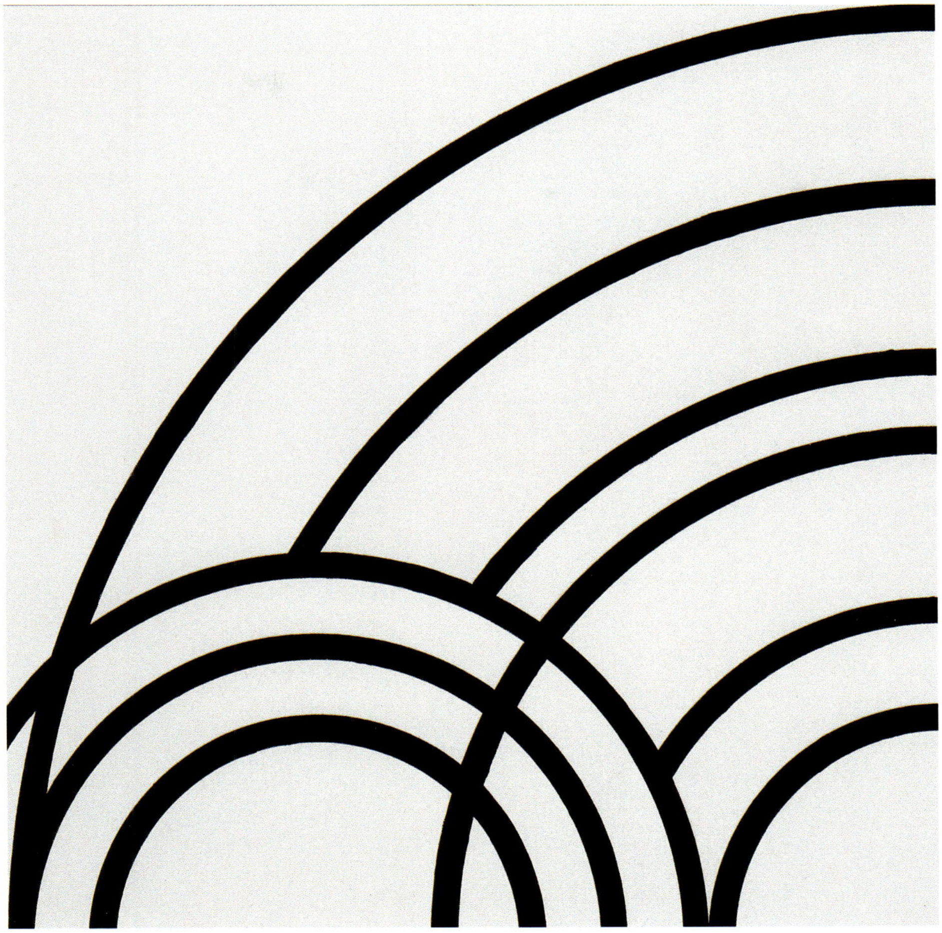

Struttura, china su cartoncino, 50 x 50 cm, s. d., collezione privata, Milano

di cui si ingegna a progettare una grammatica possibile, sintassi aleatoria per interviste impossibili. Non molto diverse da quelle che Umberto Eco inventava alla radio con i protagonisti di epoche lontana.
È attraverso questo procedimento che Sambonet apre lo spazio per il gioco combinatorio del progetto, ed è qui che rivela la sua straordinaria libertà. Nei suoi infiniti studi dedicati alle strutture vegetali, Sambonet sa cogliere il dettaglio dell'innesto di una foglia per risolvere il raccordo del manico di una posata; la cavea di un teatro greco detta i ritmi di un sistema di tegami componibili; un mortaio di pietra suggerisce la trasparente leggerezza di una bolla di cristallo.
Assoluto e mobile, infinito e inafferrabile, concreto quanto indefinibile, il mare è per Sambonet un privilegiato oggetto di osservazione. Il ciclo di studi e di grandi dipinti dedicati alla superficie del mare rappresenta forse uno dei momenti più alti del lavoro di Sambonet. Il suo sguardo non scandaglia, ma percorre la superficie, la studia, ne fissa i mille stati di alterazione o di quiete.
Il mare cessa allora di essere solo un luogo simbolico o un paesaggio per condensare la propria mobile identità come struttura ondulatoria di ritmo e di luce. Uno scarto concettuale che, fissato in schemi geometrici, può allora diventare il ritmo delle scanalature di un vetro o modulare le concavità di piccoli contenitori da tavolo. Ma sempre l'oggetto conserva tracce del percorso compiuto.
Certo non è un approccio funzionalista. Sambonet usa la forma come pretesto evocativo perché sa che la funzione non è mai nuda, ma vestita di intenzioni, usi, ricordi, possibilità. Una forma semplice è sempre più versatile perché lascia spazi per nuove interpretazioni, così come lavorare per moduli consente di inventare funzioni inattese.
Una lezione già imparata nei 15 anni di collaborazione con La Rinascente, dove entra su invito di Max Huber a metà degli anni '50. Una palestra fondamentale, che lo mette a confronto con una molteplicità di progetti: dall'allestimento delle vetrine alla grafica dei manifesti, dalla comunicazione alle mostre. Qui Sambonet capisce che il packaging non è un problema di inscatolamento, bensì autonomo tema di progetto. L'involucro non deve

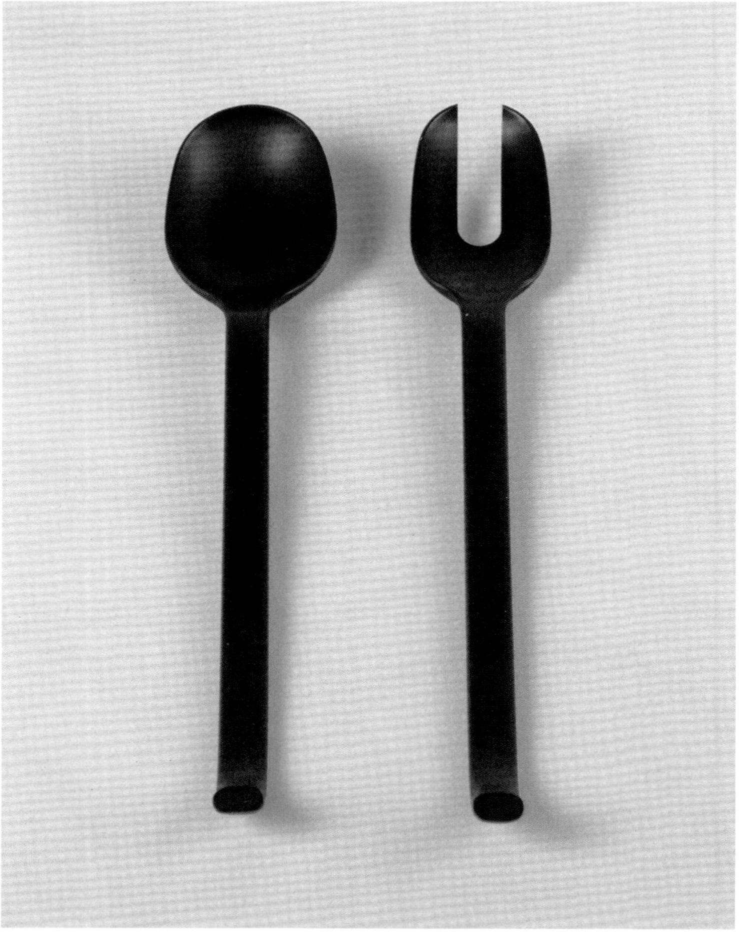

RSt Set 845 1973
Prototipi per posate di servizio
in melamina, esemplari unici

solo proteggere il contenuto e risolvere le normali esigenze di trasporto e magazzino. L'involucro deve poter suggerire una scenografia dell'esposizione, lasciando trasparire la forma dell'oggetto contenuto, anticipandone il valore, facendone pregustare la scoperta. Imballaggio non per nascondere ma per rivelare. Soprattutto, per conto de La Rinascente, Sambonet gira il mondo raccogliendo oggetti disparati con cui poi inventa un modello di esposizione intermedio fra il museo etnografico e il supermercato, giocando proprio sulla natura ambigua e molteplice di ogni oggetto, allo stesso tempo funzionale, simbolica, di consumo.
Questo il senso e il valore del progetto di Sambonet, la sua capacità di astrarre dall'esistente la materia per costruire il nuovo, il suo incessante lavoro di traduzione, la sua idea di modernità come riscrittura dell'esperienza. In questo Sambonet è un artista, nella sua capacità di elaborare un metodo della creatività, senza mai confondere il suo essere pittore e designer.
Neppure nel suo essere grafico. Sarebbe facile supporre che in una zona di confine fra fotografia, illustrazione, tipografia, Sambonet riversi esperienze maturate altrove. Pur se appaiono temi comuni a molti dei suoi progetti, sarebbe un errore ritenere la grafica una ricaduta involontaria. Al contrario: alla giusta distanza dalla passione per l'arte e dalla fabbrica di famiglia, quello del grafico è forse il suo vero mestiere. Non a caso, la grafica è l'unico caso nel quale Sambonet abbia a lungo collaborato con altri, fra tutti Bruno Monguzzi e Bob Noorda. Con la grafica Sambonet costruisce un metodo di lavoro basato sulla sintesi fra descrizione e metafora. Finalizzata alla comunicazione, la forma diventa struttura di servizio con cui definire i campi occupati dall'informazione e dalla suggestione in ben precise tipologie d'intervento: il manifesto come sineddotica micro-storia, il gadget come astrazione tridimensionale, il sistema coordinato come regola dell'identità, il marchio come folgorante fermo immagine.
Forse, per cogliere in vitro il meccanismo operativo, creativo e progettuale di Sambonet basta osservare il ciclo delle 'kleeiadi'. Si tratta allo stesso tempo di un omaggio a Paul Klee e della dimostrazione dell'autonomia

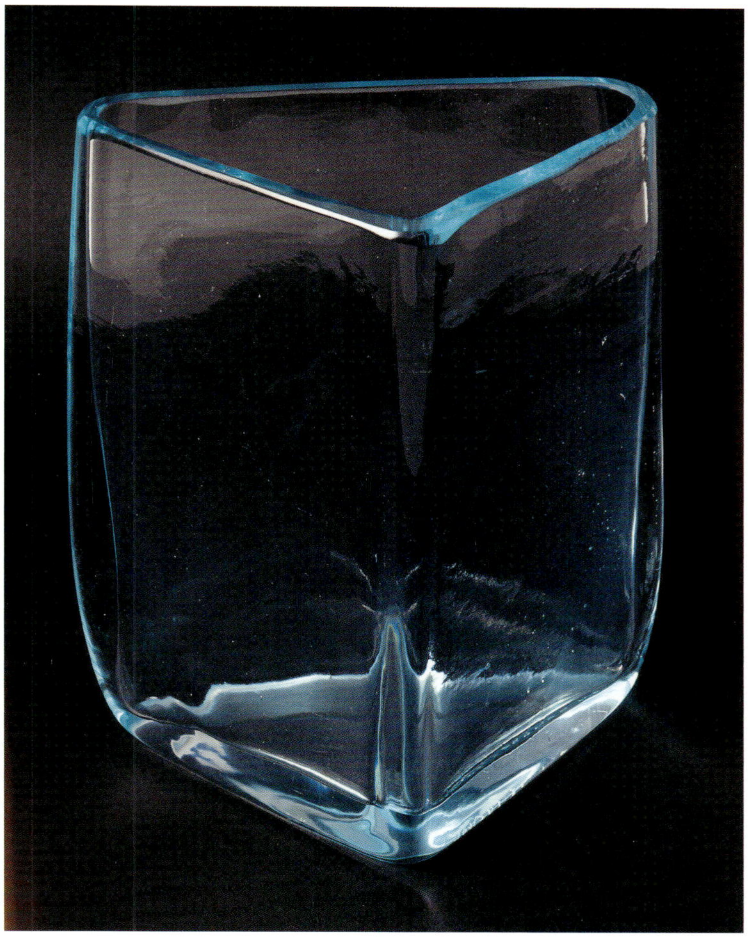

Cubic 1979
Vaso triangolare in vetro di Murano.
Produzione Seguso

di Roberto Sambonet, capace di reinventare i propri modelli e trasfigurare in un nuovo progetto i propri riferimenti culturali. A partire dalla firma del grande artista svizzero, Sambonet imposta un vero percorso concettuale: ritagliata, segmentata, dilatata, la firma si fa segno astrattto, supporto per infinite digressioni, per nuovi omaggi, per affettuosi tradimenti.
Apparentemente frivole, le 'kleeiadi' sono in realtà il più fedele paradigma di uno sforzo progettuale teso a rovesciare nel futuro il senso della memoria e dell'esperienza.

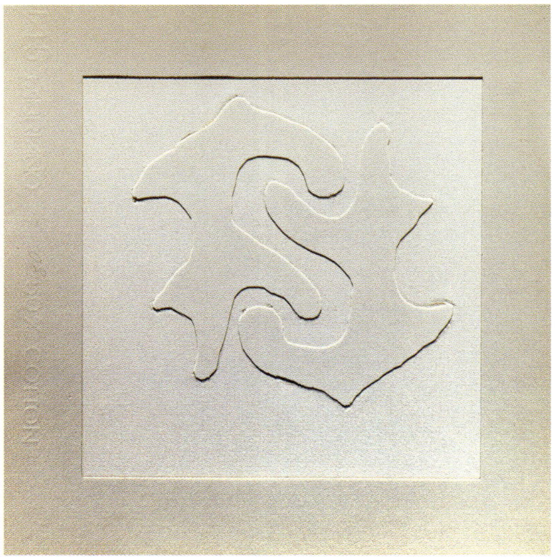

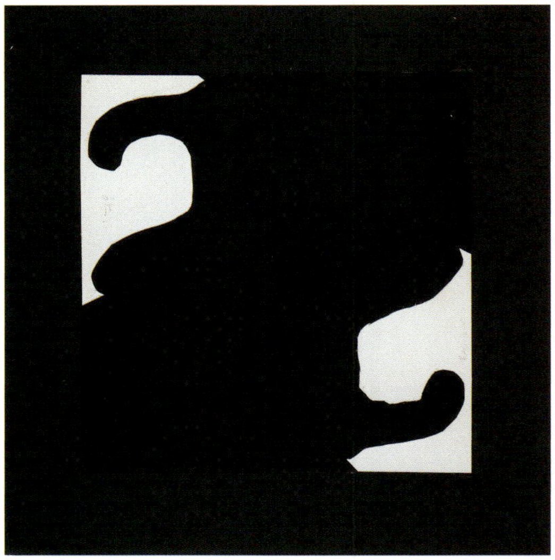

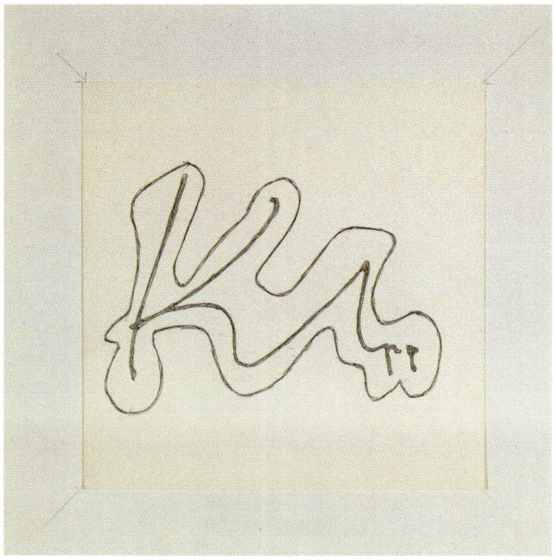

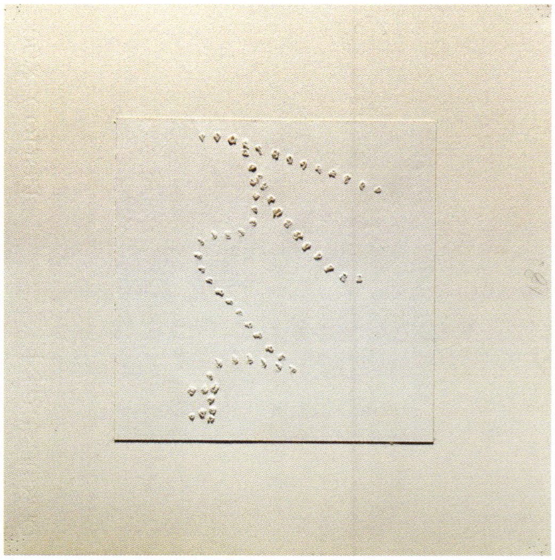

Kleeiade , collage su cartoncino, 25 x 25 cm, 1980
Kleeiade , biro su carta, 25 x 25 cm, 1980 ca.
Kleeiade , collage su cartoncino, 25 x 25 cm, 1979
Kleeiade "Omaggio a Fontana", cartoncino traforato, 25 x 25 cm, 1981

Micro-allestimento fotografico per Sambonet.
Art director Roberto Sambonet, fotografo Serge Libiszewski, s. d.

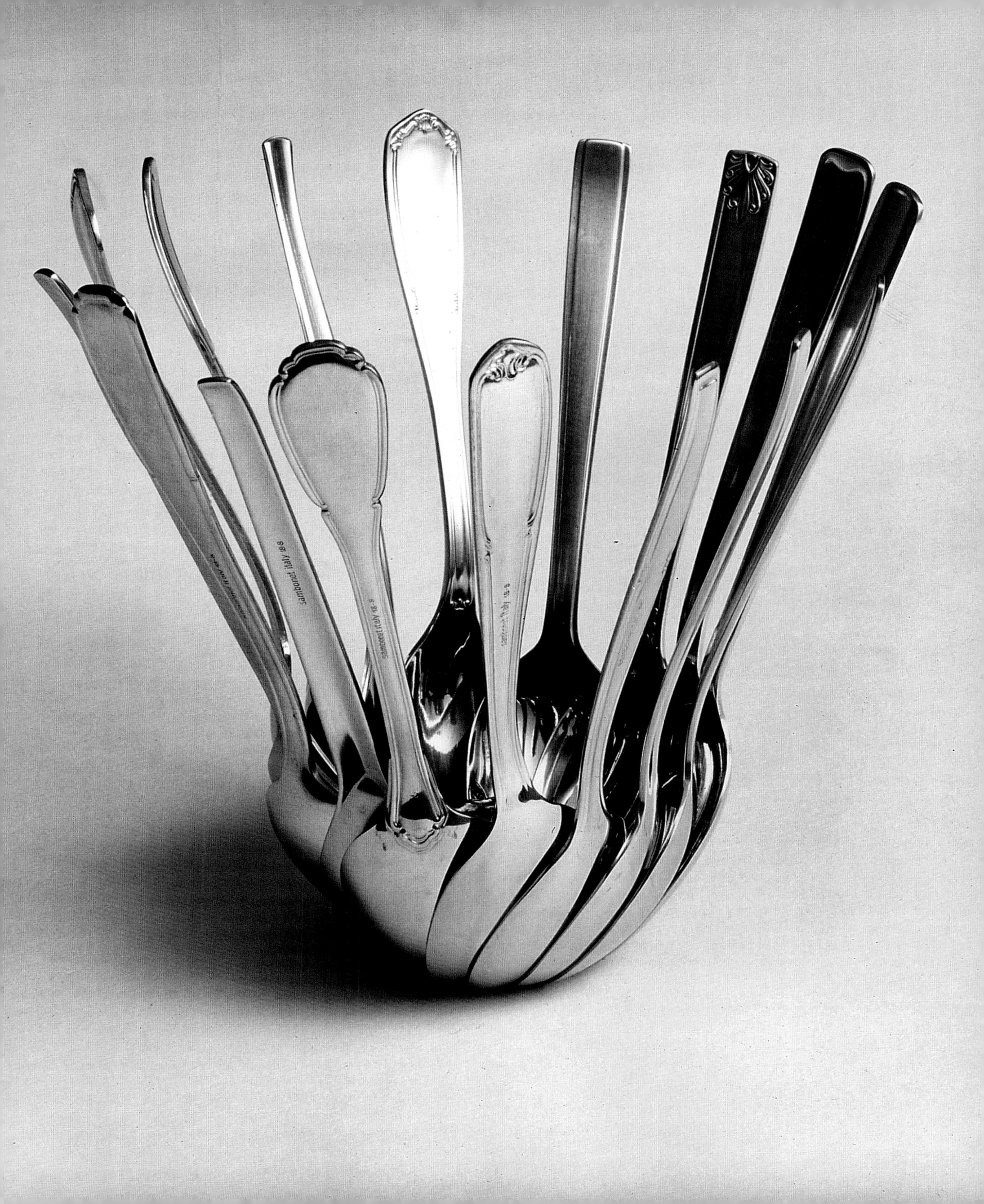
sambonet italy 18-8
sambonet italy 18-8
sambonet italy 18-8

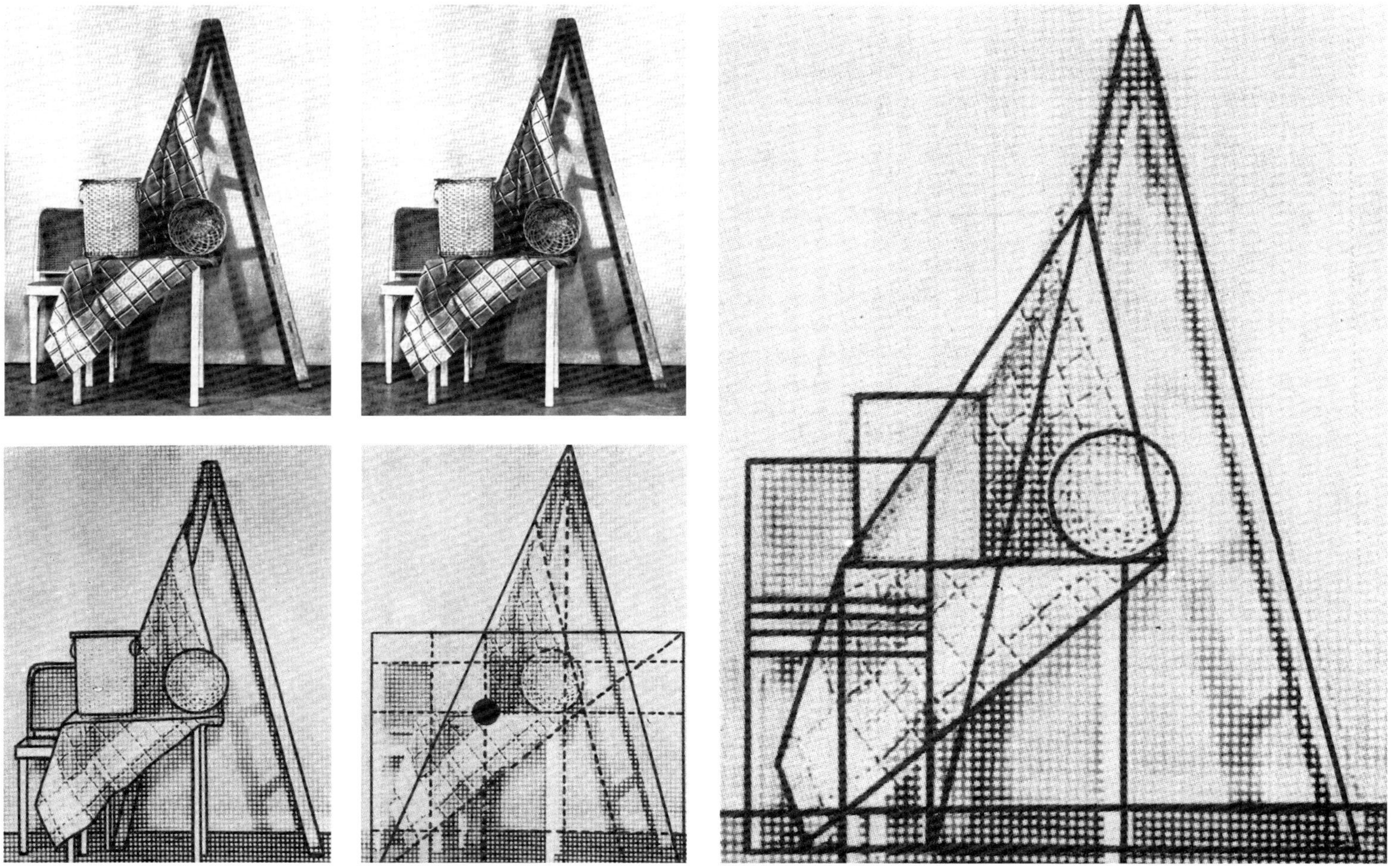

Lavoro degli studenti del Corso di Disegno Analitico, 1929
presso la Bauhaus diretto da Vasilij Kandinskij

Roberto Sambonet. "l'Arte e la Grafica"

Franco Origoni

"Mentre io mi sforzo di spiegare lui si diverte a fare pupazzetti scarabocchi". Così scriveva di Roberto Sambonet in una nota per i parenti un professore del liceo classico milanese Manzoni. Non si rendeva conto di quanto questo giudizio calzasse, Roberto ha fatto di questa sua naturale attitudine una scelta di vita. Schizzi e appunti, figure e paesaggi: il disegno come strumento della memoria. Un disegno rapido, veloce. Un segno che ferma uno spazio: un volume, una persona, uno stato d'animo.
Appunti presi per diletto, appunti della vita che scorre e della vista che mette a fuoco, non con una logica fotografica ma di essenzialità fermate, estrapolate dalla realtà che scivola via. Forme complesse trasformate in forme semplici. Il disegno come strumento di vita.
Il "fatto a mano" che non ignora la fotografia, come strumento di documentazione di indagine ma quando la usa la progetta prima, la schizza, la inquadra, la organizza, la trasforma in un disegno fotografico. Sono pochissime le fotografie scattate da Roberto Sambonet e sono tutte permeate da segni forti. Il passaggio dal disegno al segno è cosa naturale. Il disegno ferma la realtà, la rappresenta la riproduce; il segno coglie l'essenza, elimina il superfluo. Nel passaggio dal disegno al segno si consuma la vocazione di Roberto. Ha profondamente assimilato le lezioni di Vasilij Kandinskij tenute nel corso di disegno analitico della Bauhaus del 1929. La sua formazione professionale è più tarda e come per molti suoi coetanei la cultura viene dalla scuola, ma soprattutto è cultura moderna innovativa e di altri paesi. La Germania luogo di incontro, crogiuolo e intreccio delle avanguardie europee e russe, la Francia, la Svizzera. L'astrazione è un processo lento, metodico, di analisi scientifica, di intuizioni e liber-azioni formali che parte da un dato concreto e reale, prima scelta di campo d'indagine, e che progressivamente si spoglia della materia originale. La sua prima mostra è del '47 a Stoccolma e il 1947 è anche l'anno della mostra "Astratto e Concreto" a Milano, il cui vero motore fu Max Bill e il manifesto e l'immagine della mostra fu di Max Huber. Interpretazione del rapporto tra astratto e concreto molto personale ma comune a molte presenze milanesi. Primo

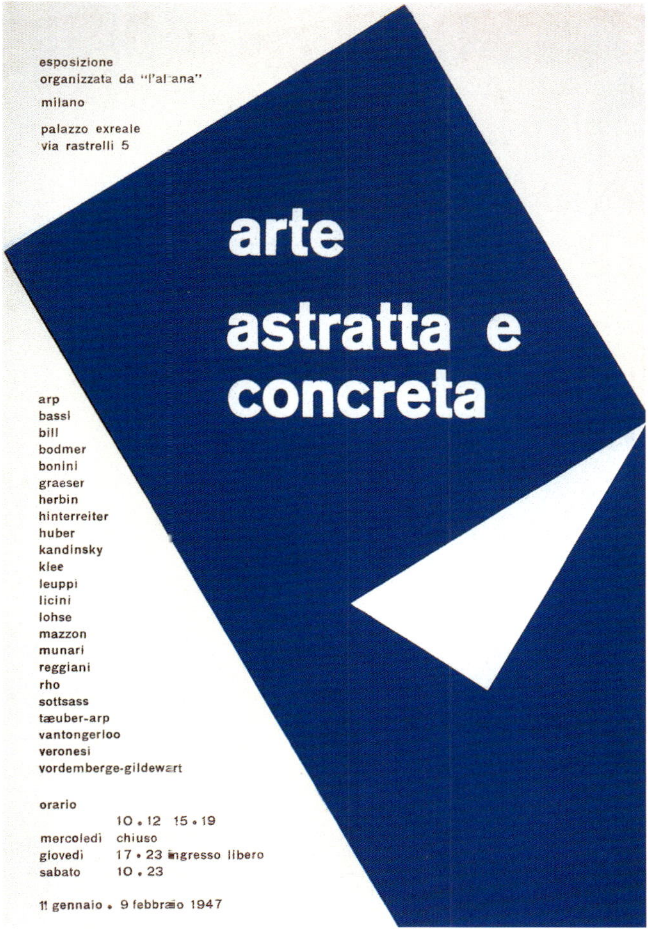

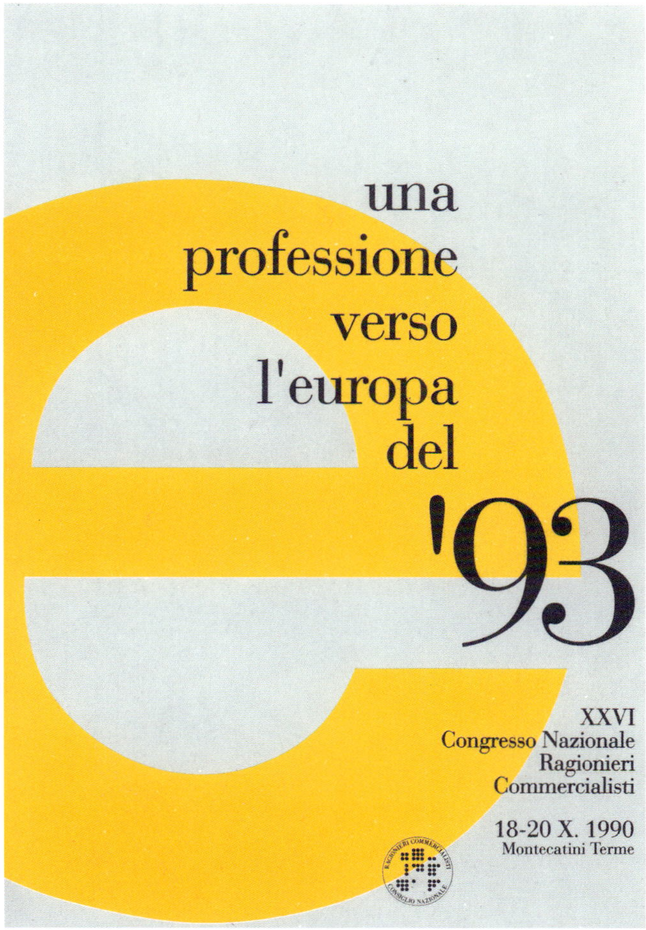

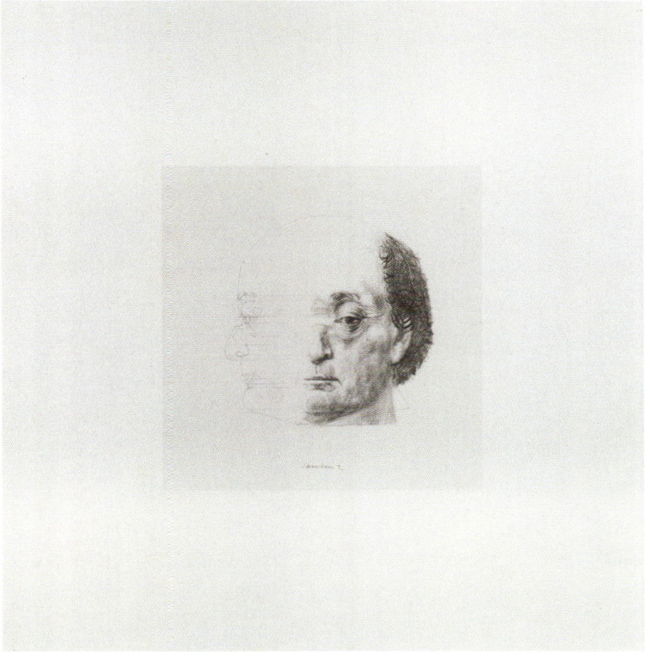

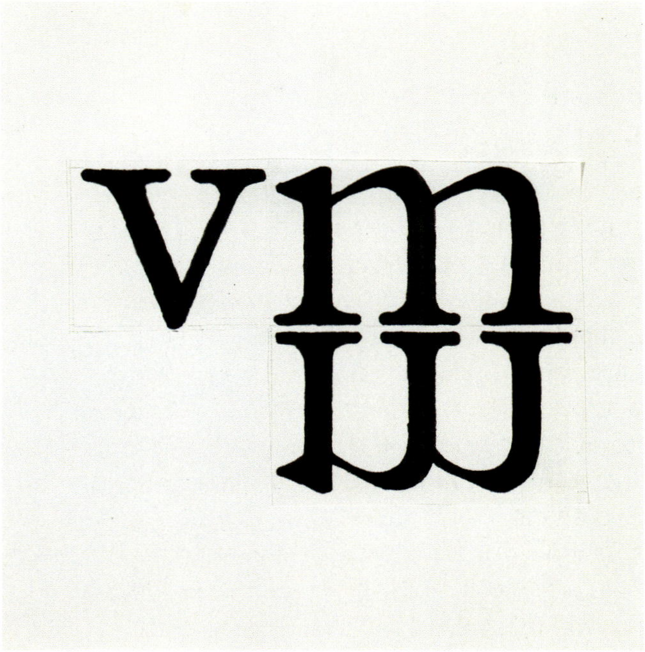

Max Huber, **Arte astratta e concreta**, manifesto per la mostra, Palazzo Reale, Milano, 1947
Federico da Montefeltro, manifesto per la Pinacoteca di Brera, Milano, 1977

Immagine coordinata **XXVI Congresso Nazionale dei Ragionieri Commercialisti**, Montecatini Terme, 1990
Marchio **Associazione Vetri di Murano**, studio, china su copia fotostatica, 1981

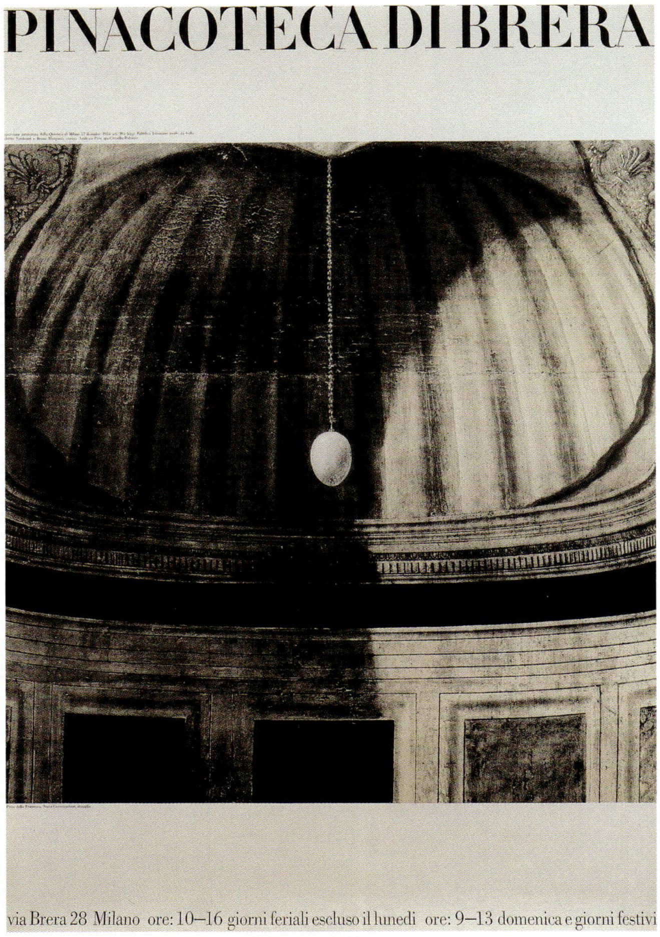

Piero della Francesca "Ovo", manifesto per la Pinacoteca di Brera, Milano, 1972

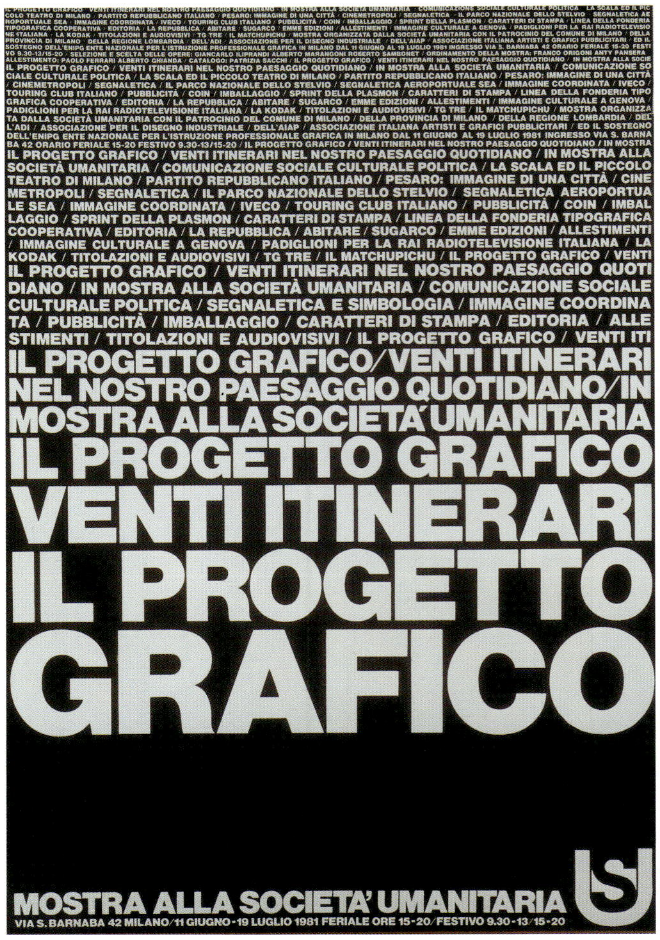

R. Sambonet, G. Illiprandi, A. Marangoni, F. Origoni, **Il progetto grafico**, manifesto per la mostra, Società Umanitaria, Milano, 1979

fra tutti Huber, ma anche Steiner, Munari, Veronesi, Licini ecc. e naturalmente Boggeri. Antonio Boggeri e lo Studio Boggeri che hanno segnato la storia della grafica italiana. Bruno Monguzzi, che ha collaborato in molti progetti di Roberto, viene da quella scuola officina. Segni essenziali: amore per l'arte e per la parola scritta e stampata. L'arte con la "A" maiuscola del Rinascimento, ma anche del '900, e l'arte contemporanea è presente in tutti progetti di Roberto. Permea la produzione e viene indagata esattamente come se fosse un mondo reale in cui calarsi. Così è per "l'Uovo di Piero della Francesca" il cui dettaglio diventa focus di un intero progetto. Così si usa la cultura del "d'après": si guarda ad un autore per parlare il suo linguaggio, con rispetto, con riverenza, ma trasformandolo, parlando in una nuova lingua.
Le citazioni sono dall'arte ma anche dell'architettura. Dell'architettura dell'Illuminismo per il manifesto "Sotto Napoli" mentre il manifesto per i nuovi progetti per Milano si sceglie il progetto dell'Antolini per Foro Bonaparte, per sottolinearne la vocazione sociale.
Il disegno, l'astrazione, l'arte e la parola scritta. È naturale la ricerca del segno nella scrittura della parola.
La tipografia non è solo frutto dell'arte di disegnare caratteri, è lo strumento con cui si traduce il pensiero e la parola con segni scritti. La pagina, la sequenza di parole, le singole lettere dell'alfabeto possono esse stesse diventare immagini. La sequenza di lettere, la spaziatura delle singole lettere, crea un ritmo tra bianchi e neri tipografici e muove la superficie di un manifesto per una mostra. La singola lettera ingrandita oltremisura e catturata in una sua parte diventa immagine per un Congresso dei Ragionieri. La grafica, la capacità di lavorare con testi e immagini di creare sostituzioni e integrazioni è la qualità indiscussa di Roberto. Alcune pubblicazioni, da «Zodiac» a vari cataloghi mostrano la sua capacità di creare ritmi nel racconto dell'impaginazione, ritmi che si muovono in analogia a costruzioni filmiche interrotti da veri "coup de théatre": le grandi immagini, gli interventi di colore, le grandi pause. Il ritmo non è solo un ritmo della sequenza visiva ma è un ritmo grafico nella scansione della pagina, nelle misure geometriche, nei ritorni di posizione pedantemente

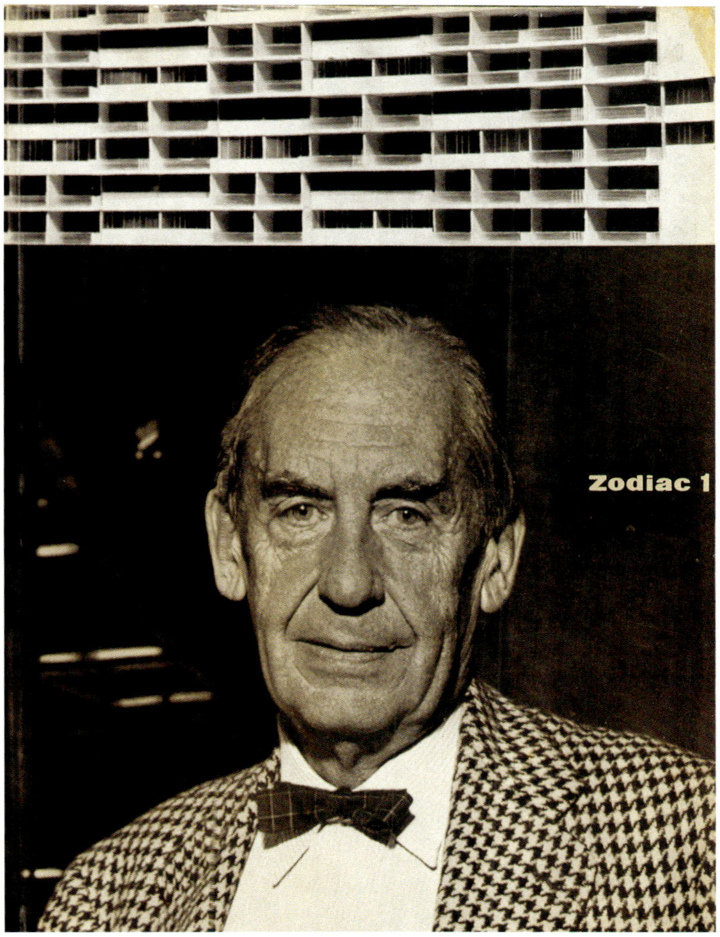

«**Zodiac**», copertina del primo numero della rivista, 1958.
Art director Roberto Sambonet

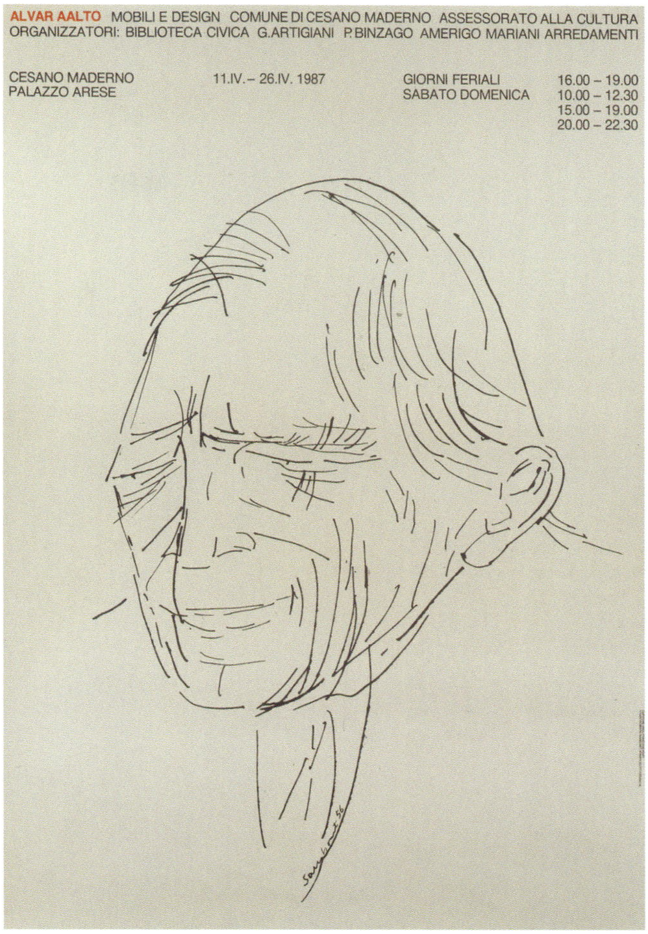

Alvar Aalto, mobili e design, manifesto della mostra, 1987

inseguiti con assoluta caparbietà. Un ritmo geometrico molto serrato sottende tutte le opere. Ma come giudizio sulla geometria vale una sua considerazione sul progetto grafico di una nuova rivista: "Mi sembra che sia una rivista fantastica. Pulizia, dosaggio di testi, stampa eccezionale, progetto molto curato e geometricamente perfetto. È una meravigliosa tela di un ragno … Ma … se una mosca si infila nella tela la geometria si muove, viene tirata, stirata forzata. Allora sì la geometria diventa un'opera d'arte."

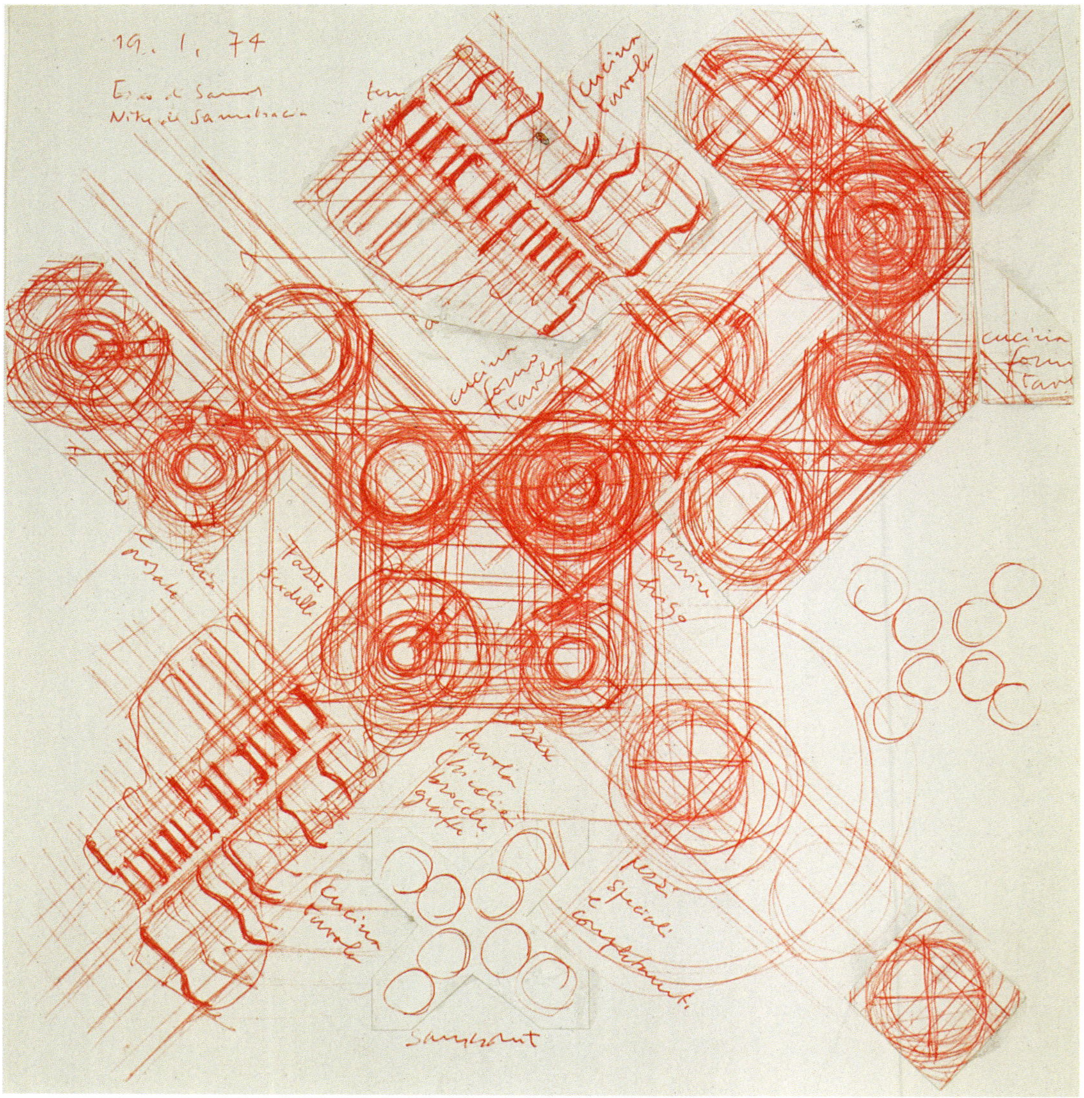

RSt Set, studio per la composizione di un set fotografico, biro rossa su carta, 1974. Archivio CSAC - Centro Studi e Archivio della Comunicazione, Università di Parma

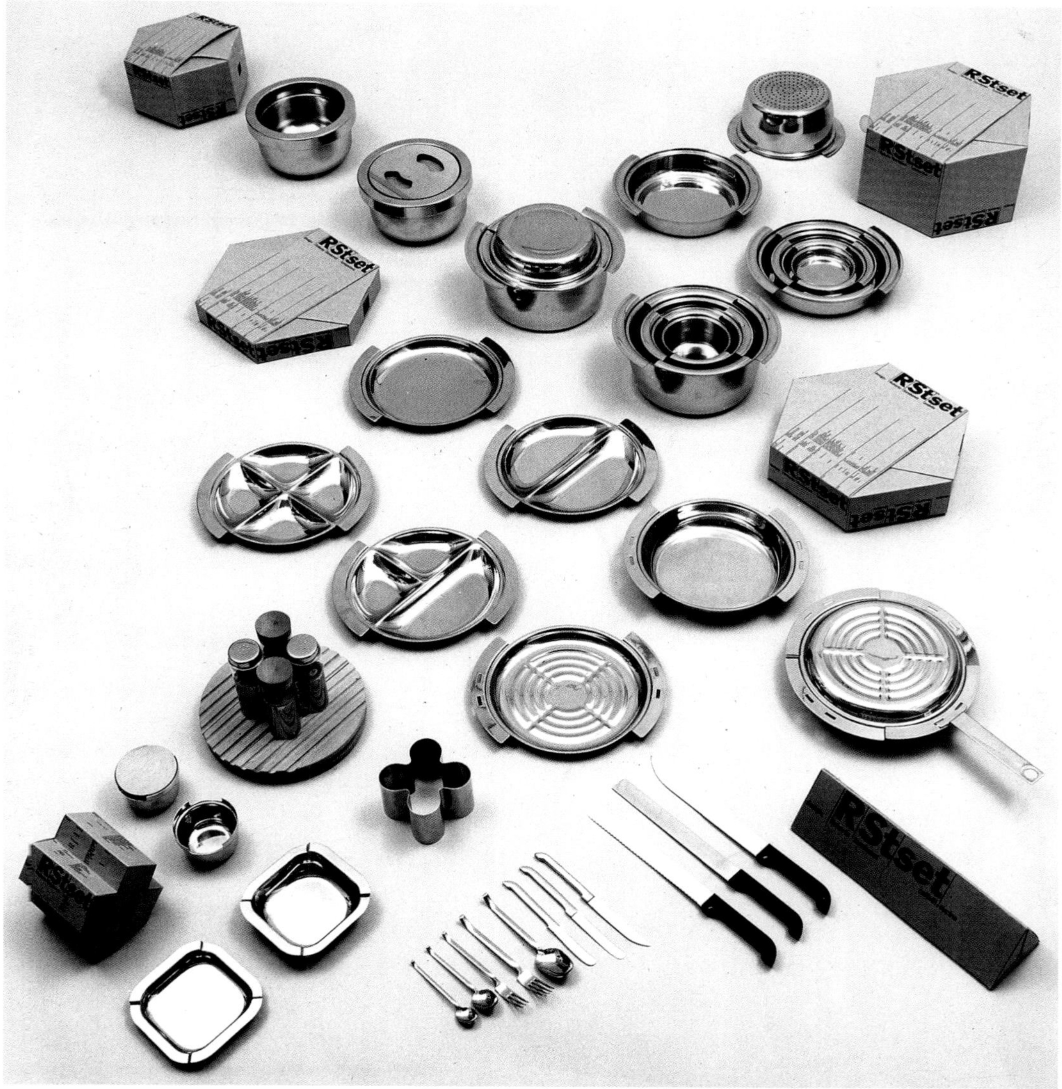

RSt Set, un'immagine per i cataloghi Sambonet.
Art director Roberto Sambonet, fotografo Serge Libiszewski

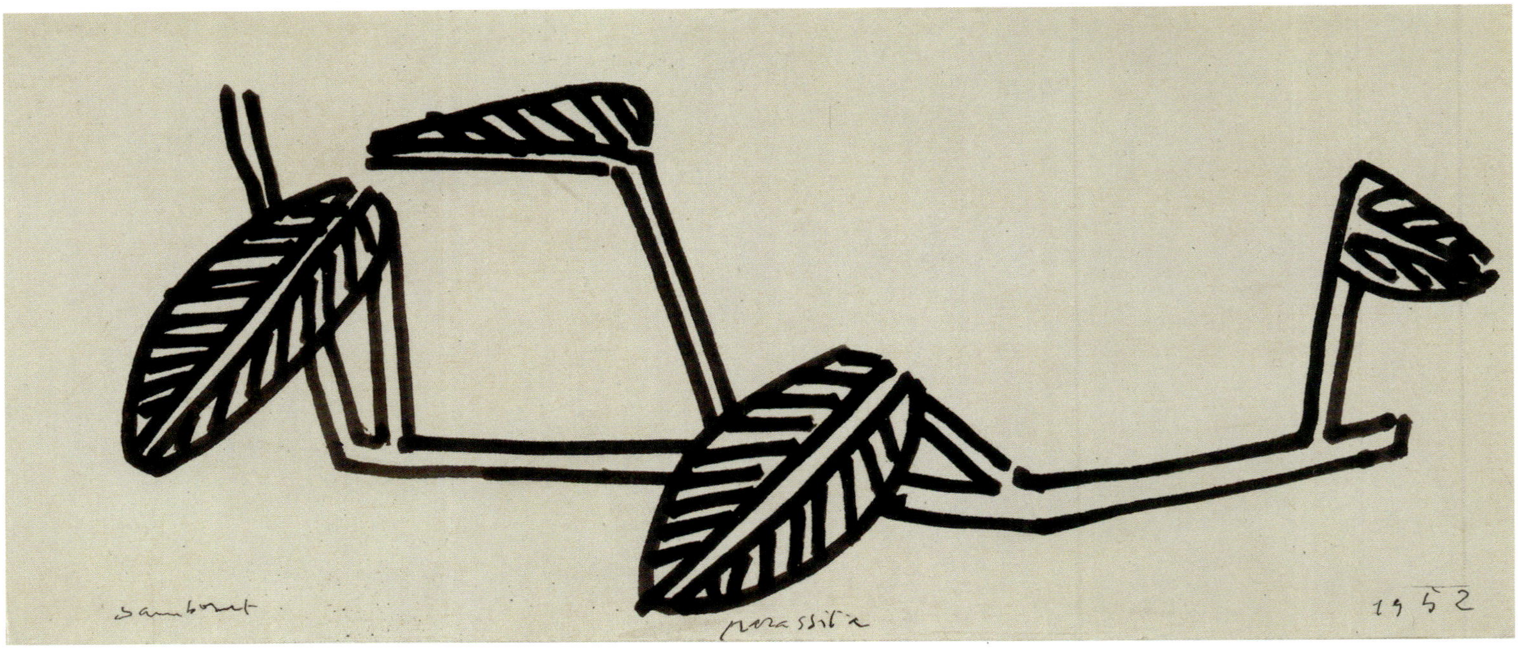

Roberto Sambonet. 1947-1953:
Milano – São Paulo e ritorno
Flaminio Gualdoni

Un piccolo catalogo del maggio 1949, *Sambonet. Exposição de sua obra 1948-49*, dà conto al Museu de Arte de São Paulo delle opere di "um jovem recém-chegado da Europa, polemista também em matéria de arte, deste agitadíssimo após-guerra": si tratta di Roberto Sambonet, appartenente "a um grupo de jovens artistas milaneses de que fazem parte personalidades já conhecidas, como Cagli, Guttuso, Birolli, Cassinari, Morlotti: é a nova tendência italiana agremiada em defesa da boa pintura".
Le opere riprodotte dicono di un comporre monumentale in cui le figure umane si appropriano dell'intero spazio di visione come per espansione, tramate e scandite da nervature grafiche severe, in equilibrio tra cadenze orizzontali e tensioni curve, e da coloriture tonali in dominante bruna, dove molto conta il rapporto tra spessore e trasparenze, tra fisiologia piena della materia e dilavamento luminoso.
Si tratta di opere acerbe, acerbissime, di un autore che in quegli anni, nonostante abbia alle proprie spalle già due personali – nel 1947 alla Gummesons Konstgalleri di Stoccolma e l'anno dopo all'autorevole Cavallino di Venezia –, sta affannosamente evolvendo non tanto e non solo la propria cultura visiva, ma gli strumenti stessi del fare, il bagaglio della disciplina. Ma è, a ben vedere, una considerazione che non vale solo per lui, l'autodidatta che ha lasciato gli studi al Politecnico milanese per abbracciare la pittura, ma – a quelle date – per l'intera generazione italiana alla quale egli appartiene.
Sambonet è figlio del clima fervido della Brera di fine guerra: Brera, e la Milano circostante. È la Brera di Carlo Carrà e di Aldo Carpi, di Achille Funi (con il quale nel 1950 Sambonet studierà a Bergamo le tecniche dell'affresco) e del suo assistente Gino Ghiringhelli, che è anche gallerista giusto dirimpetto, nel già ambìto Milione di Morandi e degli astratti. È la Brera del Bar Jamaica, così battezzato proprio allora dal musicologo Giulio Confalonieri, e delle mostre artigianali e provocatorie inventate dal gestore Elio Mainini e dai giovani artisti frequentatori.
Tra guerra e dopoguerra immediato, il patrocinio di quei maestri va a studenti come Giuseppe Ajmone, Cesare

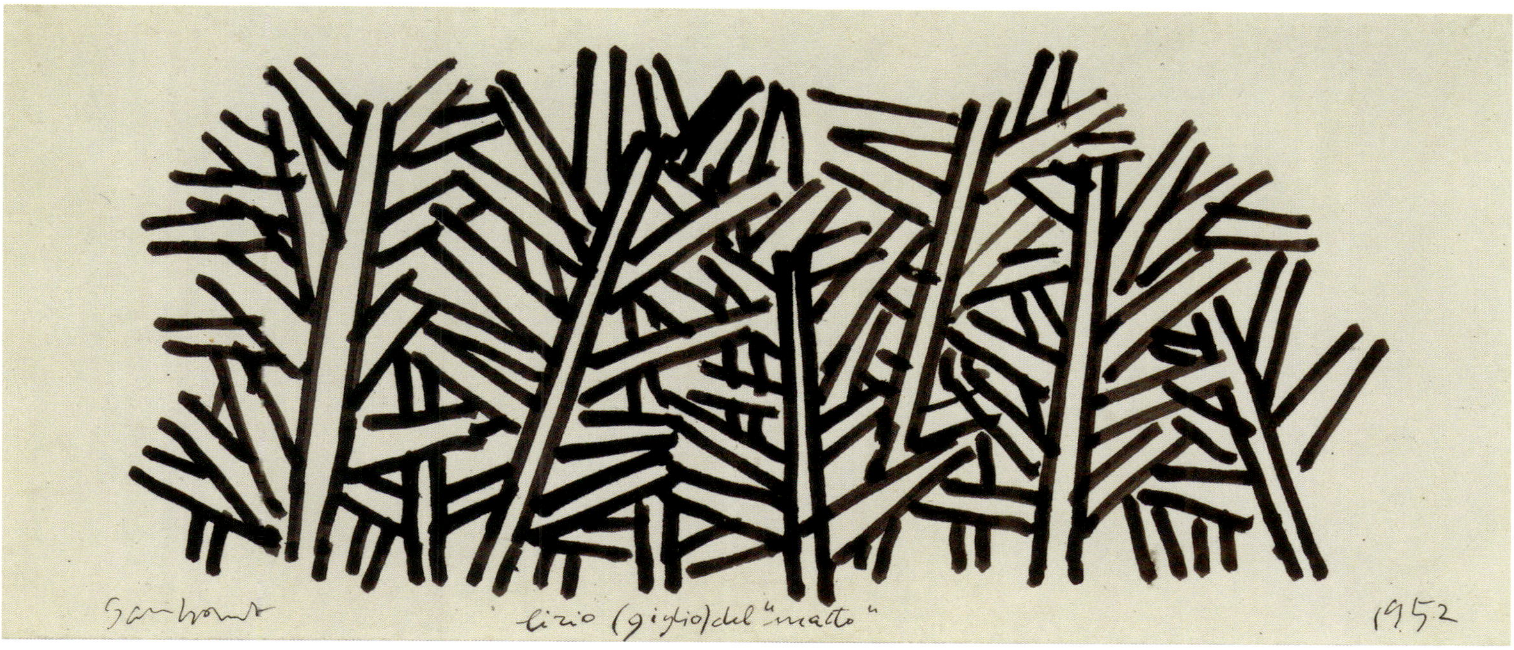

Peverelli, Piero Giurni, Ennio Morlotti, Alfredo Chighine, Franco Francese, Roberto Crippa, Gianni Dova, Alik Cavaliere, tra gli altri: i quali vanno orientandosi tra le tensioni alla *surcharge* espressiva e all'*engagement* di Corrente e dintorni da un lato, e dall'altro la lezione picassiana nella vulgata che ne diffonde la compagine dei "Vingt jeunes peintres de tradition française", i Gischia, Lapicque, Le Moal, Manessier, Pignon, Singier, Estève, raggruppati già nel 1941 da Bazaine e Lejard: tramiti, tutti, d'una mediazione assai più importante di quanto normalmente non si sia voluto ammettere, e che ribilancia sul versante cautelato di Georges Braque – celebrato e premiato, peraltro, alla Biennale veneziana del 1948 – il nuovo corso neocubista.
"In arte, la realtà non è il reale, non è la visibilità, ma la cosciente emozione del reale divenuta organismo", si legge nel *Manifesto del realismo*, pubblicato nel 1946 nella rivista «Argine Numero», che si vuole di superamento del picassismo ridotto a stile ed è perciò divulgato come *Oltre Guernica*: è la stessa rivista che pubblica sintomaticamente, il 15 dicembre di quell'anno, la tavolozza di Cézanne. Sambonet vive quel clima, s'imbeve di quelle atmosfere, ma mettendo a frutto autonomamente una curiosità, una disposizione all'informazione cosmopolita, che ne fa più un auscultatore del naturale, delle sue linee-forza vitali e delle sue interne energie formali, che un artista avvinto a questioni di modo rappresentativo, oltre che d'ideologia.
Il 1948 è data fatidica per Sambonet: è – in curiosa coincidenza con le scelte di un altro italiano geniale, Gastone Novelli – quella del trasferimento in Brasile, il Brasile di Pier Maria Bardi formidabile organizzatore di cultura e di Emilio Villa, quello dell'incrocio d'esperienza tra il senso ancora aulico, e vagamente liturgico per via d'*engagement*, del puro fare pittura e il rapportarsi all'arte applicata, il contaminarsi con l'architettura e l'arredo, la decorazione e l'artigianato.
Inizia a prevalere, nel dipingere di Sambonet, un'attenzione più acuminata per la lezione cézanniana, per materie meno inspessite e concitate, soprattutto vanno perdendosi gli *sfregazzi* – per dirla all'antica – e le tonalità deliberatamente virate al disagio. E monta

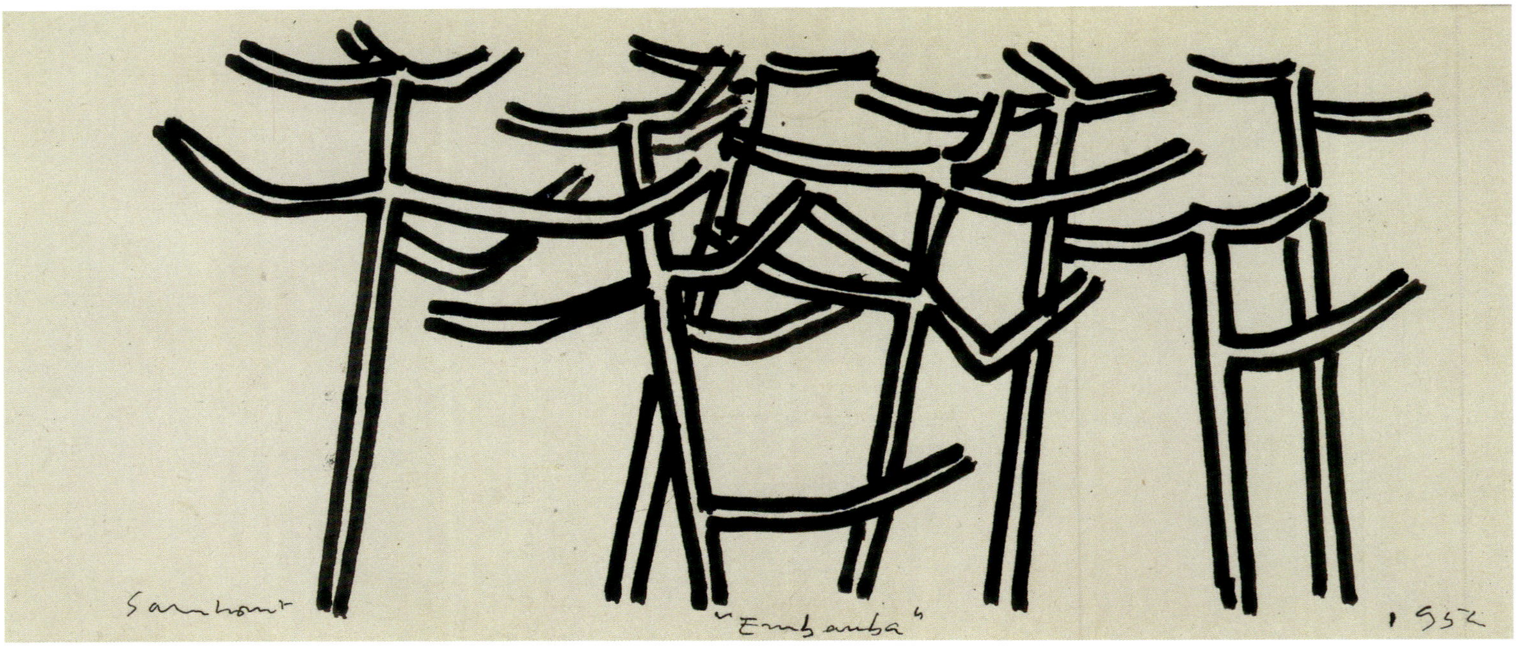

in cattedra la struttura grafica, una primazia del disegnare che sarà, dagli anni Cinquanta alla fine, tratto costante e decisivo nel modo d'intendere e d'inventare di Sambonet. Negli andirivieni costanti tra il Brasile e Milano si colloca la partecipazione dell'autore alla «Mostra di pittura italiana moderna» alla Galleria di Pittura, che s'inaugura il 12 gennaio 1949 accompagnata dal bollettino n. 1 della galleria, con testo di Alessandro Cruciani. Ci sono Morlotti e Peverelli, Cagli e Cassinari, tra gli altri. La galleria, d'altronde, è di fatto il crocevia delle esperienze di Oltre Guernica, come ben annuncia, nel bollettino n. 2, Peverelli, scrivendo a nome di tutti che "è bene ricordare che il linguaggio cubista non è Picasso ma è un linguaggio comune di un periodo (posso citare i nomi di Braque, Juan Gris, Léger, Ozenfant e di moltissimi altri) ed anche che ogni volta [che] un atleta deve saltare abbisogna di terra sotto i piedi e non può prendere slancio sul vuoto"; inoltre, che "non è giusto affermare che i giovani siano ancorati alle formule del cubismo dei maestri che ci hanno preceduto, ma ad uno sguardo più attento pare chiaro che in tutti esiste una più o meno accentuata liberazione, sopratutto giorno per giorno un più cosciente ardimento nell'affrontare nuovi problemi, il proiettare la forma nello spazio, il raggiungimento di un nuovo sentimento del tempo, tematica posta dai cubisti e forse da questi dimenticata per via e nella quale più di una generazione saprà esprimere i propri sentimenti, e sarà molto interessante notare come in noi sia vitale l'apporto della tradizione italiana innestata nel linguaggio in cui si esprimono le generazioni di tutto il mondo; cosa non nuova nella storia dell'arte se si ricorda il gotico internazionale".
È l'enunciazione, dunque, di un lavoro consapevolmente *in fieri*, che come sempre nell'arte degli *Jungen* ha assai più chiaro ciò che non vuol essere, ciò cui si rifiuta di adeguarsi, di ciò cui sta tendendo.
Anche Sambonet si cerca: e, in Brasile, si trova.
Non solo perché incontra, nel proprio ricercare, le frequenze di un'arte etnica da vivere senza esotismi e all'insegna dell'essenzialità grafica e della nettezza coloristica, ma anche perché laggiù circola un clima bauhausiano in qualche modo decontaminato dalle

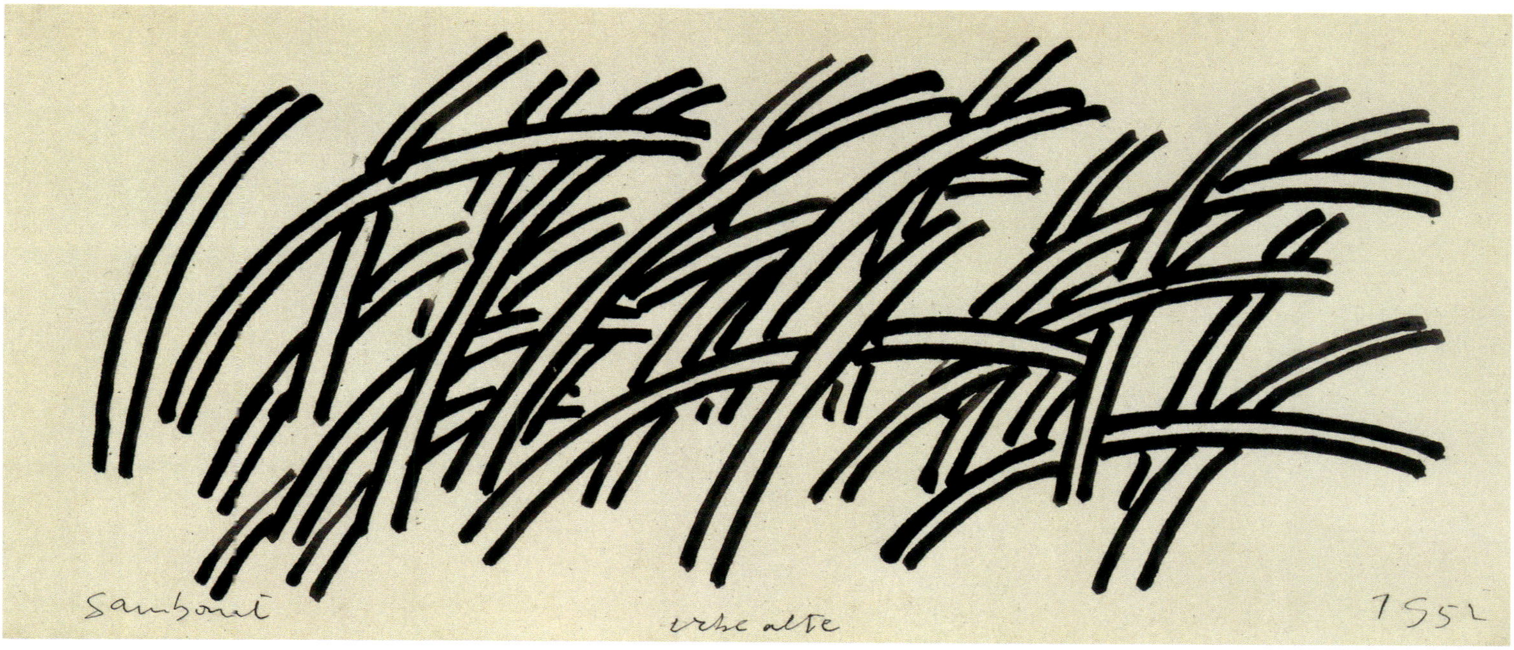

Flora tropicale, 4 chine su carta, 10 x 24 cm, 1952

ipoteche ideologiche con cui esso è vissuto e riletto in Europa: data a quel tempo la sua scoperta di Paul Klee, "astratto con qualche ricordo", che segna in modo indelebile l'evolvere di Sambonet verso il pensiero della forma come struttura dell'organico.
Certo, centrale è l'esperienza di sei mesi al manicomio di Juquerí, presso São Paulo, a ritrarre i volti dei disturbati di mente: ma si tratta per l'autore di un "a parte" esecutivo, un esercizio di cattura e sintesi del dato fisionomico primario che sarà, anni dopo, di gran momento nella sua passione ritrattistica. Ben più fondante è il primo operare come docente di grafica e in seno alla progettazione di tessuti stampati. Qui egli matura il suo micidiale astrarre dal motivo naturale la *ratio* formale prima, il distillare non a mero motivo estetico, ma a formatività sorgiva, il turgore della sensazione.
È colui che considero il critico *en poète* più grande del secolo in Italia, Emilio Villa, a cogliere perfettamente ciò che nell'animo di Sambonet va maturando. L'occasione è lo strepitoso album *22 cause + 1* pubblicato dal Milione a Milano nel marzo 1953, che la grafica di Max Huber rende un piccolo capolavoro librario, in cui si legge del "pittore che in quel momento, e in ogni momento utile, stava manipolando fogliame, fiori, infiorescenze e frutti, e ci perdeva sopra gli occhi per imparare i segni, la musica, gli itinerari, i silenzi", ritrovando "il sentimento semplice dei tracciati e degli anelli e dei gangli, spirali, labirinti, giunture, i modi di unire e di separare": e, più in radice, "il creato medesimo, la naturalezza, la sillaba non avariata".
"Io sfido tutti i Bauhaus di questo e dell'altro mondo a disegnare un aereo il cui schema sia meno antiquato della sagoma di un uccello", postilla Villa. E Sambonet ormai è, definitivamente, su questa via. Si avverte capace, ora, di scovare addirittura la filigrana simbolica della formatività naturale, e di restituirla in forma intelligente e funzionale d'artificio; mettendo in mora, per vie diverse da quasi tutti, l'imperialismo modernista del metodo.
Il successivo incontro è, né può essere casuale viste le vocazioni ormai schiarite alla "sillaba non avariata", quello che dà l'avvio all'avventura maggiore di Sambonet: è l'incontro con Alvar Aalto.

brasile: uno shock culturale

I cinque anni trascorsi in Brasile dal 1948 al 1953 rappresentato una svolta e una maturazione. Pietro Maria Bardi asseconda e rilancia gli interessi artistici di Sambonet, ma lo indirizza anche verso la cultura materiale. Ma è la dimensione complessiva del Brasile a operare uno scarto di prospettiva. L'immanenza pervasiva della natura, l'immediata coincidenza fra paesaggio umano e culturale, l'urgenza e la possibilità di inventare, sono un universo alieno con cui Sambonet si confronta e a cui si apre. Partito giovane pittore, Sambonet ritorna artista e designer.

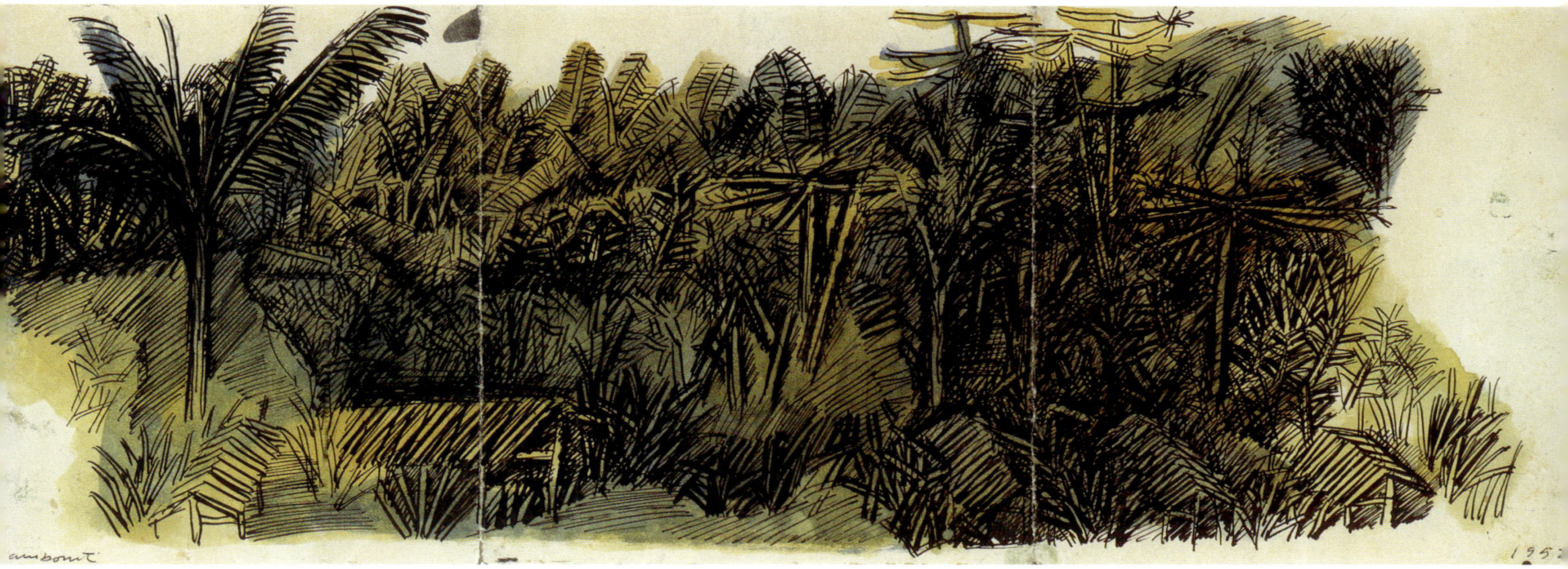

Massaguassù capanne di canoe, acquerello e china su carta,
18,5 x 50 cm, 1952

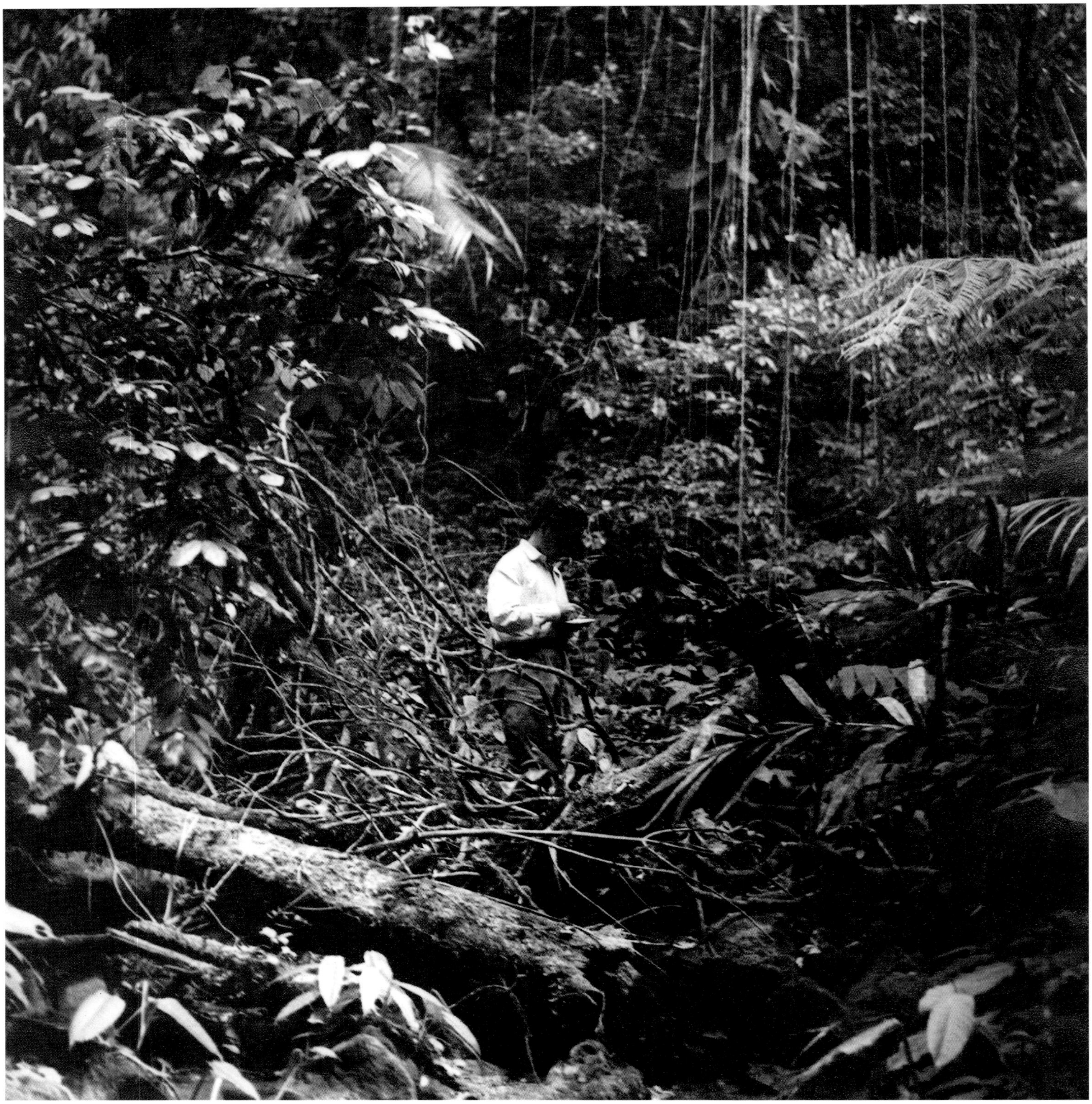

Roberto Sambonet mentre disegna nella foresta tropicale, Brasile, 1950 ca.

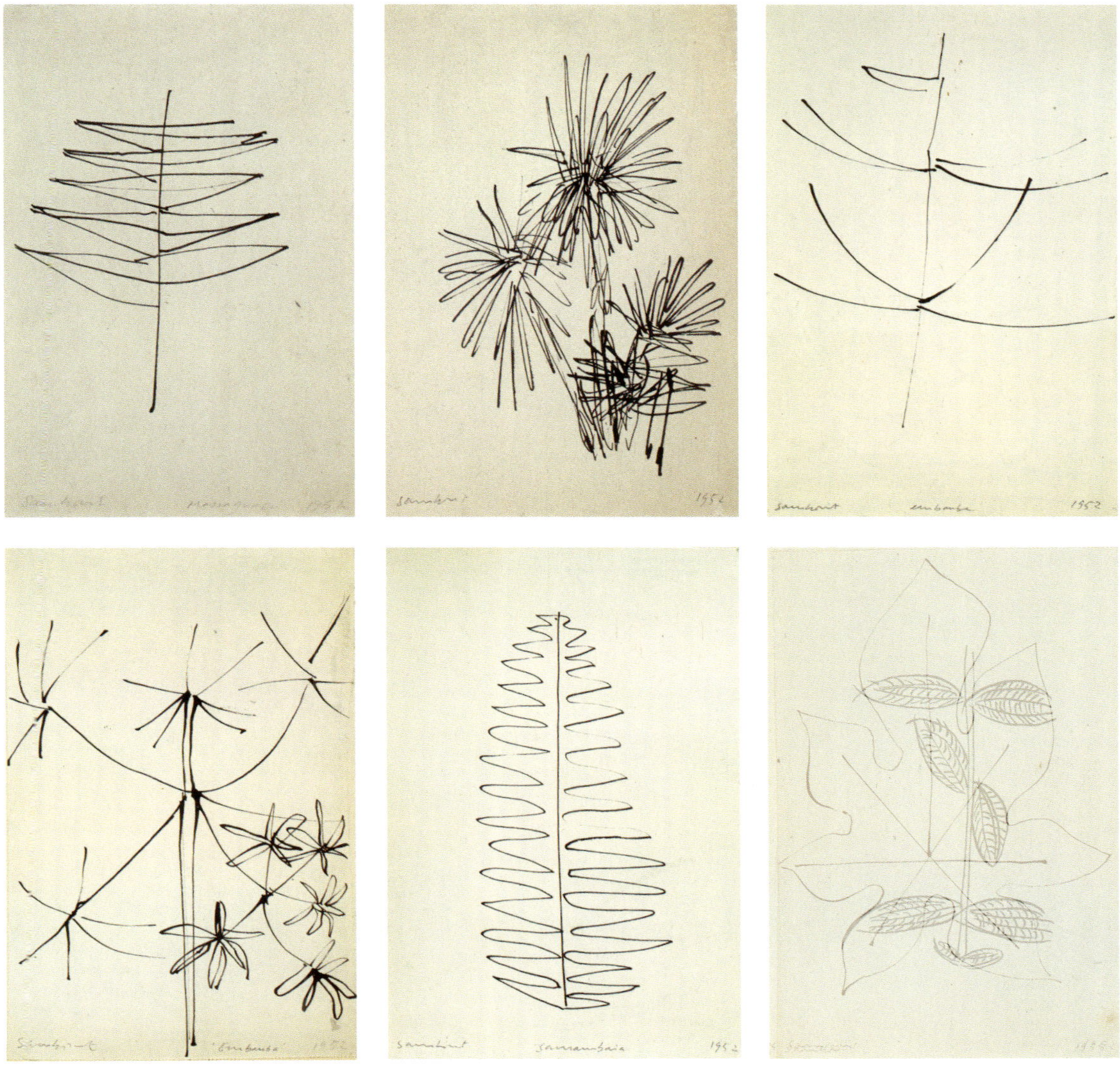

Flora tropicale brasiliana, 6 disegni, china su carta, 25 x 18,5 cm, 1952

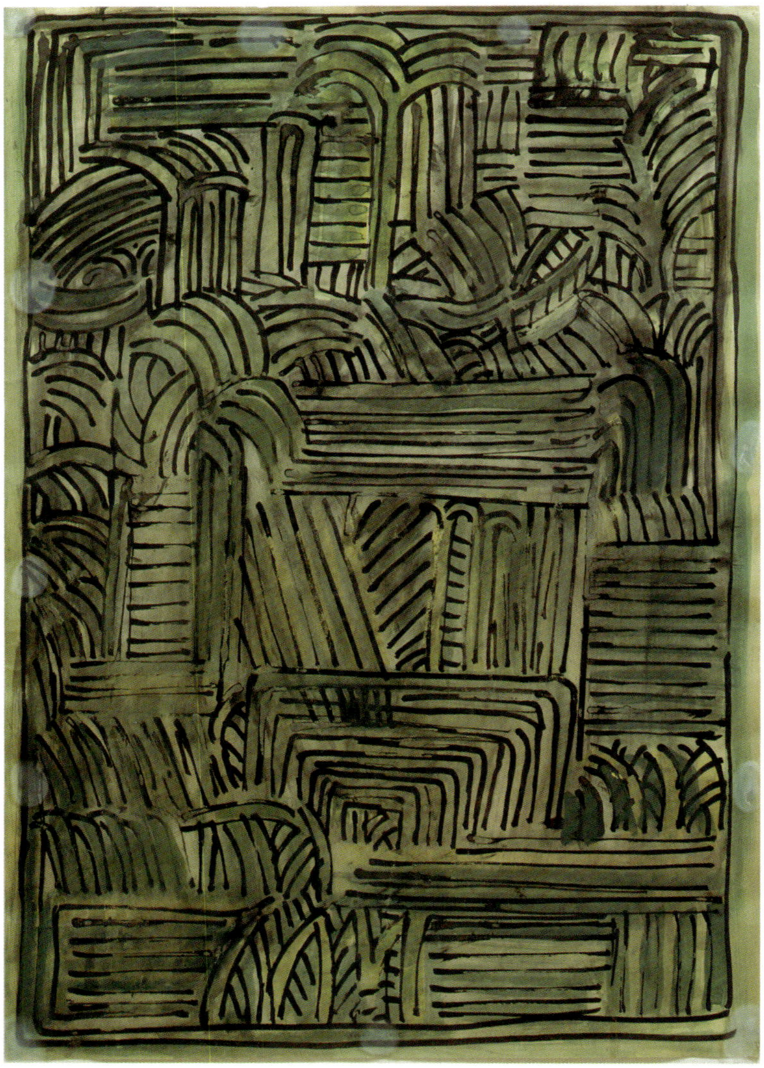

Jungla Brasiliana, acquerello e china su carta, 66,5 x 47,5 cm, 1950 ca., collezione privata, Milano

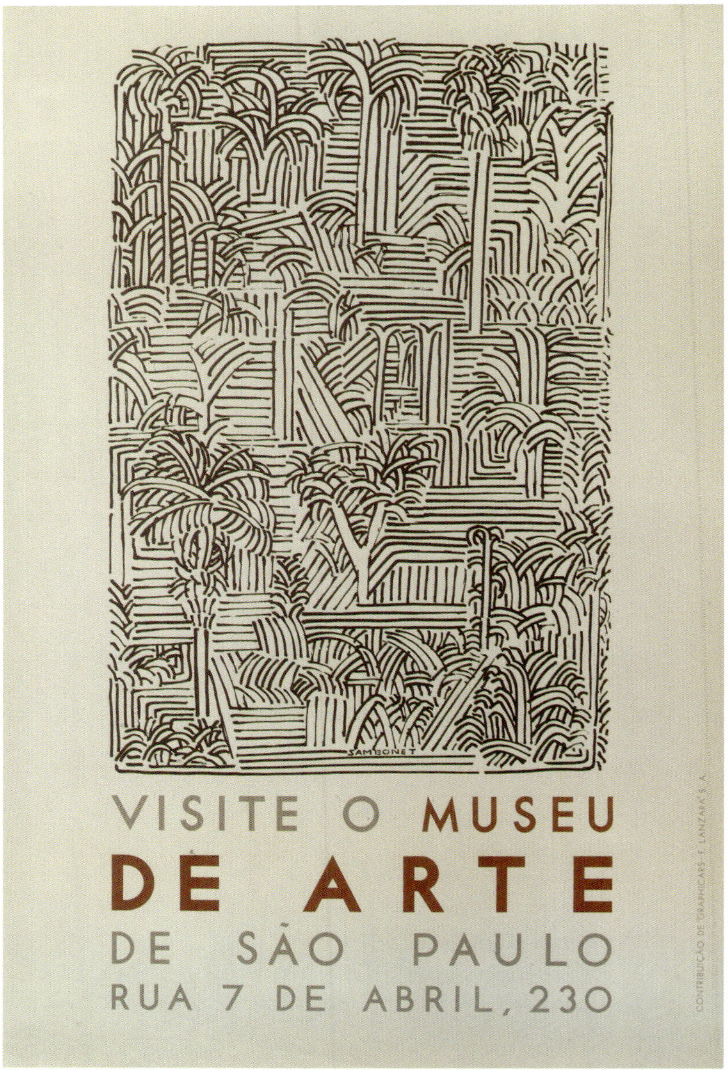

Visite o Museo de Arte de São Paulo, manifesto, 100 x 70 cm, 1951

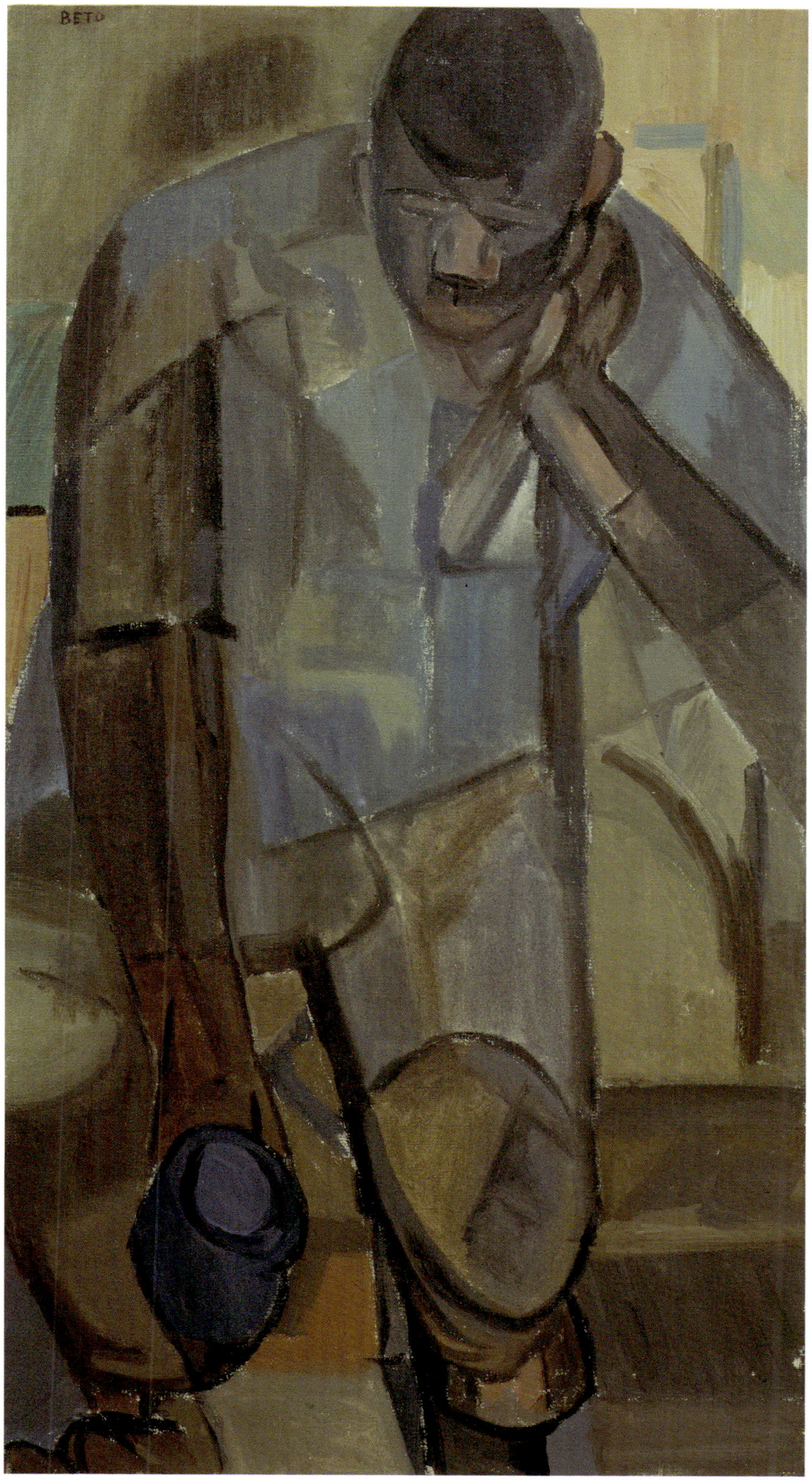

Massaguassù figura, olio su tela, 90 x 50 cm, 1952

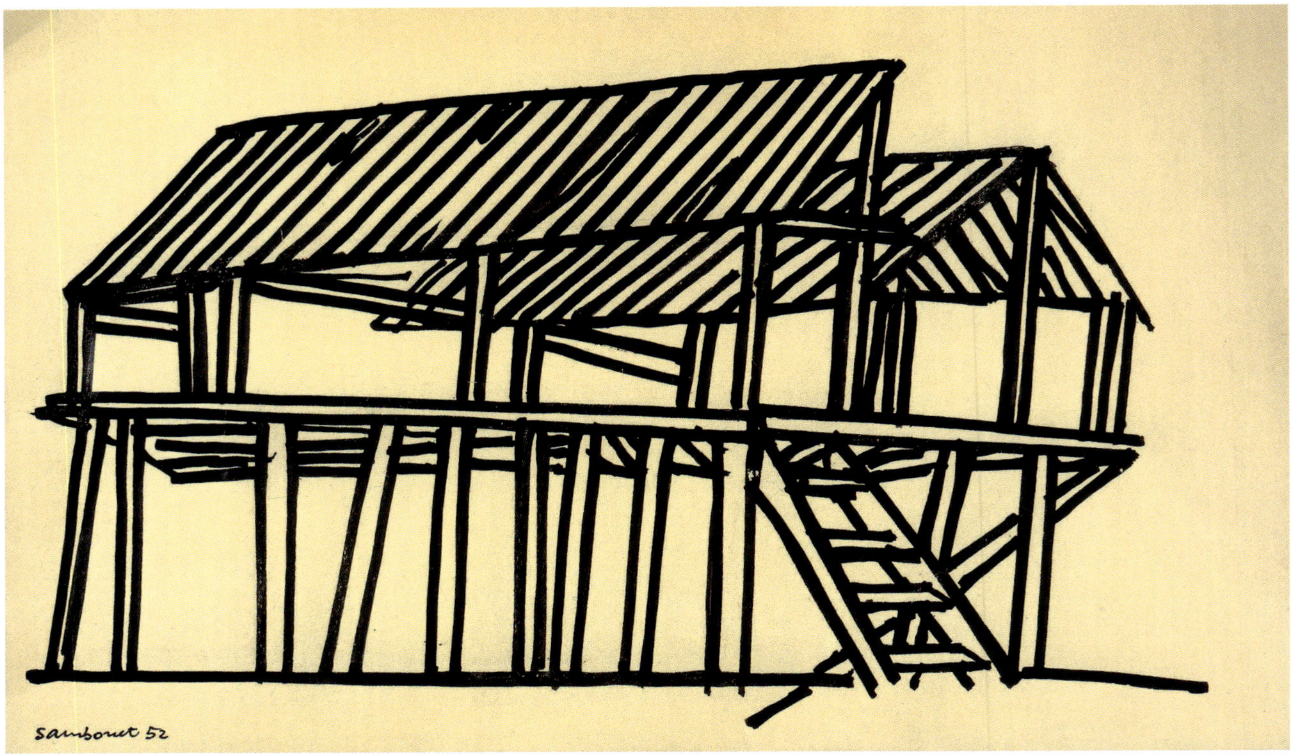

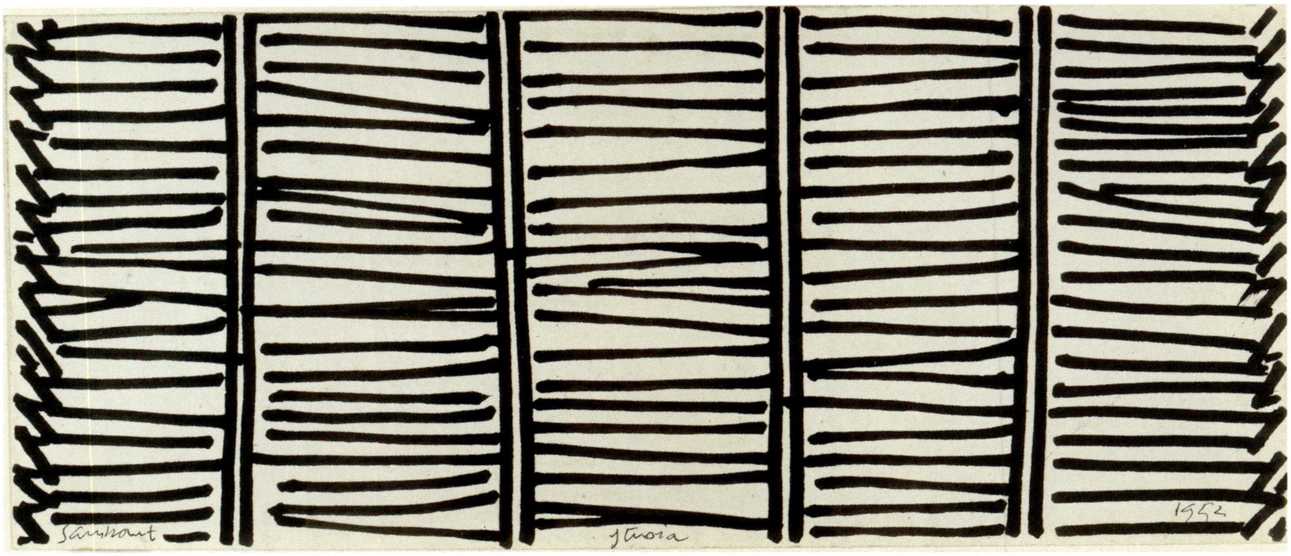

Capanna, china su carta, 25 x 42 cm, 1952

Stuoia, china su carta, 10 x 24 cm, 1952

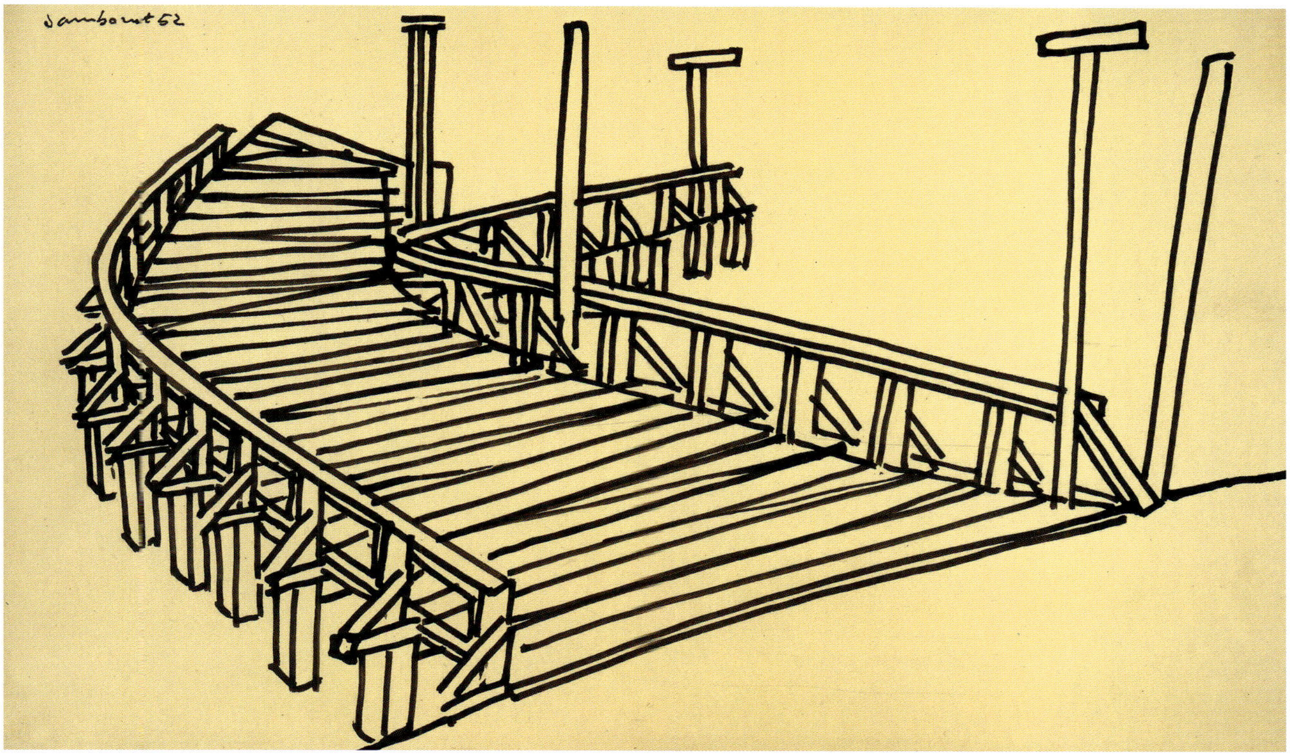

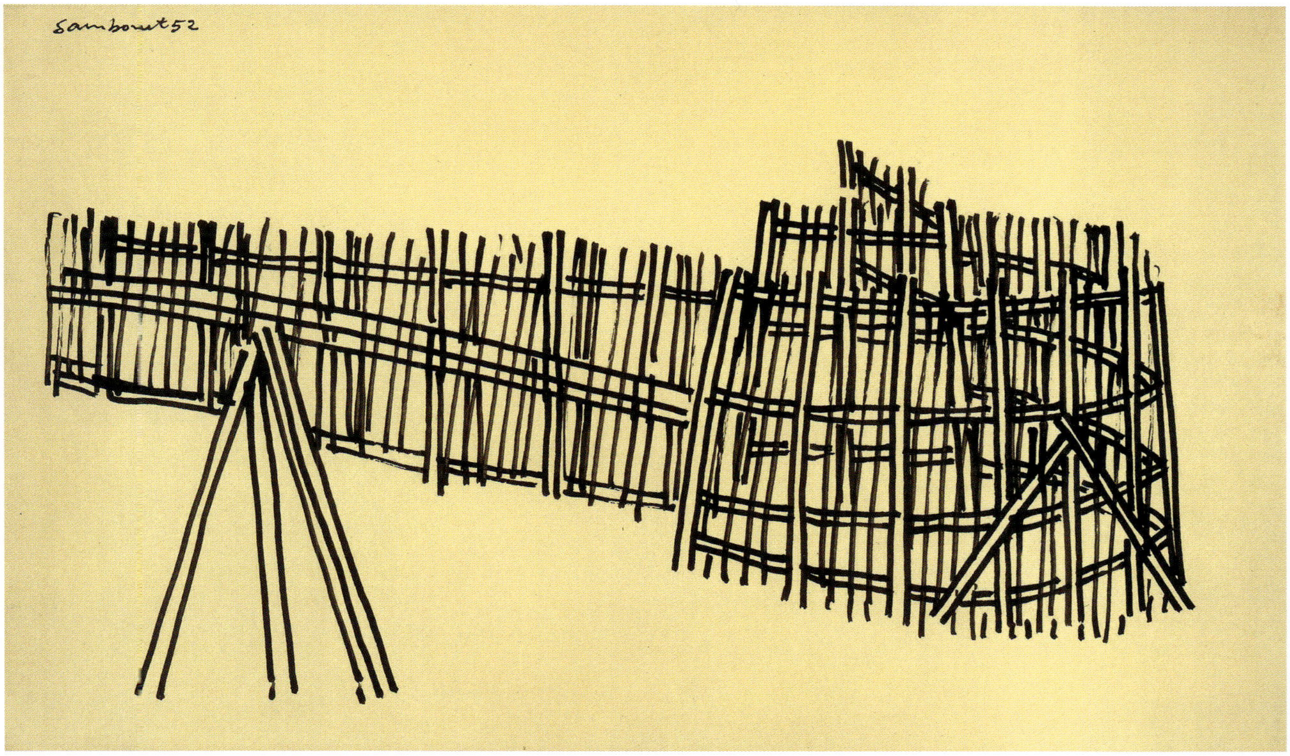

Pontile, china su carta, 25 x 42 cm, 1952

Palizzata, china su carta, 25 x 42 cm, 1952

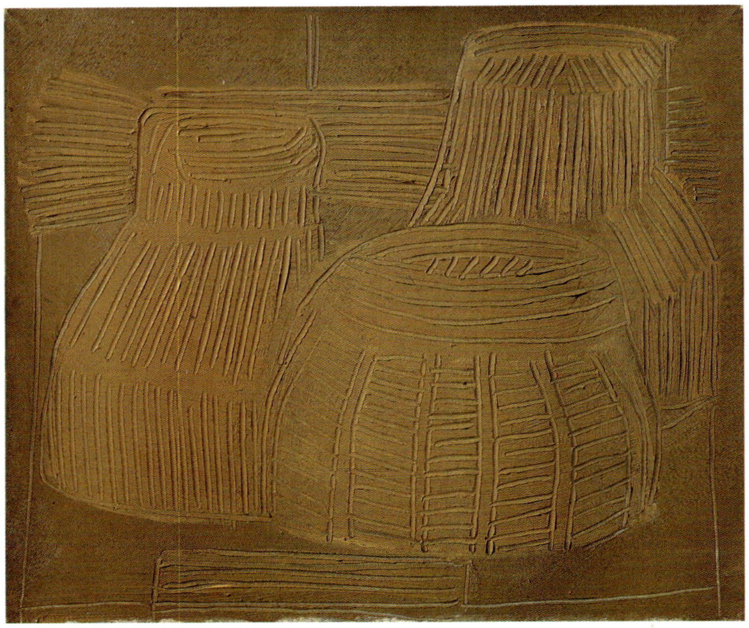

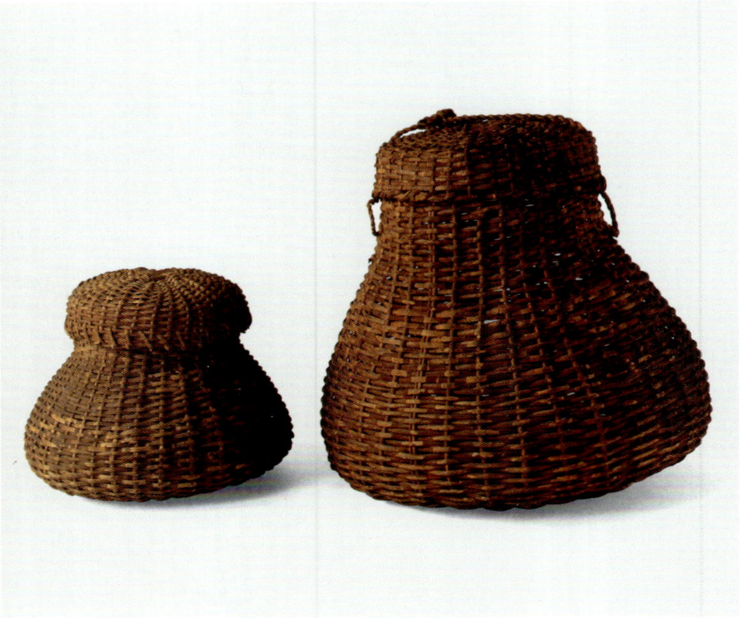

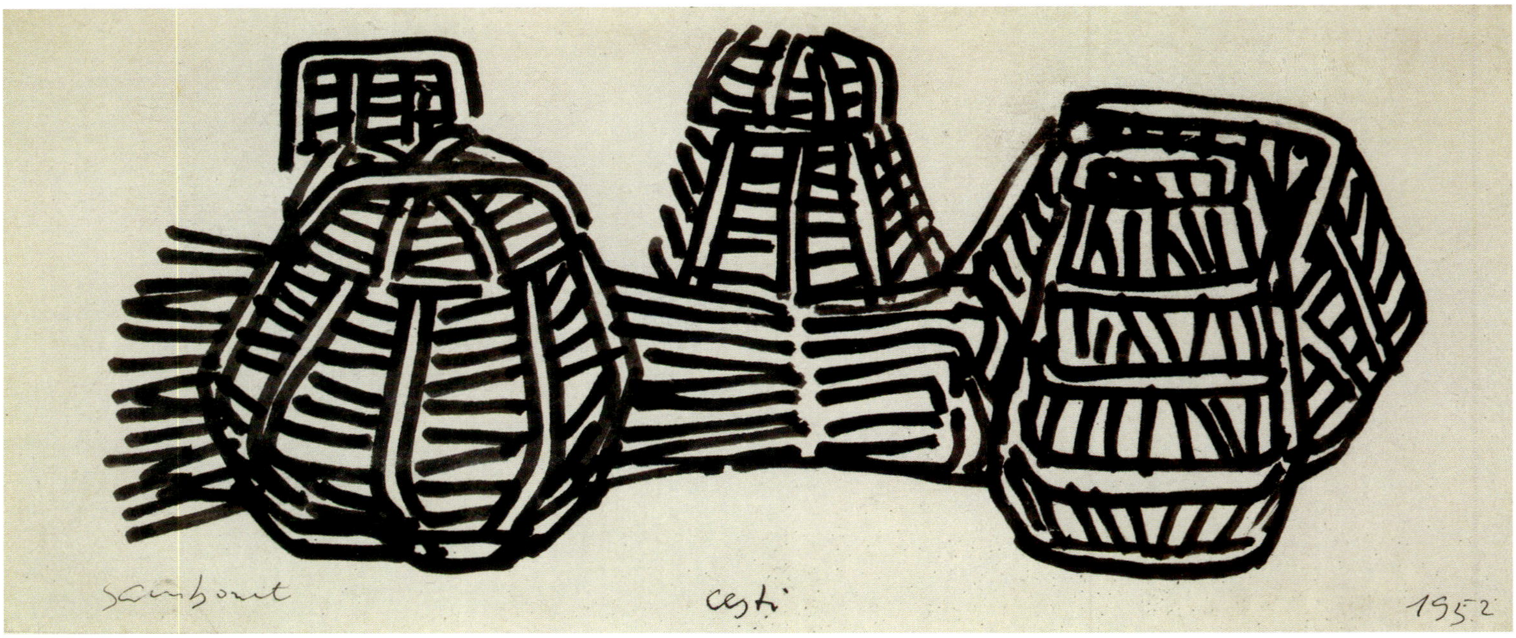

Cesti, olio su tela, 46 x 55 cm, 1952
Ceste brasiliane, giunco, diametro 30 e 20 cm ca., 1940-50

Cesti, china su carta, 10 x 24 cm, 1952

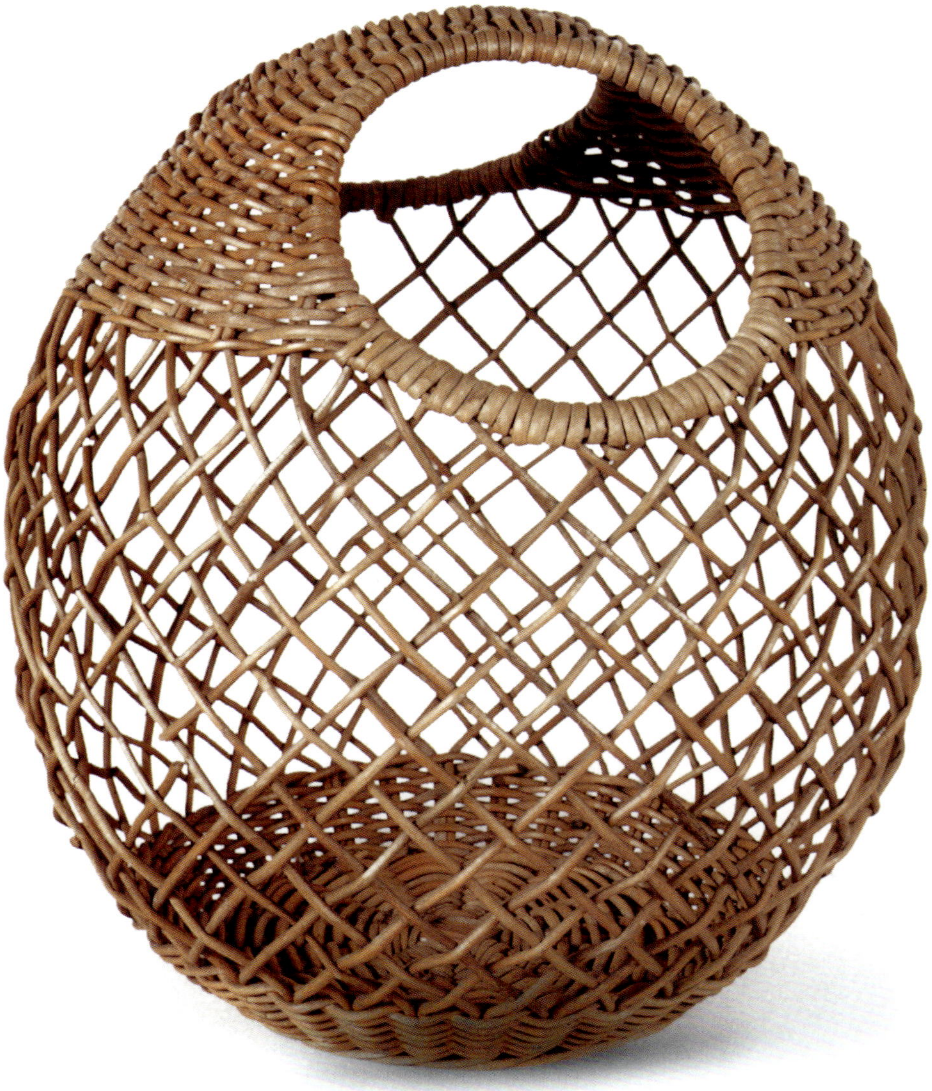

Cesto 1951
Borsa sferica in giunco, le due aperture circolari fungono da impugnatura.
Diametro 30 cm. Distribuzione La Rinascente. Produzione Vittorio Bonacina

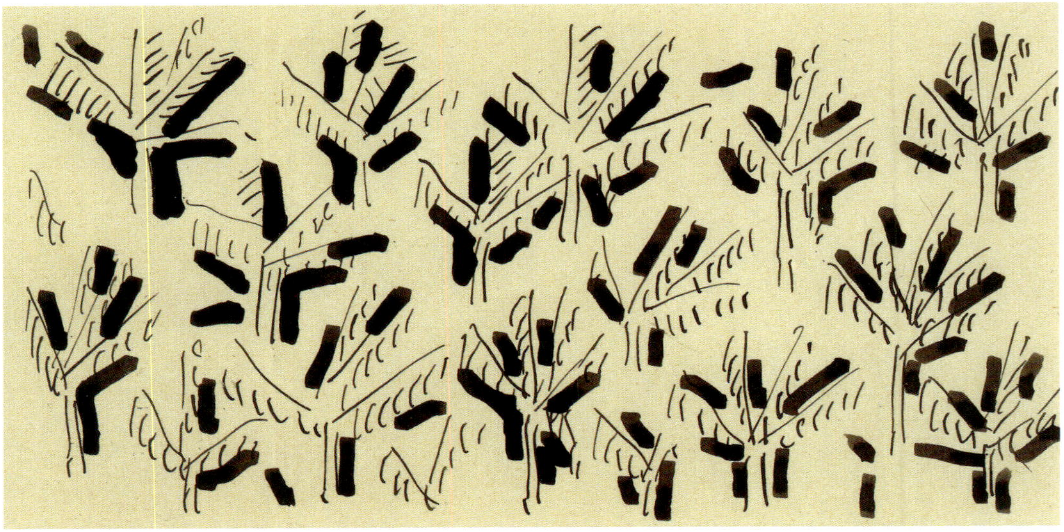

Foresta tropicale, studio per tessuto, china su carta, 7,5 x 15 cm, 1950 ca.

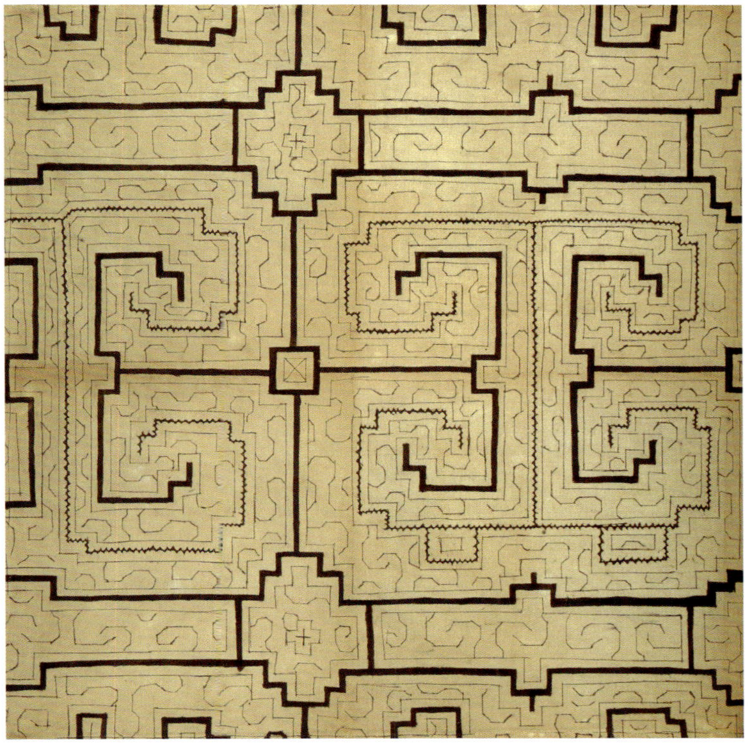

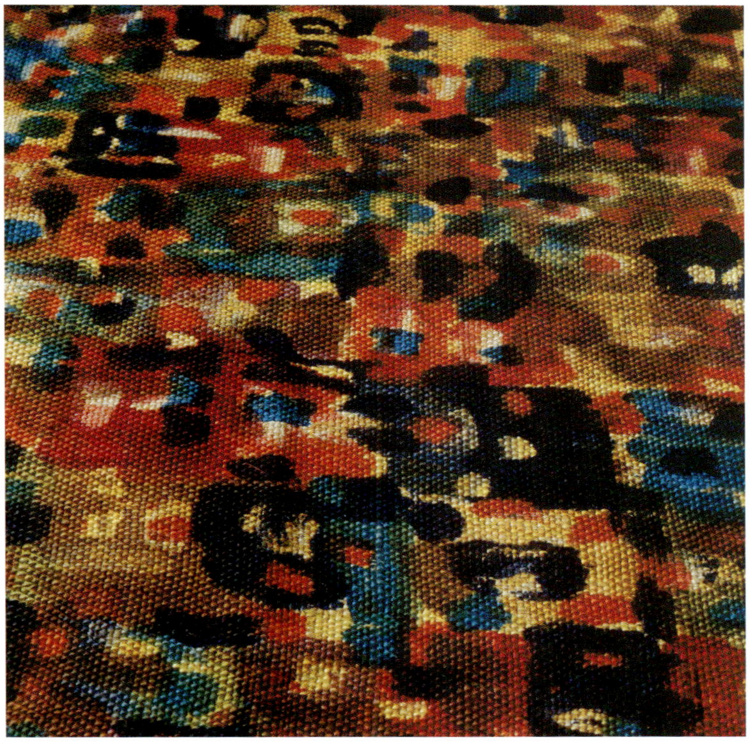

Tessuto Indio, cotone stampato, Brasile, 1950 ca.
Produzione Mappin Stores

Tessuto Indio, tela stampata, Brasile, 1950 ca.
Produzione Mappin Stores

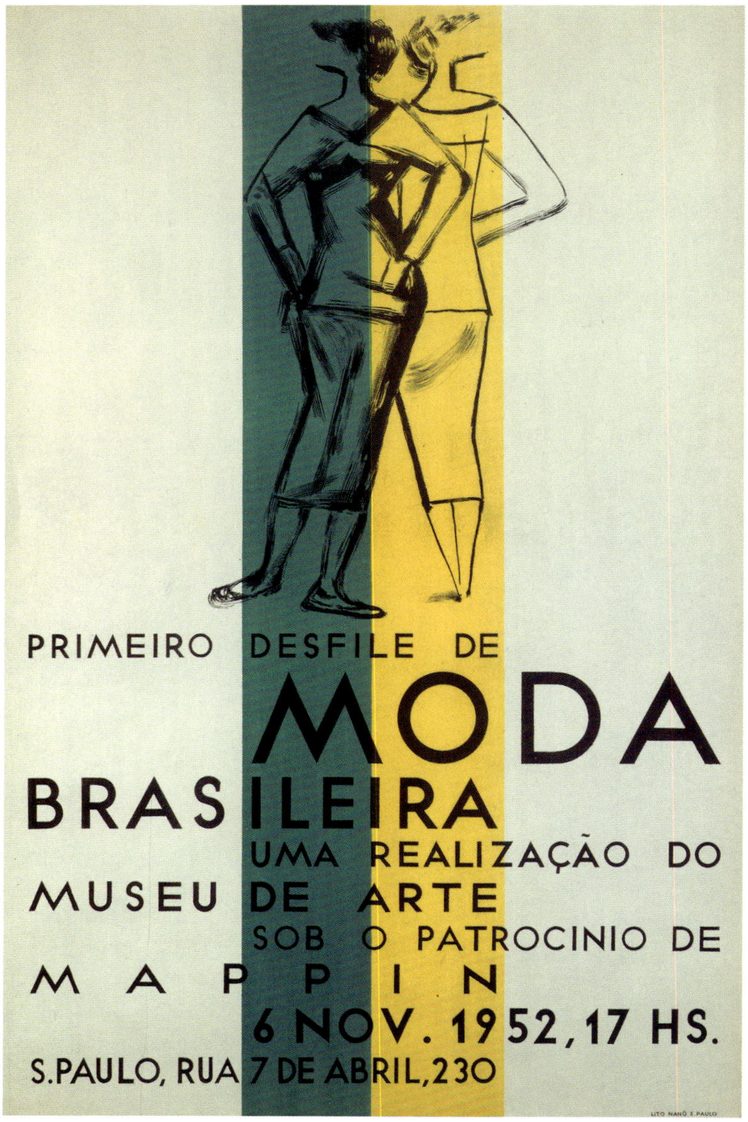

Primeiro desfile de moda brasileira, São Paulo, manifesto, 95 x 63 cm, 1952

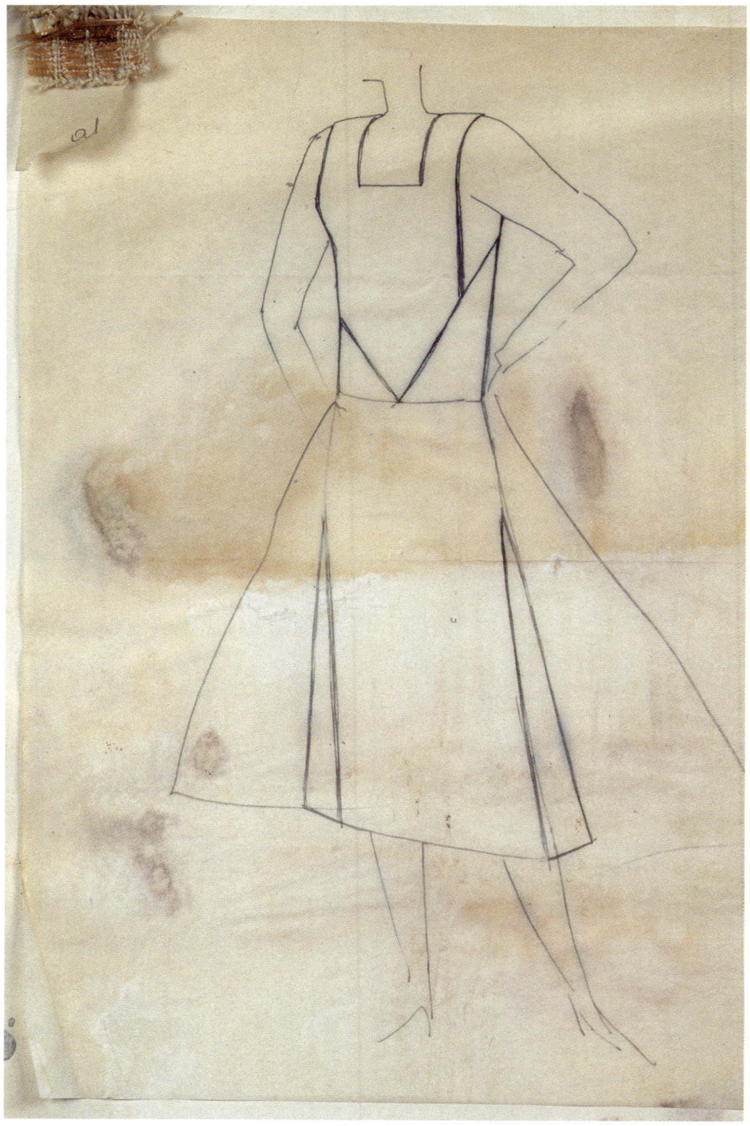

Primeiro desfile de moda brasileira, São Paulo, figurino per abito, biro su carta e frammento di tessuto, 40 x 20 cm, 1952

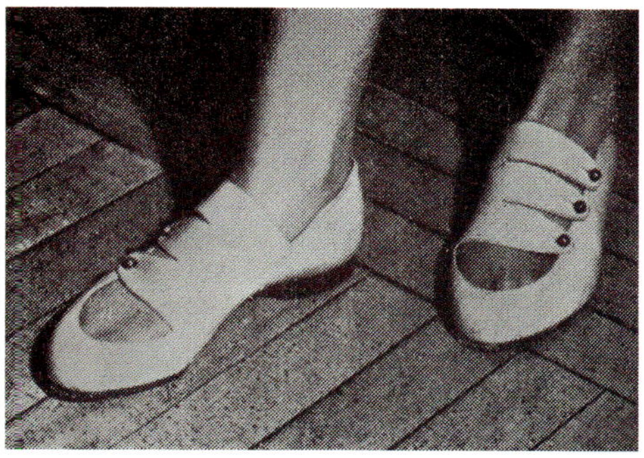

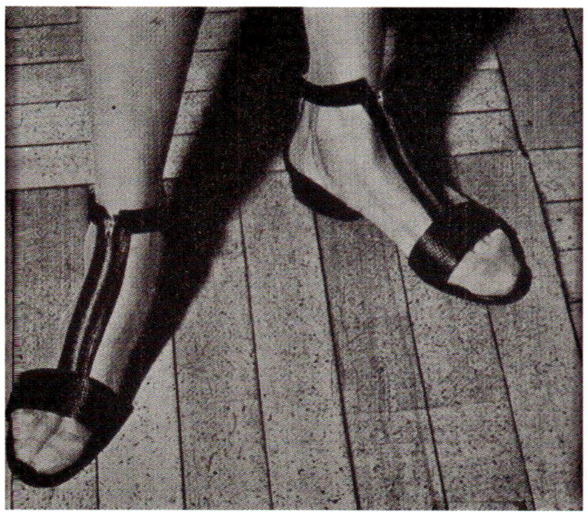

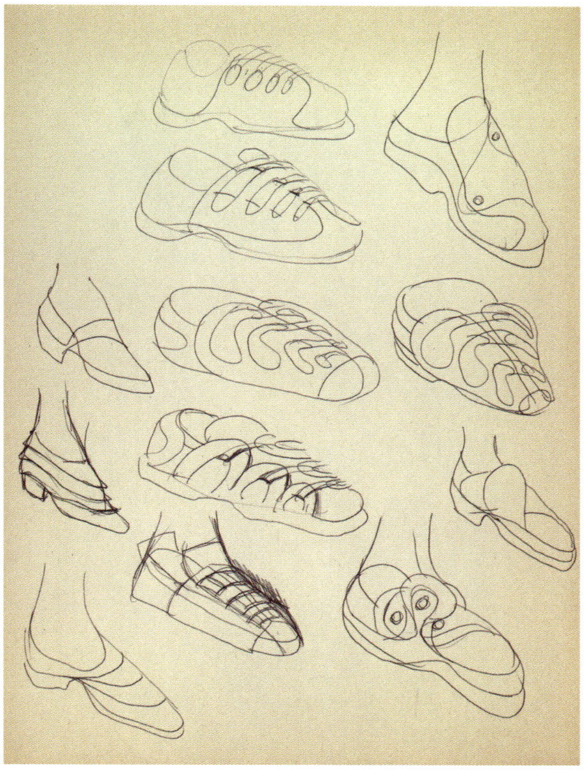

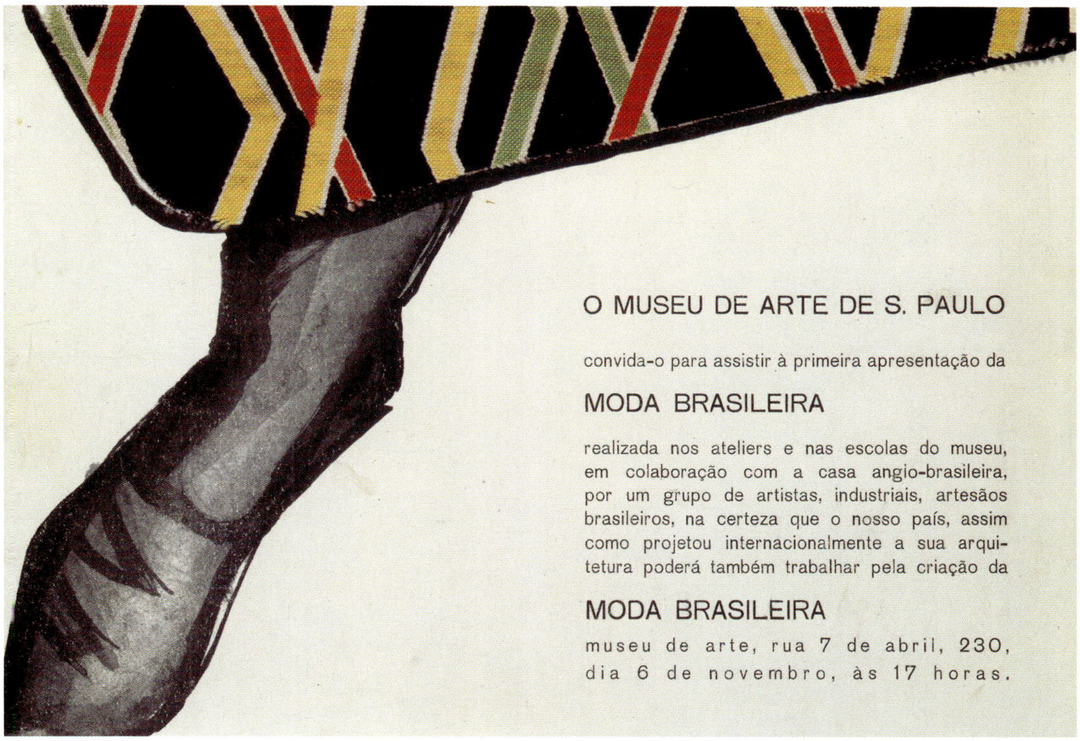

Primeiro desfile de moda brasileira, São Paulo, modello di calzatura, 1952
Primeiro desfile de moda brasileira, São Paulo, modello di sandali, 1952
Primeiro desfile de moda brasileira, São Paulo, studi di calzature, biro su carta, 24 x 32 cm, 1952

Primeiro desfile de moda brasileira, São Paulo, invito alla sfilata, collage di stoffa su cartoncino, 15 x 20 cm, 1952

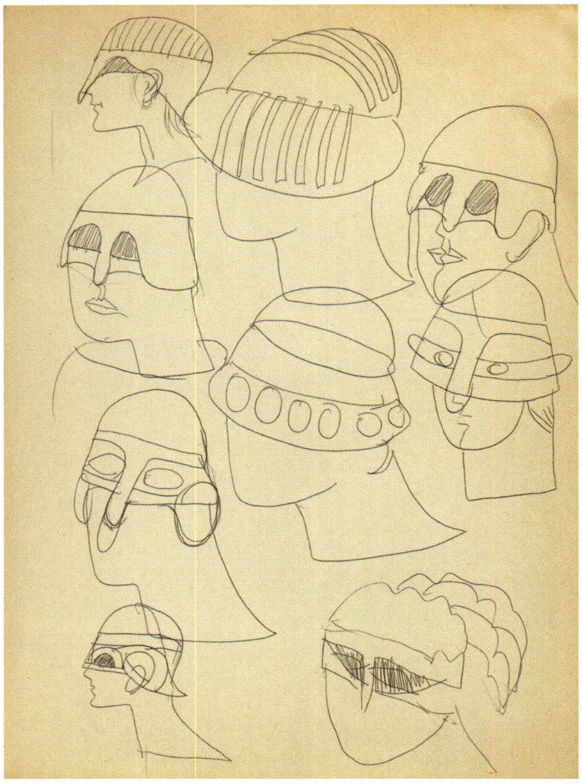

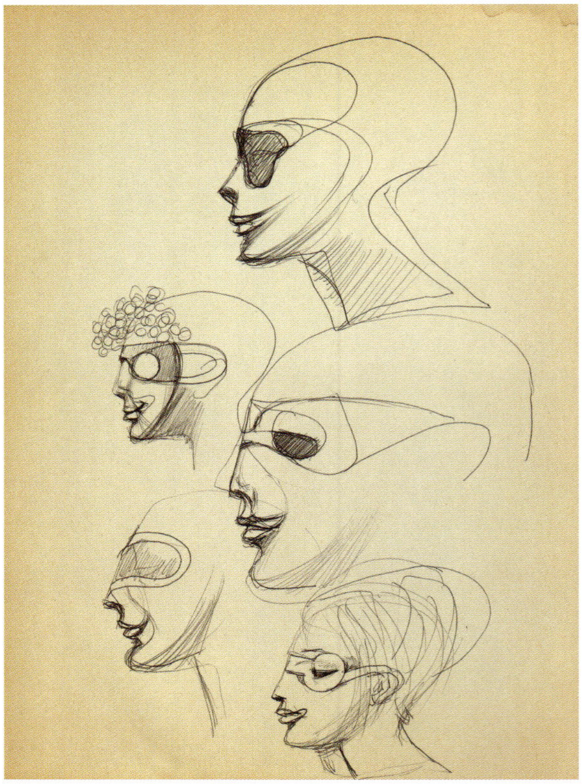

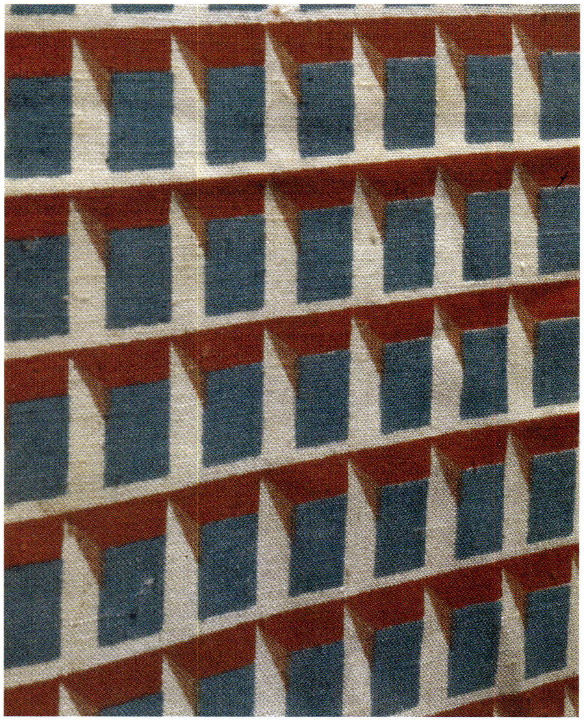

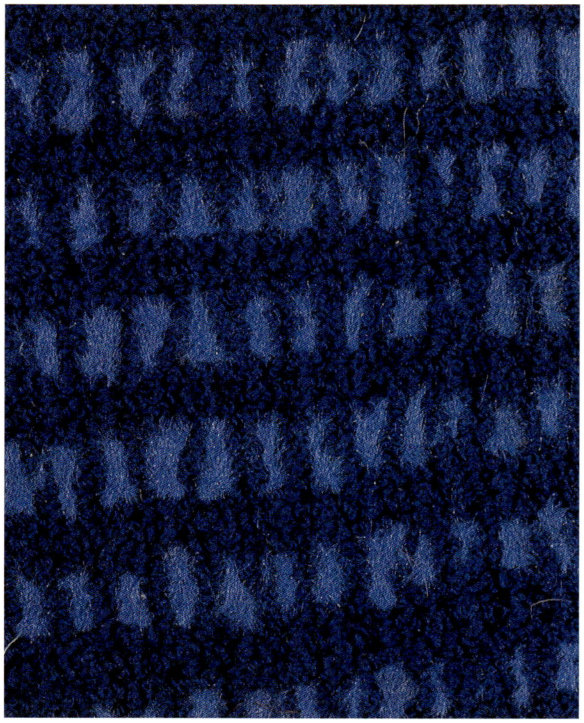

Primeiro desfile de moda brasileira, São Paulo, studi per accessori, 24 x 32 cm, 1952
Primeiro desfile de moda brasileira, São Paulo, studi per accessori, 24 x 32 cm, 1952

Tessuto Indio, cotone stampato, Brasile, 1952 ca. Produzione Mappin Stores
Tessuto Indio, cotone stampato, Brasile, 1952 ca. Produzione Mappin Stores

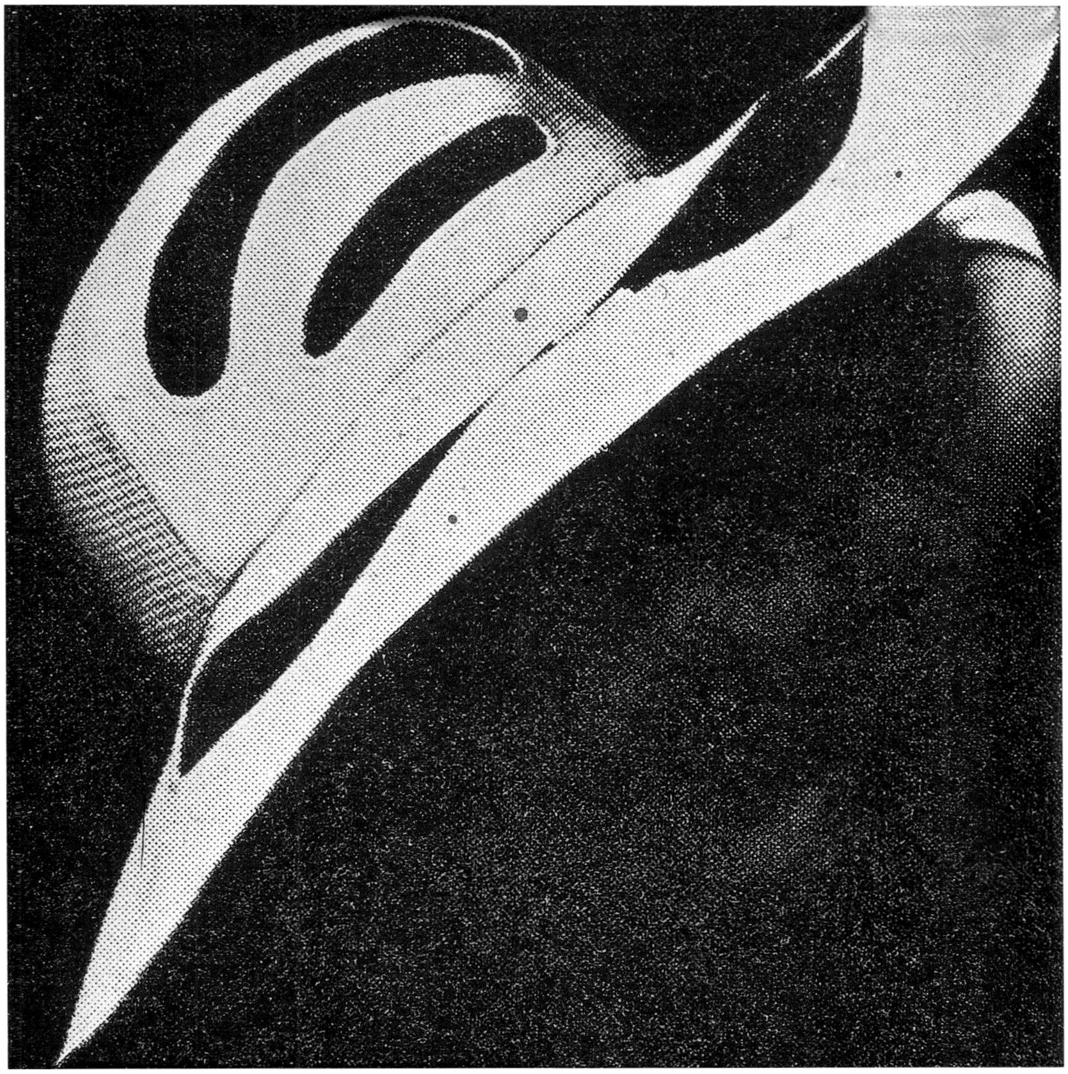

Primeiro desfile de moda brasileira, São Paulo, cappello tropicale in cotone con tagli di areazione, 1951. Produzione Mappin Stores

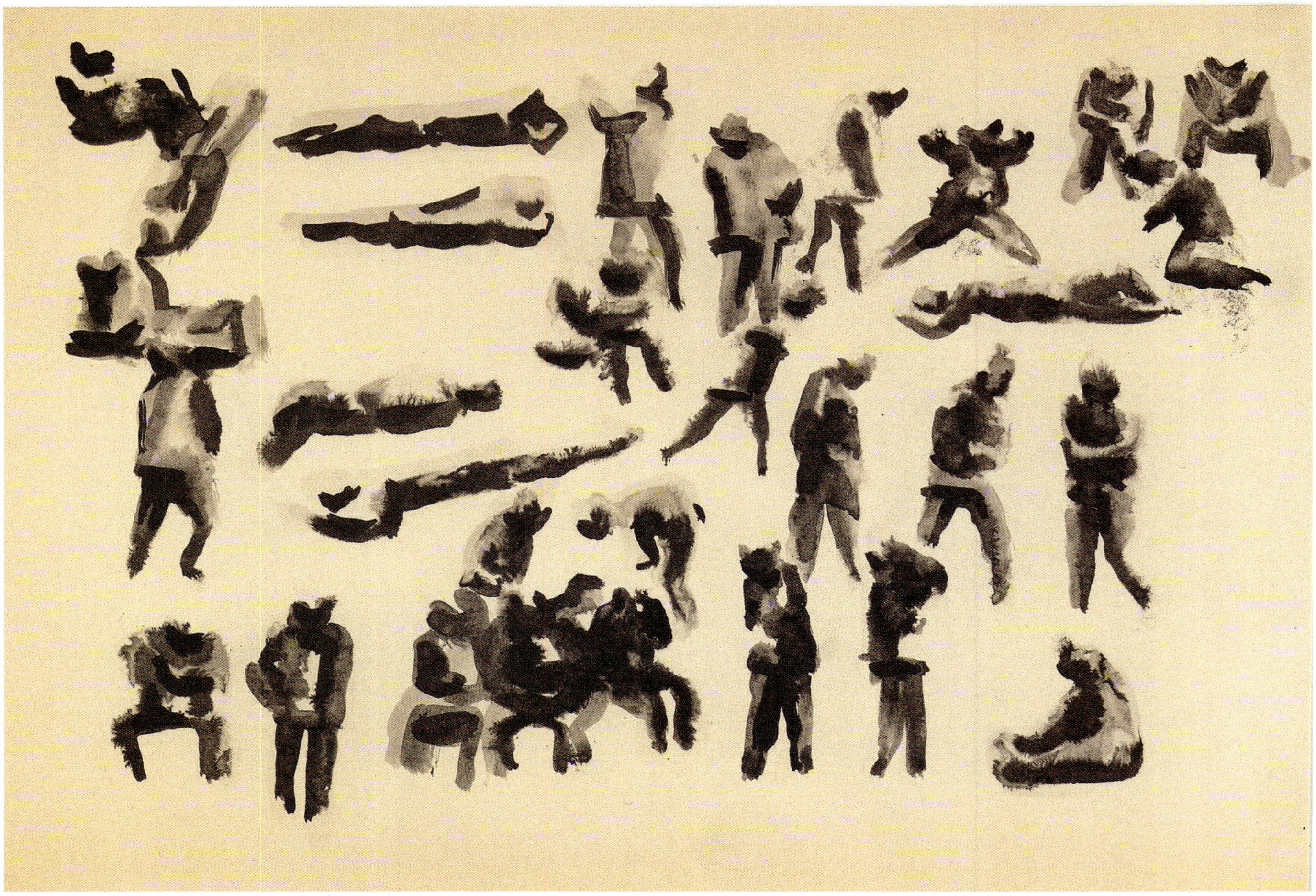

Studio di figure nel cortile del manicomio di Juquerí, china su carta, 30 x 50 cm, 1952
Figura, china su carta, 50 x 30 cm, 1952

Roberto Sambonet
Juquerí: esperienza psichiatrica di un artista

*Domenico De Maio e Benedetto Orsi**

La psichiatria, quale studio d'una situazione che implica globalmente la personalità umana, apre, sovente, a prospettive che esorbitano la dimensione clinica.
L'alienato, che la follia strappò al di là delle differenze possibili tra uomo e uomo, diventa un termine di confronto per tutti i valori umani – e non soltanto individuali – che strutturano la personalità di chi si pone di fronte ad esso.
Ciò, a differenza di ogni altra branca della medicina, appare peculiare all'oggetto della psichiatria e motiva la marcata o, non raramente, violenta, carica emozionale che segna l'incontro con il malato mentale; carica emozionale che ciascuno cercherà di risolvere, a seconda della sua disponibilità esistenziale, nella scelta d'un atteggiamento che valga a stabilire una distanza difensiva del proprio spazio spirituale contro la sconcertante presenza dell'alienato.
L'uomo comune, il più delle volte, razionalizza il suo choc emotivo nella denuncia d'una paura fisica di cui darà ovvie giustificazioni (che mascherano, tuttavia, un disagio ben più profondo); il medico di cui già il camice assegna una parte, definirà il suo atteggiamento nel lavoro diagnostico e terapeutico – tramite spesso una strumentalità tecnica – che a lui renderà operativo, secondo certi fini ed entro specifici limiti, il valore, altrimenti disinserito da qualunque possibile contesto, del malato mentale.
L'artista, infine, non potrà non sentirsi tentato ad una risoluzione in sede estetica di una situazione che la sua particolare sensibilità coglierà negli aspetti, forse più profondi.
Esistono ragioni particolari e valide per le quali l'incontro tra l'alienato e l'Artista debba essere suscitatore di risonanze e sintonie peculiari?
L'artista ed il 'folle' rappresentano due valori, termini, condizioni umane che la mentalità, non soltanto popolare, tende ad avvicinare e talora confondere (punto di vista che è bene espresso nell'aforisma abusato secondo il quale breve è l'intervallo tra genio e follia).
Pur non mancando la possibilità di sostanziali critiche ad un simile modo di vedere, potrà essere utile, euristicamente, ricercare se esista una qualche analogia tra la esperienza vissuta del malato mentale (e nel

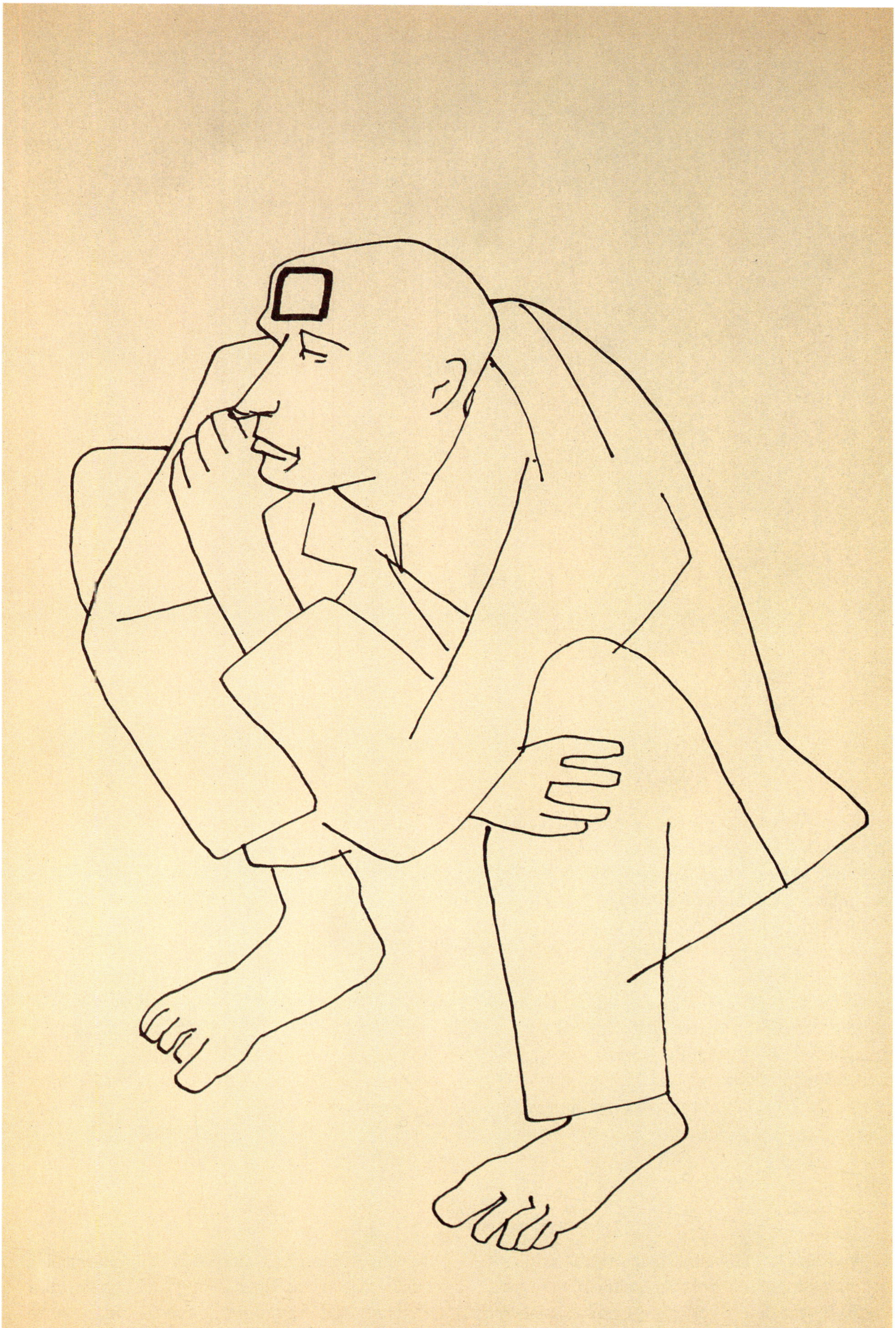

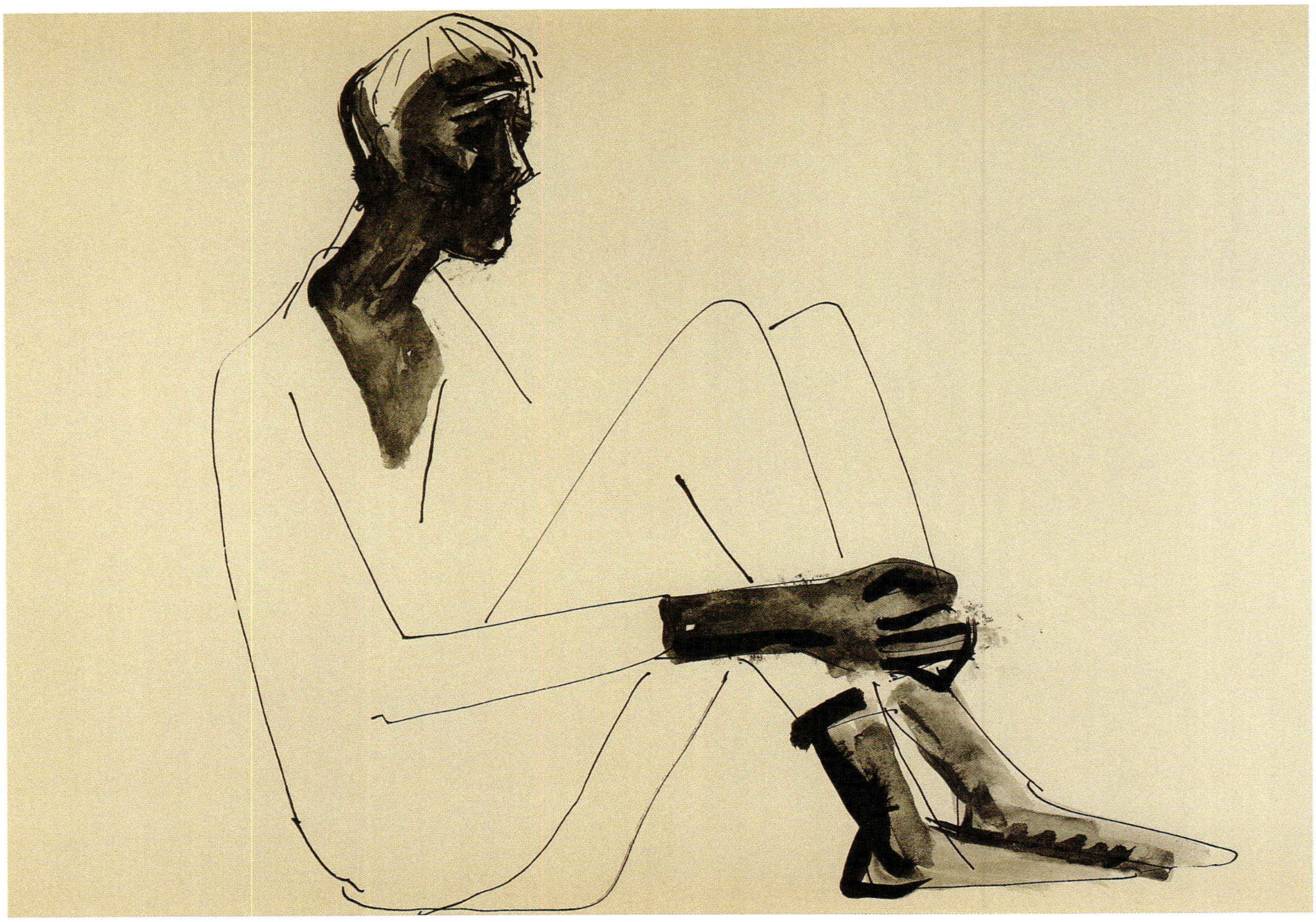

Schizofrenico catatonico, china su carta, 30 x 50 cm, 1952

discorso ci si riferirà in modo speciale al più tipico malato mentale: lo schizofrenico) e le istanze – consapevoli e non – che muovono l'artista ed insieme le specifiche ragioni per le quali il folle e la follia possono stimolare la sua sensibilità.
La mentalità popolare struttura tale analogia soprattutto su elementi esteriori: entrambe le personalità – quella del folle e quella dell'artista – hanno uno 'stile' che le rende facilmente distinguibili e pertanto suggestive; entrambe appaiono indipendenti da certe regole e convenzioni cui sottostà l'uomo comune; entrambe, infine possono apparire (secondo un cliché romantico non completamente superato) personalità disinserite dal quotidiano travaglio dell'esistenza, sprovvedute di una misurabile e pratica utilità, creatrici, entrambe, o dominate, da imprevedibili fantasmi.
Ma la ricerca dell'analogia può diramarsi entro ambiti più profondi e coinvolgere, al di là delle persone, i concetti. La follia ed il folle possono entrare nel dominio dell'arte sia quando l'artista se li ponga espressamente a modello (e vedremo quali pensiamo che siano le ragioni che rendono suggestivo tale modello) o, per così dire, a sua insaputa.
La grande letteratura – dalla tragedia greca a quella scespiriana, da Cervantes a Dostojevskij) e, via via (i riferimenti potrebbero essere numerosi) fino a Kafka, Pirandello, Ionesco – è ricca di situazioni e personaggi non estranei al dominio della psicopatologia.
Nelle arti figurative la follia penetra più tardivamente. Nel mondo greco, accanto ad una letteratura ed a un teatro così significativi in ordine ad uno studio dei rapporti tra l'Arte e psicopatologia, stanno una pittura ed una scultura legate ad un ideale estetico cui è totalmente estranea la drammatica dissonanza della follia. Occorre giungere a Giotto per trovare la prima rappresentazione figurativa d'un pazzo; che appare, peraltro, privo d'una specifica caratterizzazione. Rappresentazioni posteriori dello stesso Giotto raggiungono una maggior individuazione clinica, frutto piuttosto di attento studio naturalistico che intuizione del modo profondo della follia.
Nella Rinascenza, via via che l'interesse e l'amore per

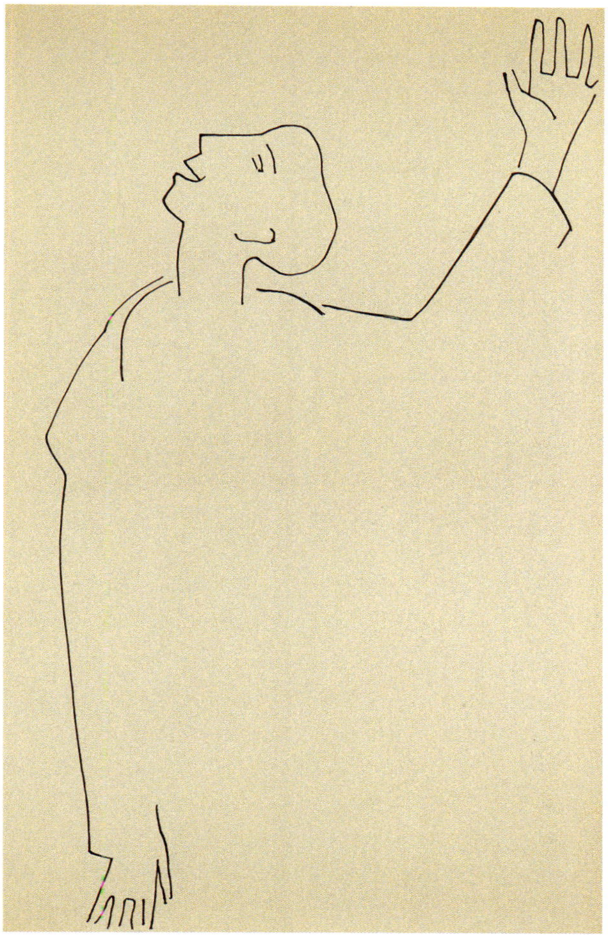

Figura, china su carta, 50 x 30 cm, 1952

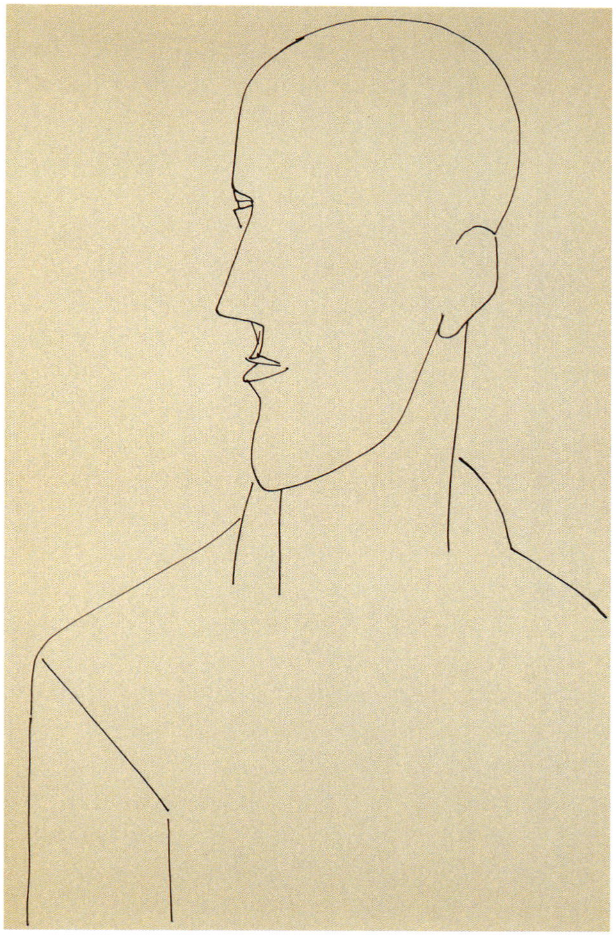

Schizofrenico disendocrino (gigantismo), china su carta, 50 x 30 cm, 1952

l'umano, in tutte le sue molteplici possibilità, soverchia gli schemi concettuali precostituiti, l'iconografia del 'pazzo' acquista e si vivifica della drammatica verità della follia; la rappresentazione del 'pazzo' tende a sovrapporsi alla verità del «pazzo»: verità scientifica ed umana ad un tempo. Il cammino dal giullare convenzionale al personaggio, carico di tutte le significazioni e dei simboli che la follia trae dal profondo, è compiuto.
Da Michelangelo al Caravaggio (nelle cui opere è evidente la proiezione, forse con significato di catarsi, delle tendenze anormali dell'autore), dalle agghiaccianti immagini del Goya fino a quei moderni che non rifiutano la figura umana, il personaggio del pazzo ha fissato in modo del tutto particolare l'interesse dell'artista, al punto fa lasciar intravvedere una qualche misteriosa parentela, come si è detto, tra il mondo della follia e quello dell'arte. Un'analogia ammissibile è tra il 'personaggio' ed alienato, analogia che può aprirci alla comprensione dei possibili rapporti tra arte e follia e tra artista e folle, e spiegare, in termini concettuali, la particolare suggestione esercitata dal malato mentale sull'Artista.

Se potessimo per avventura isolare un 'personaggio' (che è tale soltanto quando la sua rappresentazione abbia raggiunto una compiutezza d'arte) e gettarlo nel mondo della realtà, ci apparirebbe indubbiamente un alienato. Entrambi fortemente rappresentativi di una possibilità umana che si isola e soverchia le altre; entrambi portatori inconsapevoli di valori che li superano; entrambi legati ad una intrinseca necessità; entrambi, infine, fissati inderogabilmente ad una forma, sottratti al divenire in cui si ritrovano e riconoscono gli uomini consueti. (Si pensi alla problematica del 'personaggio' in Pirandello alla cui elaborazione non è stata estranea, forse, la malattia mentale della moglie).
Normale è la personalità in cui i vari elementi psichici si organizzano tra di essi in un'armonia, non distrutta se alcuno fa spicco, ma in modo non prevaricante. Ma quando tra questi elementi uno se ne isoli, si ipertrofizzi sino a rompere il limite del quantitativo, quando questo unico elemento fissi l'individuo ad una sola possibilità di essere, allora è aperto il varco verso l'alienazione.

Possiamo ritrovare in ciascuno di noi, ma strutturati in un insieme ove ciascun valore trova il suo opposto che lo contempera, quegli stessi elementi che, fortemente caricati e sottratti al giusto rapporto, danno forma ad un delirio. In ciascuno di noi è il germe o la forma accennata dell'idea di grandezza, di gelosia, di persecuzione o di certe repentine disposizioni verso l'annullamento del malinconico o la esaltazione del maniacale, ma troviamo insieme l'avvicendarsi di questi molteplici modi, in consonanza con le occasioni interiori od esterne del nostro divenire.
Il malato mentale, invece, tra le molteplici possibilità umane aderisce ad una e la rappresenta, senza possibile vicenda; diventa, cioè, personaggio o maschera (che è l'esasperazione del personaggio); sottratto al divenire che trova il suo svolgimento soltanto nel confronto e nel rapporto vicendevole e continuo tra le nostre e l'altrui realtà, riduce la sua temporalità all'istante o ad un seguito di istanti che non si legano in una continuità. Ha isolato, ma senza la libertà che, sola, potrebbe renderlo oggetto di valutazione estetica od etica, l'uno dal molteplice, l'essenza dal fenomeno. L'artista, forse più che il medico, è in grado di cogliere quanto, pur ai limiti dell'umano, vi è di assoluto ed essenziale nel 'folle'. La sollecitazione medesima dell'arte lo dirige, liberamente, alla ricerca di questi valori. L'arte tende all'essenza delle cose, all'Essere, sfuggendo all'angoscia del divenire e lo coglie nell'esistente, non rifiutando l'aspetto consueto delle cose. Poiché è paurosa ed ai confini dell'umano la esperienza diretta dei valori assoluti, l'essenza, la verità.
Cosa rappresenta il malato mentale al di là della contingenza clinica? Come può apparire e cosa può significare all'intuizione profonda dell'artista?
Sambonet, l'autore delle tavole che vengono qui raccolte, non nasconde che il sentimento che ha segnato il suo primo incontro con il malato mentale è stato di paura, una paura, peraltro, che non riguardava la sua persona fisica, ma che gli era difficilmente definibile, un disagio inquietante, una oscura esperienza dell'ineffabile, forse, meno nel vago, la paura dell'ignoto e dell'Assoluto.
Noi possiamo intravvedere, o da certe faticose verbalizzazioni di malati mentali o dallo studio del loro modo di essere, come, presumibilmente, la paura che ci prende di fronte al malato mentale, prima che la verginità dell'incontro vada distrutta da una qualsiasi razionalizzazione, sia la stessa profonda paura del malato mentale di fronte al mondo, allorché, specie nelle fasi iniziali, il misterioso danno della malattia interrompe in lui la giusta relazione tra l'interiore e l'esteriore, tra l'uno ed il molteplice. Le cose, non più rivestite di quelle qualità umane di cui si impregnano nella vicenda dei consueti rapporti, appaiono nude ed aliene nella loro oggettività.
Il malato mentale è vero, vero poiché 'è', vero come il personaggio, ma, come lui, non reale. La verità scompagnata dalla realtà, non più mischiata ad essa come lo spirito alla materia, ma pura rappresentazione di sé. Di qui la paura che nasce in noi, come di fronte a cosa che superi tutti i nostri condizionamenti.
Questa medesima paura ha sentito Sambonet, ma, insieme, l'avvertimento d'un misterioso legame fra il compito dell'Arte ed il mondo della Follia. Il malato mentale gli è parso un modello d'arte già dato come verità, nudo di tutte le apparenze da travalicare per giungere all'essenza; già dato come stile.
È significativo come il Sambonet, per l'innanzi stilisticamente legato a modi astratti, si sia sentito quasi forzato, per la rappresentazione del malato mentale, ad uno stile figurativo. Come se il 'folle' insieme all'oggetto da rappresentare gli abbia fornito anche la forma ed il modo.
Ancor più significativo è che un grande caricaturista – Saul Steinberg – il quale al pari di Sambonet ha visitato l'ospedale psichiatrico di Juquerí, non sia riuscito a produrre un sol tratto di matita: "Non posso fare la caricatura della caricatura".
Nessuno più del caricaturista è portato alla deformazione della fisionomia umana per cavarne fuori il tratto essenziale. Ma il malato mentale non è ulteriormente modificabile; già è quel tratto essenziale che l'artista ricerca e l'artista non può cogliere di lui niente più o diverso di quello che già è.
Non è nostro compito il giudizio in sede estetica di queste tavole. Notiamo soltanto che in esse non solo è intuibile l'evidenza clinica del malato mentale, ma, anche, quella ineffabile vibrazione emotiva che ogni malato mentale ci dà, specificamente, e che, pertanto, non è estranea al lavoro di inquadramento diagnostico.

* Il testo qui ripubblicato accompagnava il volume: Roberto Sambonet, *Juquerí: esperienza psichiatrica di un artista*, Italseber, Milano 1961.

Schizofrenico in fase demenziale, china su carta, 50 x 30 cm, 1952

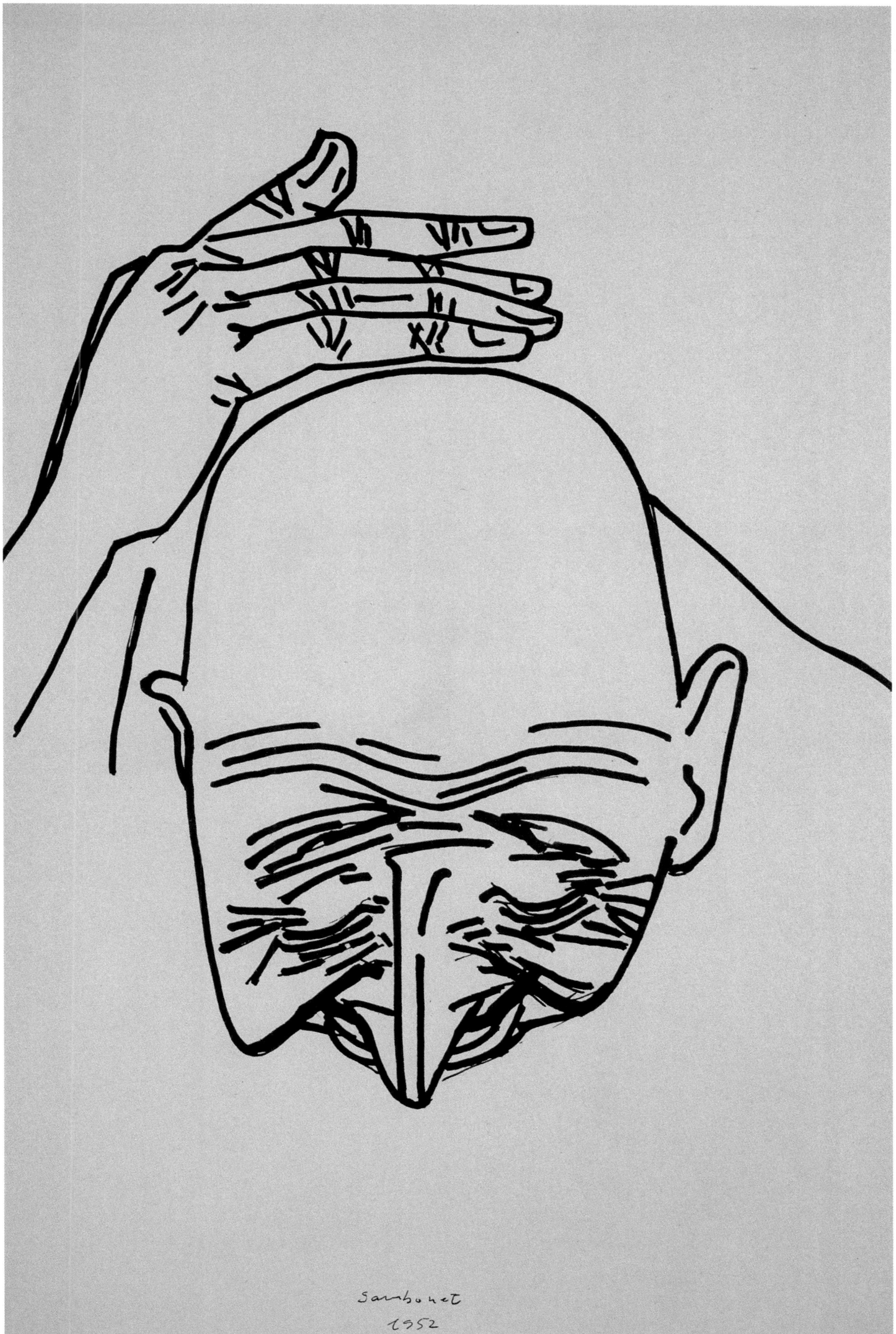
Sambonet
1952

il ritratto come percorso analitico

Pur adottando una tecnica apparentemente classica e uno stile pittorico che pare richiamare la maniera ottocentesca, Sambonet affronta il ritratto con assoluta modernità. Ridotte al minimo le varianti di posa, Sambonet lavora sui caratteri individuali, estraendo dal soggetto i segni di una irripetibile e talvolta segreta identità. Ciò che emerge dal volto, ma anche dai toni e dai temi dello sfondo, non è tanto una perfetta somiglianza quanto la struttura dell'interiorità.

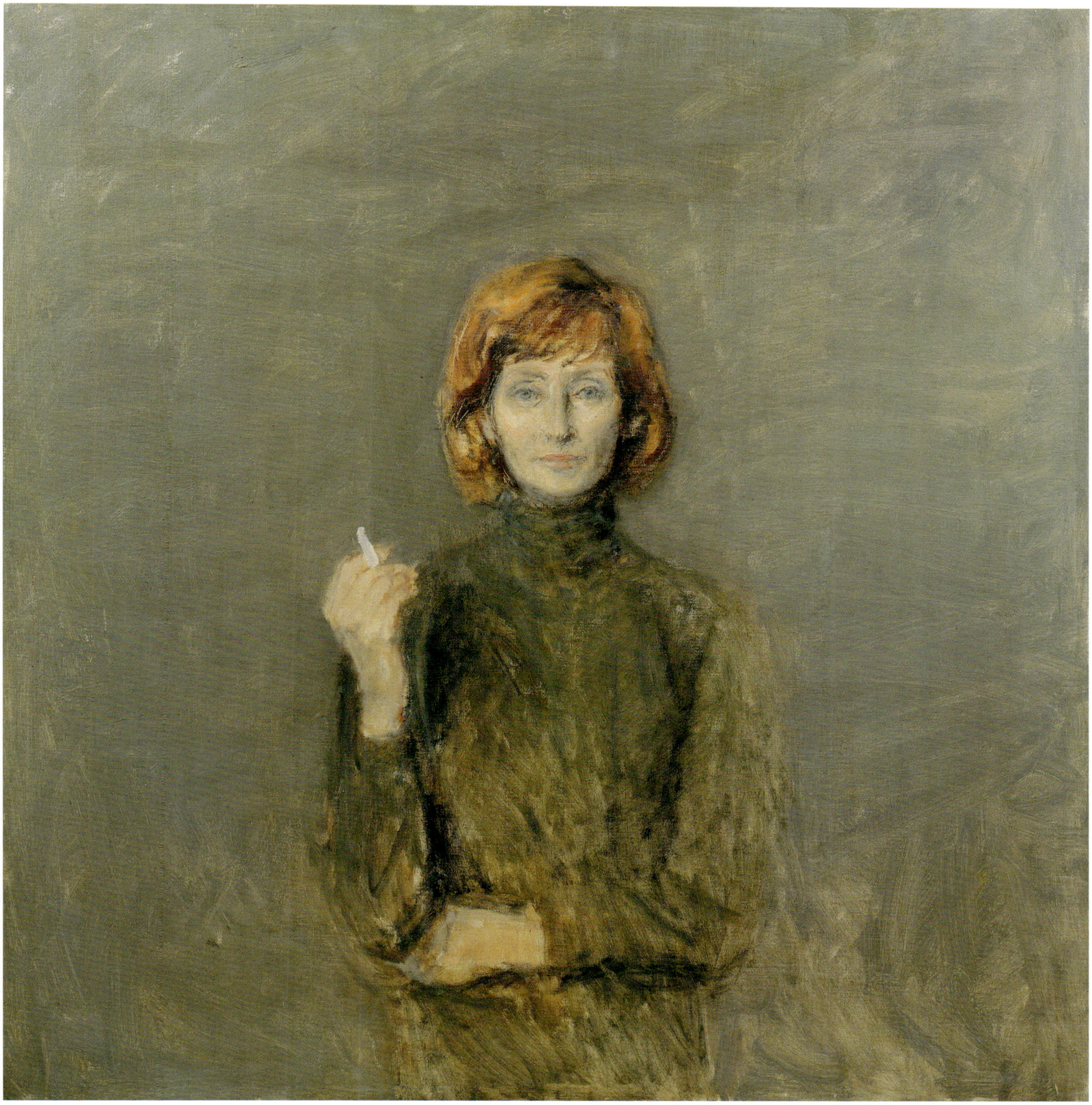

Lica Steiner, olio su tela, 100 x 100 cm, 1963, collezione Lica Steiner, Milano

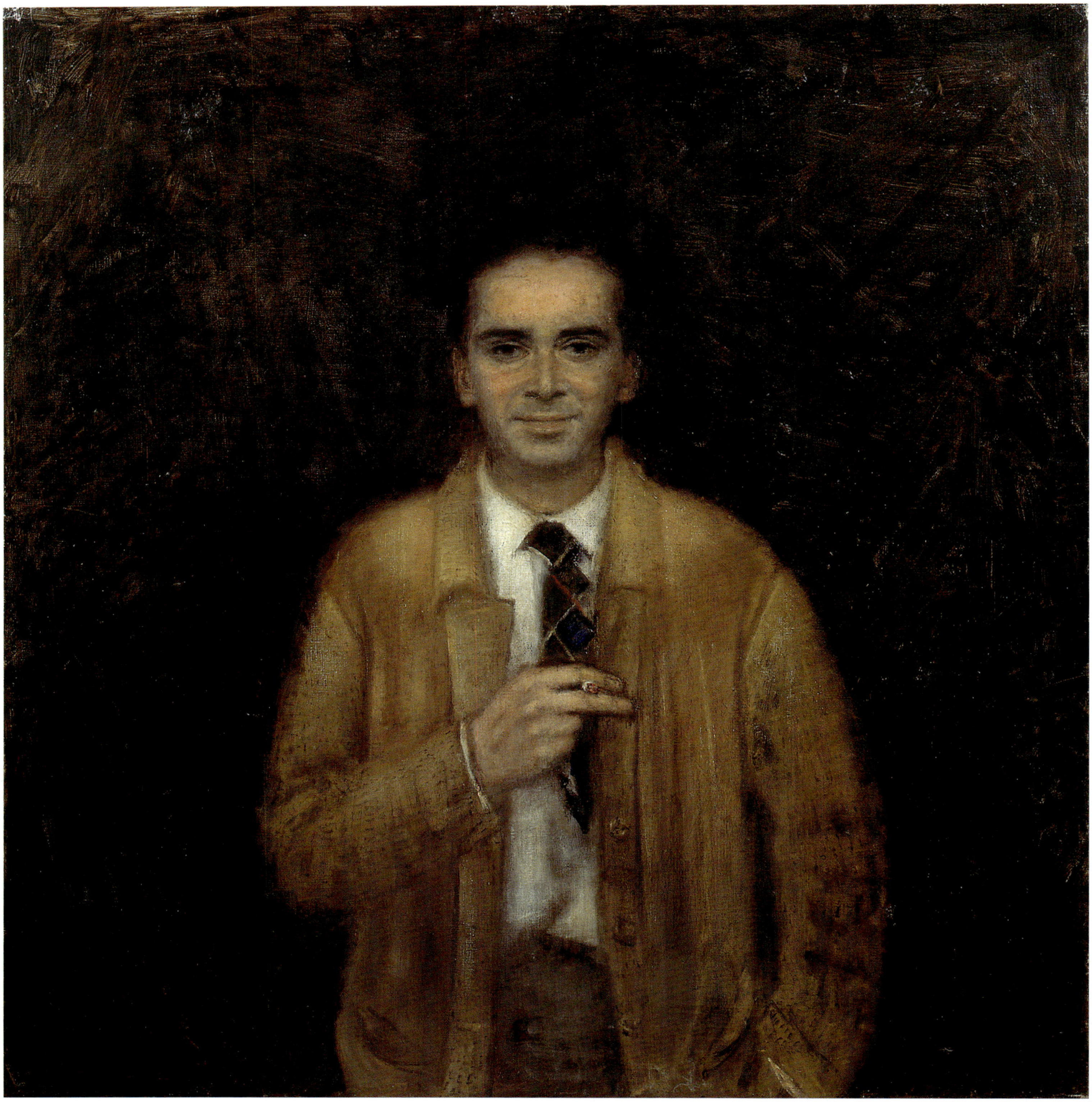

Autoritratto, olio su tela, 100 x 100 cm, 1962

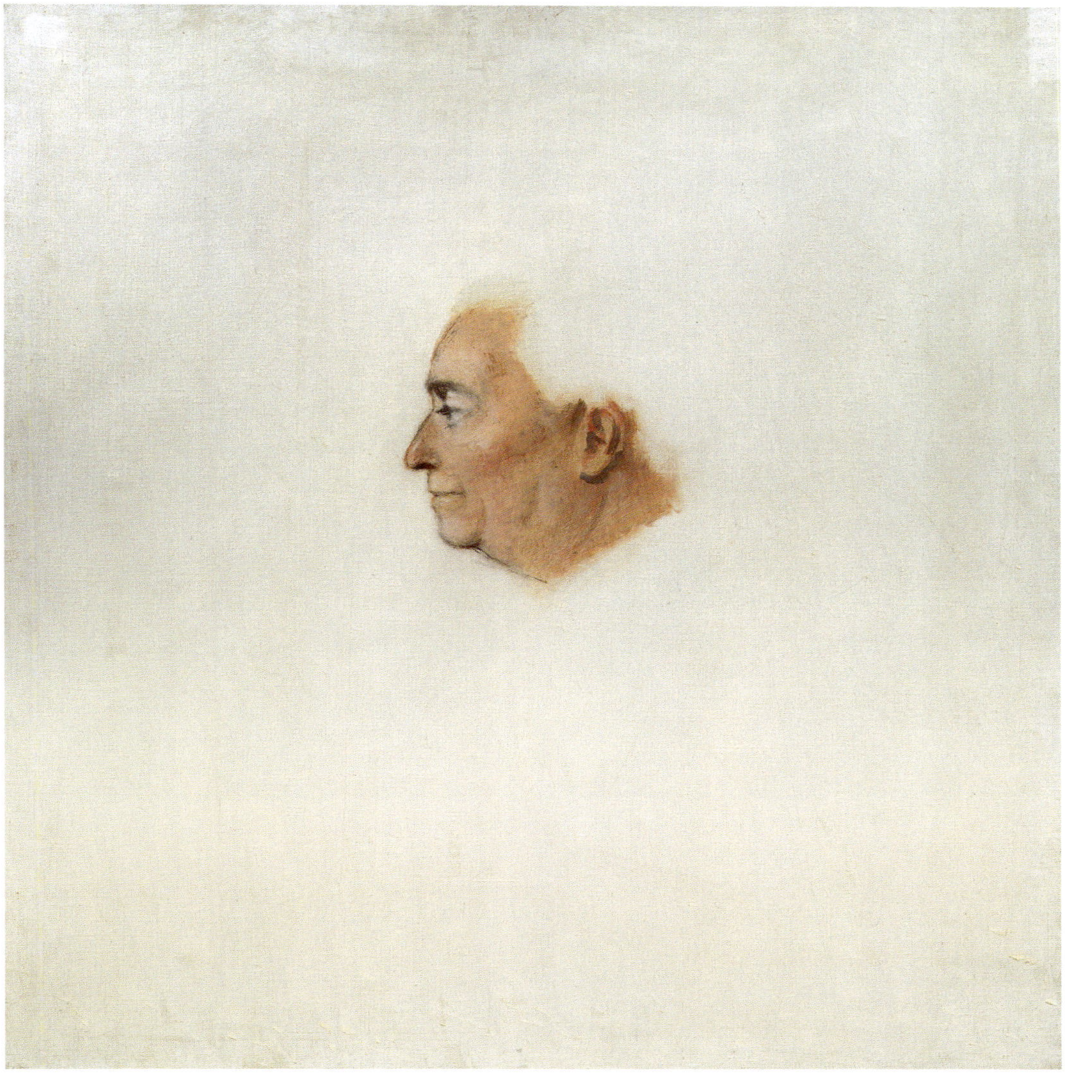

Guido Sambonet, olio su tela, 75 x 75 cm, 1962

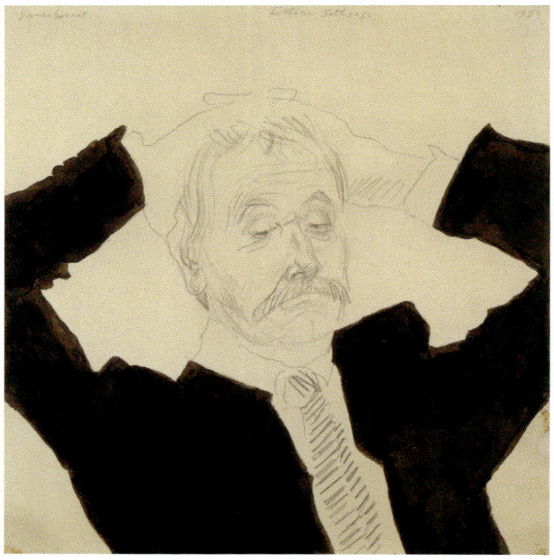

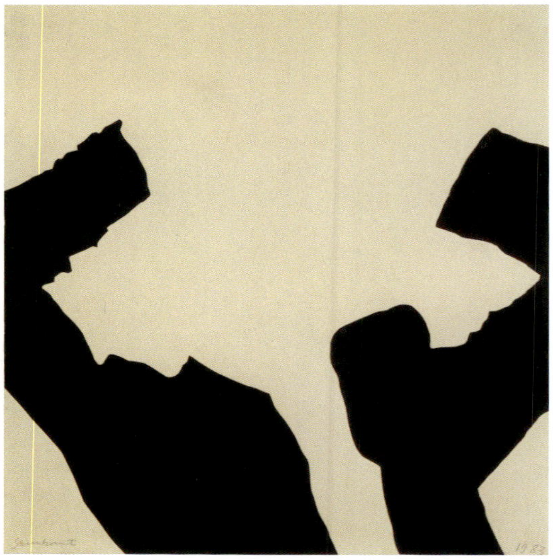

Ettore Sottsass, china e matita su carta, 25 x 25 cm, 1983

Ettore Sottsass, collage, cartoncino, 25 x 25 cm, 1983

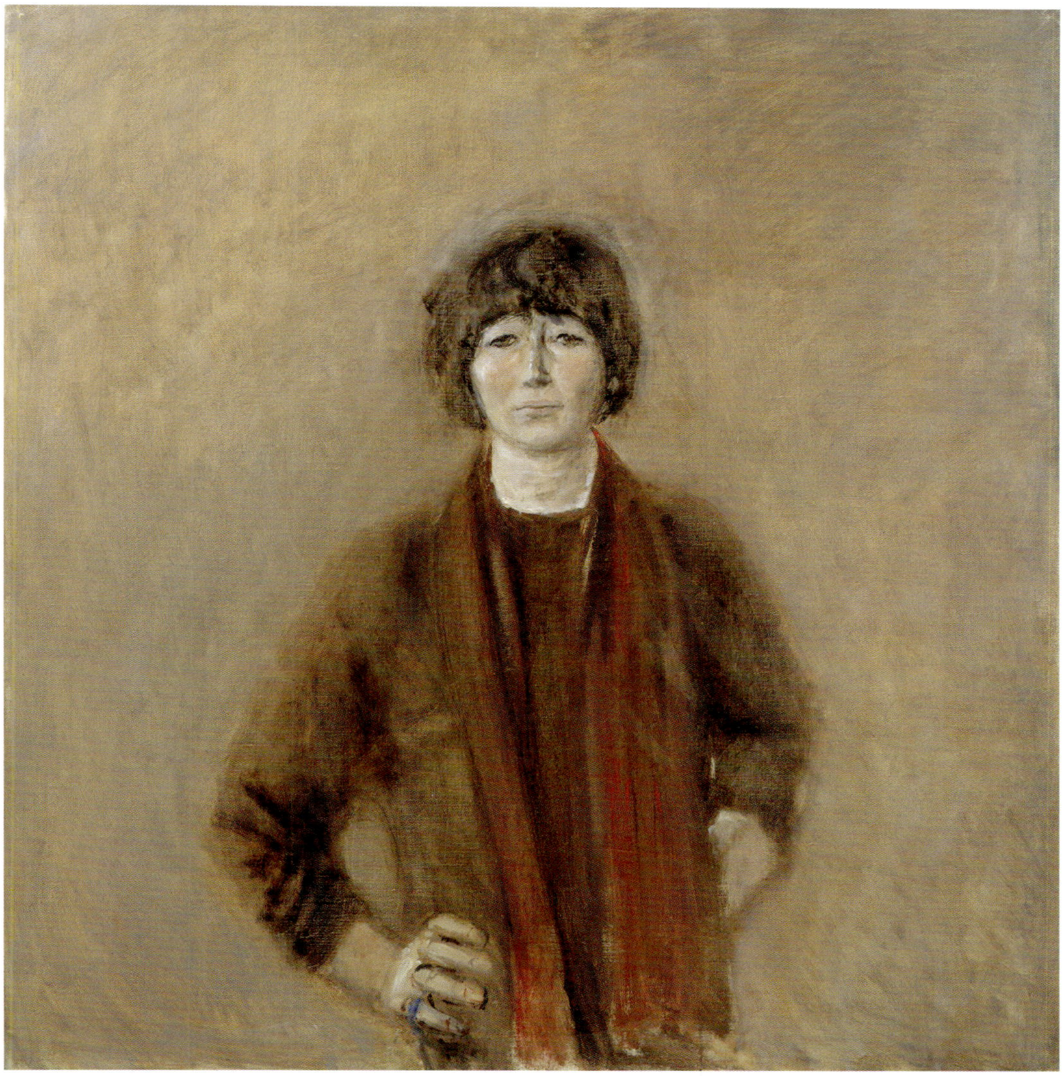

Gae Aulenti, olio su tela, 100 x 100 cm, 1964

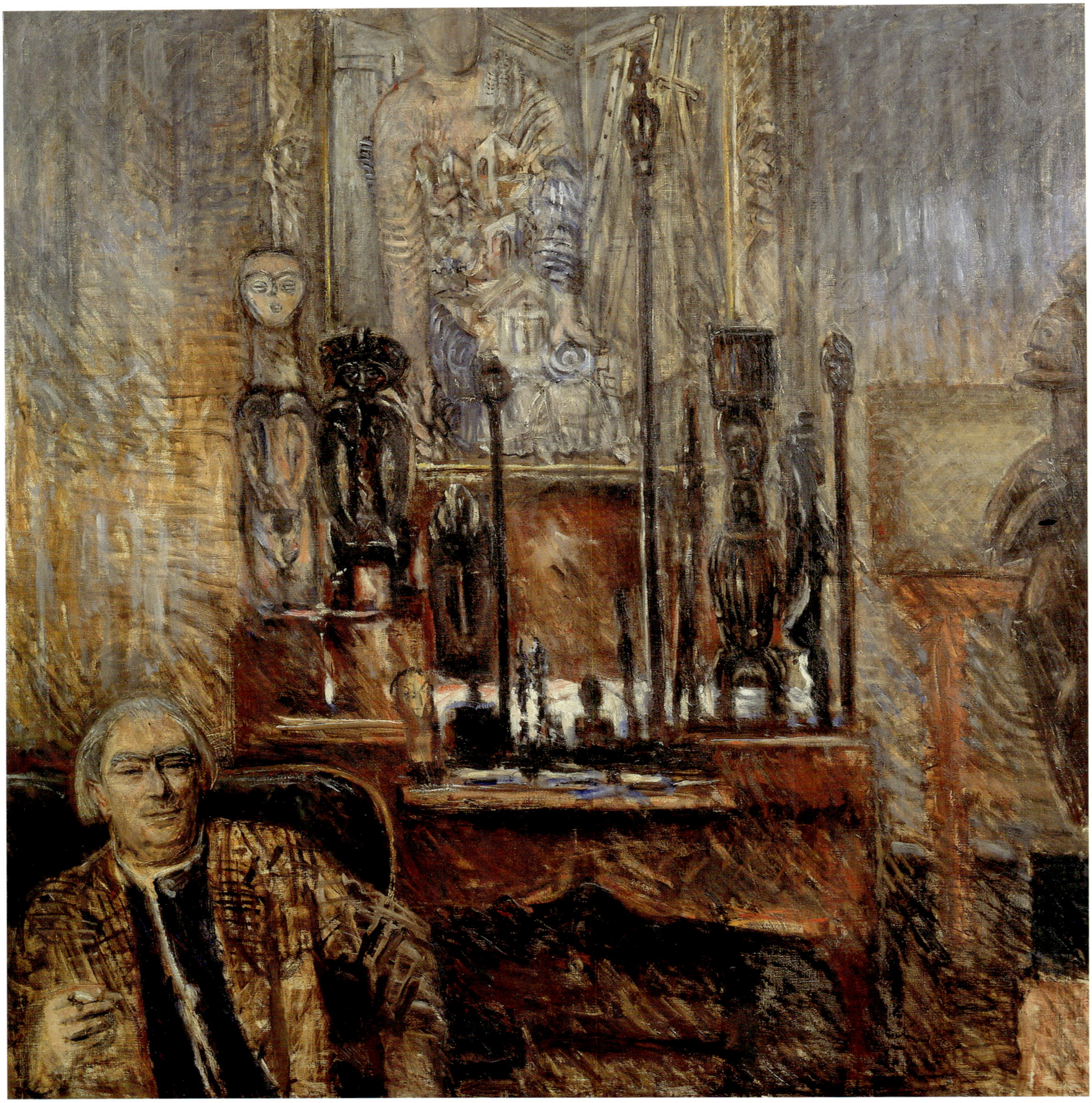

Raffaele Carrieri, olio su tela, 100 x 100 cm, 1965

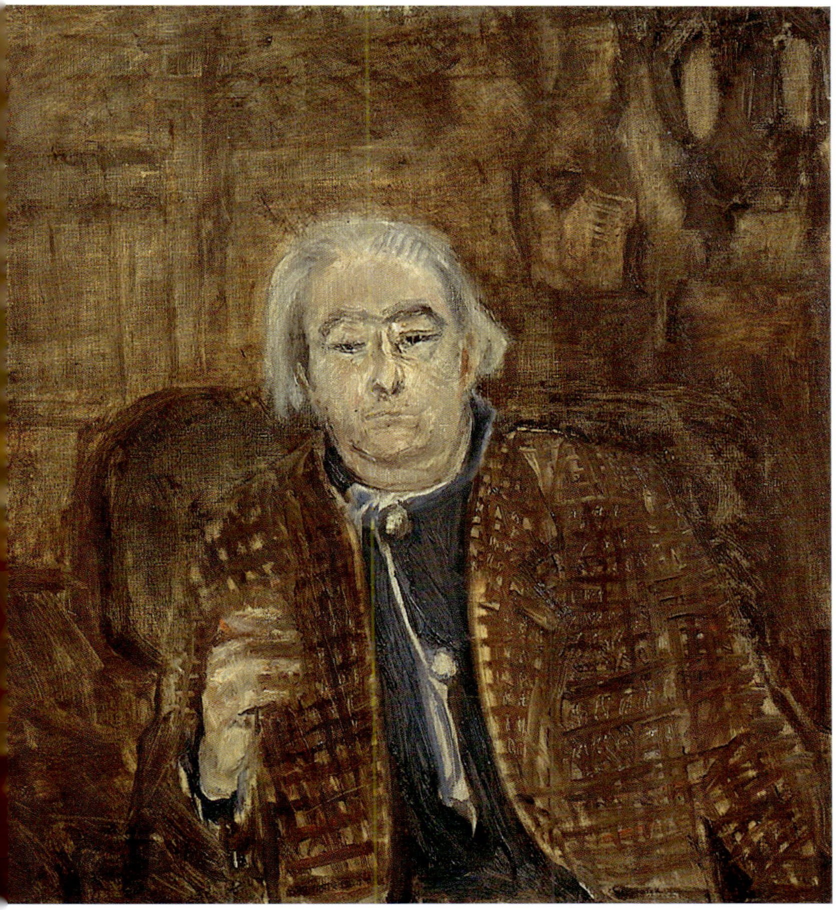

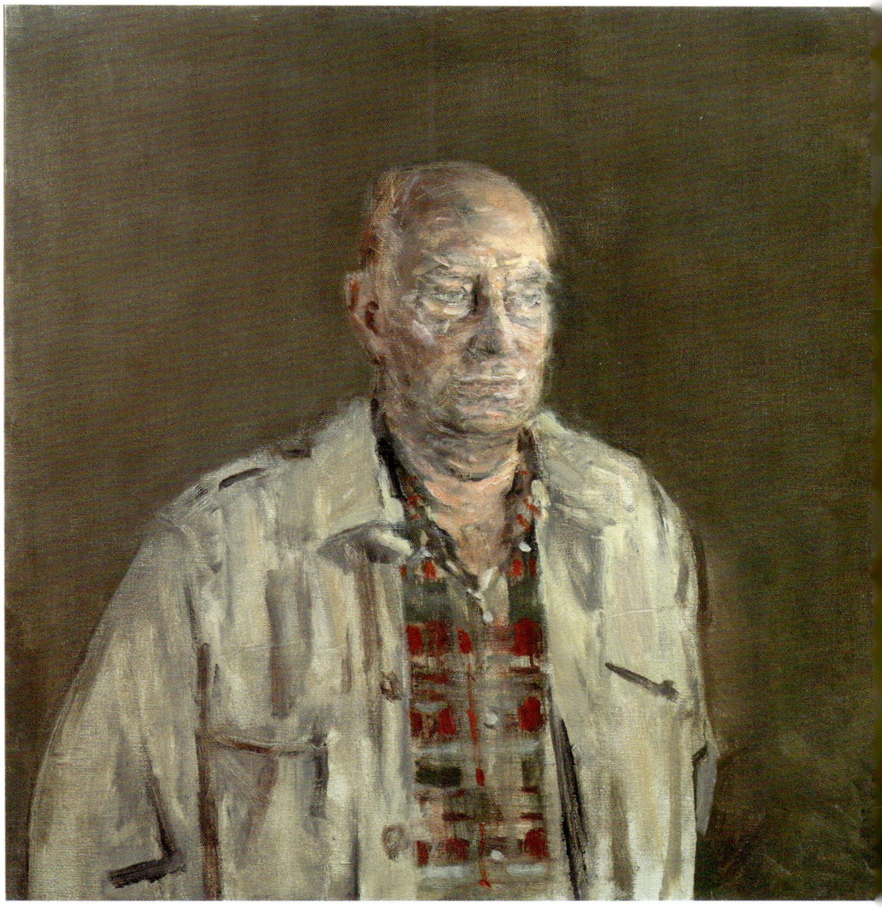

Raffaele Carrieri, olio su tela, 75 x 75 cm, 1965

Arnaldo Pomodoro, olio su tela, 75 x 75 cm, 1973

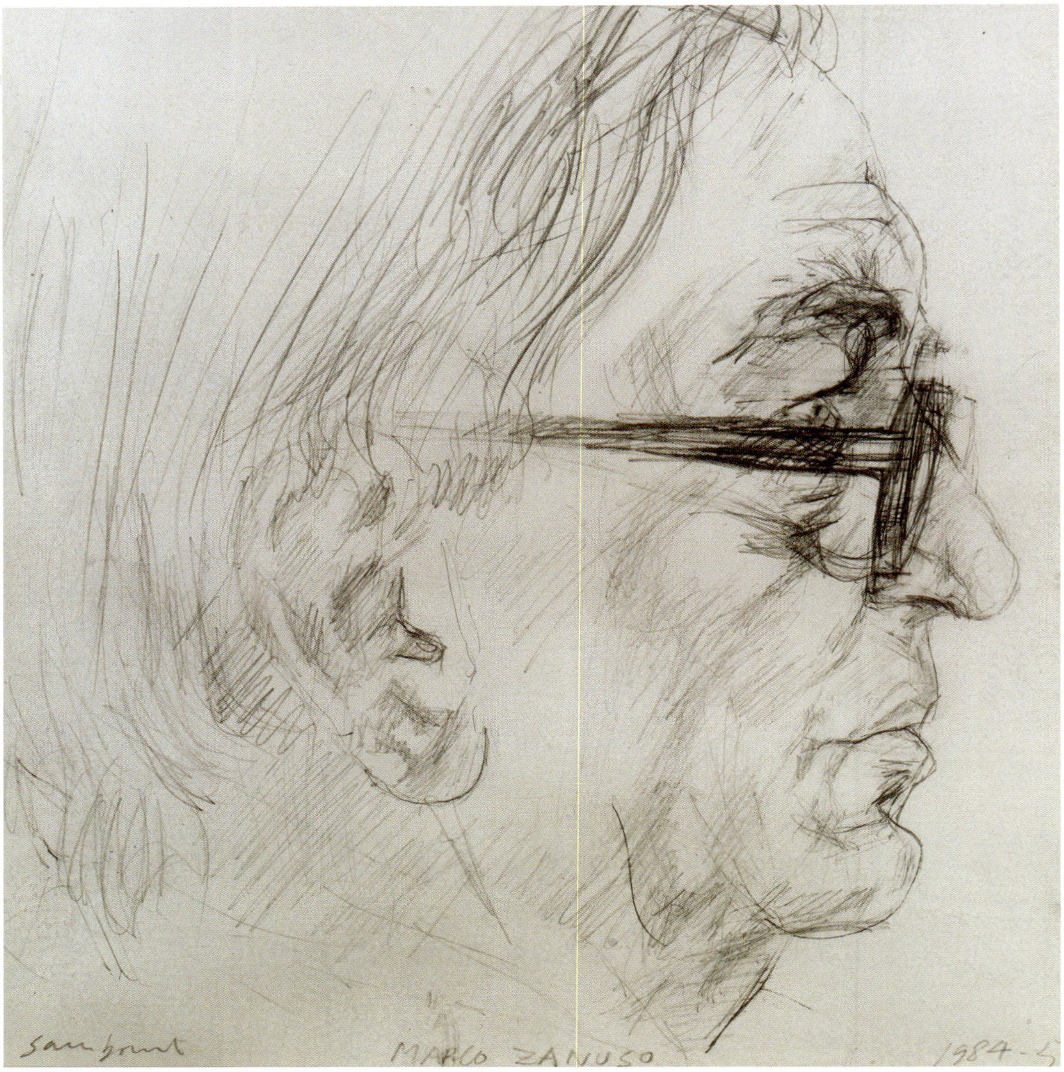

Marco Zanuso, matita su carta, 75 x 75 cm, 1984-85

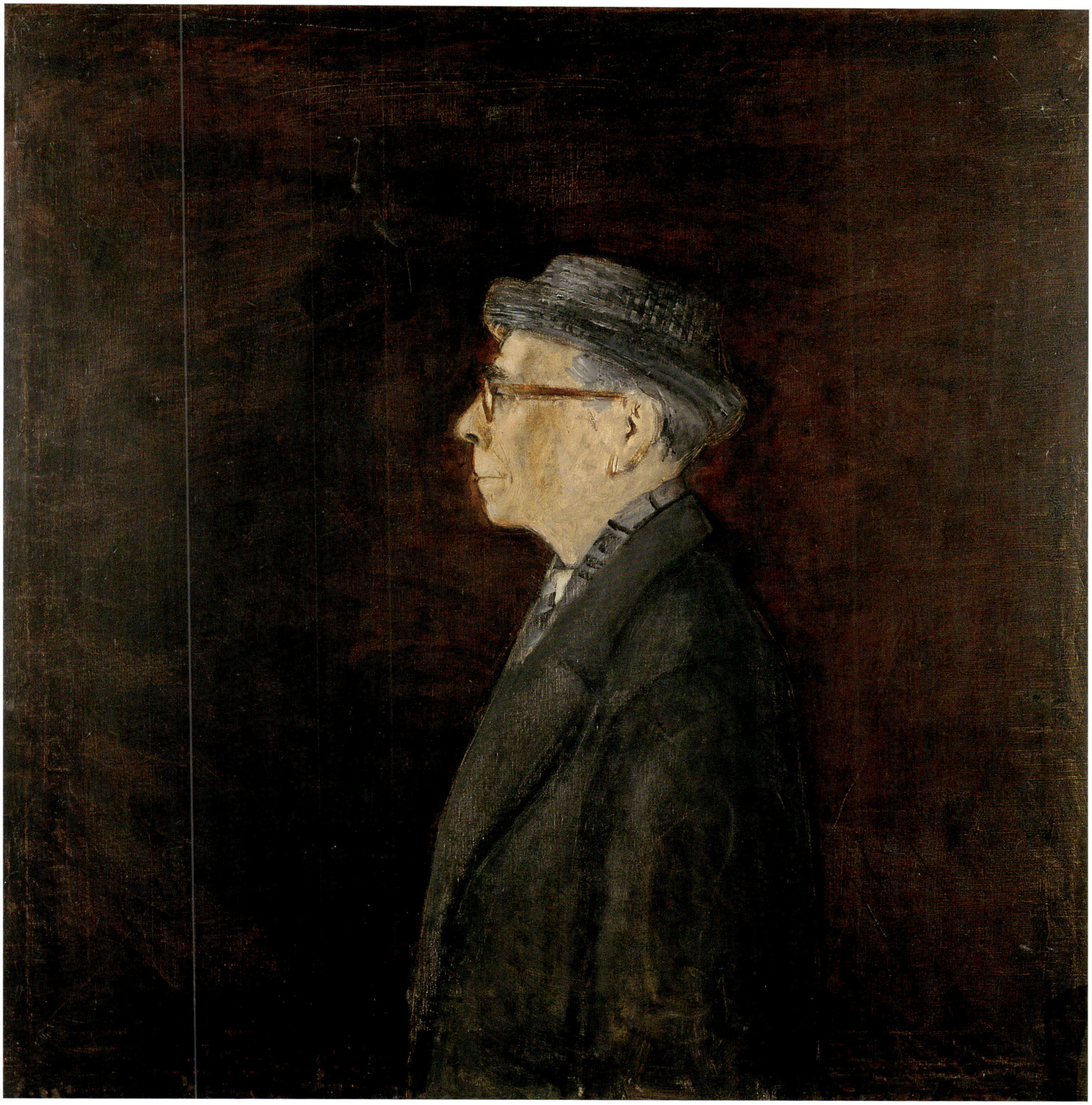

Lamberto Vitali, olio su tela, 75 x 75 cm, 1963. Fotografia Saporetti

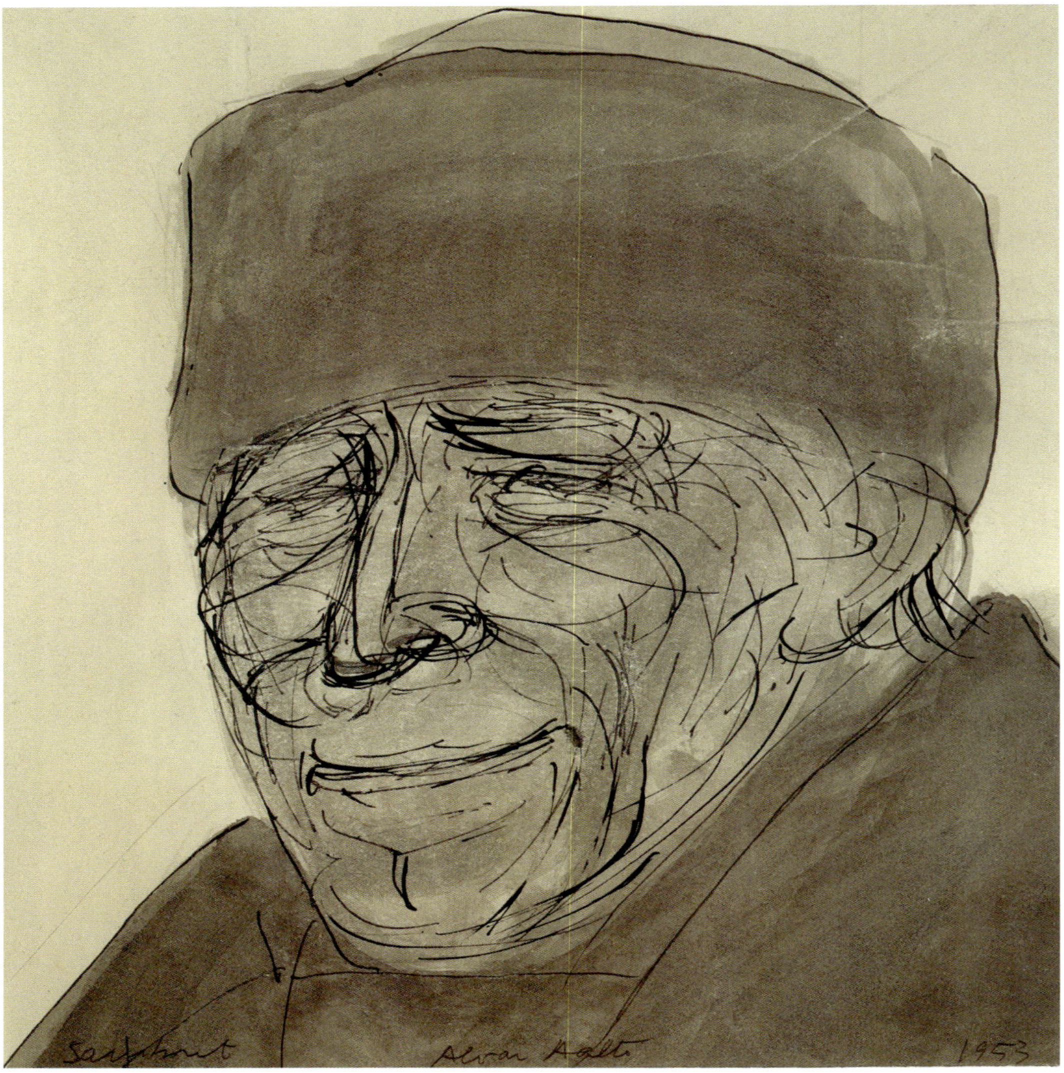

Alvar Aalto, acquerello e biro su carta, 25 x 25 cm, 1953

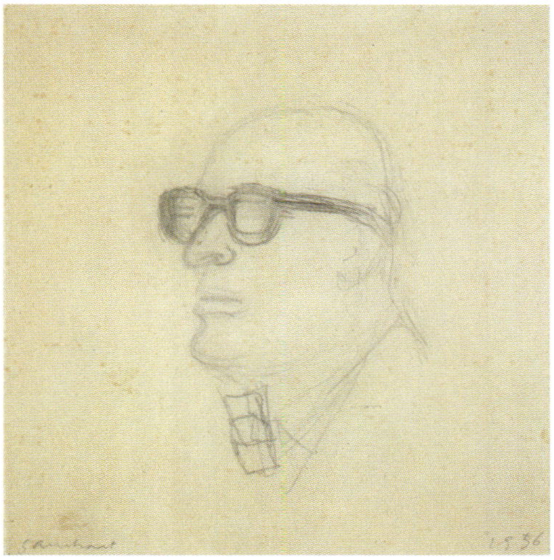

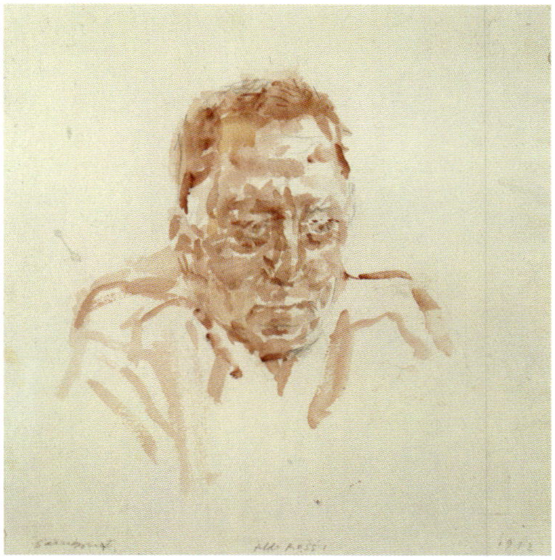

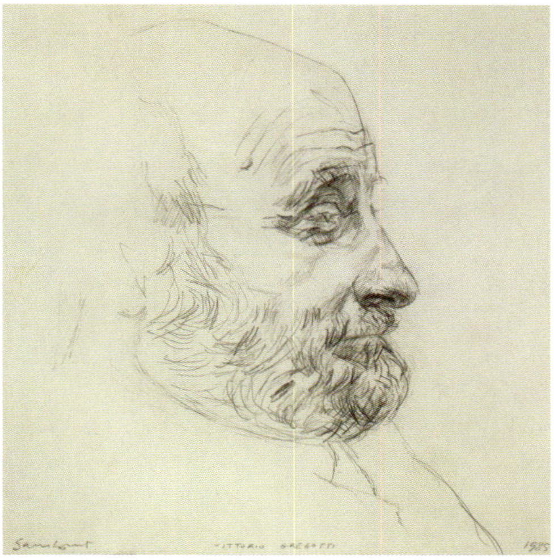

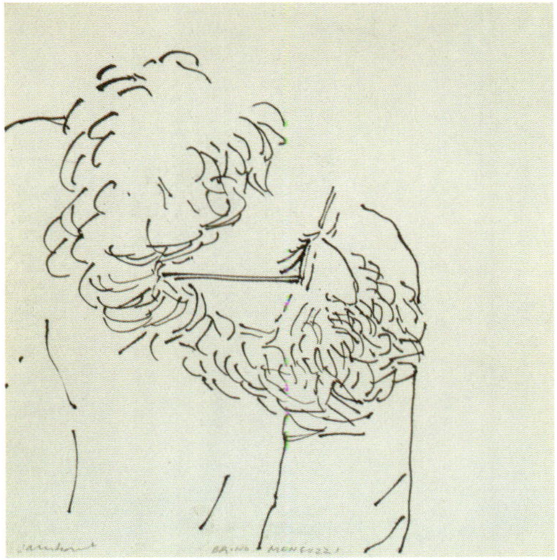

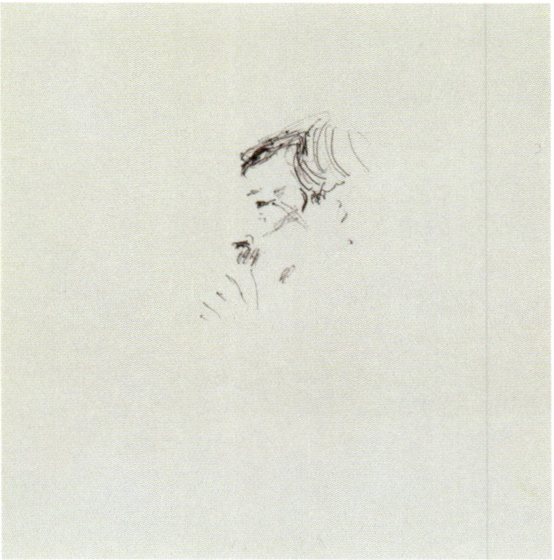

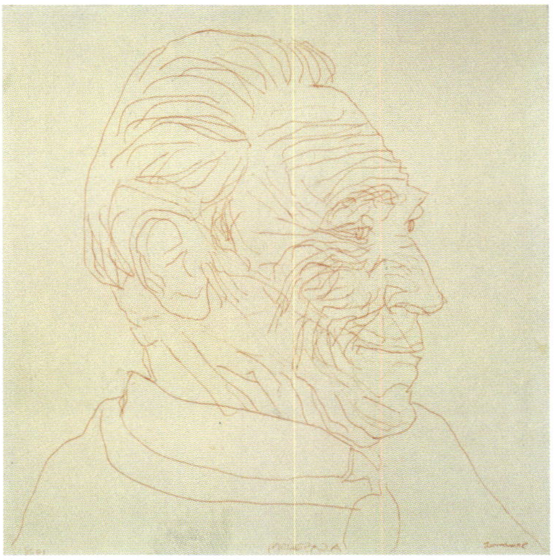

Ernesto Nathan Rogers, matita su carta, 10 x 10 cm, 1956
Aldo Rossi, acquerello su carta, 25 x 25 cm, 1972
Vittorio Gregotti, matita su carta, 25 x 25 cm, 1985

Bruno Monguzzi, inchiostro su carta, 25 x 25 cm, s. d.
Bob Noorda, biro su carta, 10 x 10 cm, 1990
Achille Castiglioni, biro rossa su carta, 25 x 25 cm, 1986

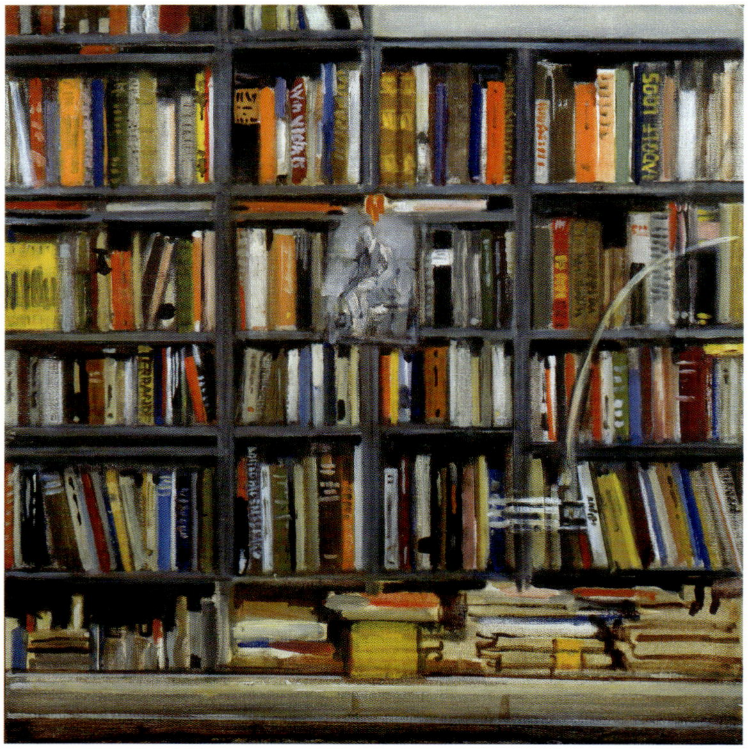

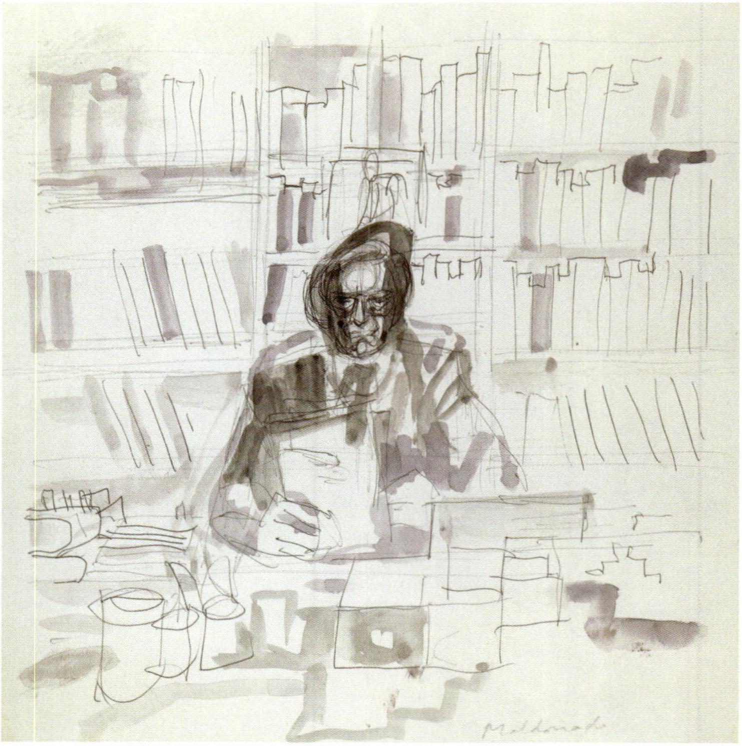

Studio per il ritratto di Tomas Maldonado, olio su tela, 75 x 75 cm, 1983, collezione privata, Milano

Studio per il ritratto di Tomas Maldonado, acquerello e biro su carta, 25 x 25 cm, 1983

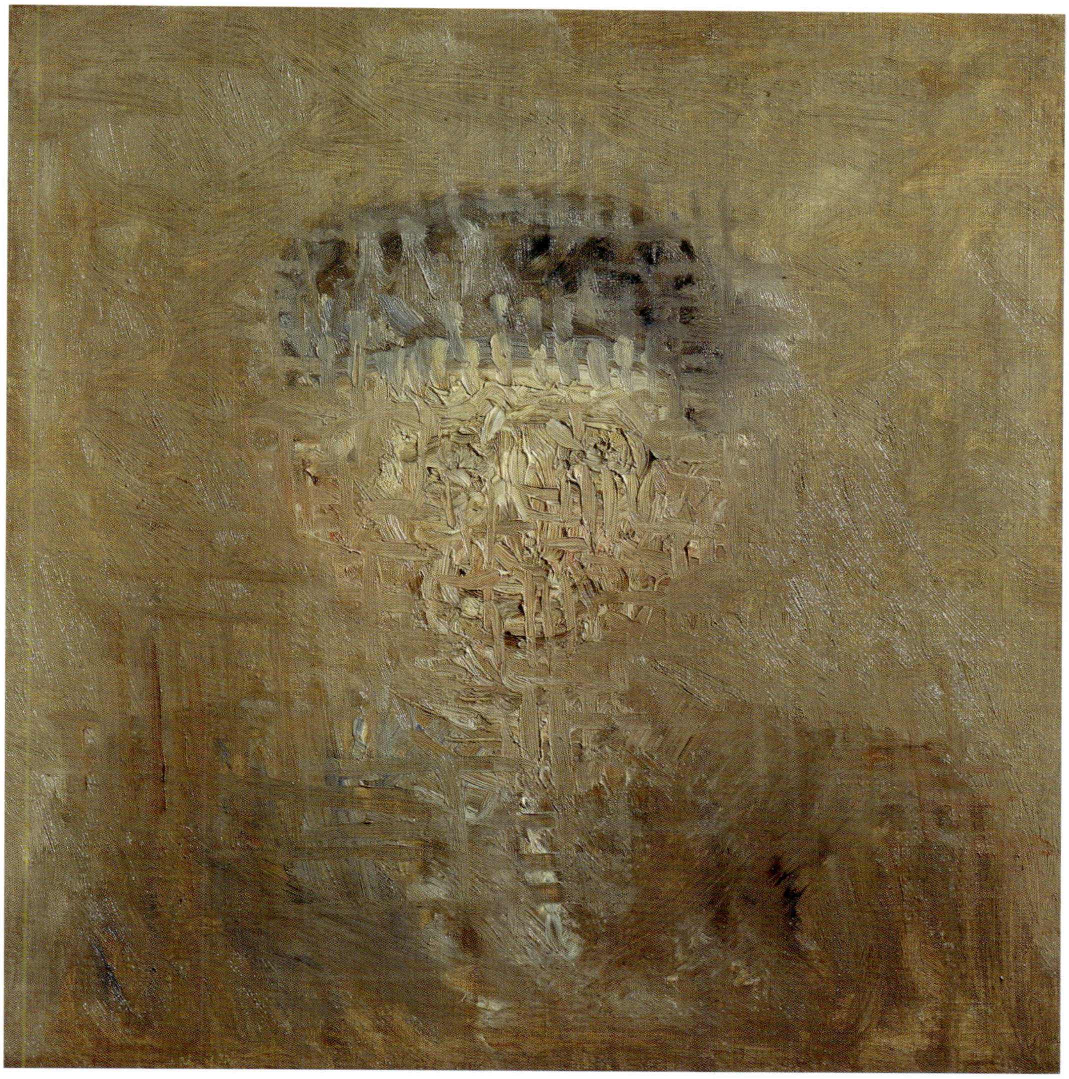

Figura, olio su tela, 50 x 50 cm, 1964

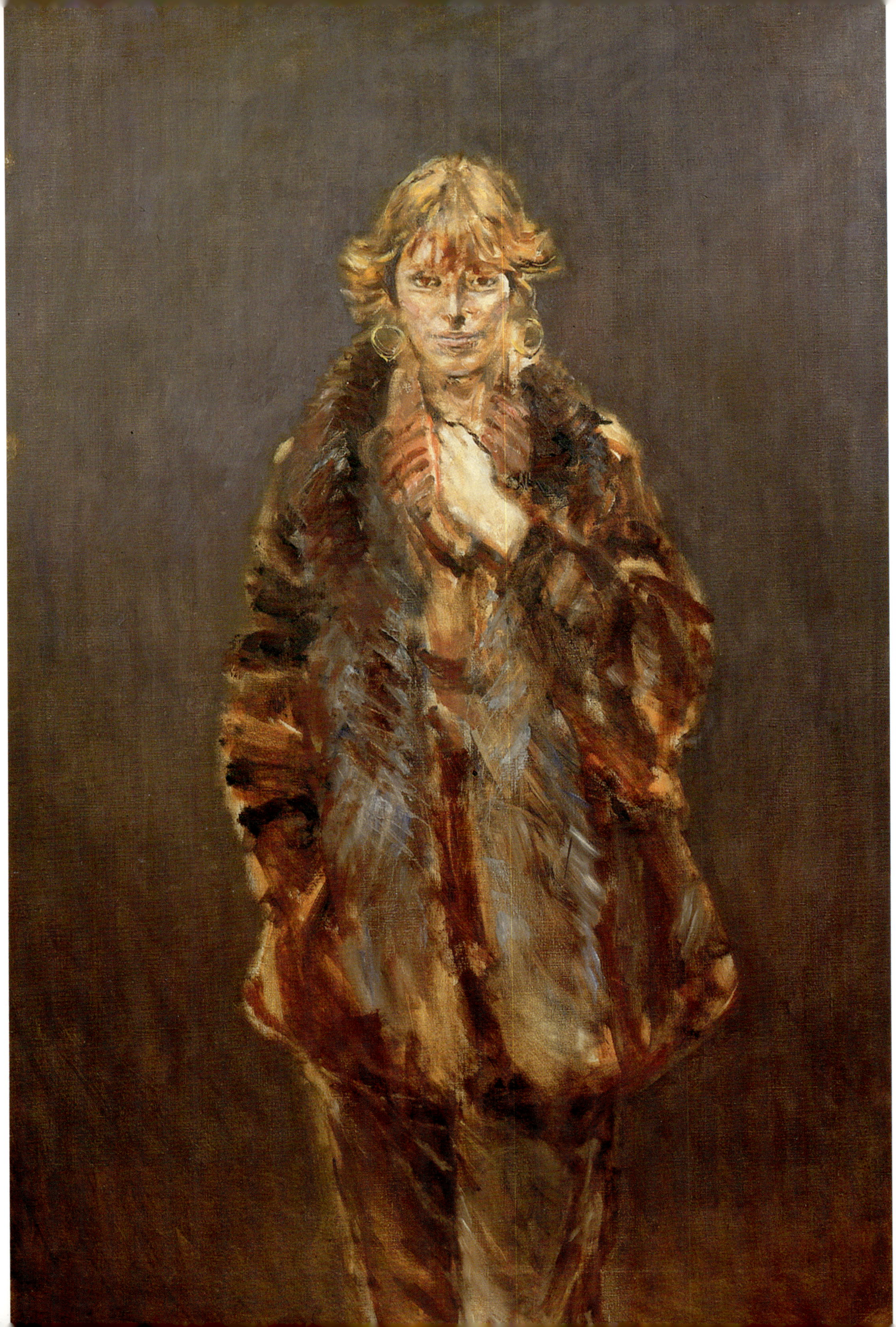

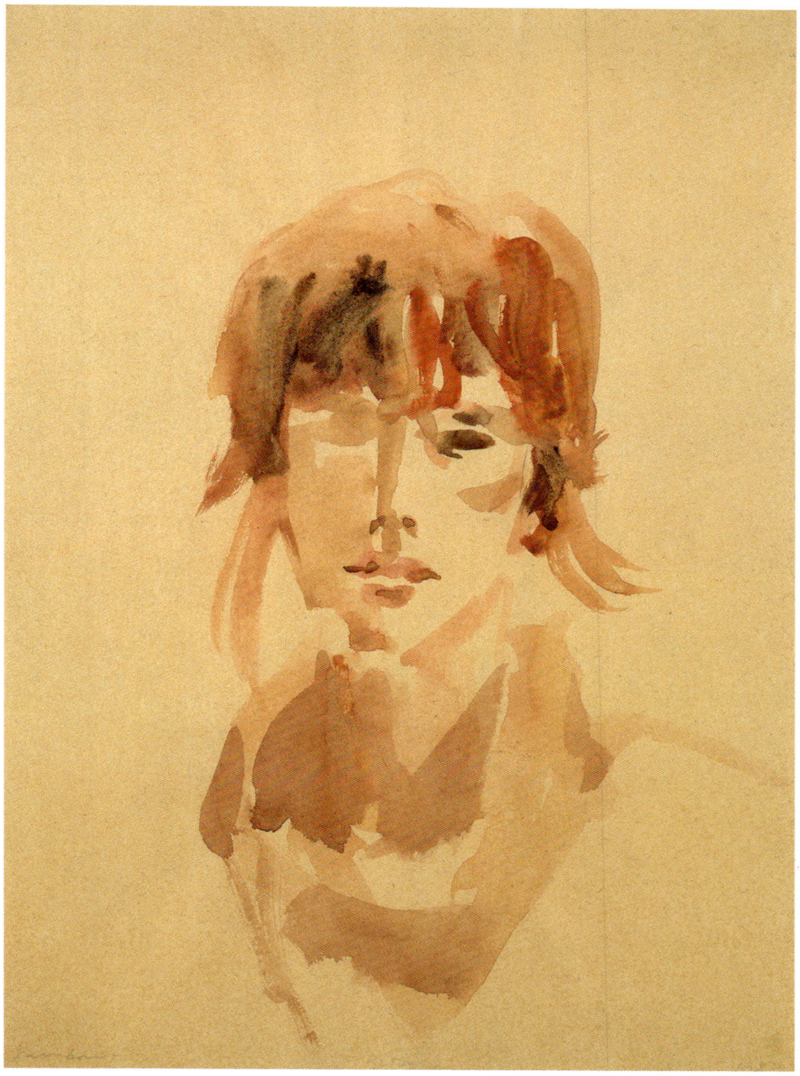

Rita Sambonet, olio su tela, 200 x 100 cm, 1984

Rita Sambonet, acquerello su carta, 34 x 34 cm, 1981

il paesaggio come registro dello sguardo

Sambonet non è mai stato un vedutista. Il paesaggio è piuttosto un'occasione per verificare la profondità dello sguardo. Come un sofisticato obiettivo, Sambonet passa dalla visione ravvicinata alla messa a fuoco all'infinito, scarta dal dettaglio alla panoramica. L'inquadratura lavora sulle linee di forza, siano quelle della luce che inonda la scena, quelle di un'architettura, quelle che emergono dalla grana di un materiale.

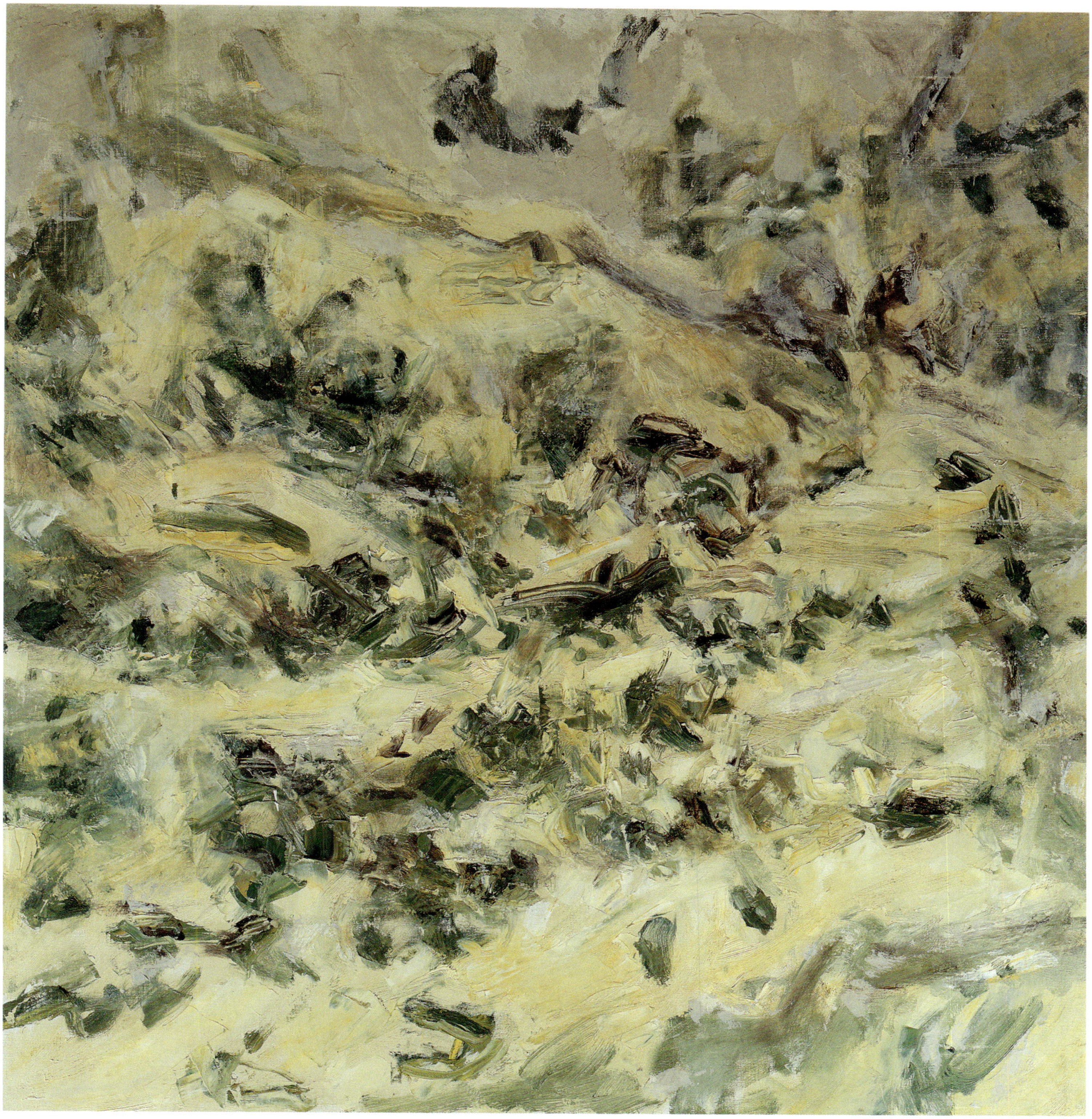

Ginestre, olio su tela, 105 x 105 cm, 1968

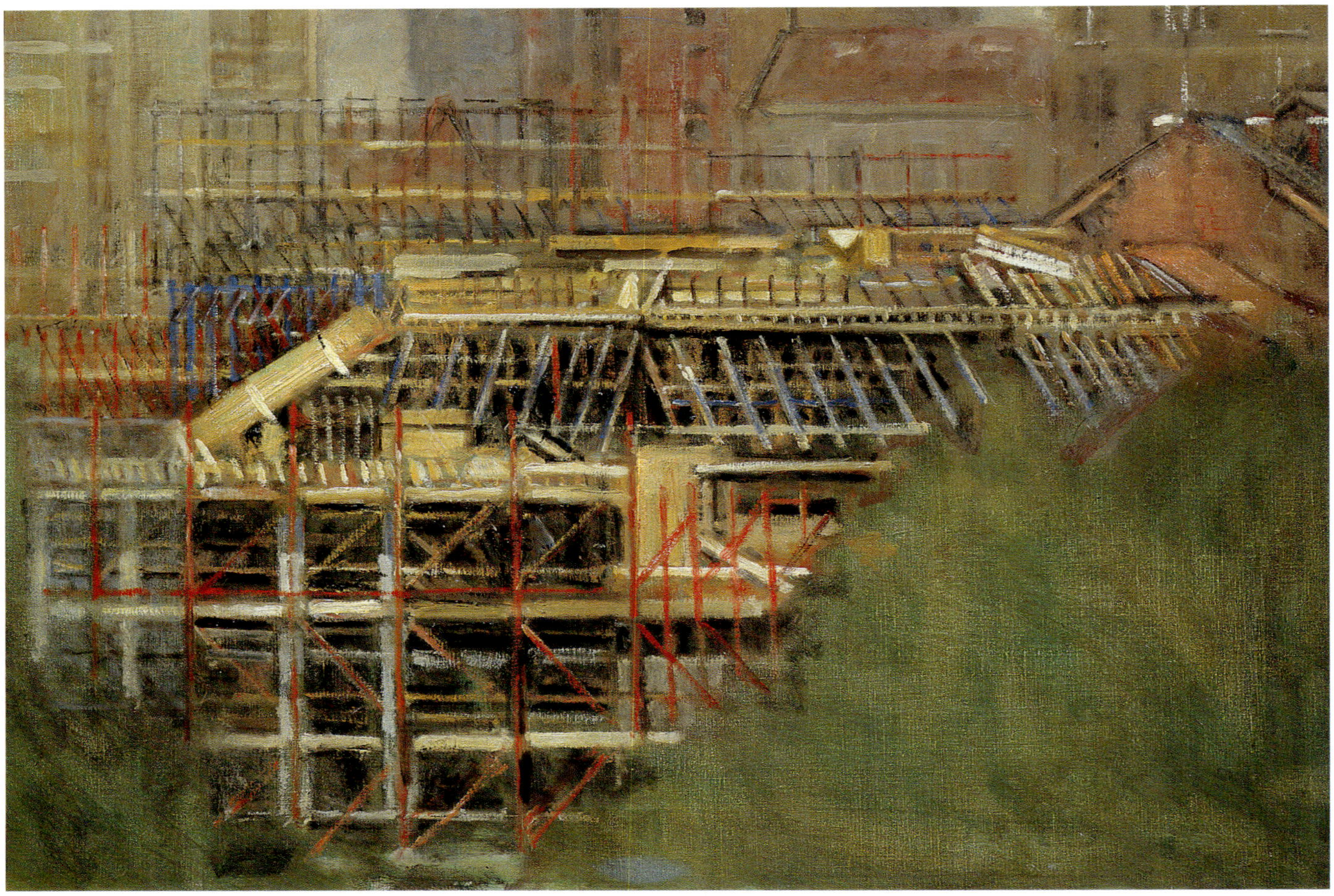

Il Piccolo Teatro in costruzione, olio su tela, 75 x 100 cm, 1991,
collezione privata, Milano

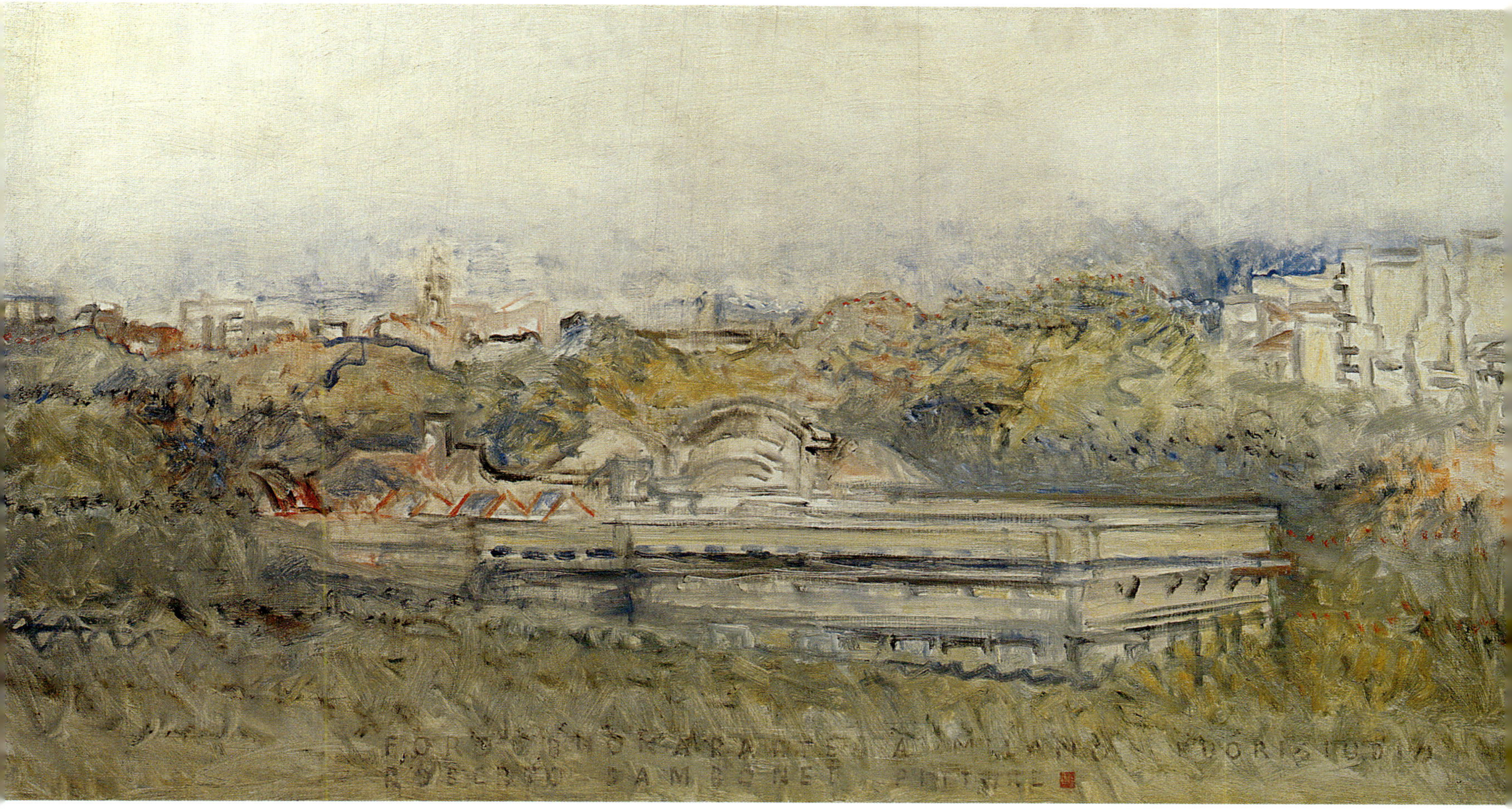

Fuori studio (omaggio a F. Ll. Wright), olio su tela, 75 x 150 cm, 1963

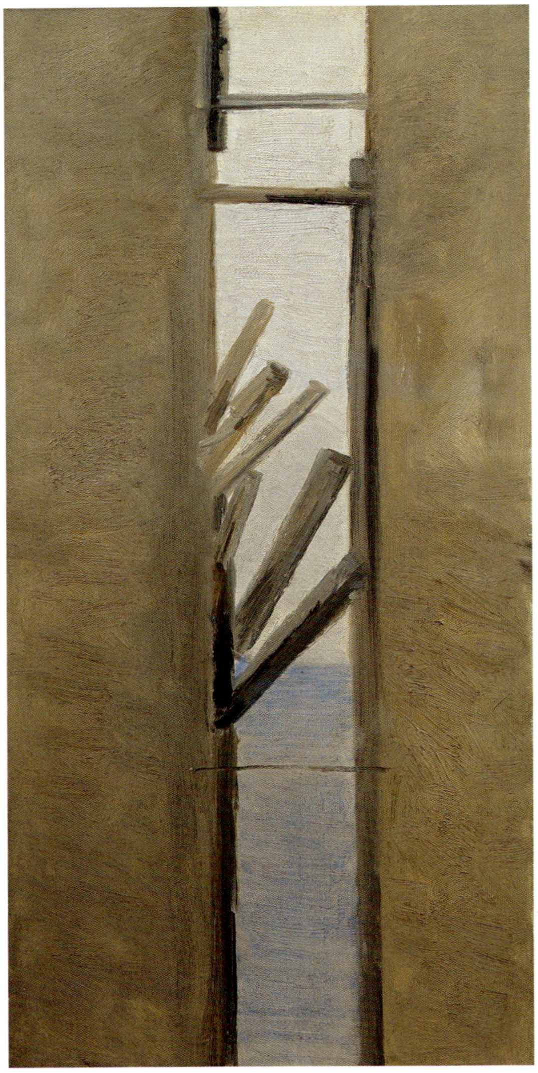

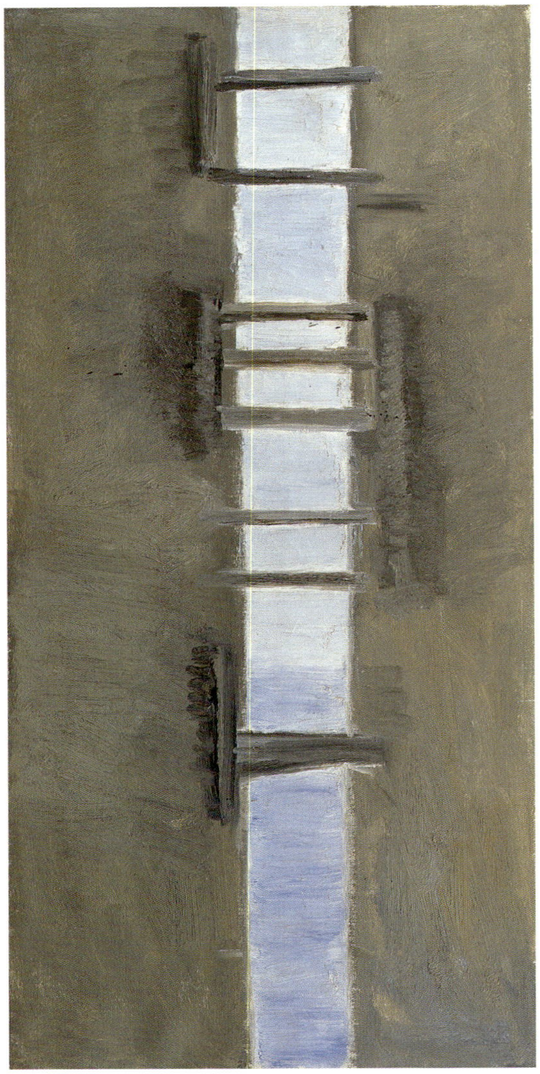

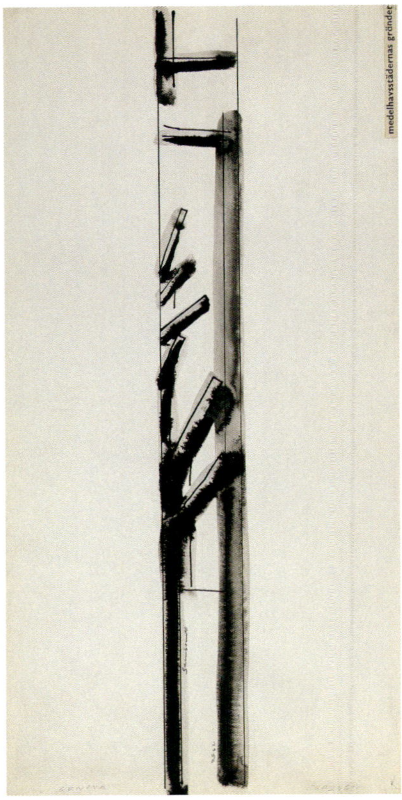

Carrugio, olio su tela, 100 x 50, 1954, collezione privata, Milano
Carrugio, olio su tela, 100 x 50, 1954, collezione privata

Carrugio, Genova, china su carta, 50 x 25 cm, 1954

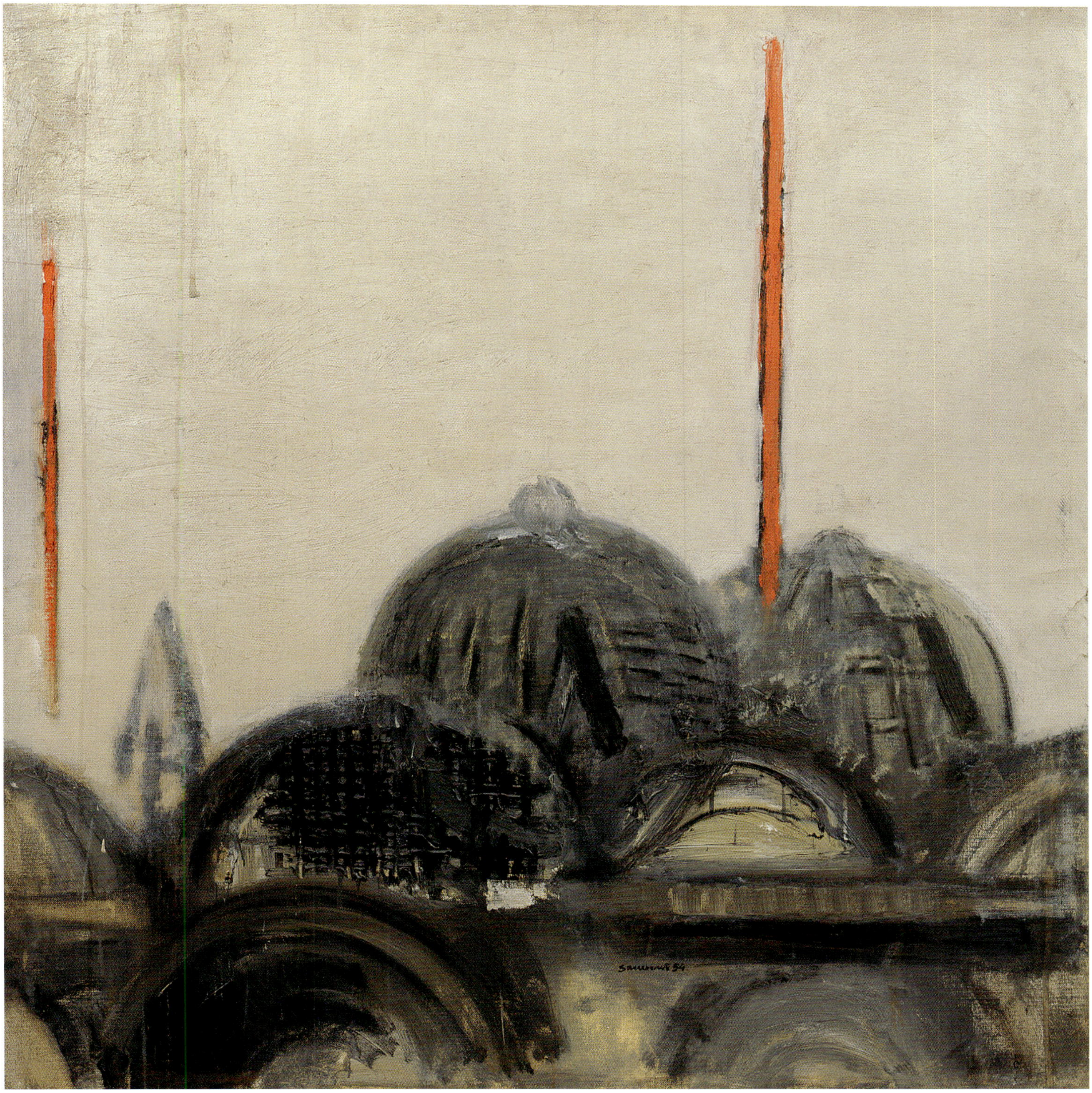

Basilica del Santo, Padova, olio su tela, 100 x 100 cm, 1954

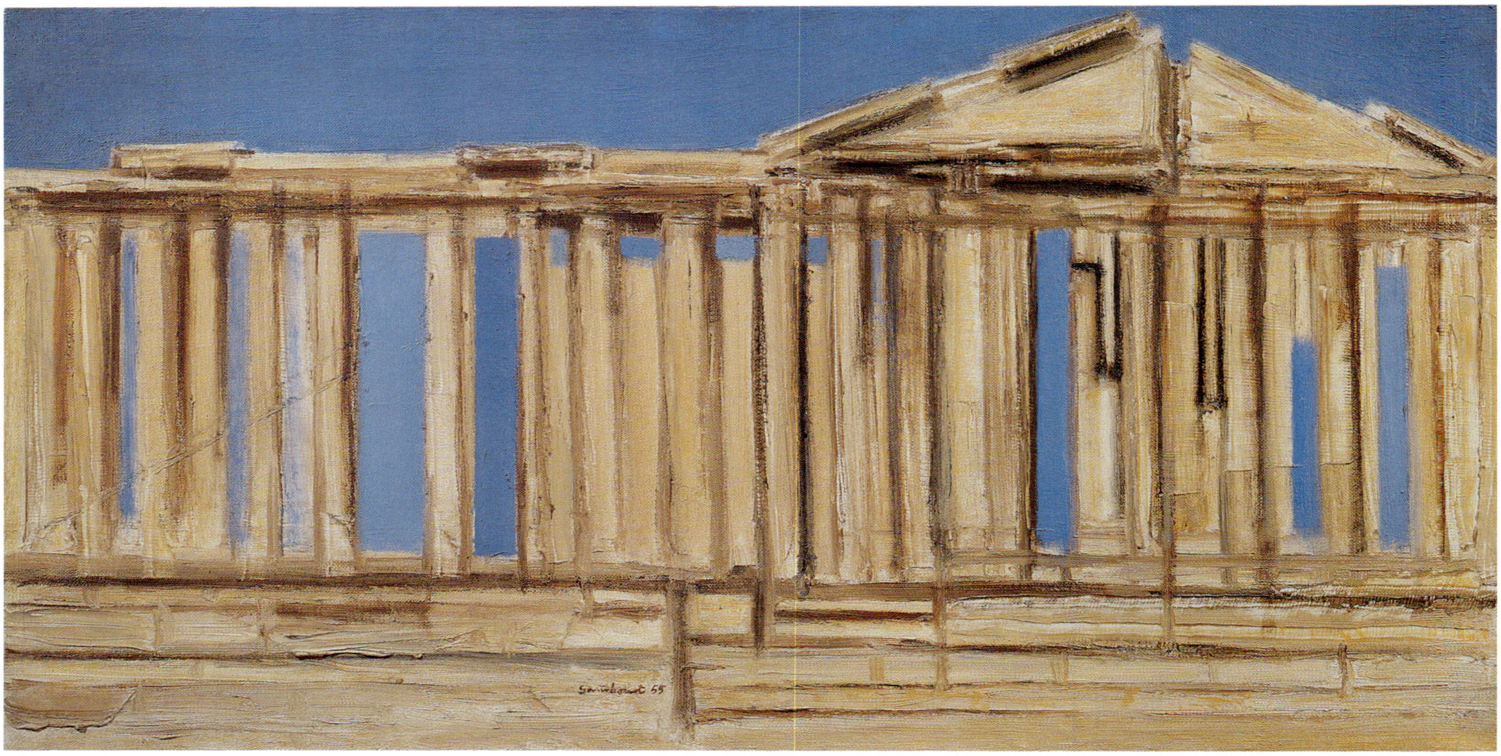

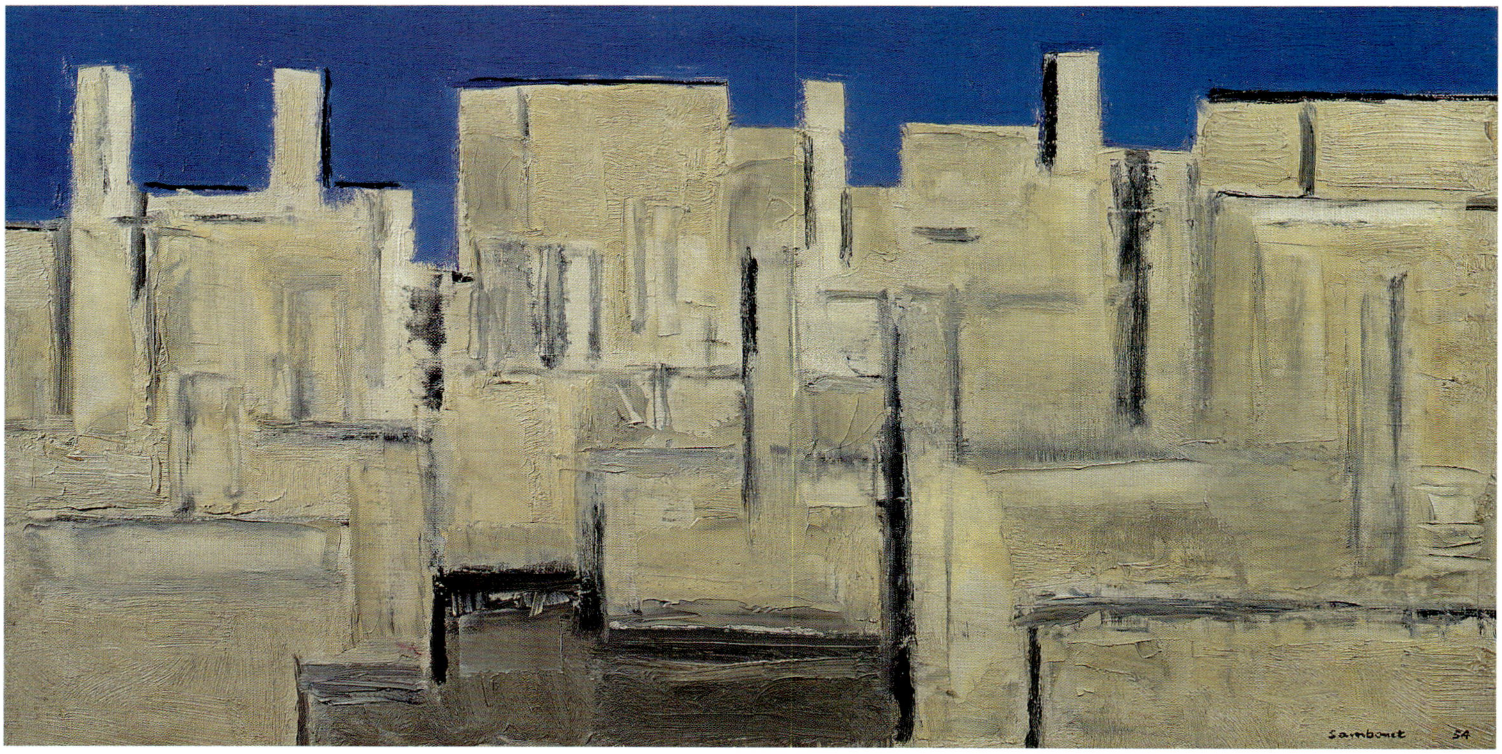

Partenone, olio su tela, 50 x 100 cm, 1955

Villaggio greco, olio su tela, 50 x 100 cm, 1954

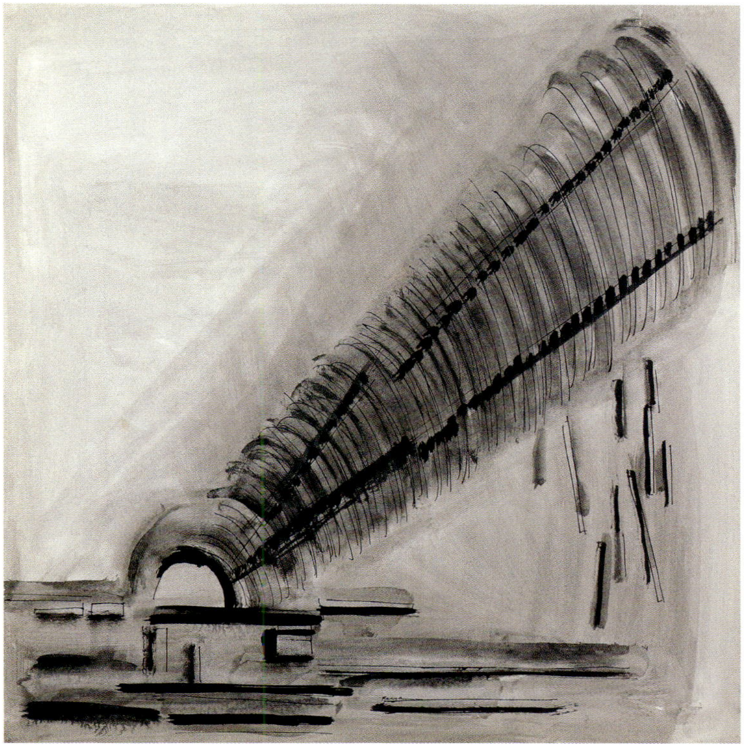

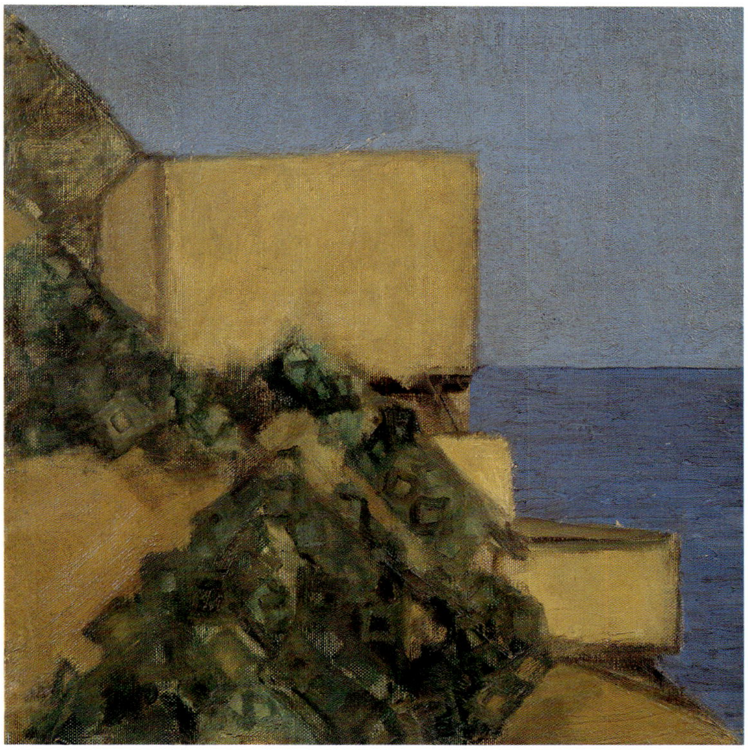

Teatro di Pergamo, inchiostro e acquerello su carta, 50 x 50 cm, 1954

Panarea, olio su tela, 50 x 50 cm, 1953

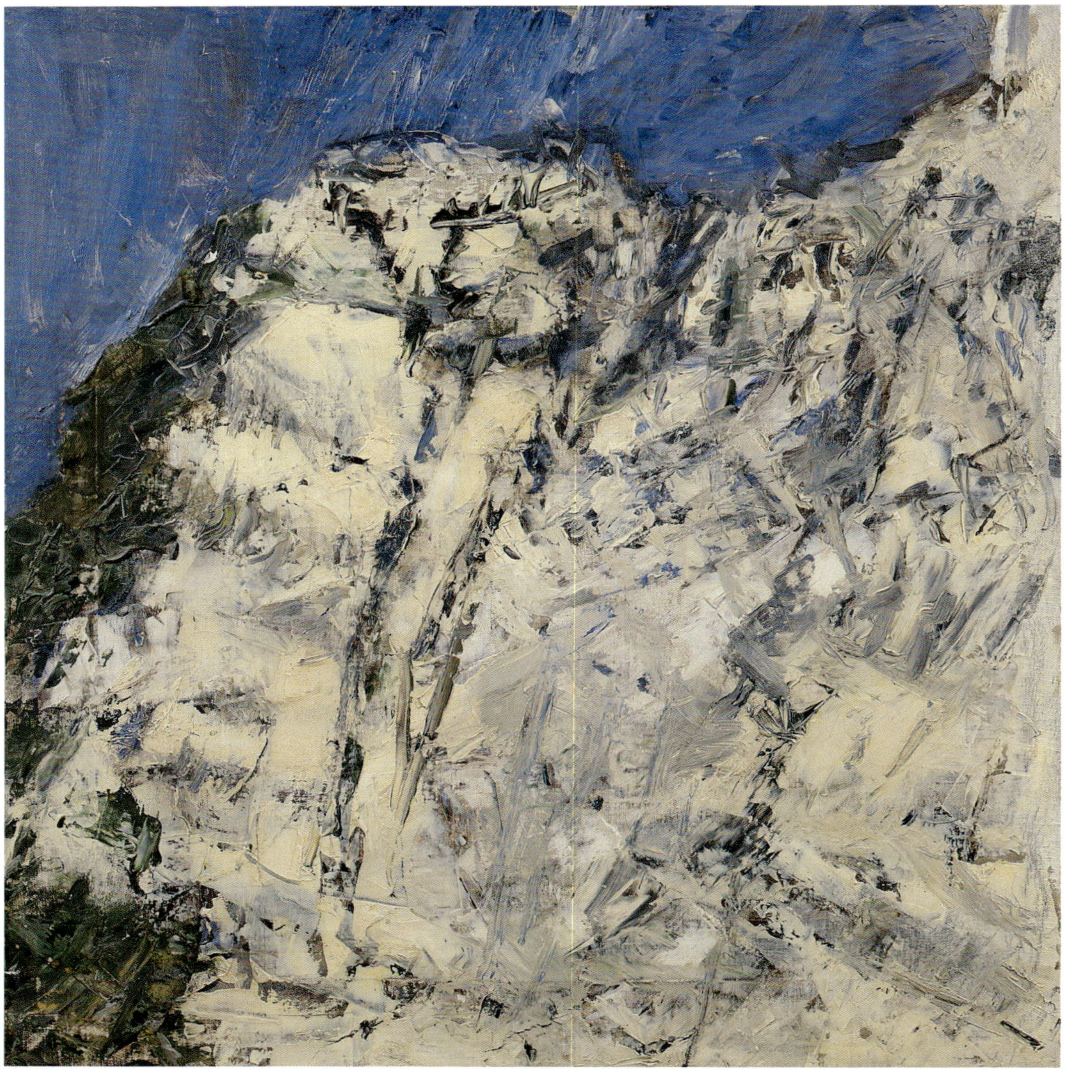

Parete rocciosa, olio su tela, 75 x 75 cm, s. d.

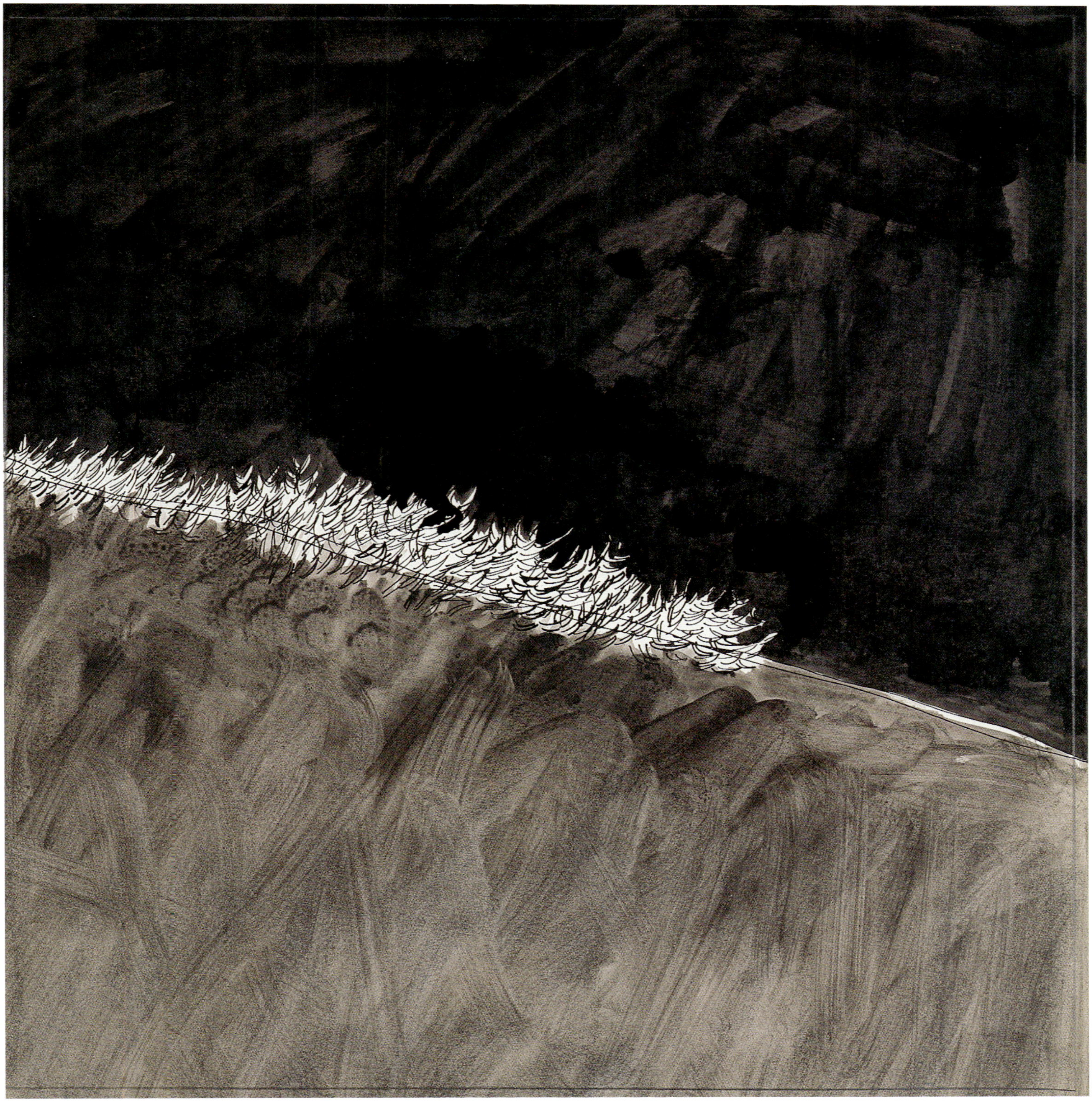

Pendio di scogliera, china su cartoncino, 44 x 44,5 cm, 1955 ca.

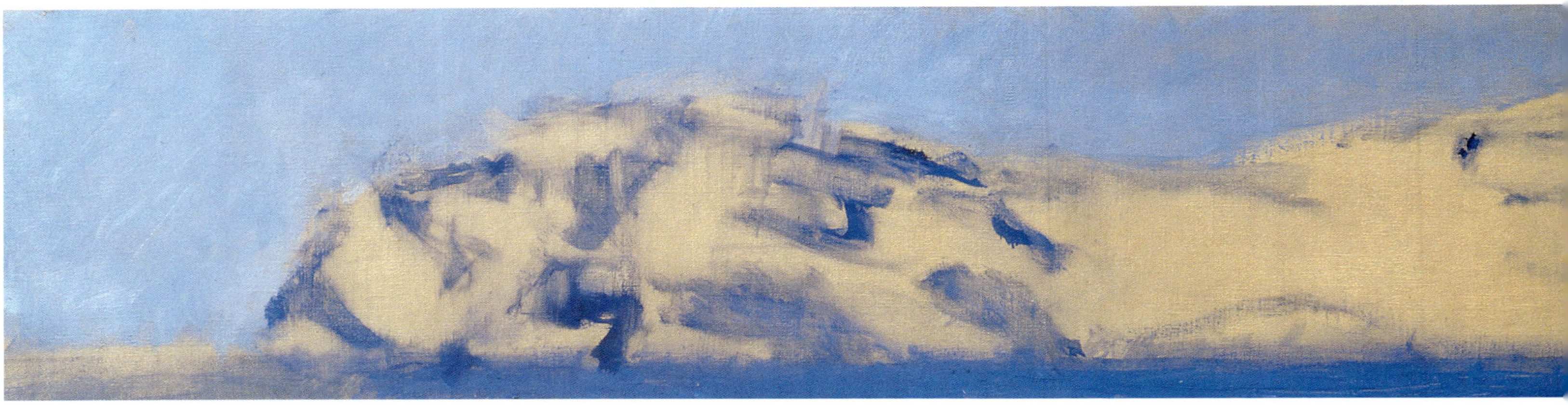

Portolano, olio su tela, 30 x 200 cm, 1971 ca.

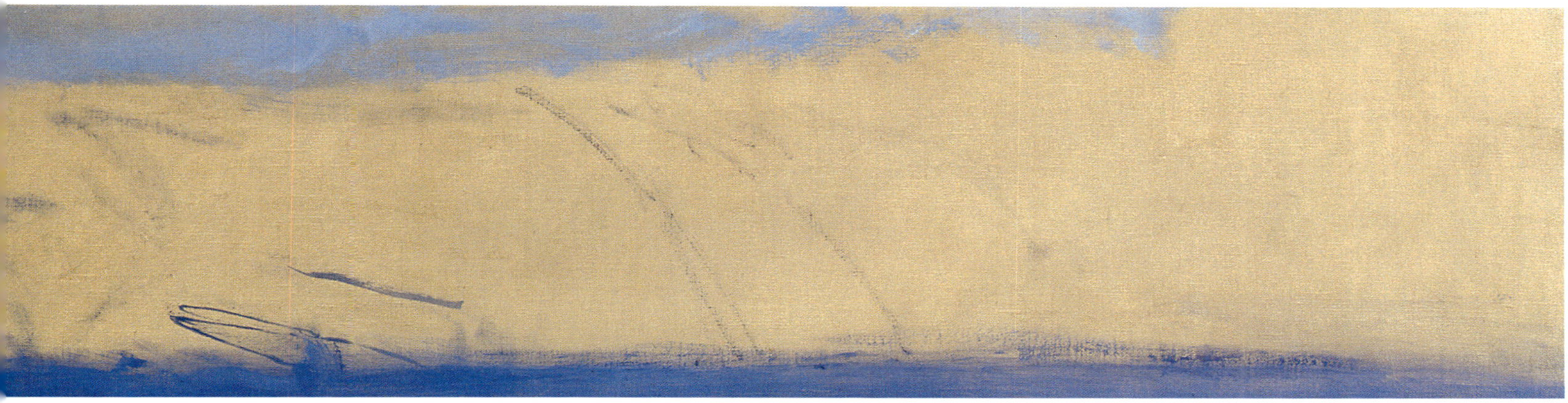

Portolano, olio su tela, 30 x 200 cm, 1990 ca.

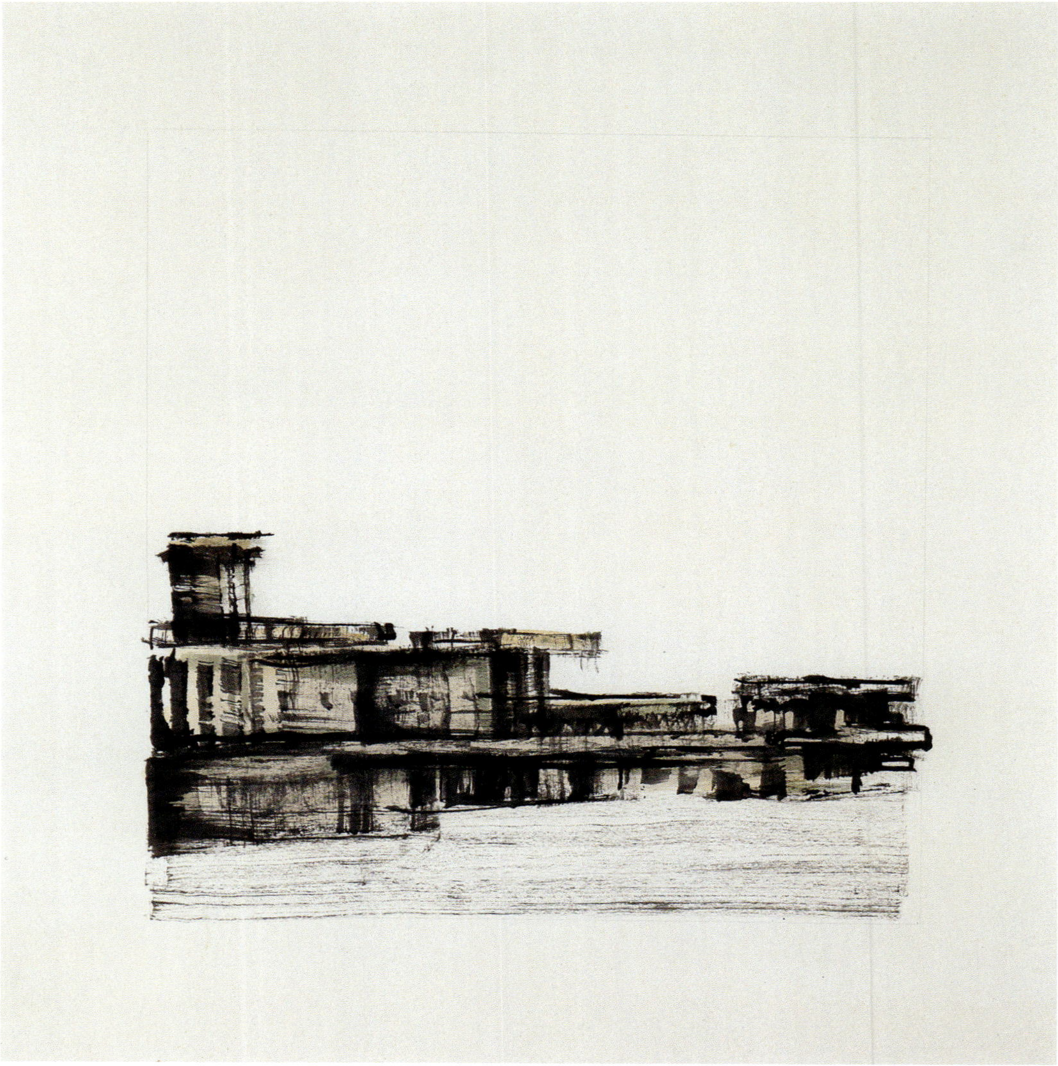

F. Ll. Wright, Imperial Hotel, Tokyo, acquerello su carta, 35 x 35 cm, 1958

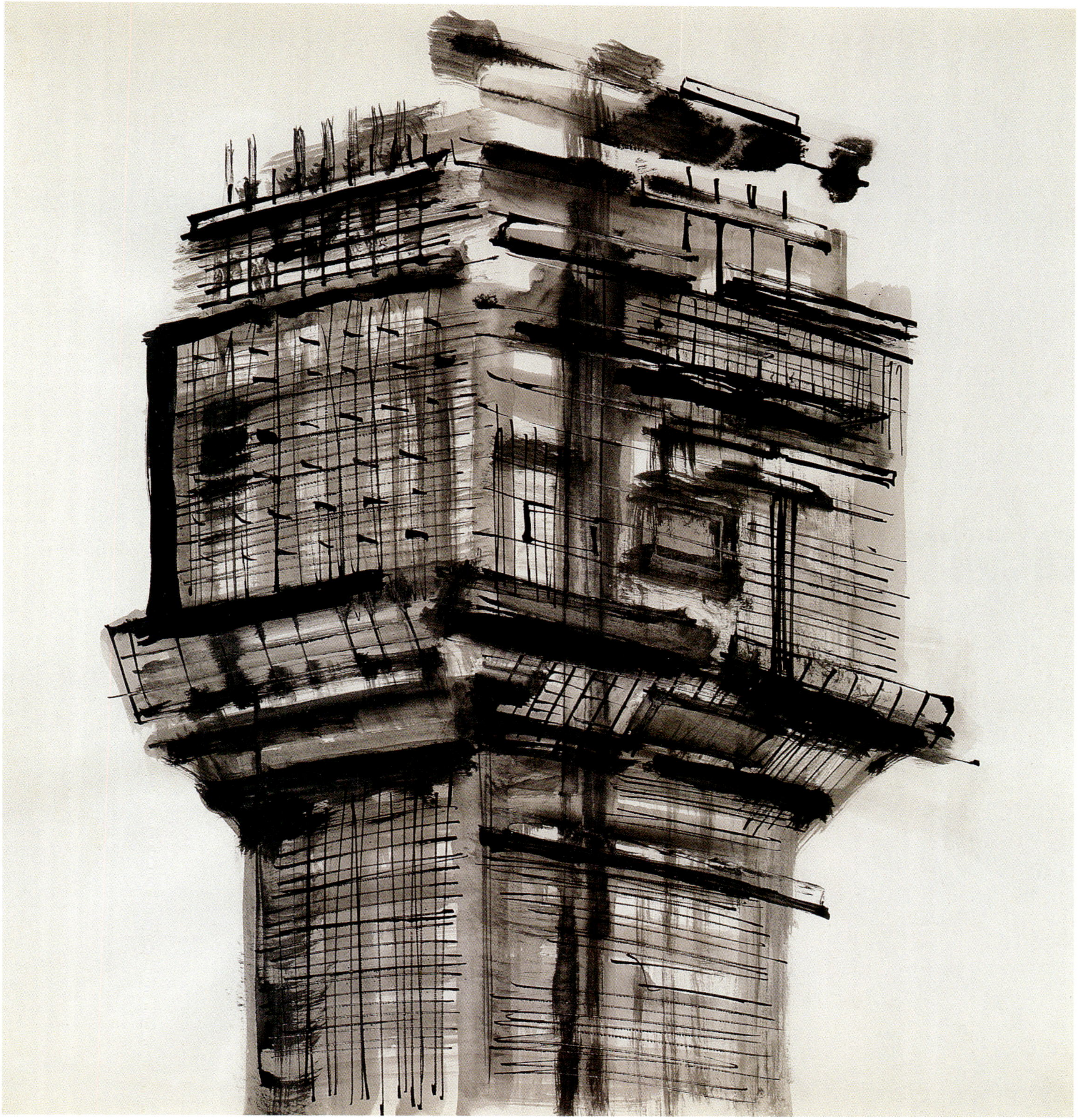

Torre Velasca, Milano, china su carta, 50 x 50 cm, s. d.

astrazioni logiche

La geometria è un grimaldello che scardina l'apparenza esteriore delle cose e dei fenomeni, snudando l'armatura nascosta del reale. Qui prende forma un paesaggio astratto fatto solo di linee e di curve, di moduli e di proporzioni. Ridotto ai minimi termini, il molteplice si risolve a pochi schemi di base, quasi fosse un elementare abecedario di segni pronto ad essere riassemblato in nuove complessità del gioco combinatorio del progetto

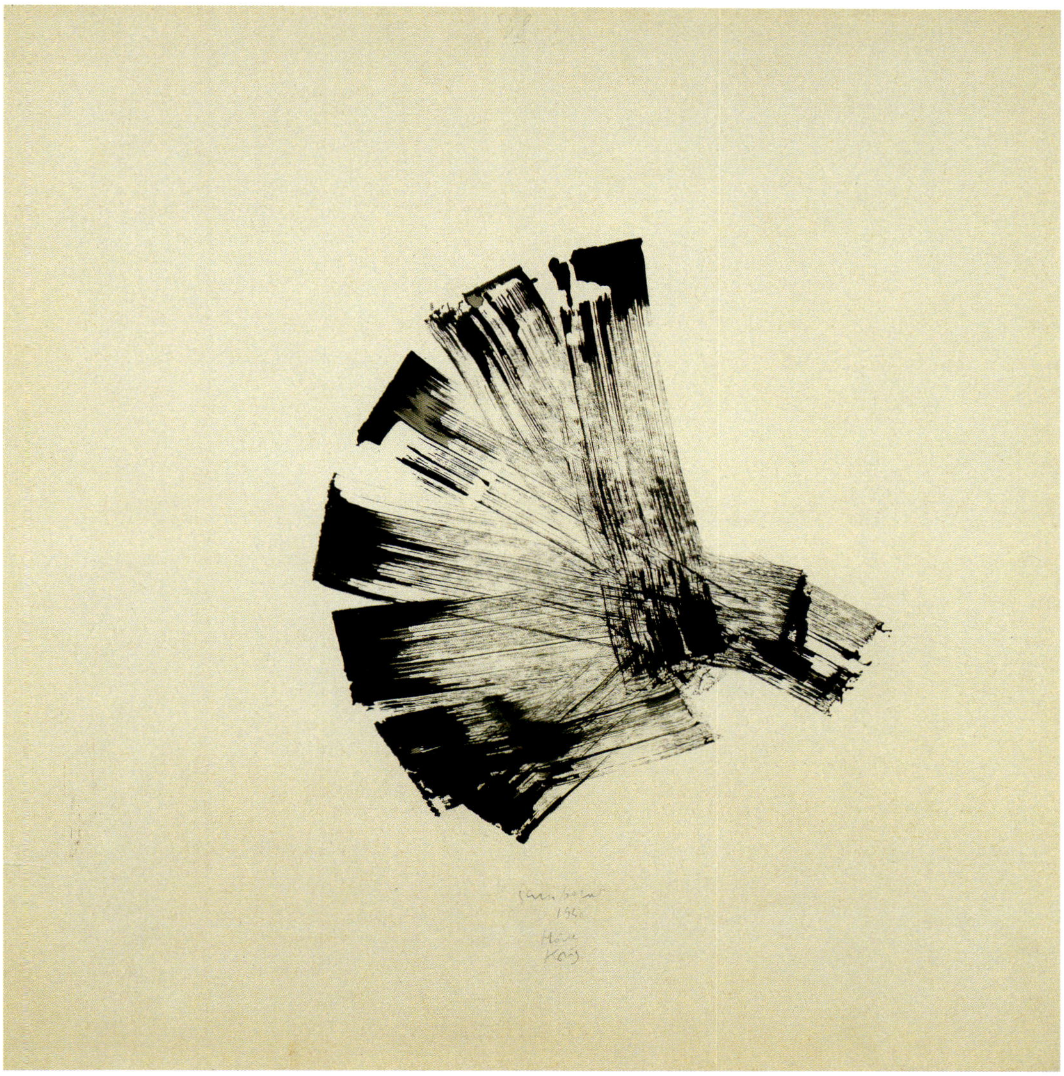

Giunca, Hong Kong, china su carta, 35 x 35 cm, 1958

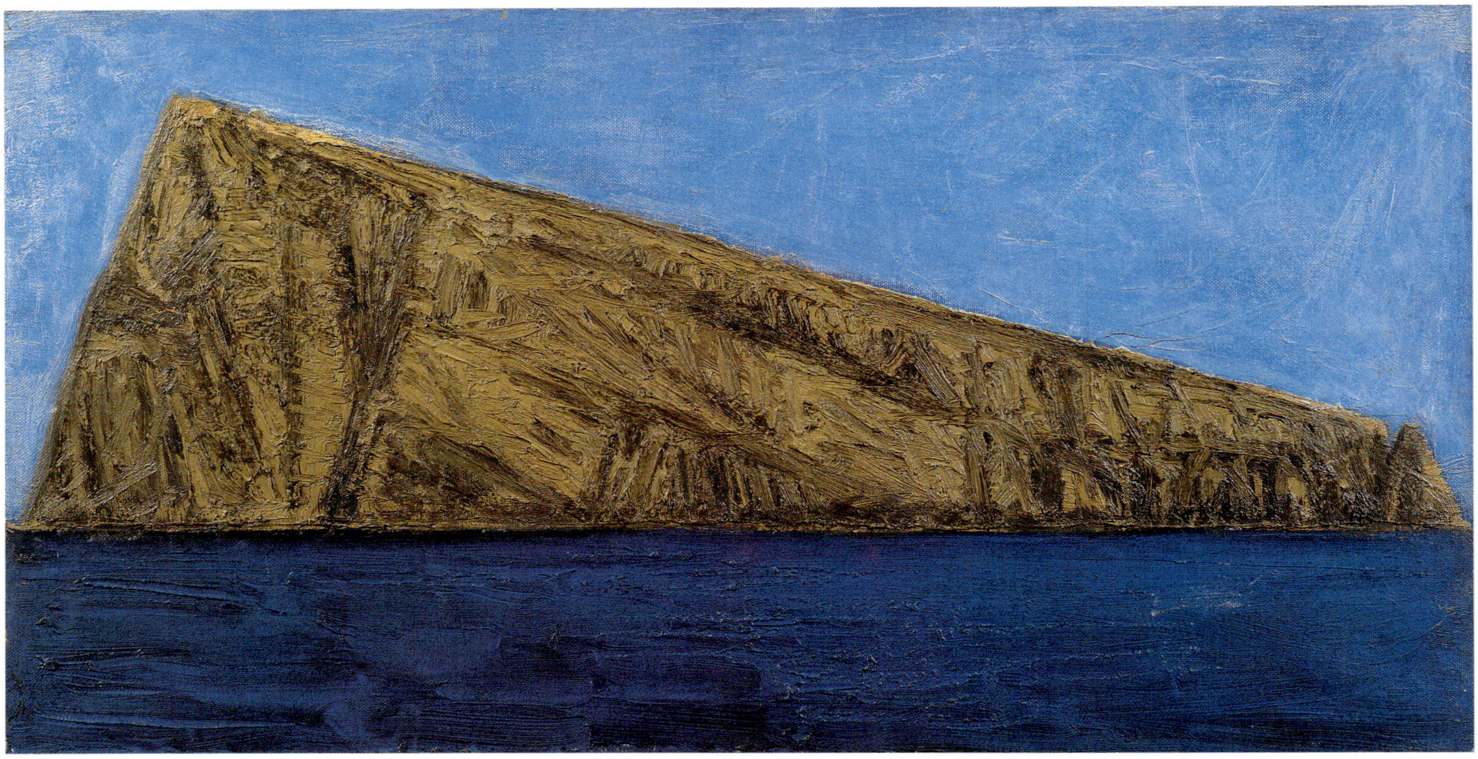

Panarea 1, olio su tela, 50 x 100 cm, 1953 ca.

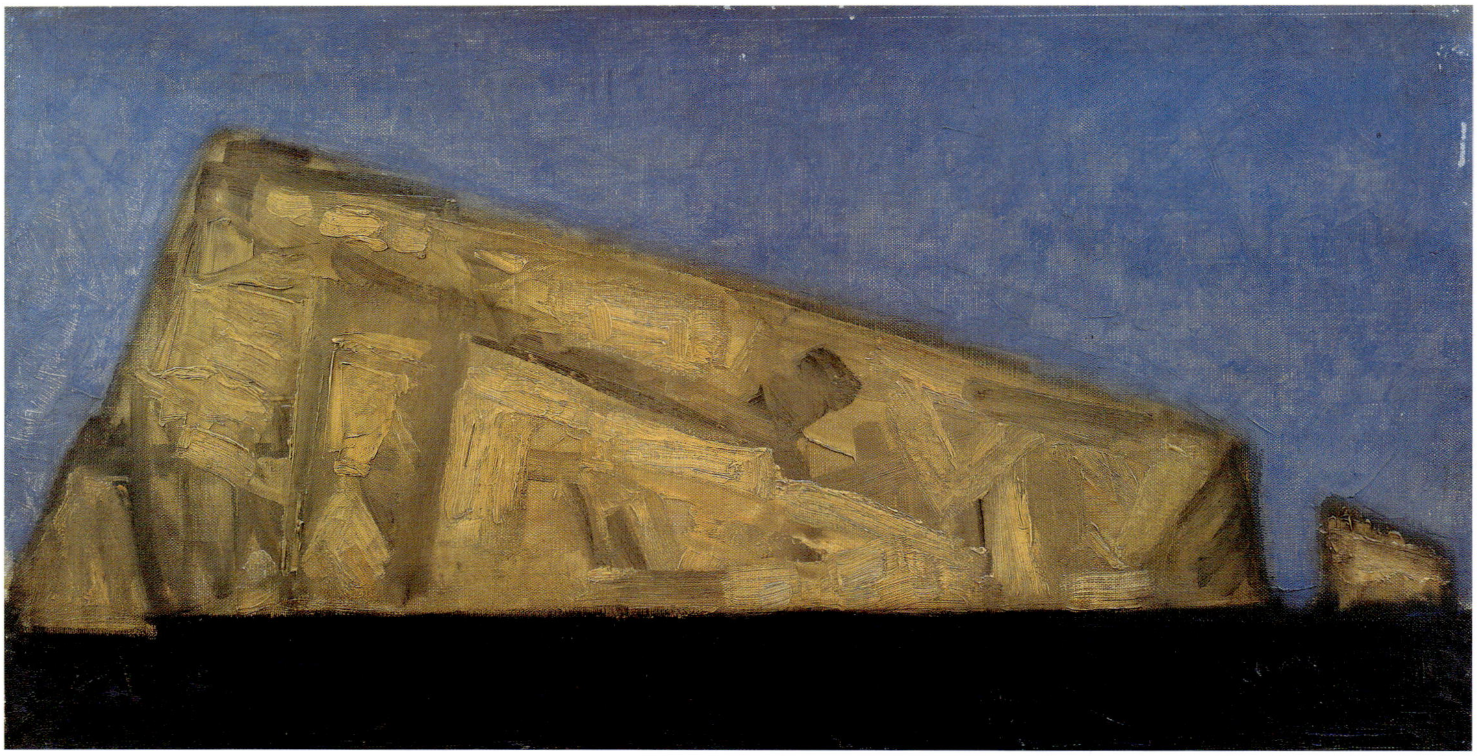

Panarea 2, olio su tela, 50 x 100 cm, 1953 ca.

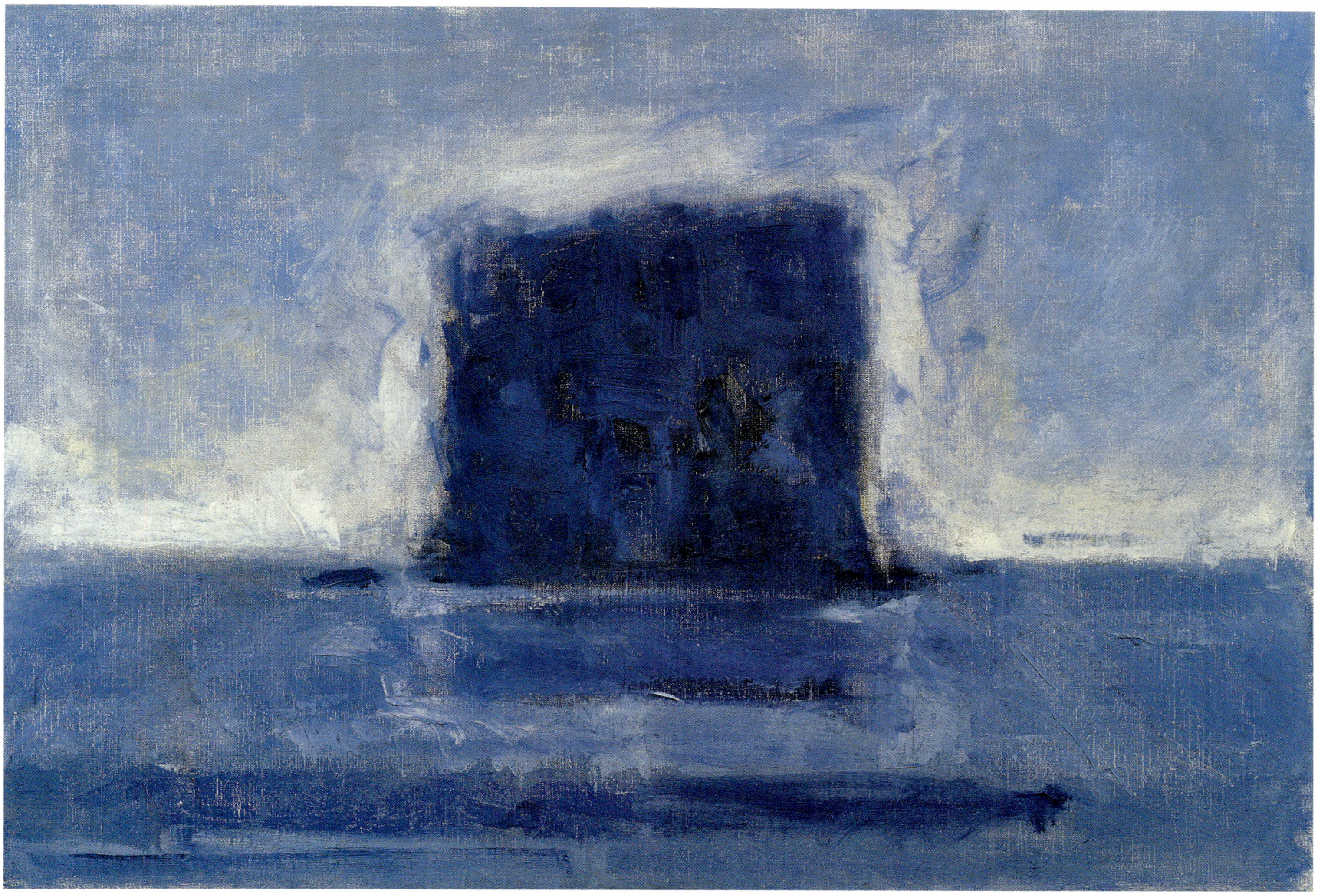

Strombolicchio, ol o su tela, 50 x 75 cm, s. d.

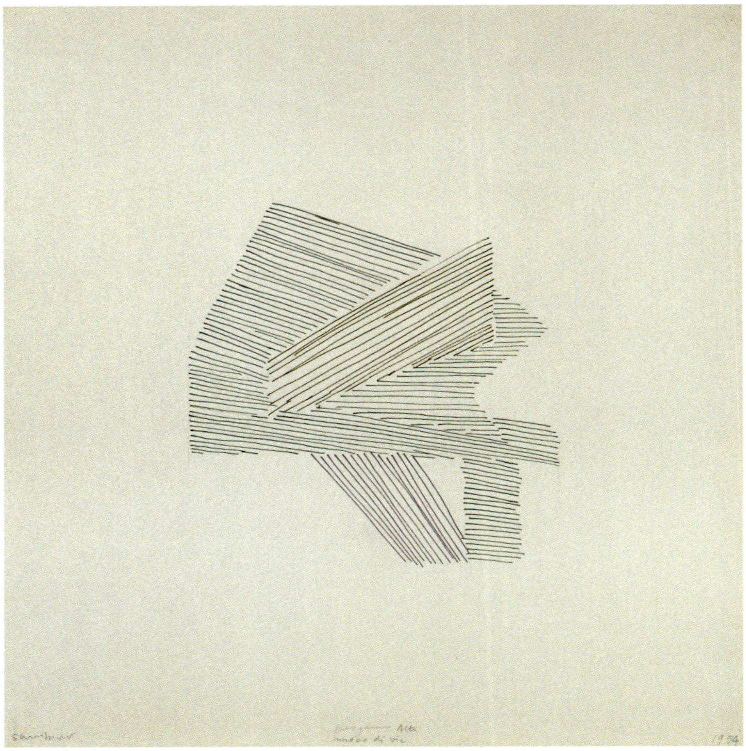

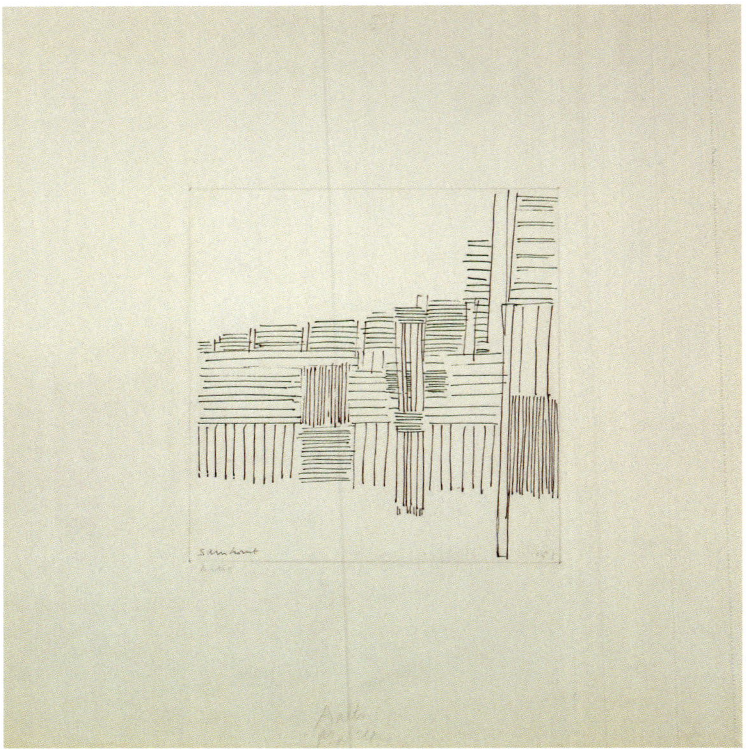

Bergamo alta. Incrocio di vie, china su carta, 50 x 50 cm, 1954

Aalto Mairea, matita e china su carta, 50 x 50 cm, 1953

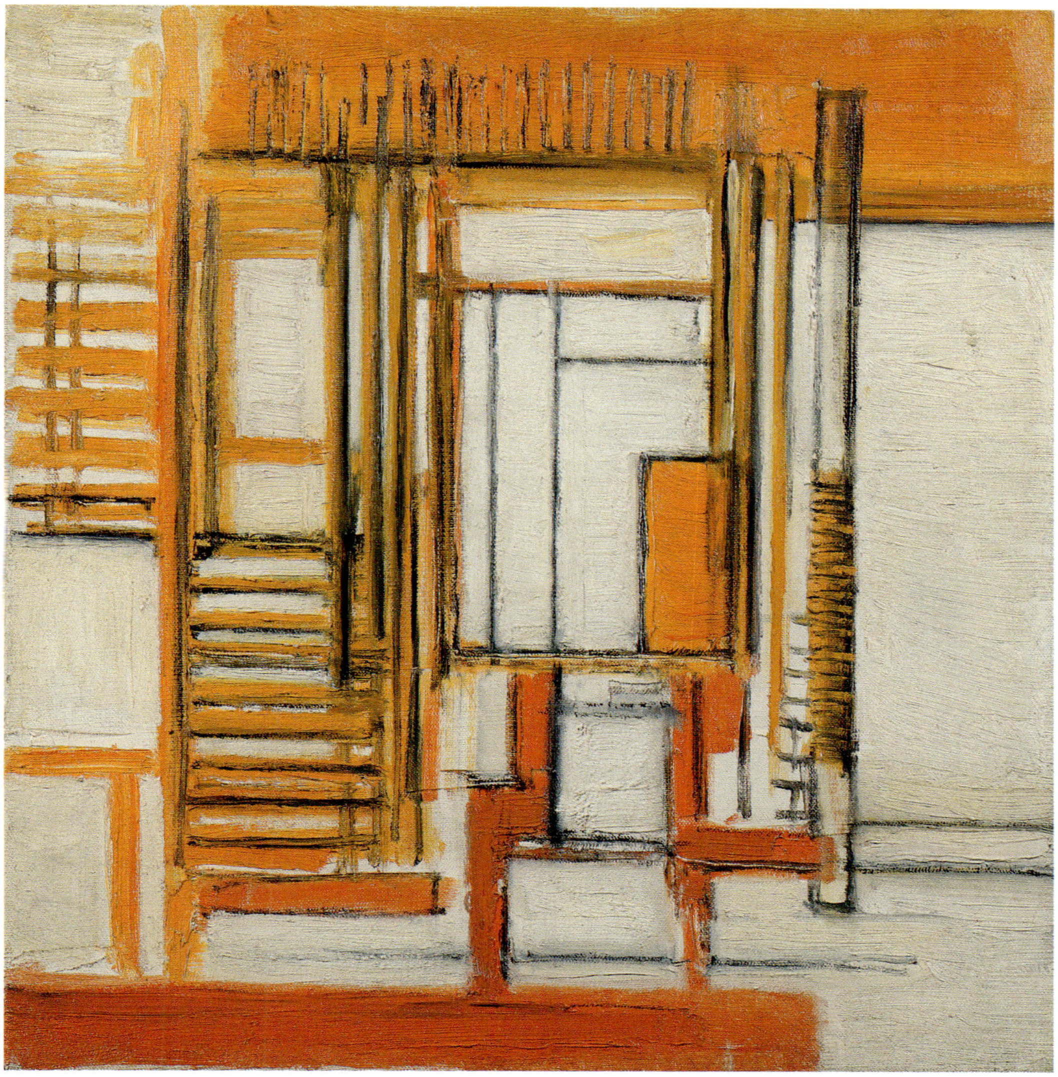

Mairea, omaggio ad Aalto, olio su tela, 100 x 100 cm, 1956

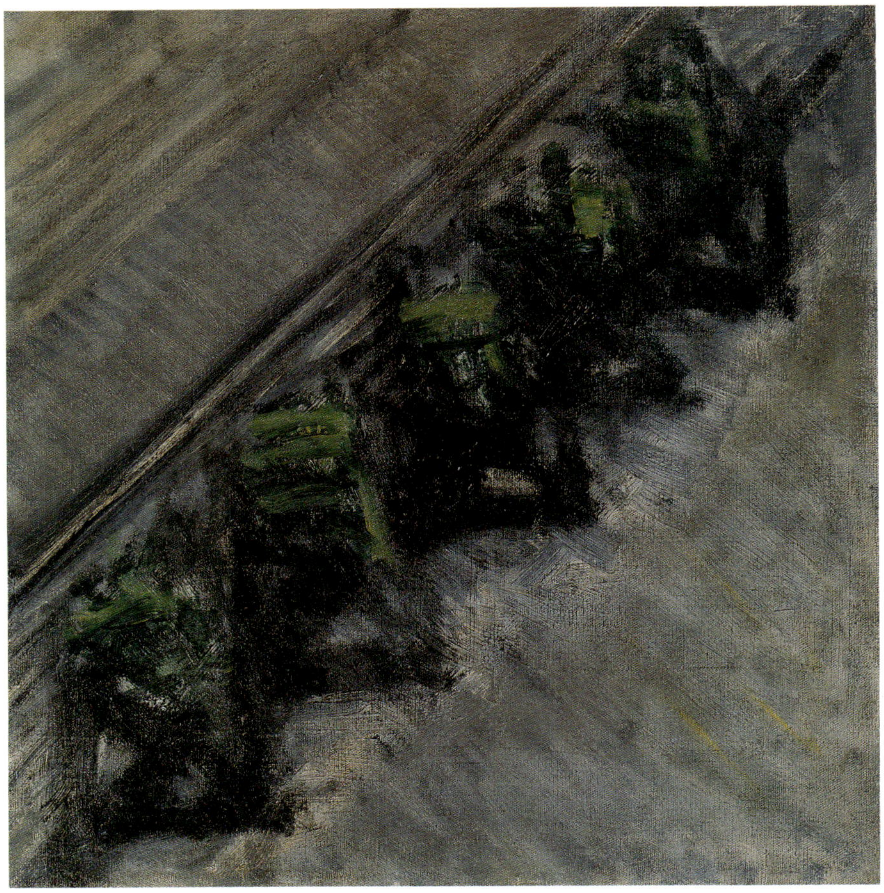

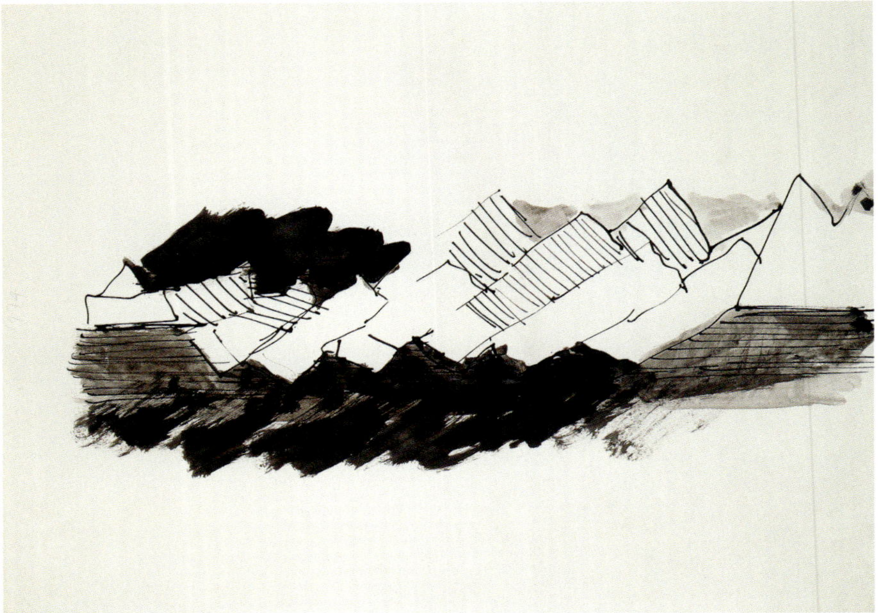

Orti di Montale, Monterosso, olio su tela, 50 x 50 cm, 1955

Orti di Montale, 10 limoni, china su carta, 32 x 45,5 cm, 1974

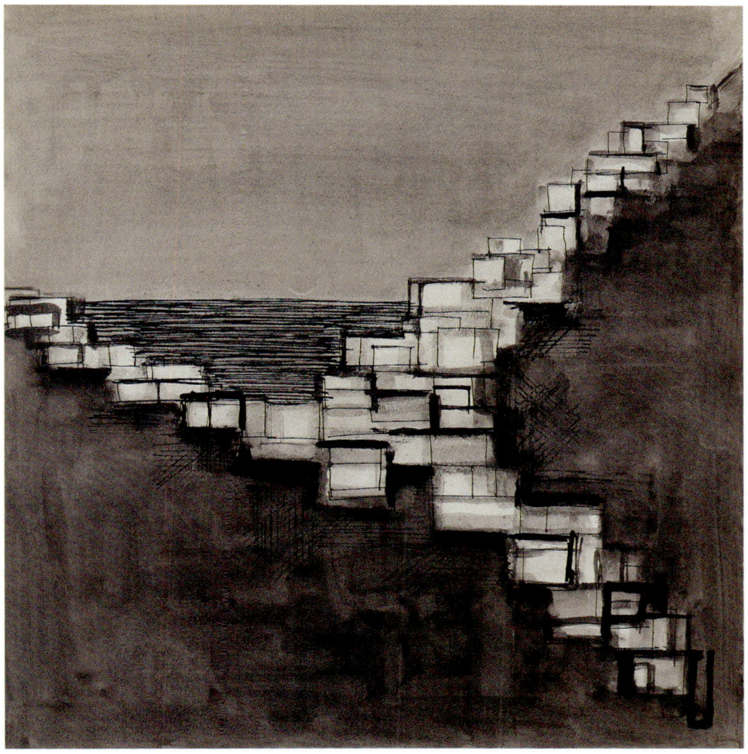

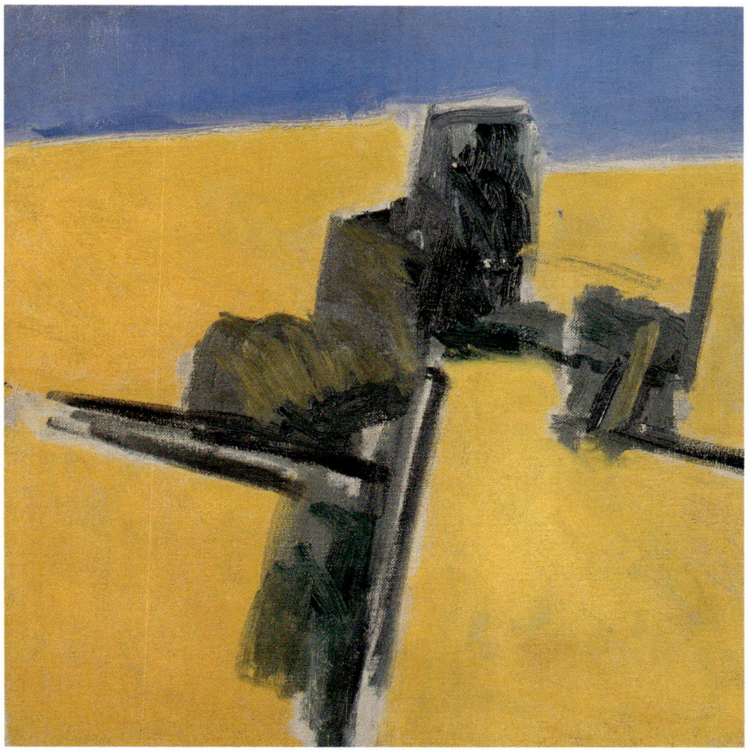

Skyros, china e acquerello su carta, 50 x 50 cm, 1954 ca.

Andros, olio su tela, 50 x 50 cm, 1954

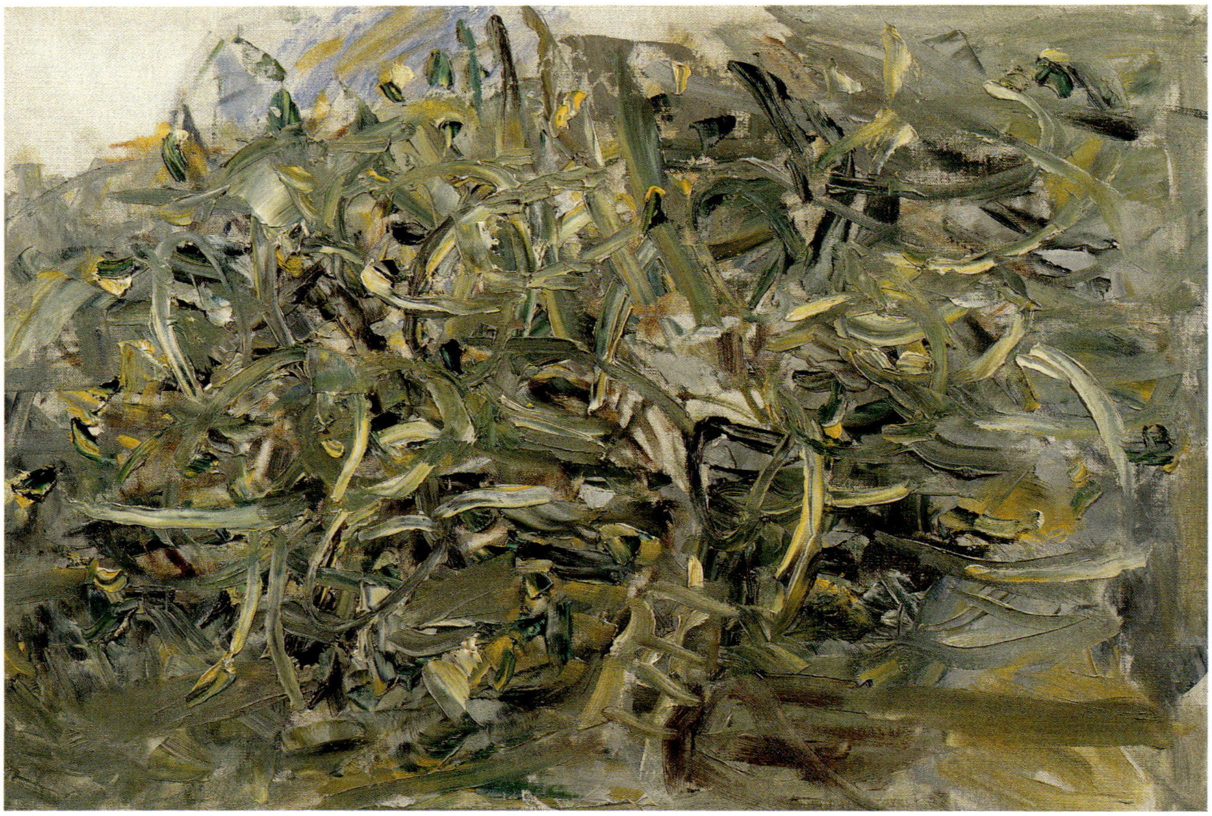

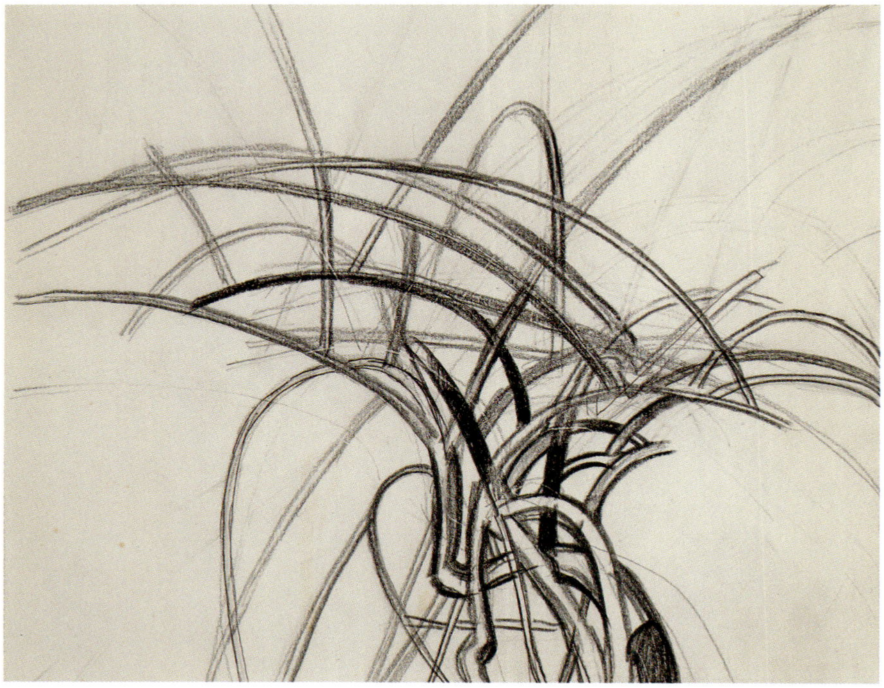

Senza titolo, olio su tela, 50 x 75 cm, s. d.

Strutture vegetali, carboncino su carta, 23,5 x 31 cm, s. d.

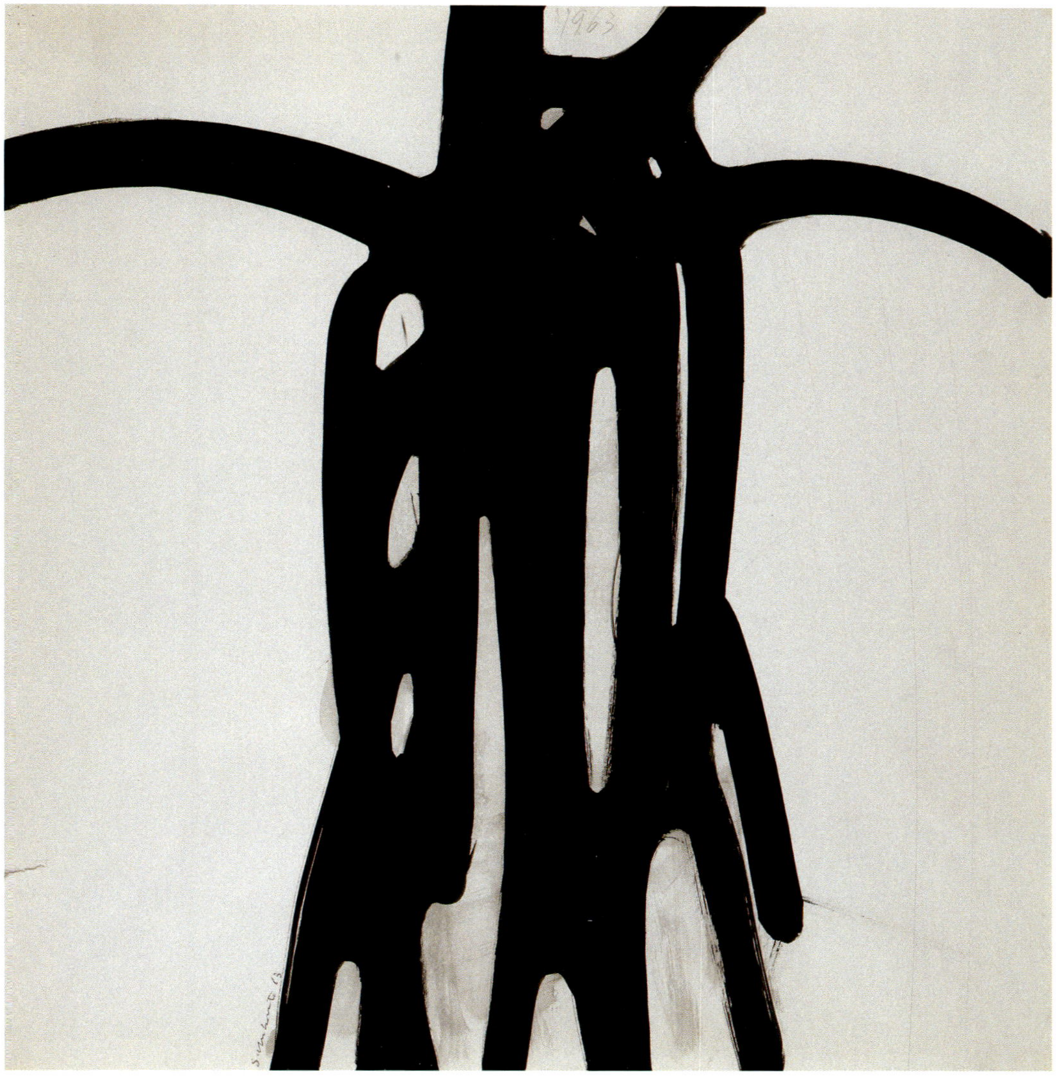

Organismo, china su carta, 50 x 50 cm, 1959, collezione privata, Milano

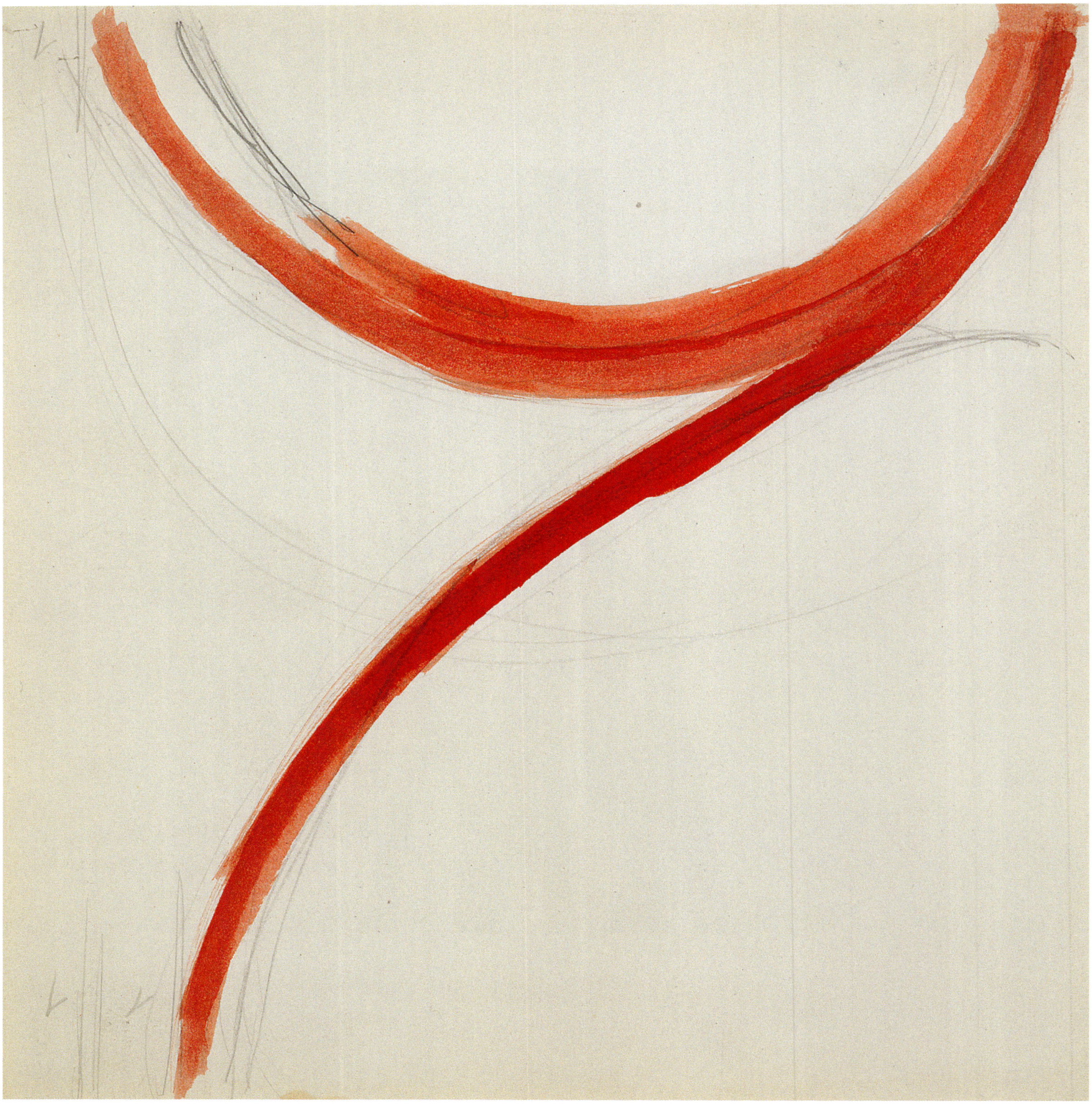

Struttura, china rossa e matita su carta, 20 x 20 cm, 1959

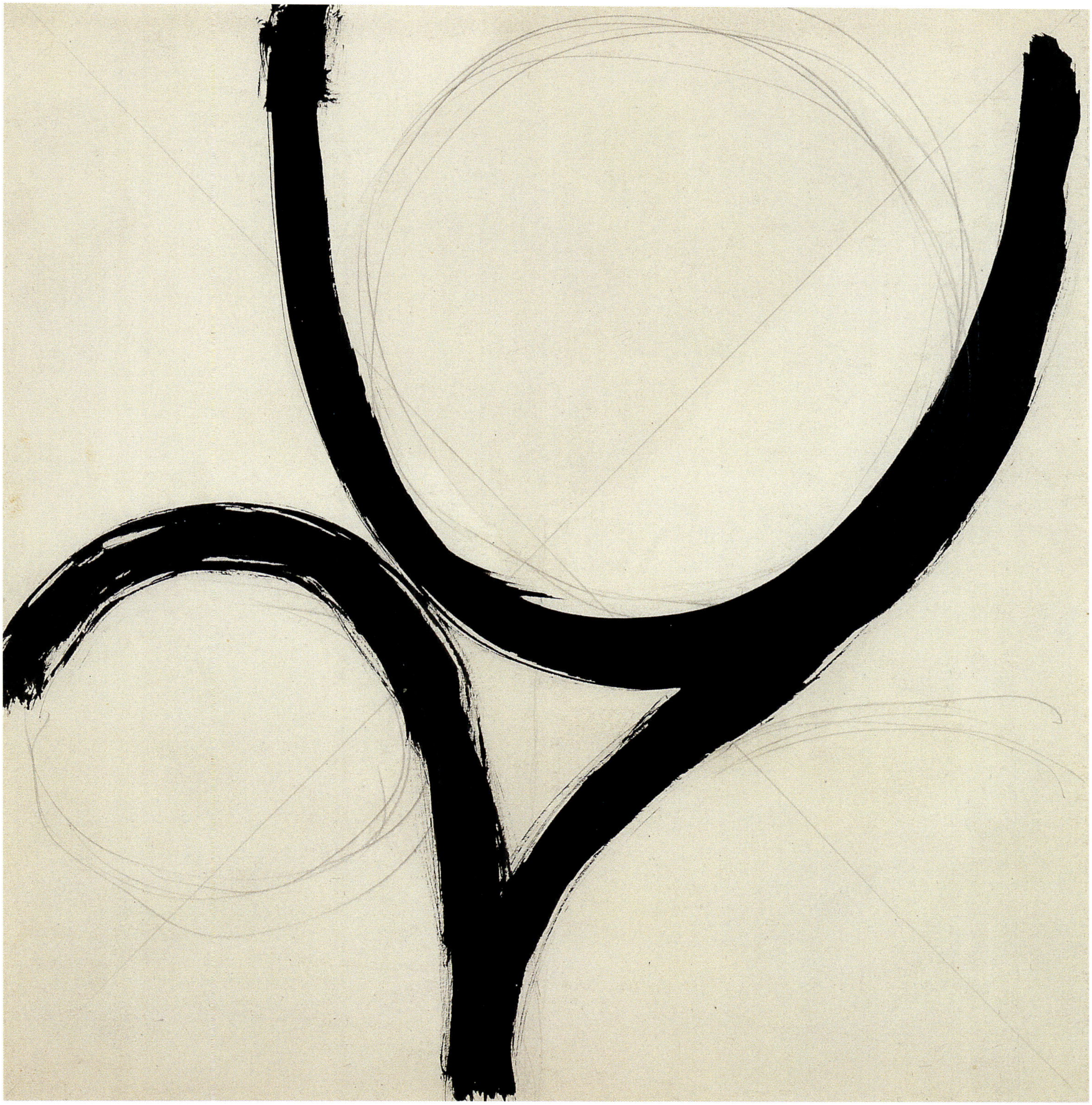

Struttura, china e matita su carta, 20 x 20 cm, 1959

superfici del mare

Assoluto e mobile, infinito e inafferrabile, concreto quanto indefinibile, il mare è per Sambonet un privilegiato oggetto di osservazione. Il ciclo di studi e di grandi dipinti dedicati alla superficie del mare rappresenta forse uno dei momenti più alti del lavoro di Sambonet. Il suo sguardo non scandaglia, ma percorre la superficie, la studia, ne fissa i mille stati di alterazione o di quiete. Il mare cessa allora di essere solo un luogo simbolico o un paesaggio per condensare la propria mobile identità come struttura ondulatoria di ritmo e di luce.

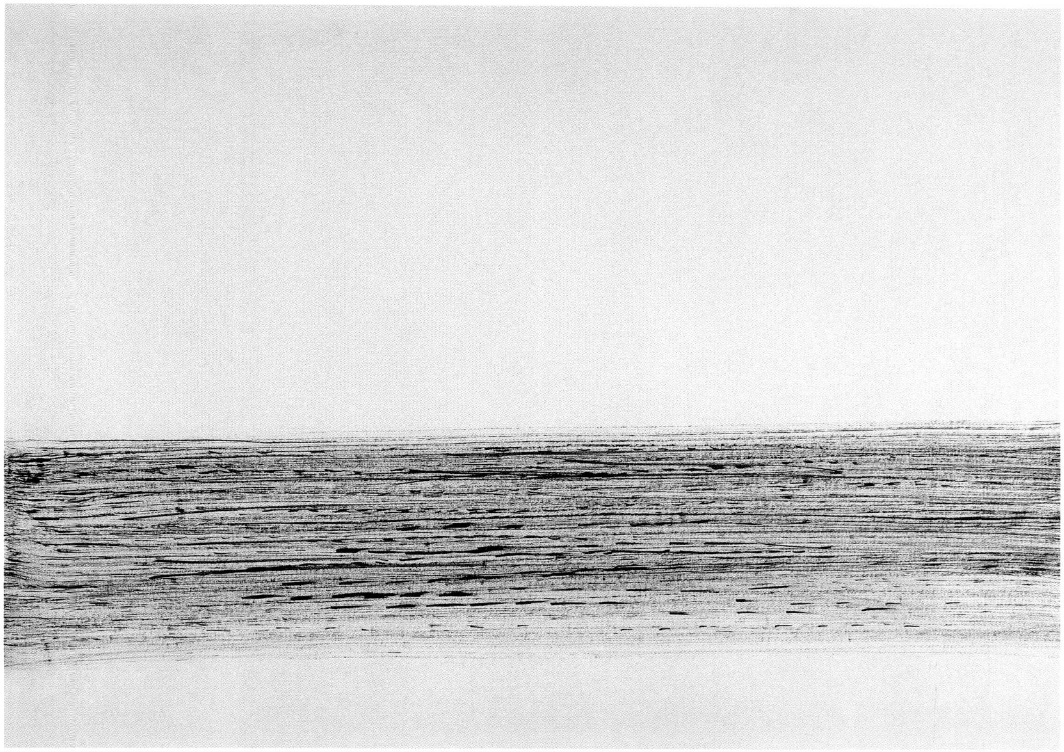

Superfici del mare 4/6, 6 studi, china su carta, 52 x 75 cm, 1959

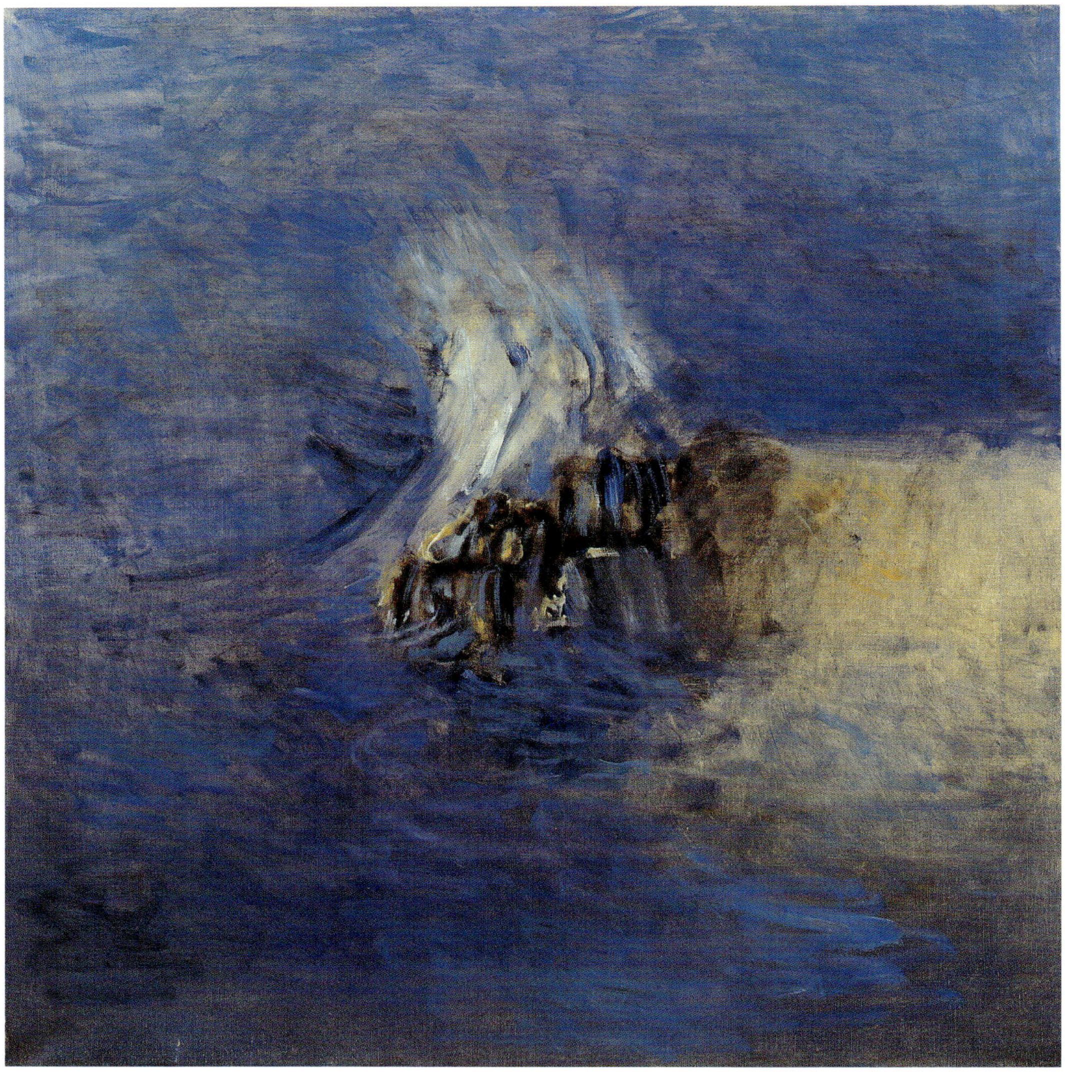

Frangente, olio su tela, 100 x 100 cm, 1963

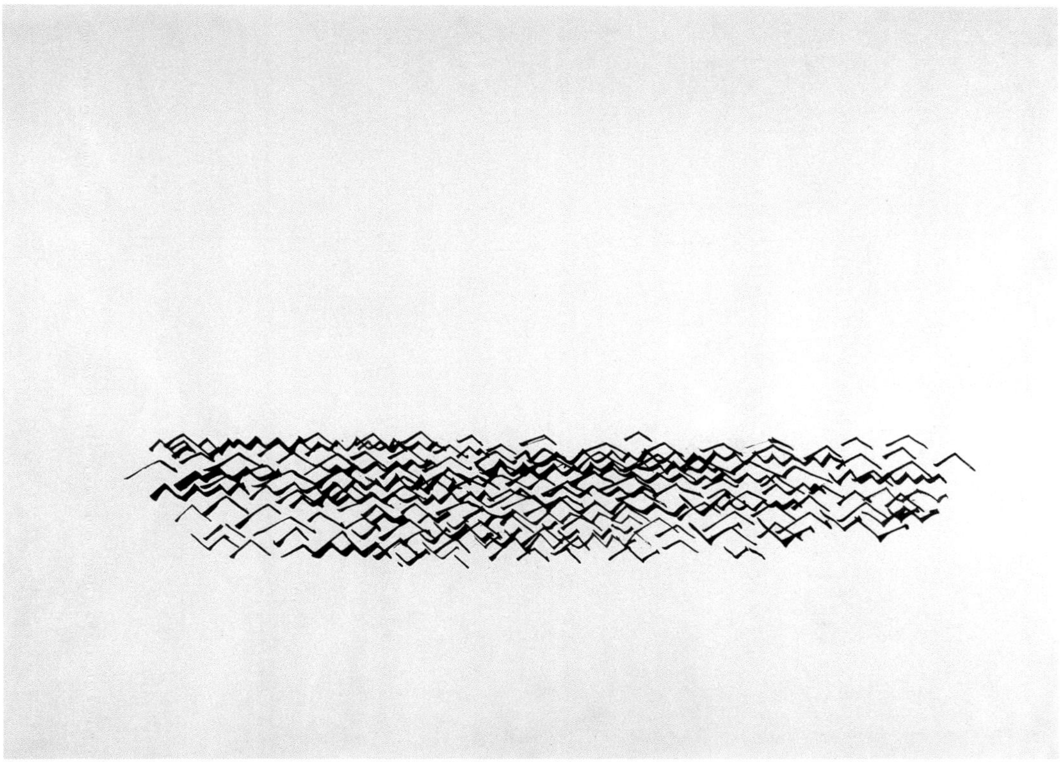

Superfici del mare 3/6, 6 studi, china su carta, 52 x 75 cm, 1959

Studi di onde, matita, china e carboncino su carta, 10 x 25 cm ciascuno, 1965-66

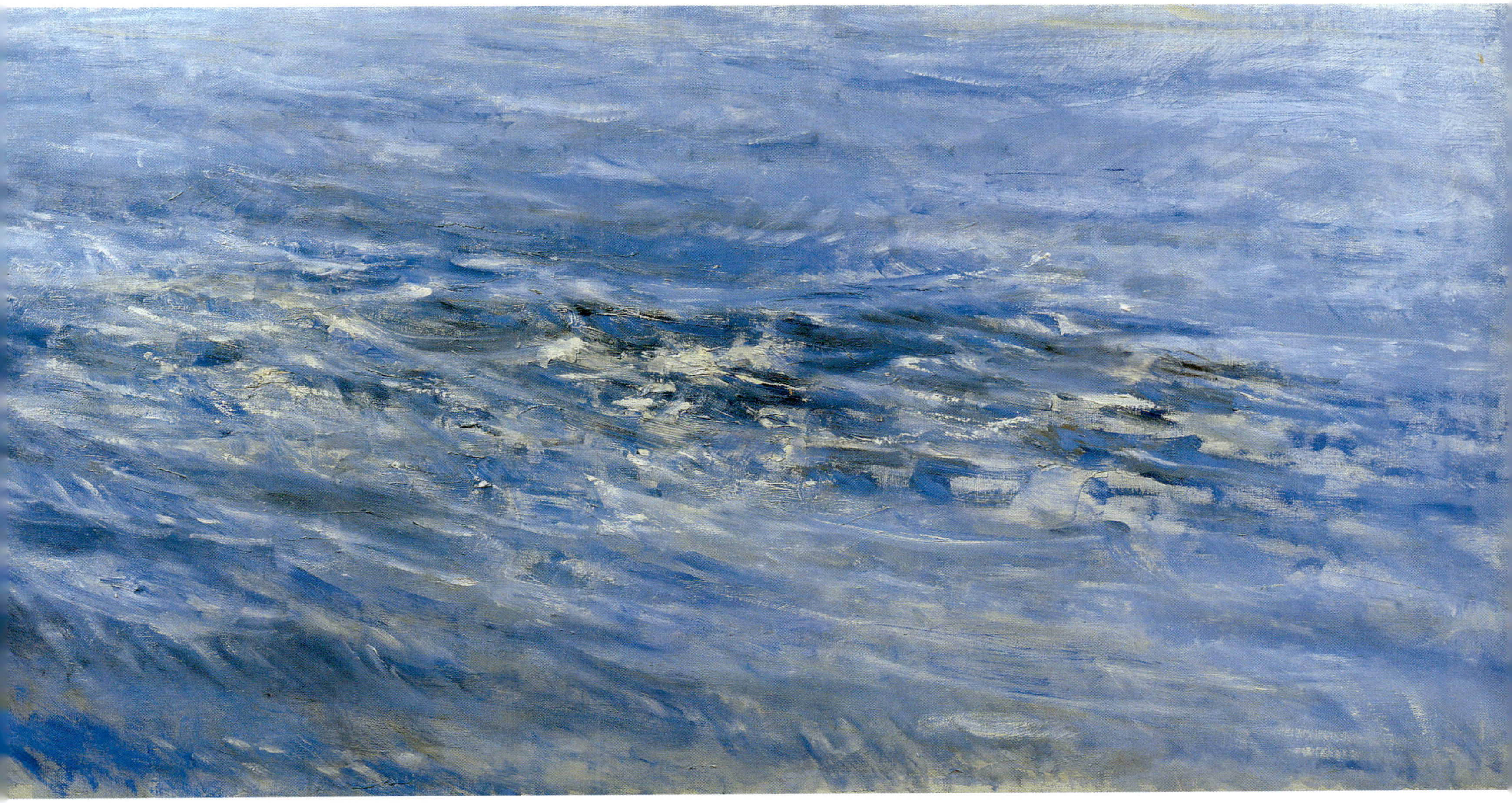

Alto mare, olio su tela, 75 x 150 cm, 1966

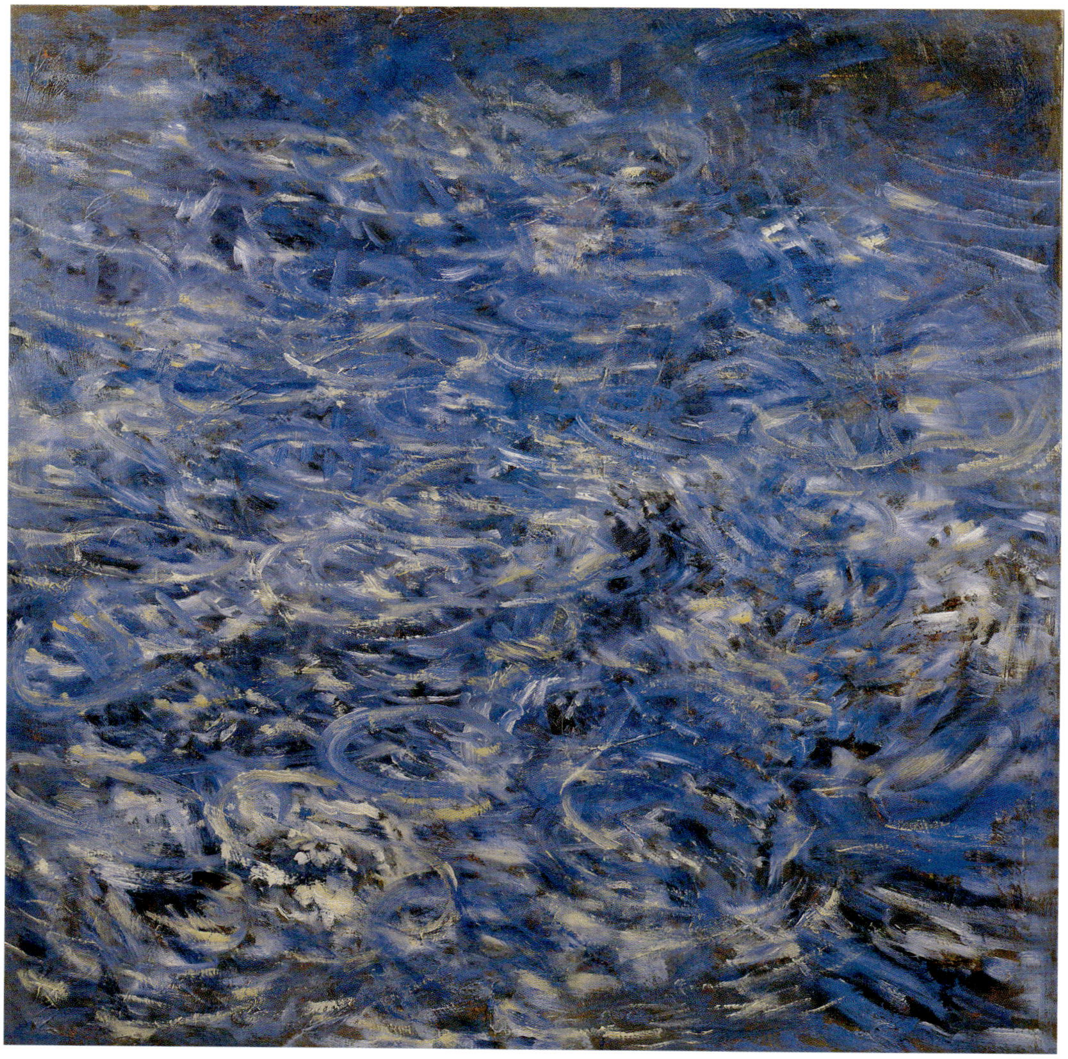

Mare, olio su tela, 100 x 100 cm, 1960-65 ca., collezione privata, Milano

Superfici del mare 1/6, 6 studi, china su carta, 52 x 75 cm, 1959

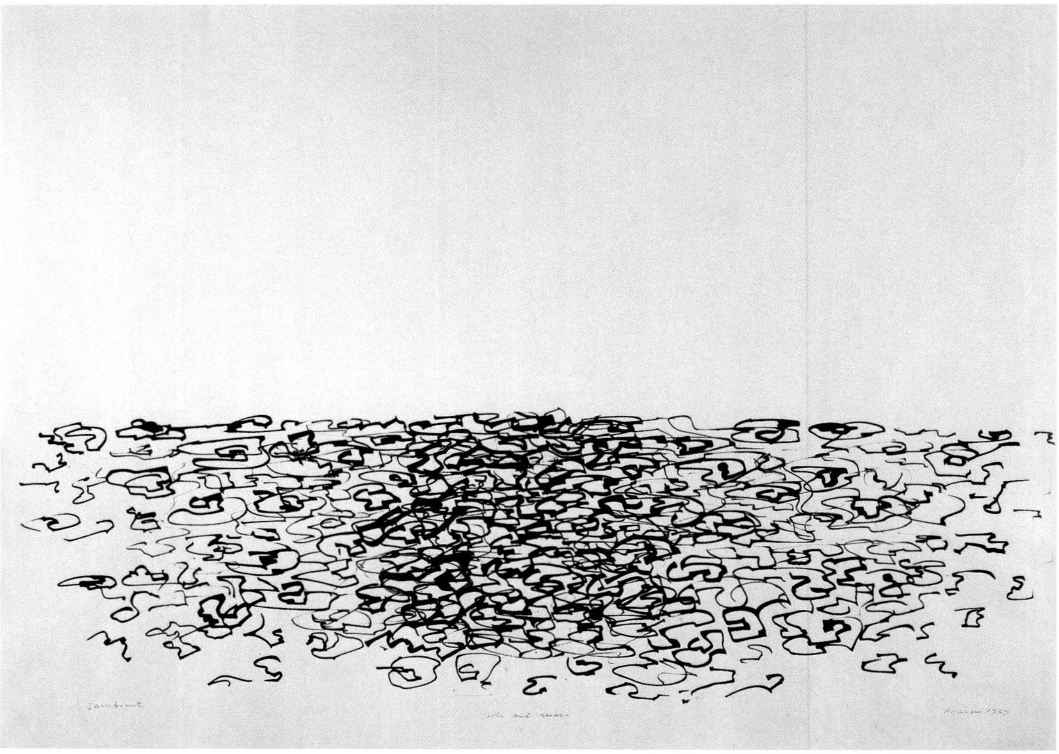

Superfici del mare 2/6, 6 studi, china su carta, 52 x 75 cm, 1959

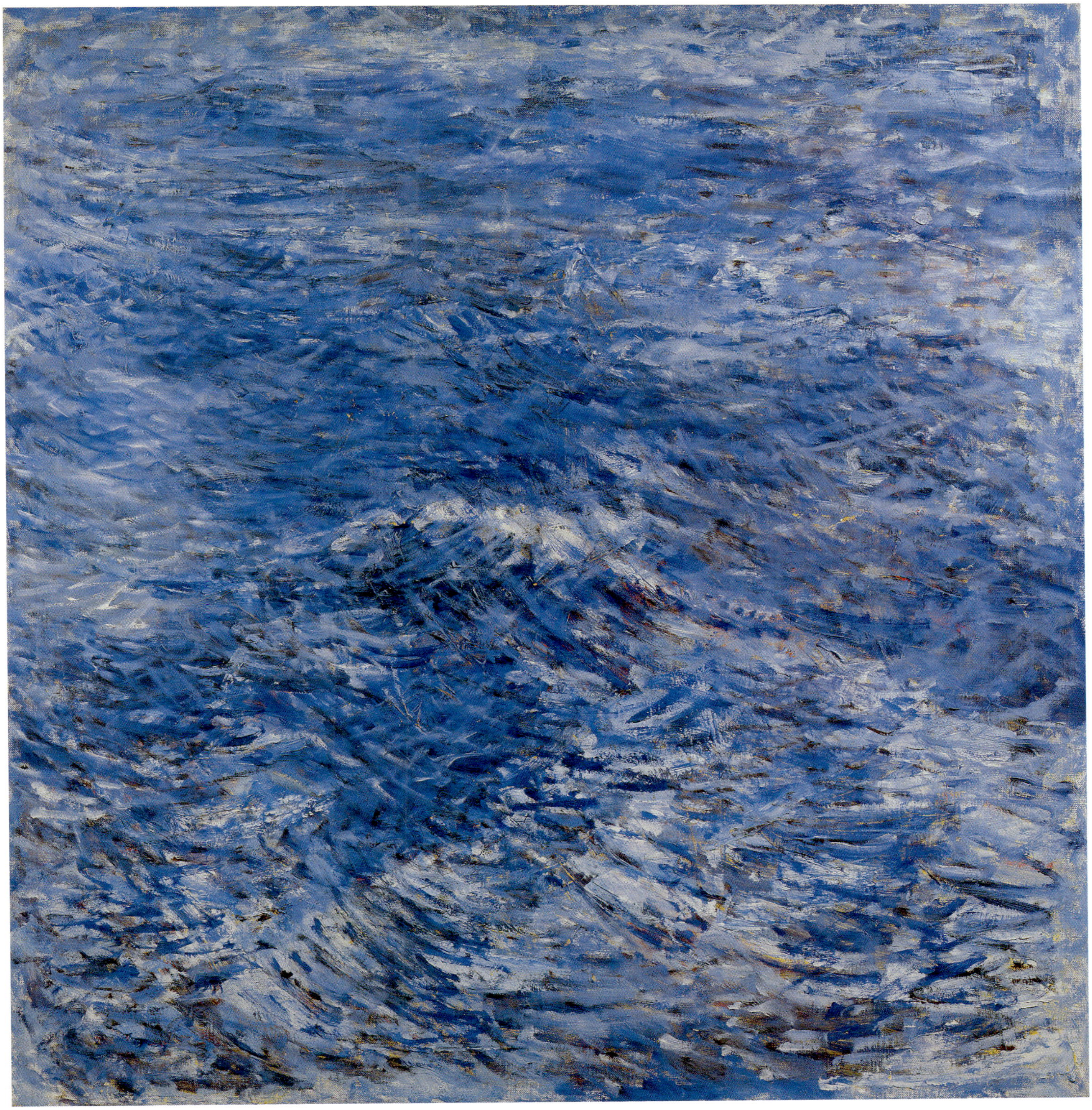

Egeo, olio su tela, 150 x 150 cm, 1964

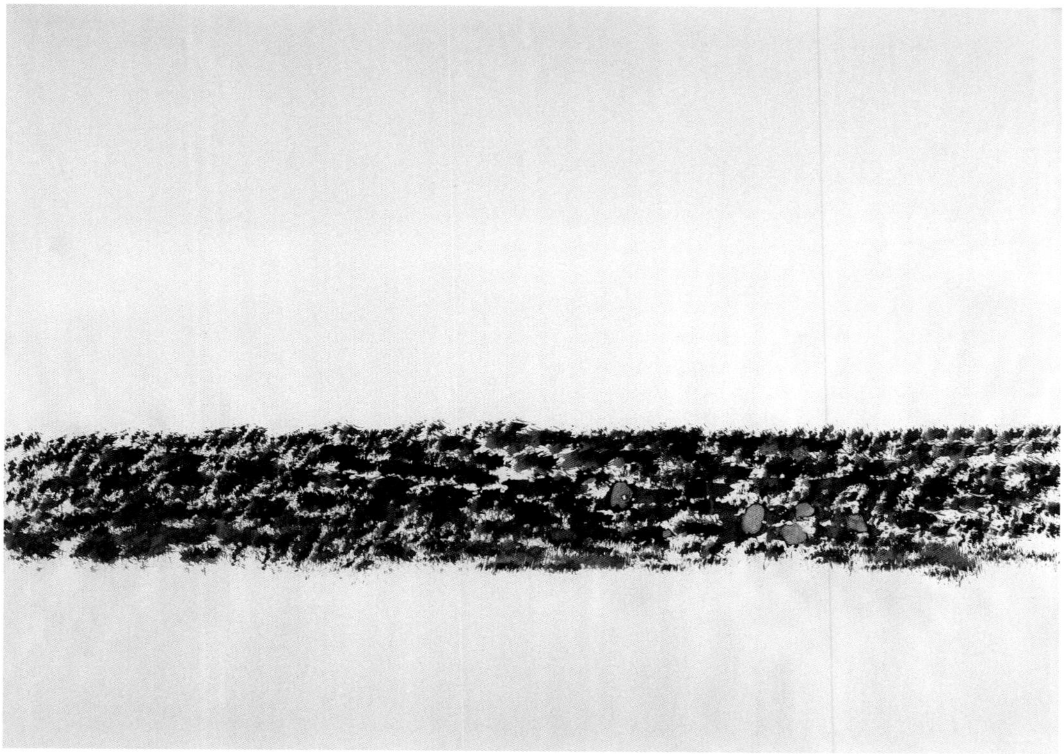

Superfici del mare 6/6, 6 studi, china su carta, 52 x 75 cm, 1959

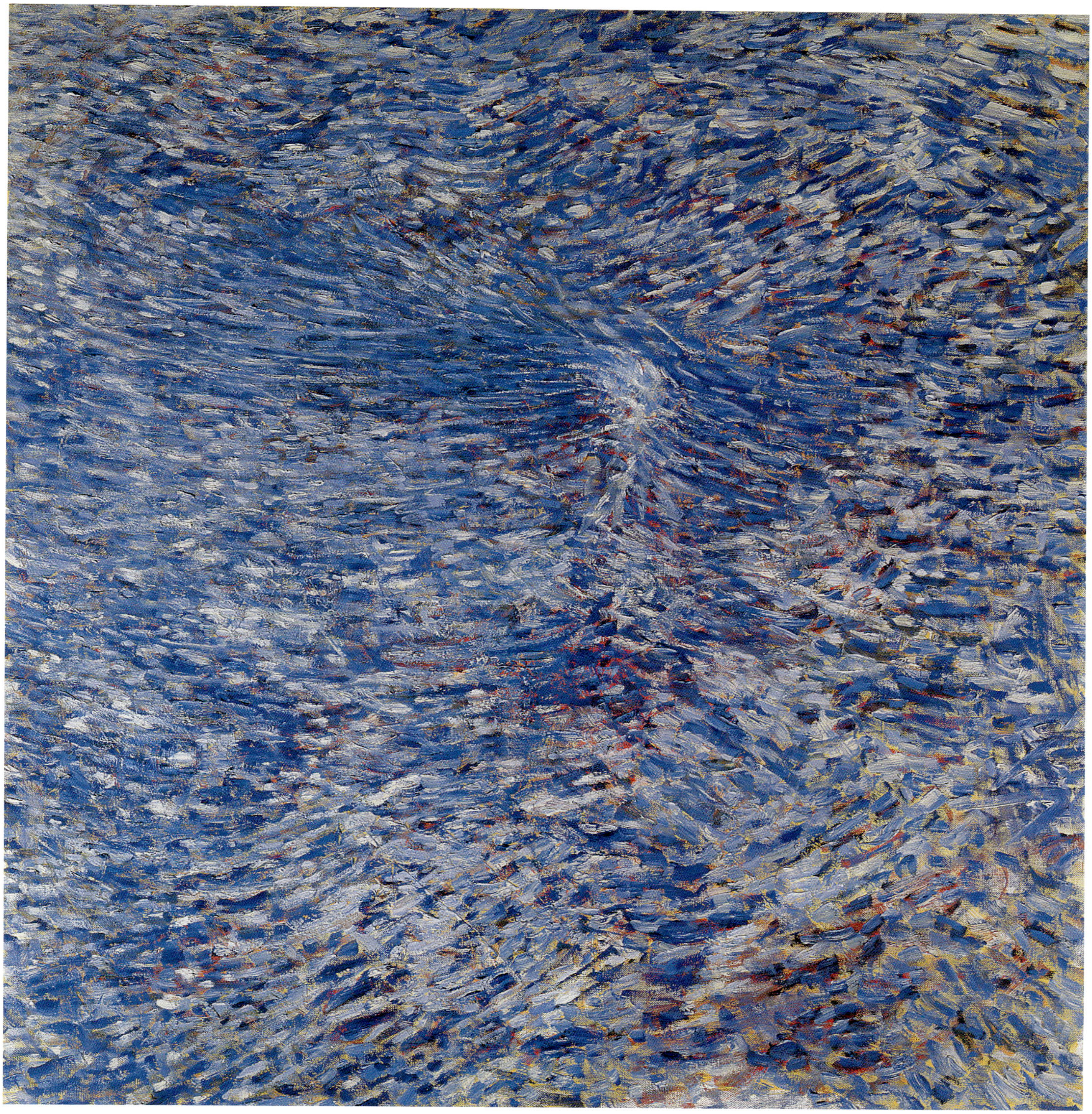

Mare, olio su tela, 150 x 150 cm, 1960-65 ca.

teoria della luce

La luce è la materia stessa del colore. Sambonet la scompone, la classifica, ne studia i ritmi, la ricombina in schemi geometrico-matematici. Analizza le tavolozze cromatiche di grandi artisti del passato, le decostruisce, fa di ogni sfumatura una lettera per un infinito alfabeto di cui si ingegna a progettare una grammatica possibile, sintassi aleatoria per interviste impossibili.

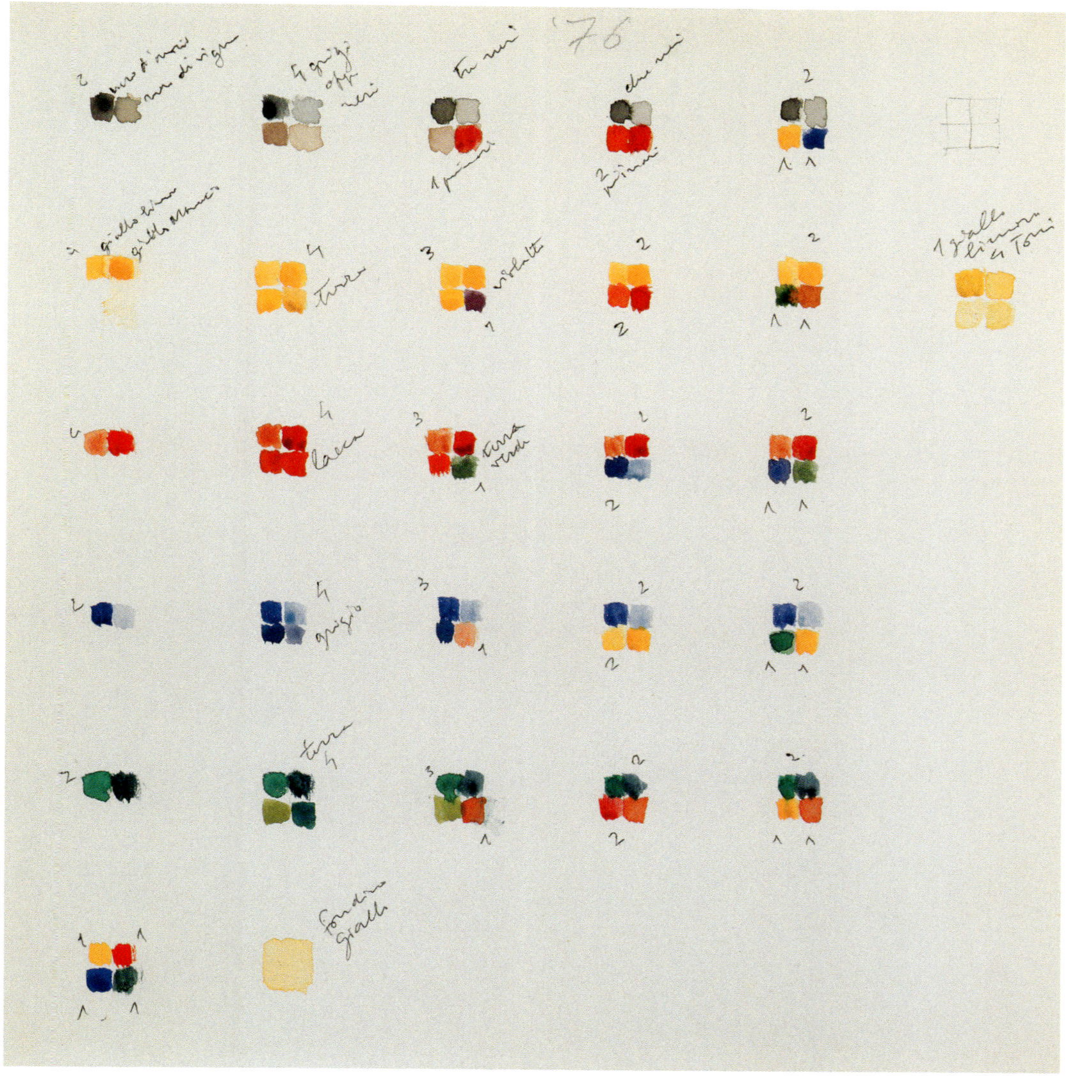

Studio per Ricerca cromatica "Ponza", acquerello e biro su carta, 25 x 25 cm, 1976

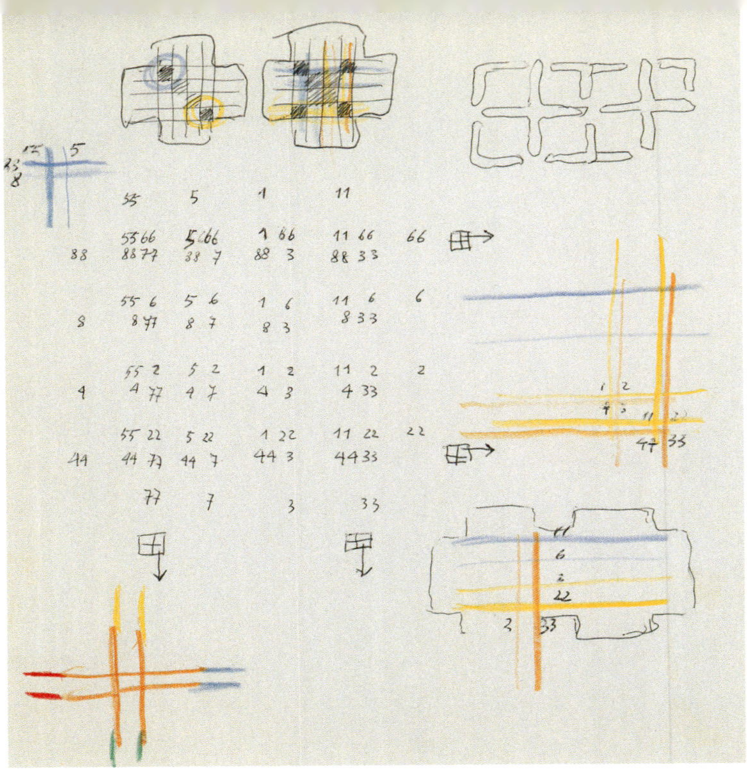

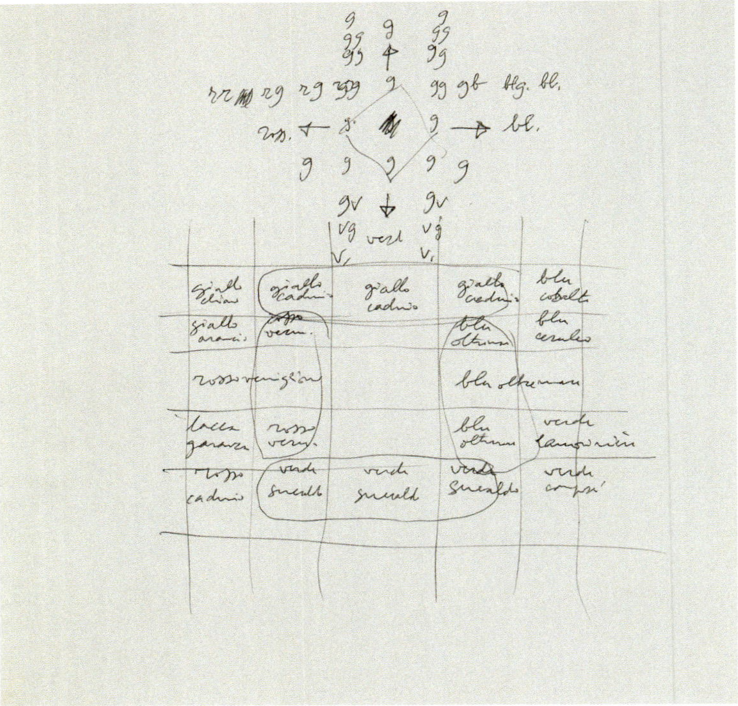

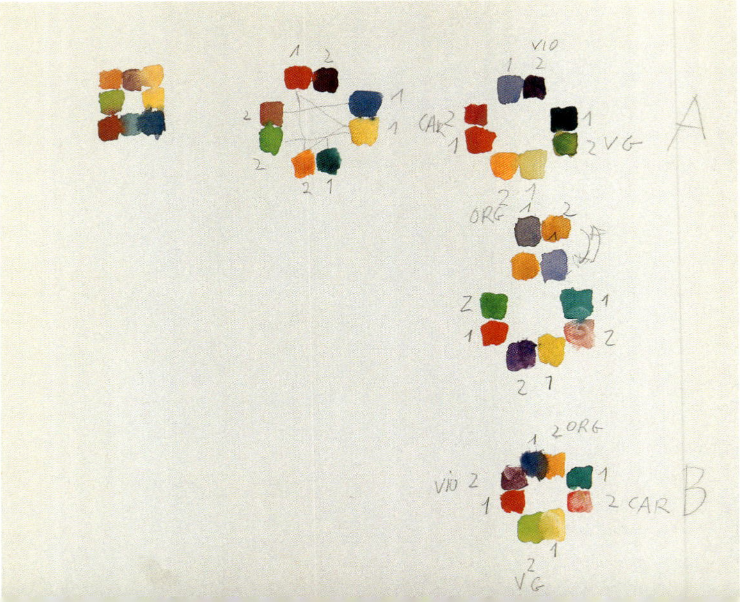
VIO
CAR
VG
A
ORG
B

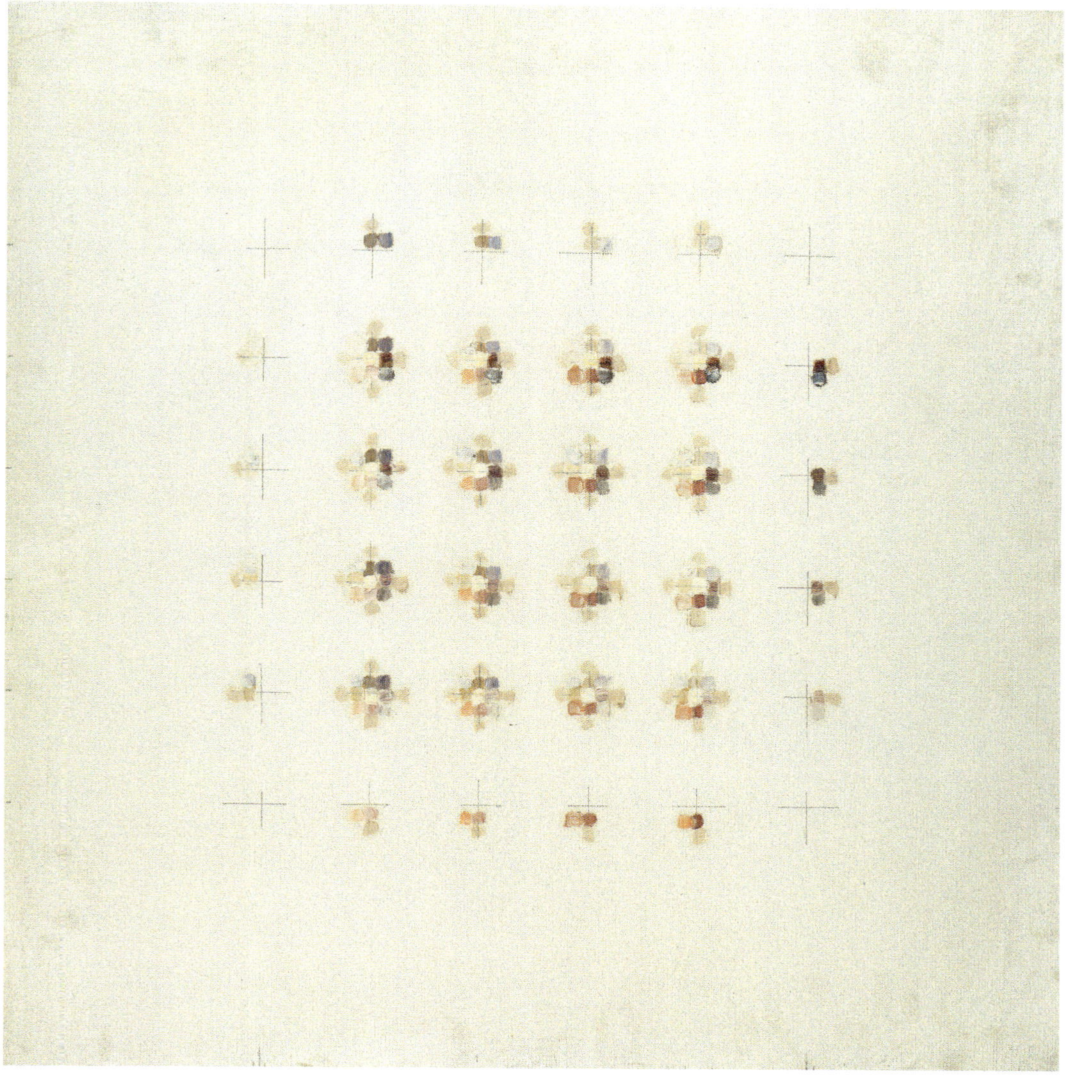

Schema matematico per Ricerca cromatica, biro e matita colorata su carta, 20 x 20 cm, s. d.
Schema matematico per Ricerca cromatica, biro su carta, 20 x 20 cm, s. d.
Studio per Ricerca cromatica, matita e acquerello su carta, 24 x 30 cm, s. d.

Ricerca cromatica, olio su tela, 77 x 77 cm, s. d.

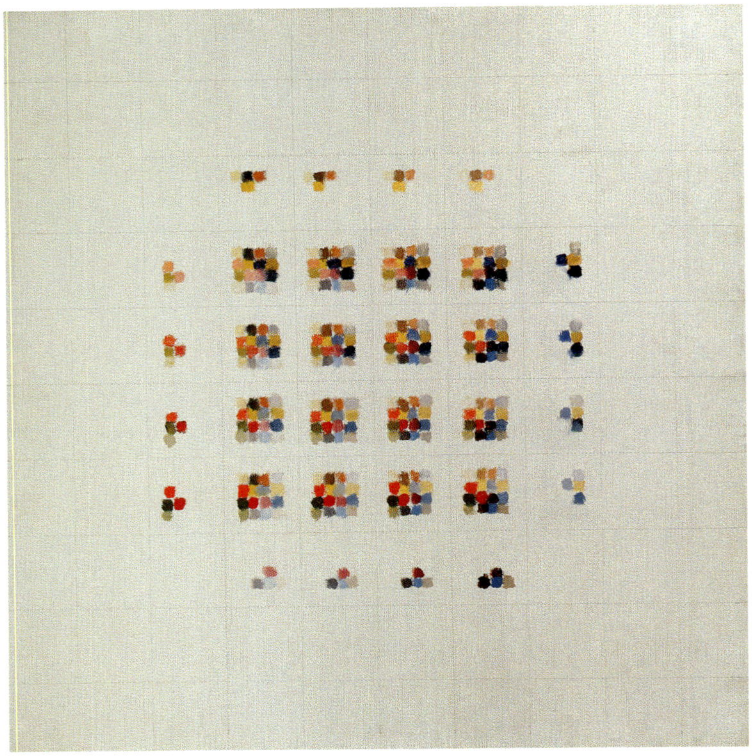

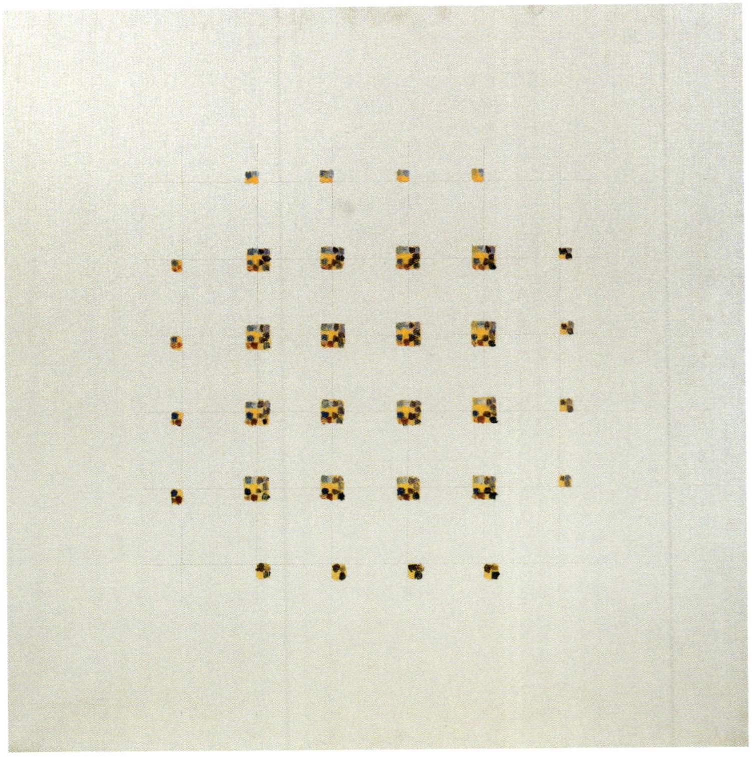

Ricerca cromatica da Piero della Francesca, olio su tela, 77 x 77 cm, 1975 ca., collezione privata, Milano

Ricerca cromatica, olio su tela, 100 x 100 cm, s. d.

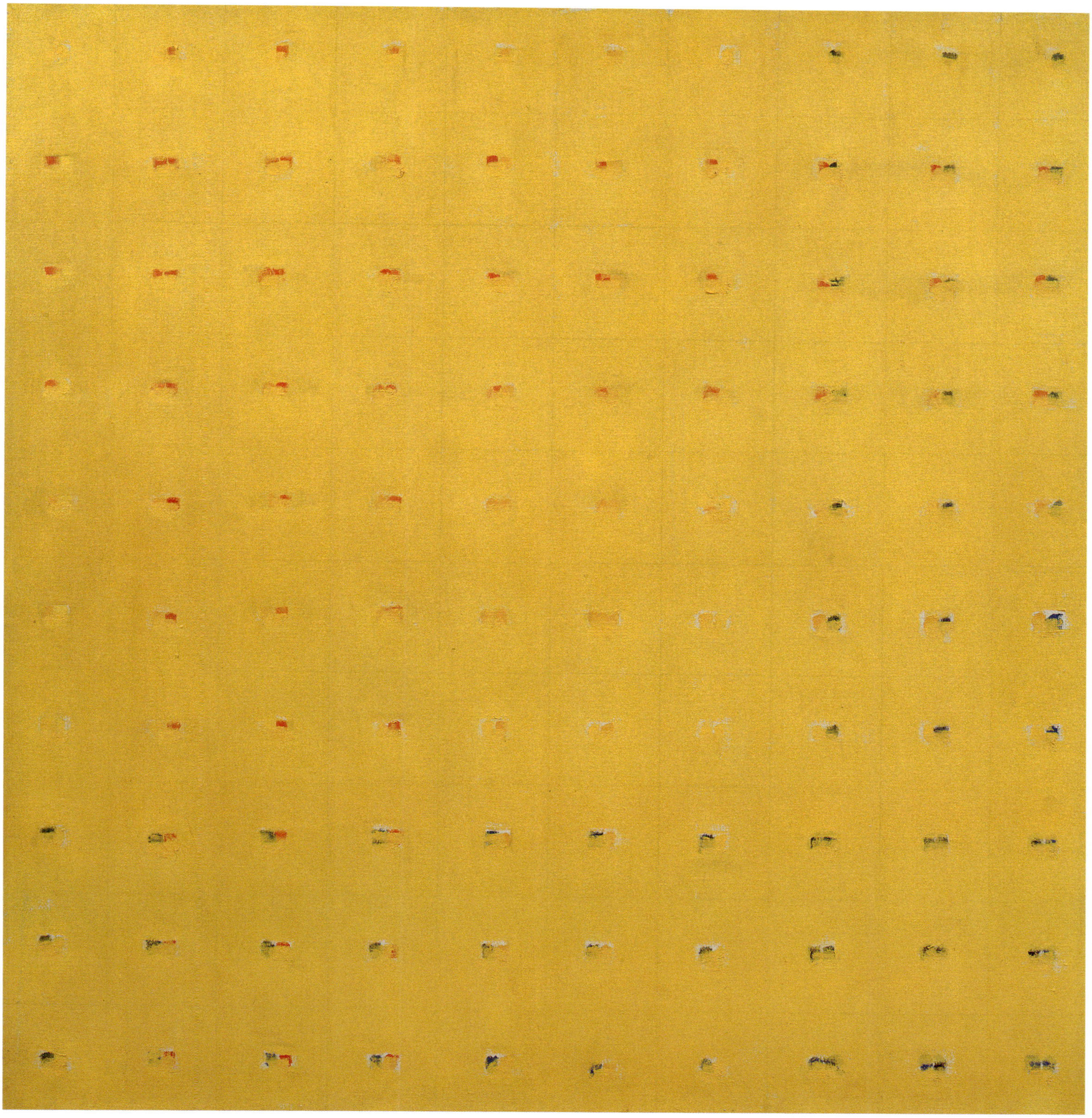

Ricerca cromatica, olio su tela, 100 x 100 cm, 1981

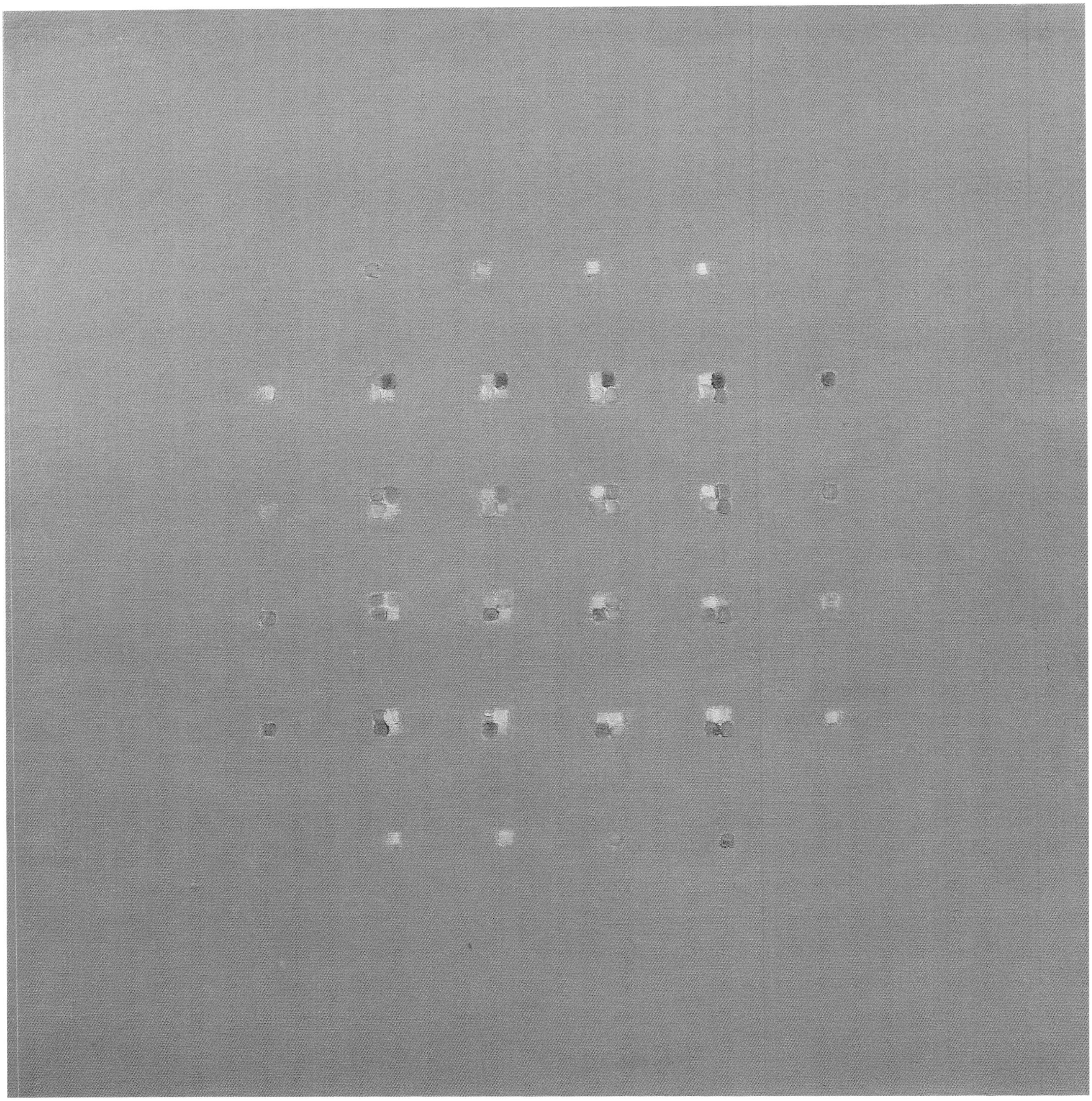

Ricerca cromatica, olio su tela, 77 x 77 cm, s. d.

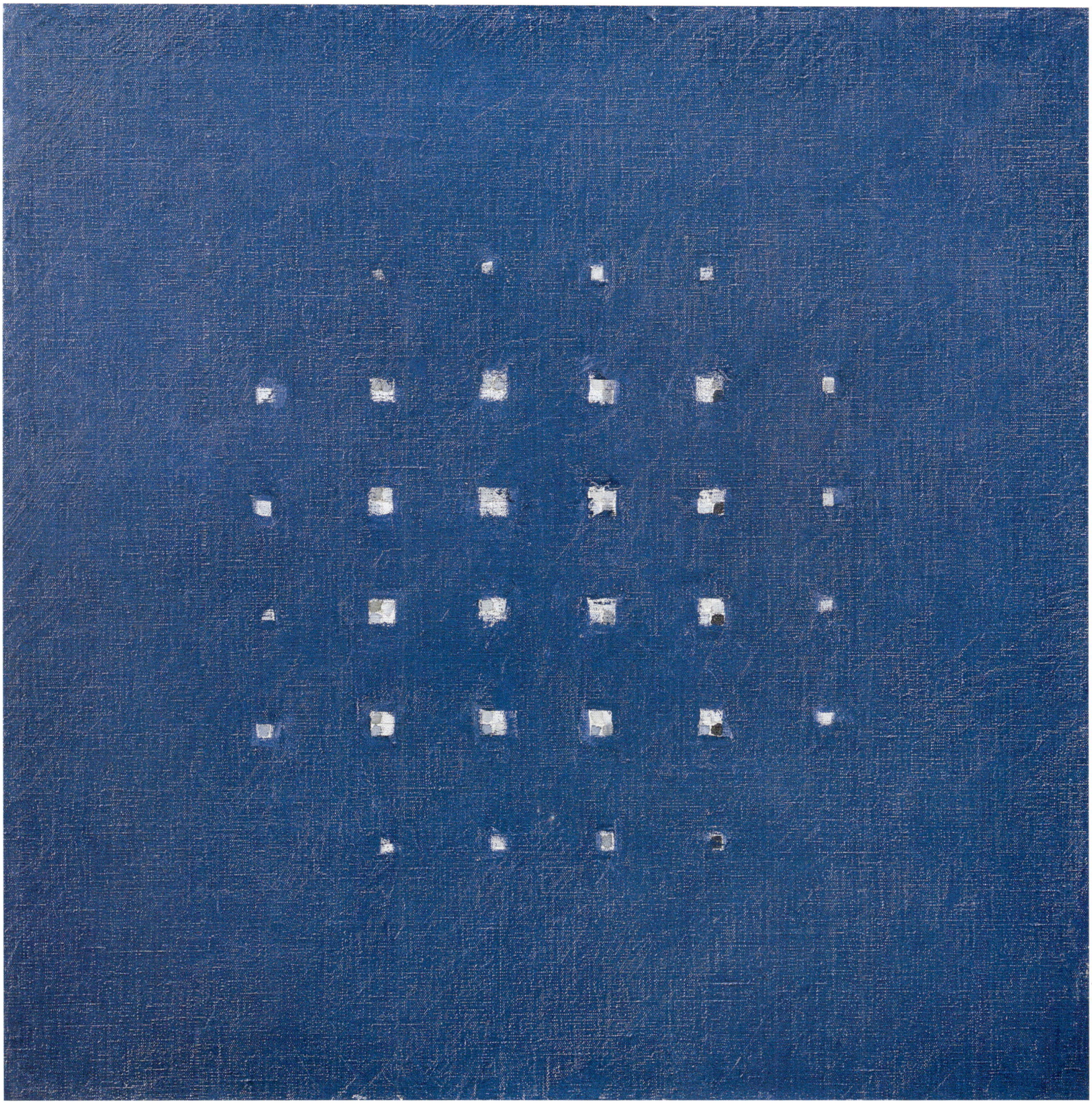

Ricerca cromatica, olio su tela, 77 x 77 cm, 1993

organismi e minerali

Da sempre presente nei dipinti di Sambonet, la natura diventa al ritorno dal Brasile oggetto di un'analisi costante. Sambonet non è un etologo, un geologo né un botanico. Le sue osservazioni non mirano ad una classificazione di specie, quanto a far emergere le strutture sottese alla forma, i meccanismi di accrescimento, l'evolversi di una gemma, il degradarsi della buccia di una banana.

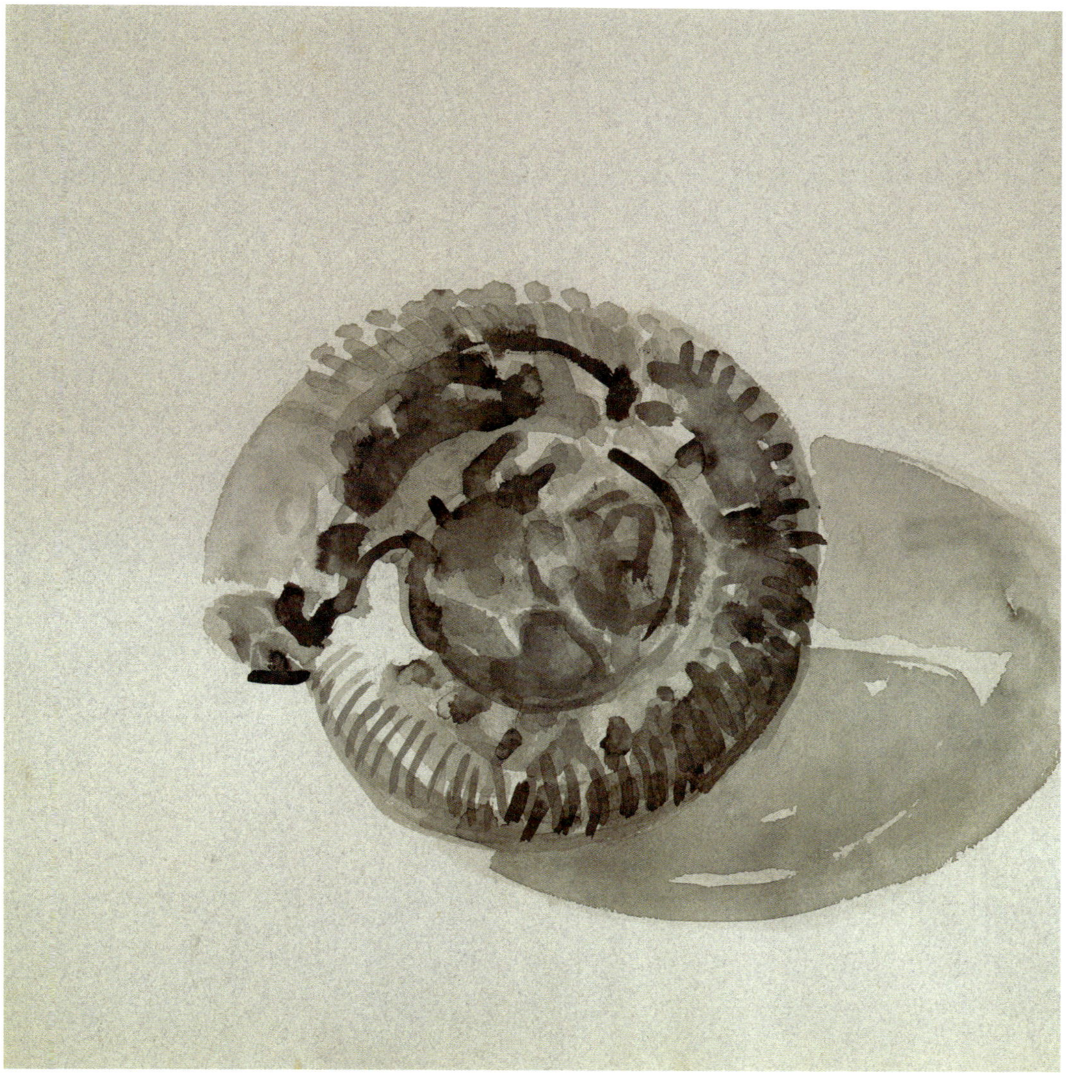

Ammonite fossile, acquerello su carta grigia, 35 x 35 cm, s. d.

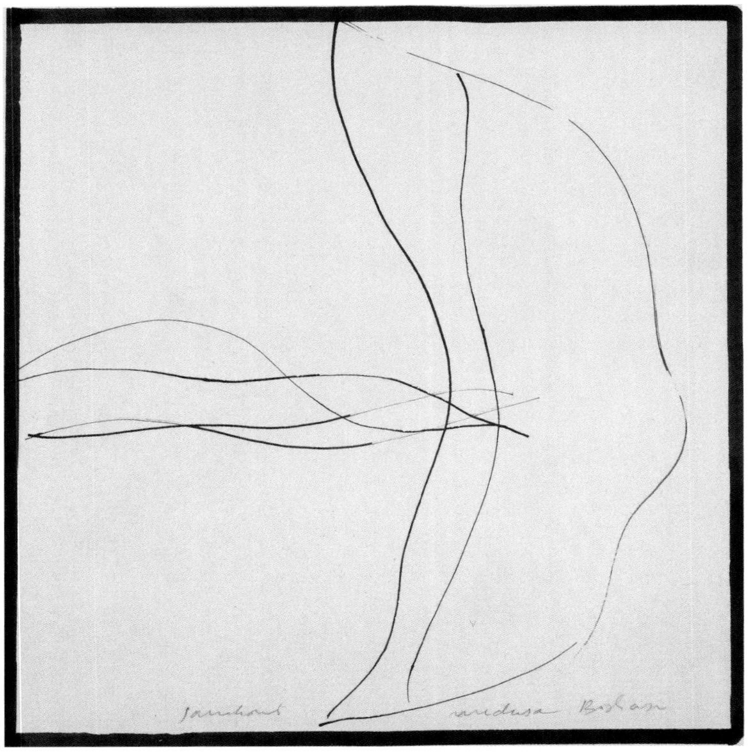

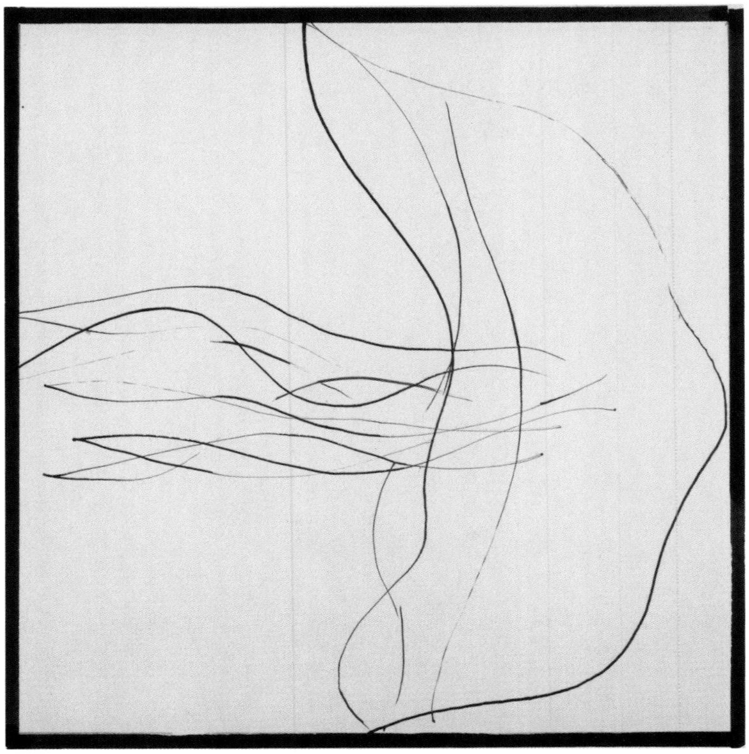

Medusa, Bogliasco, china su carta, 50 x 50 cm, 1957

Medusa, Bogliasco, china su carta, 50 x 50 cm, 1957

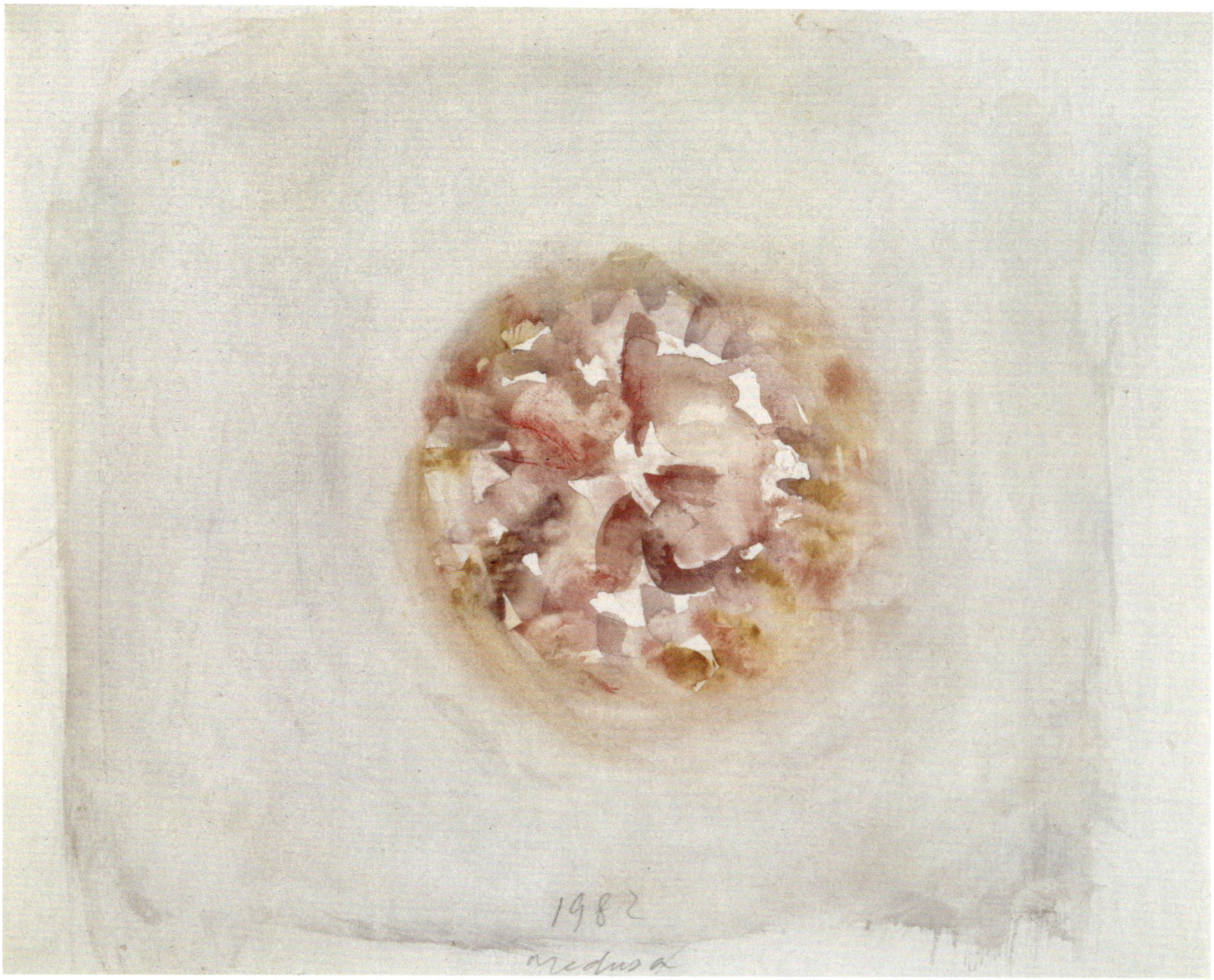

Medusa, acquerello su carta, 18 x 23,5 cm, 1982

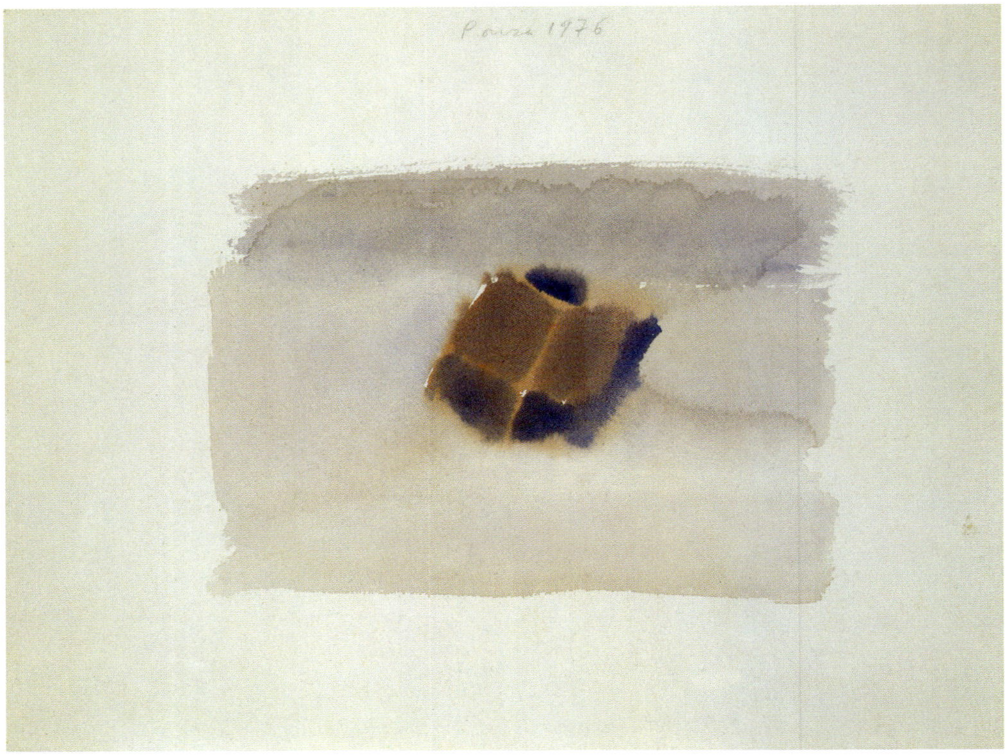

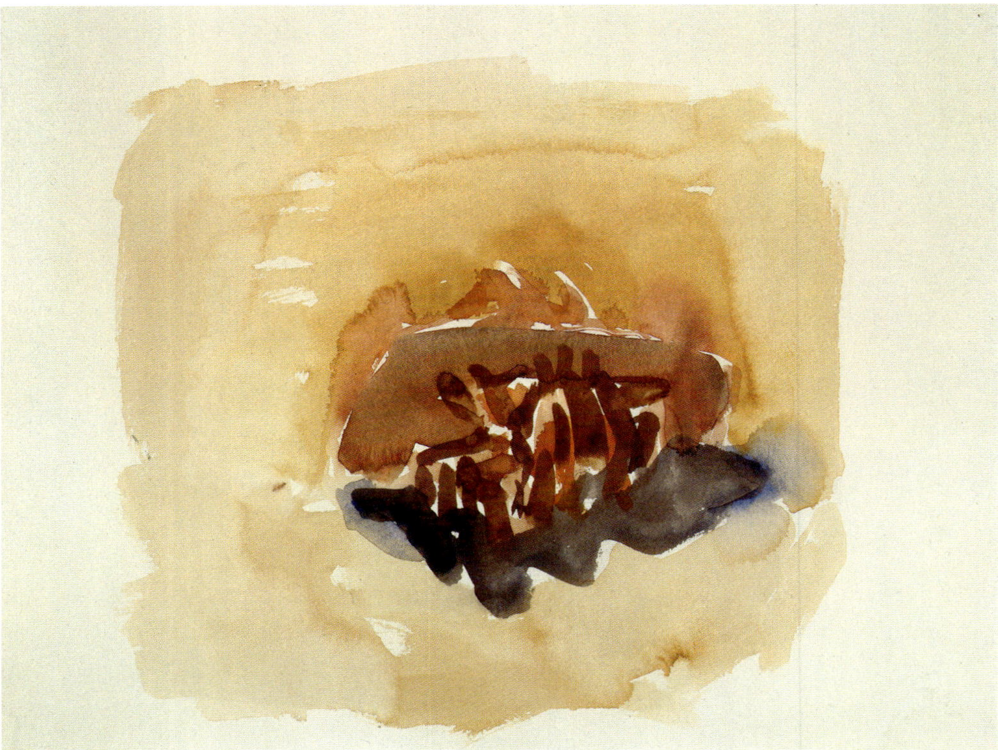

Sasso prismatico, Ponza, acquerello su carta, 25 x 34 cm, 1976

Rosa del deserto, acquerello su carta, 25 x 34 cm, 1970

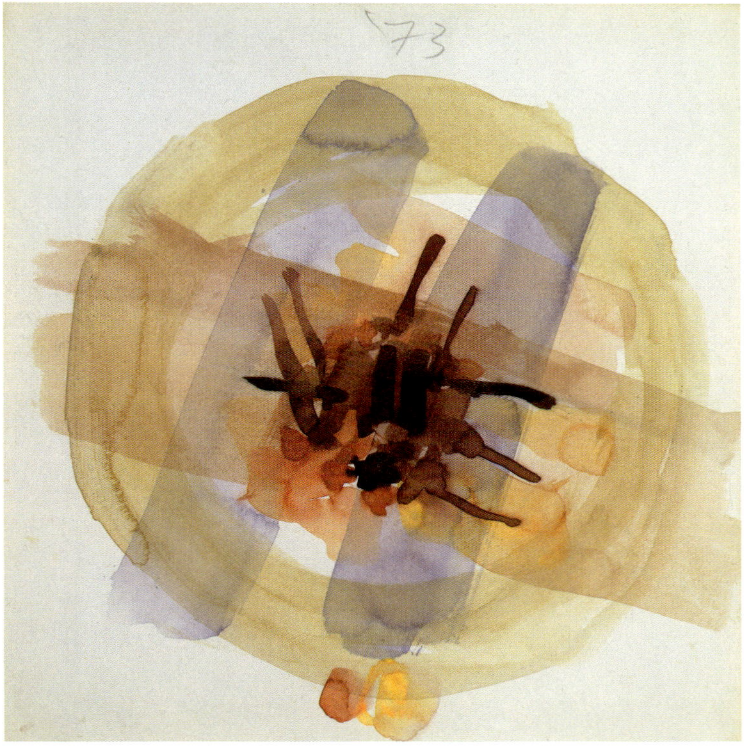

Riccio, acquerello su carta, 20 x 20 cm, 1973

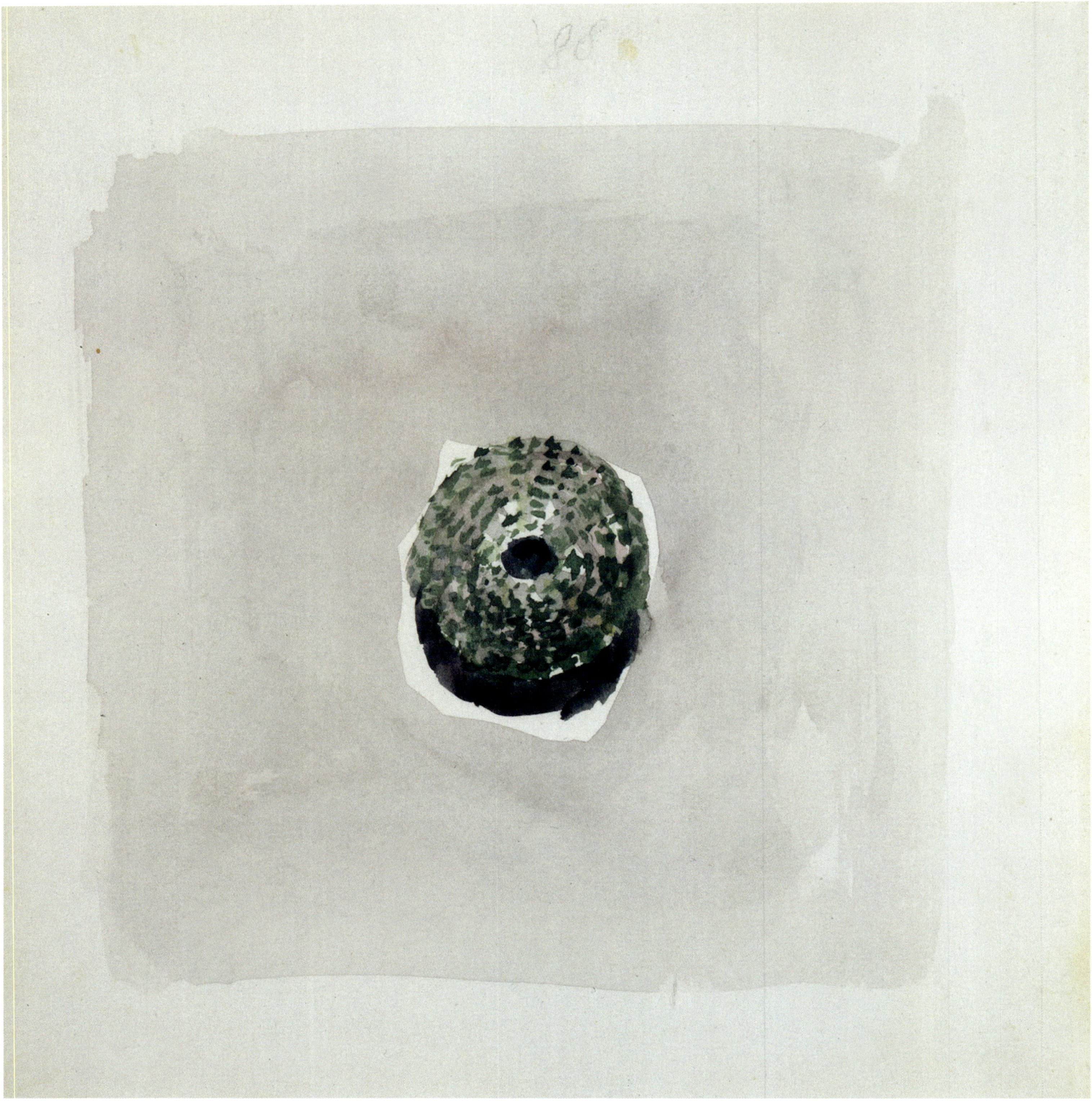

Esoscheletro di riccio, acquerello su carta, 20 x 20 cm, 1988

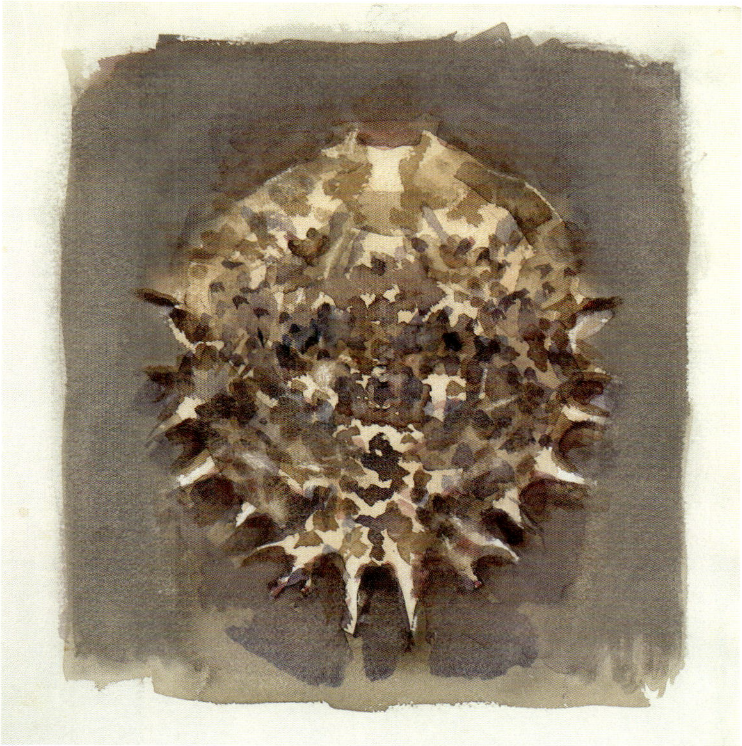

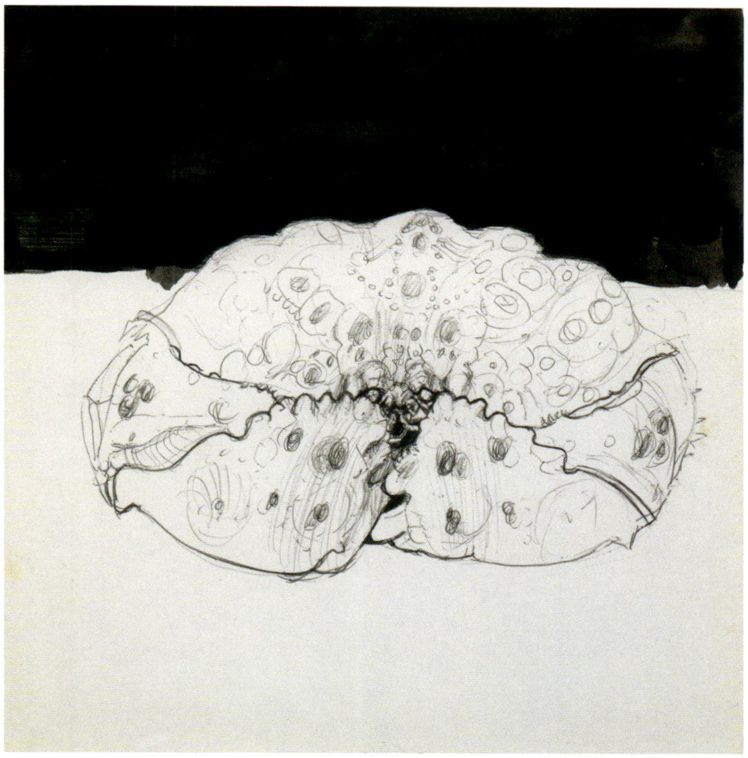

Granseola, acquerello su carta, 29 x 29 cm, 1984

Granseola, china e biro su carta, 20 x 20 cm, 1973

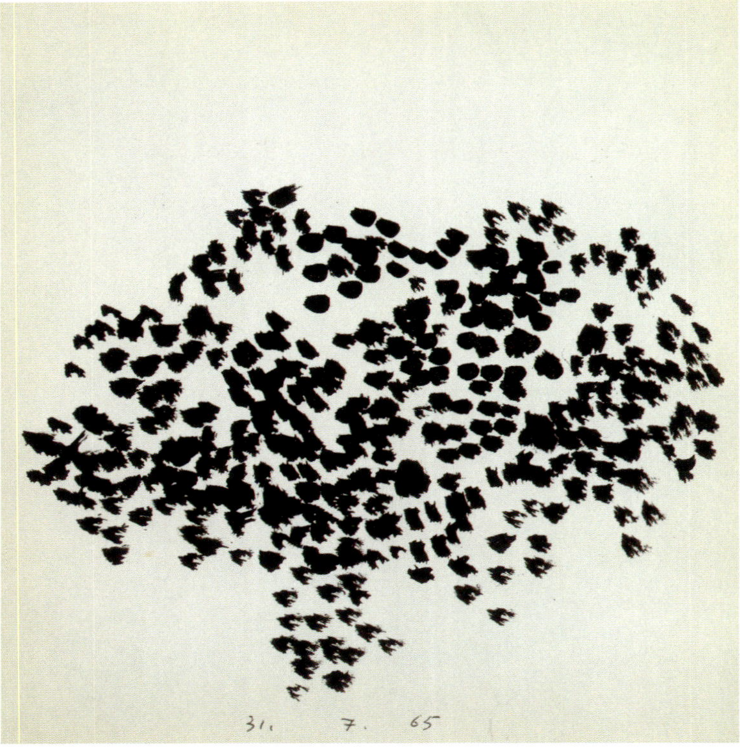

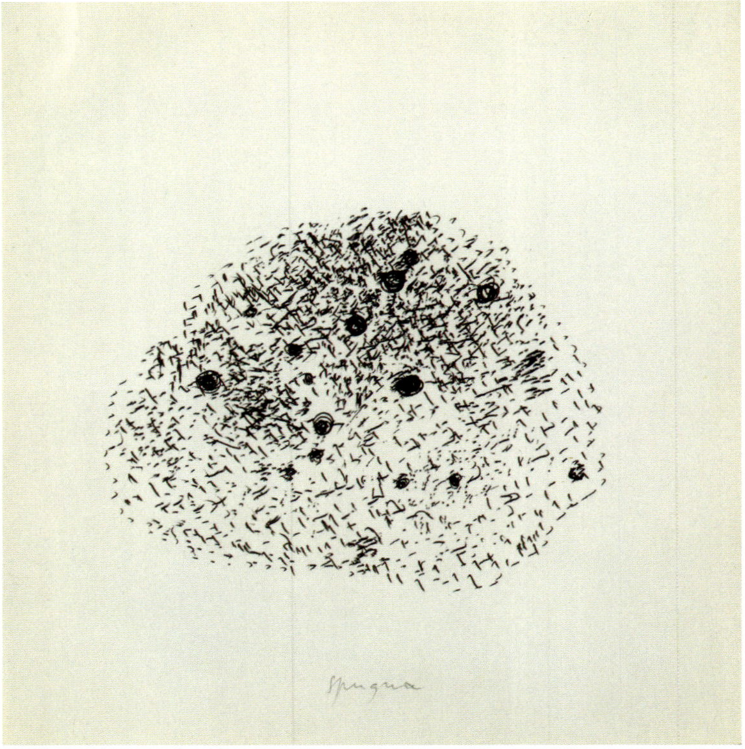

Spugna, china su carta, 20 x 20 cm, 1965

Spugna, biro su carta, 20 x 20 cm, 1978

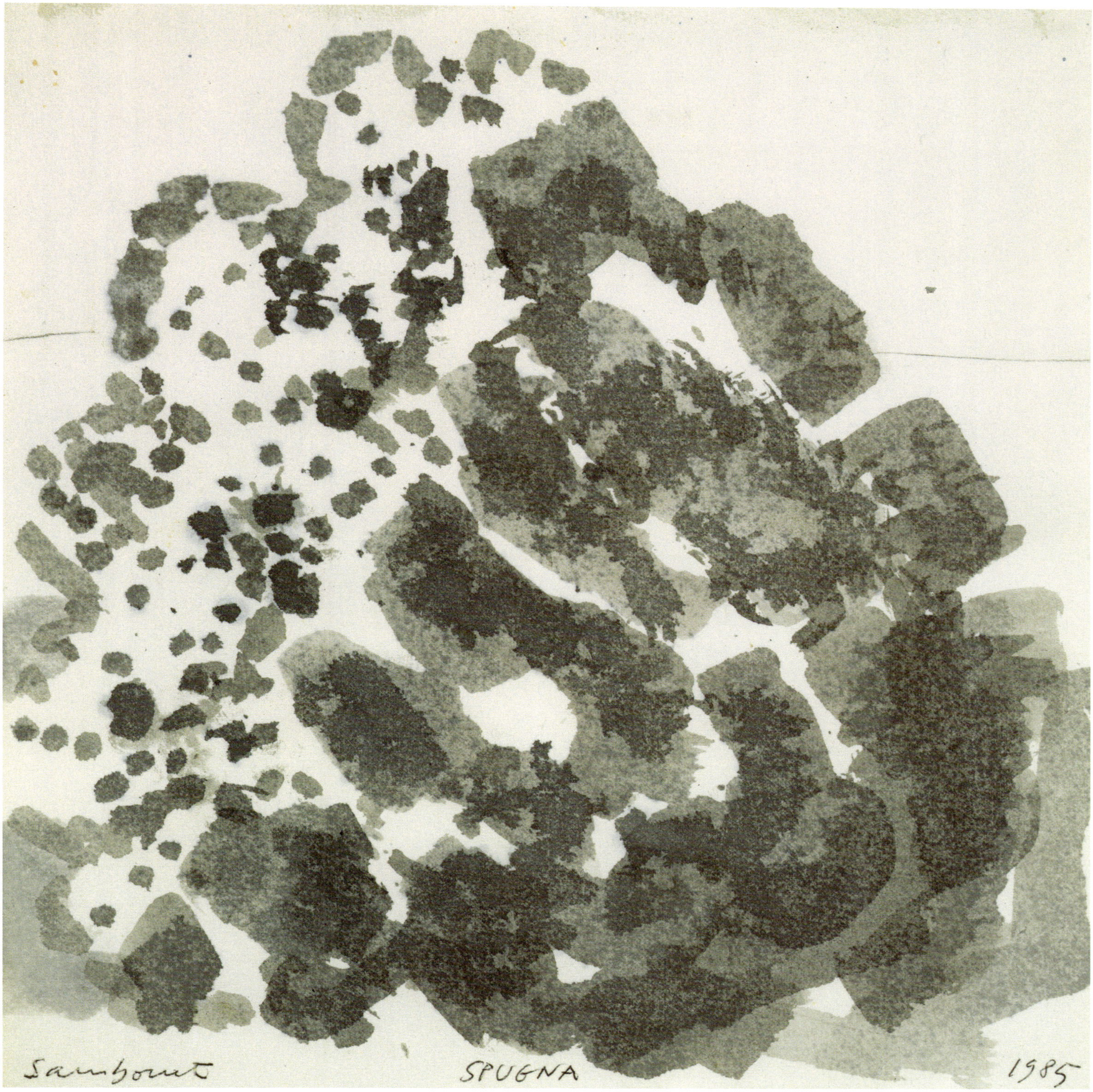

Spugna, acquerello su carta, 25 x 25 cm, 1985

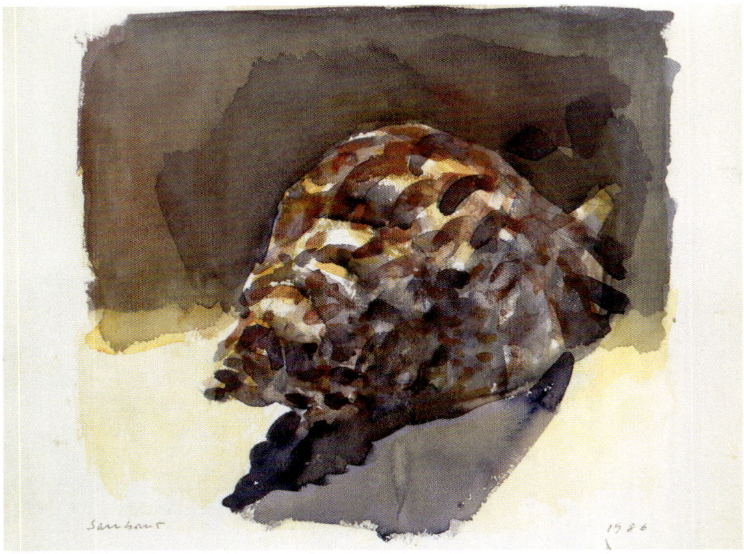

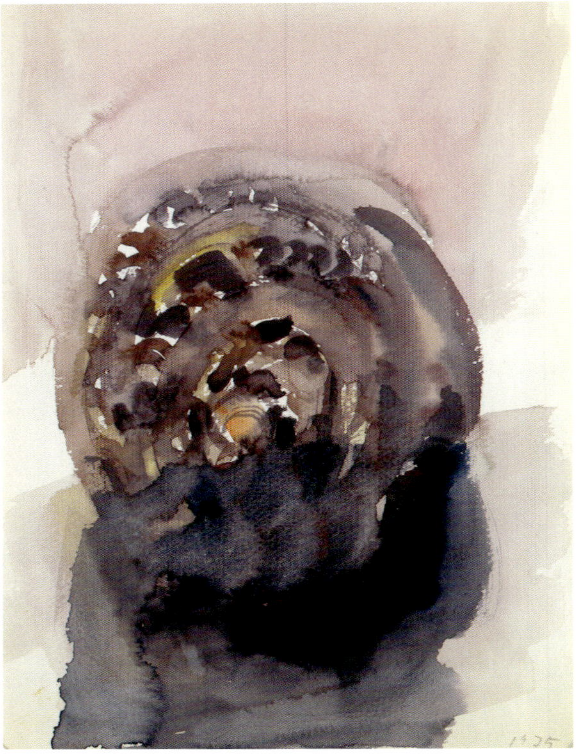

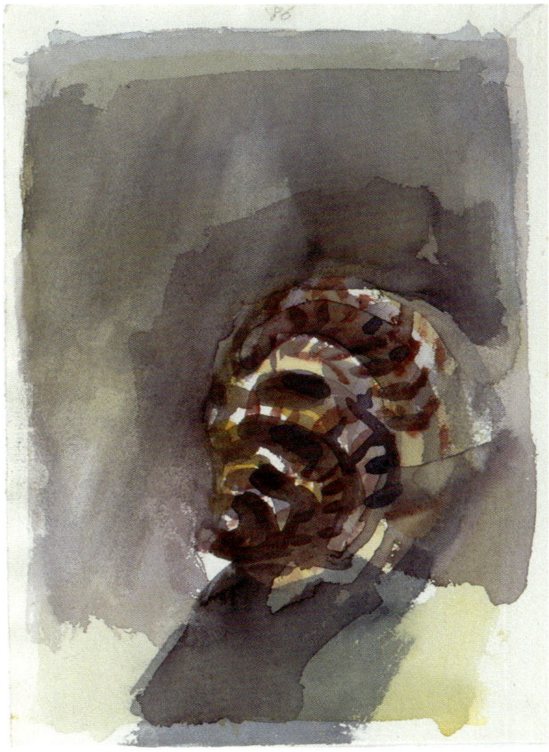

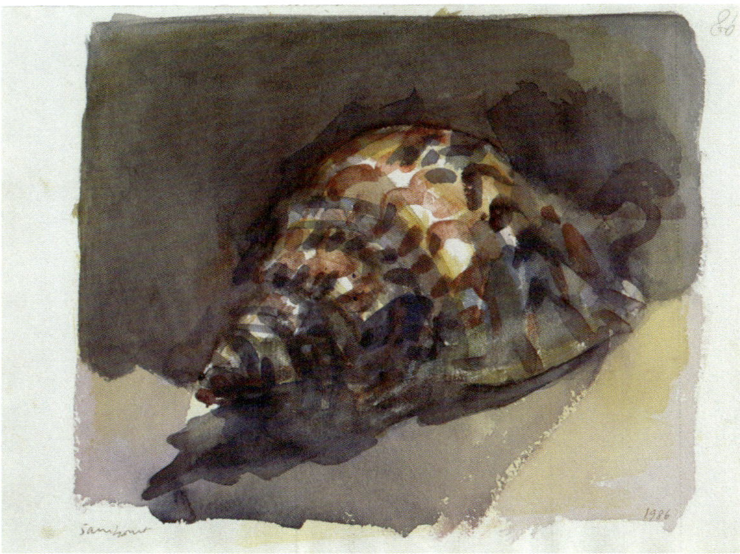

Conchiglia, acquerello su carta, 28 x 38 cm, 1986
Conchiglia, acquerello su carta, 23 x 18 cm, 1975

Conchiglia, acquerello su carta, 38 x 28 cm, 1986
Conchiglia, acquerello su carta, 28 x 38 cm, 1986

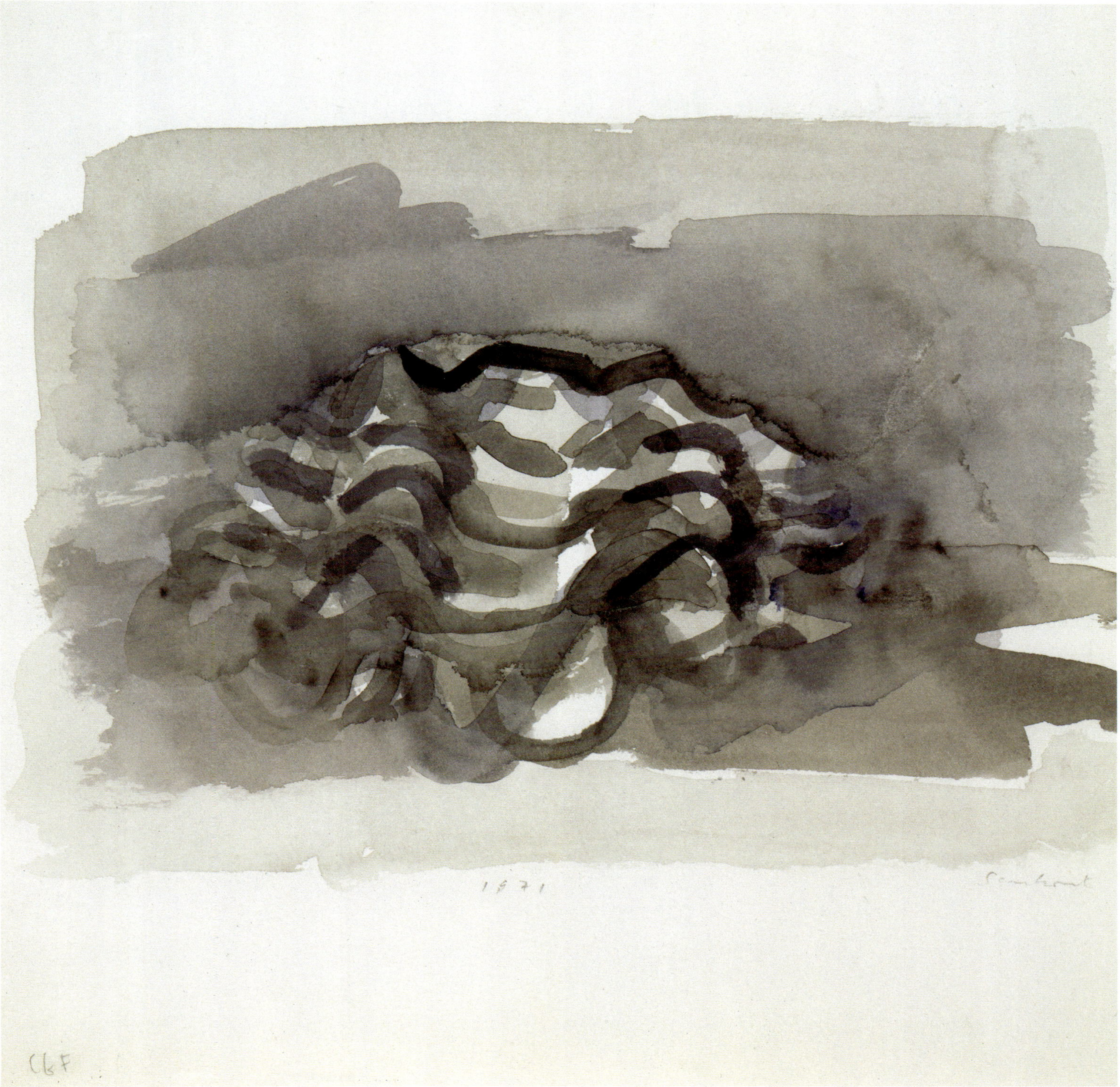

Conchiglia, acquerello su carta, 30 x 30 cm, 1971

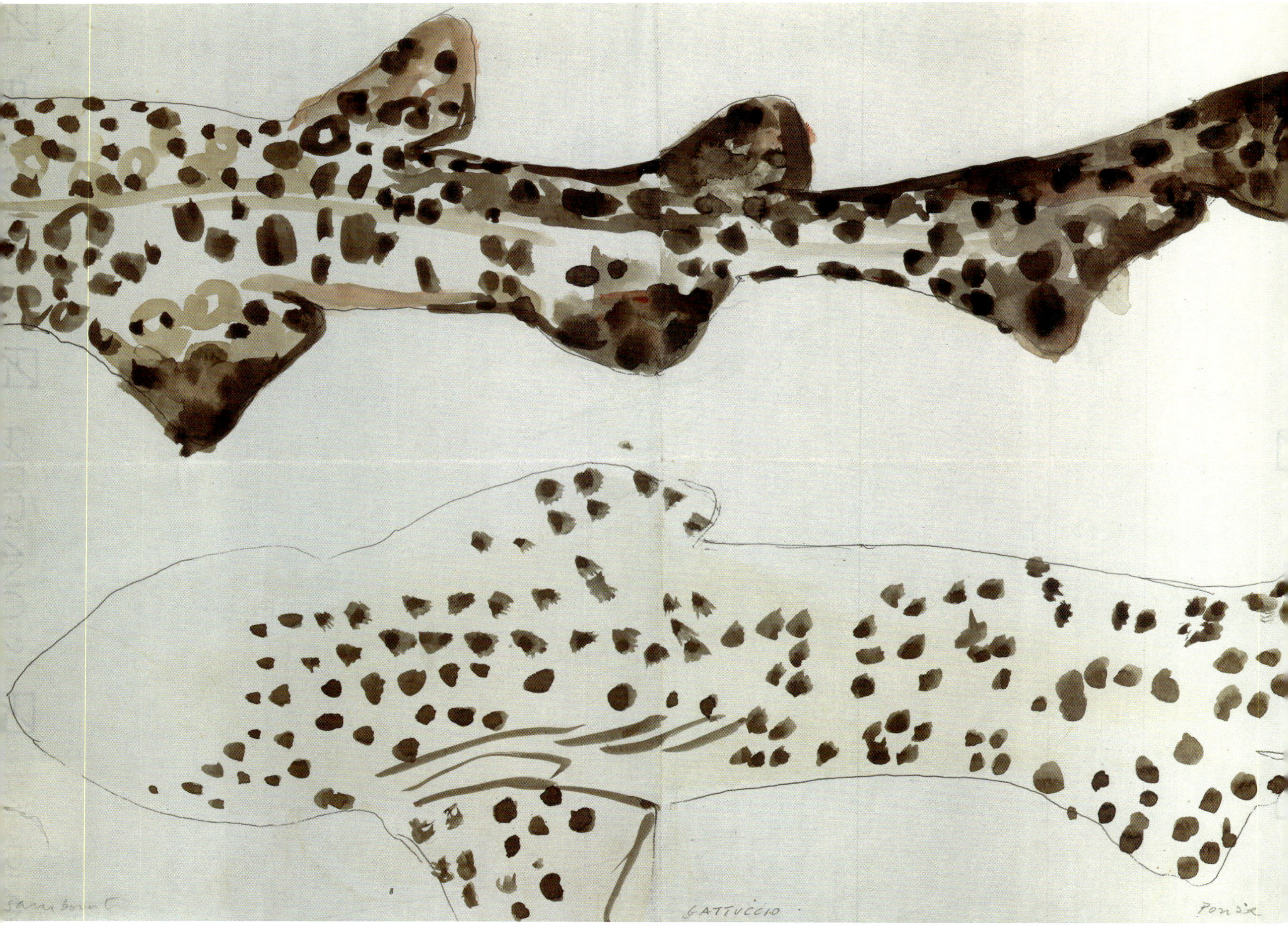

Gattuccio, acquerello su carta, 32,5 x 48 cm, Ponza, 1981

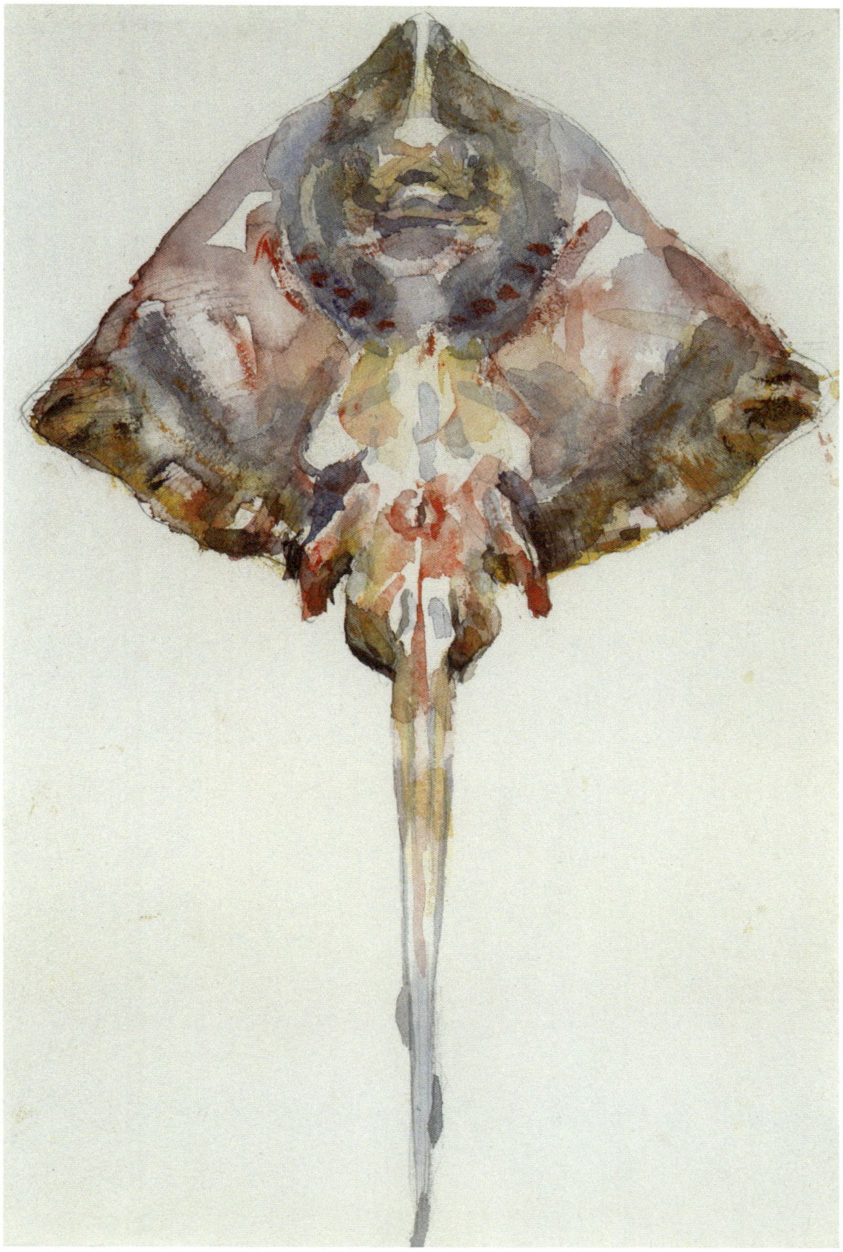

Razza, acquerello su carta, 28 5 x 19,5 cm, 1984

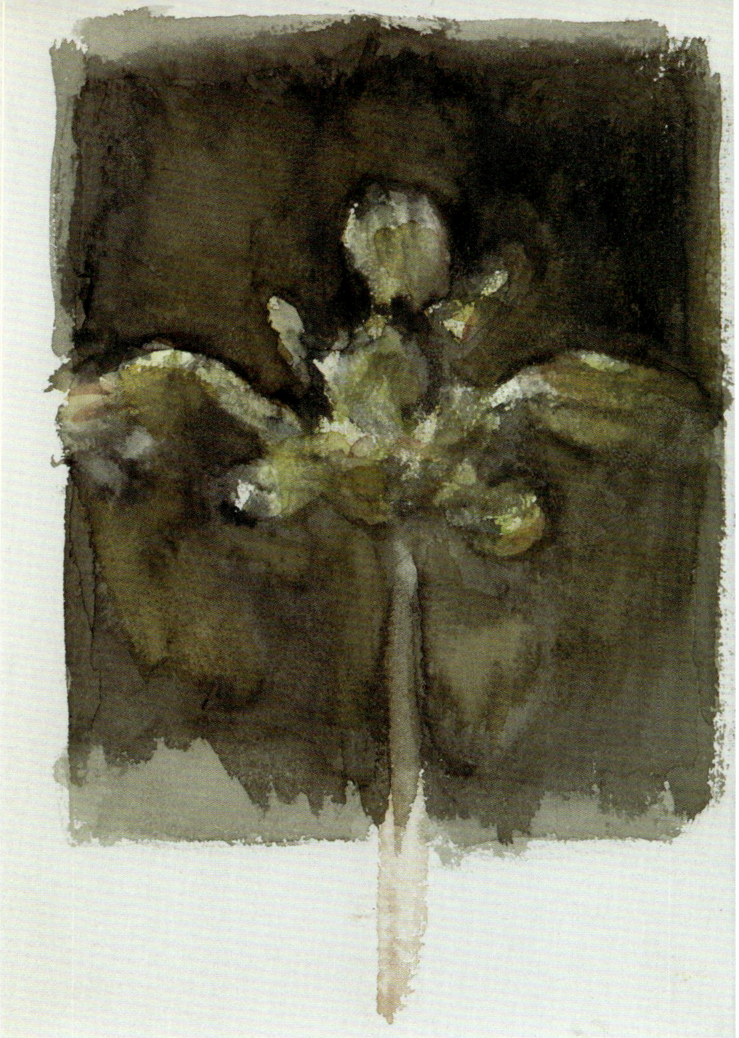

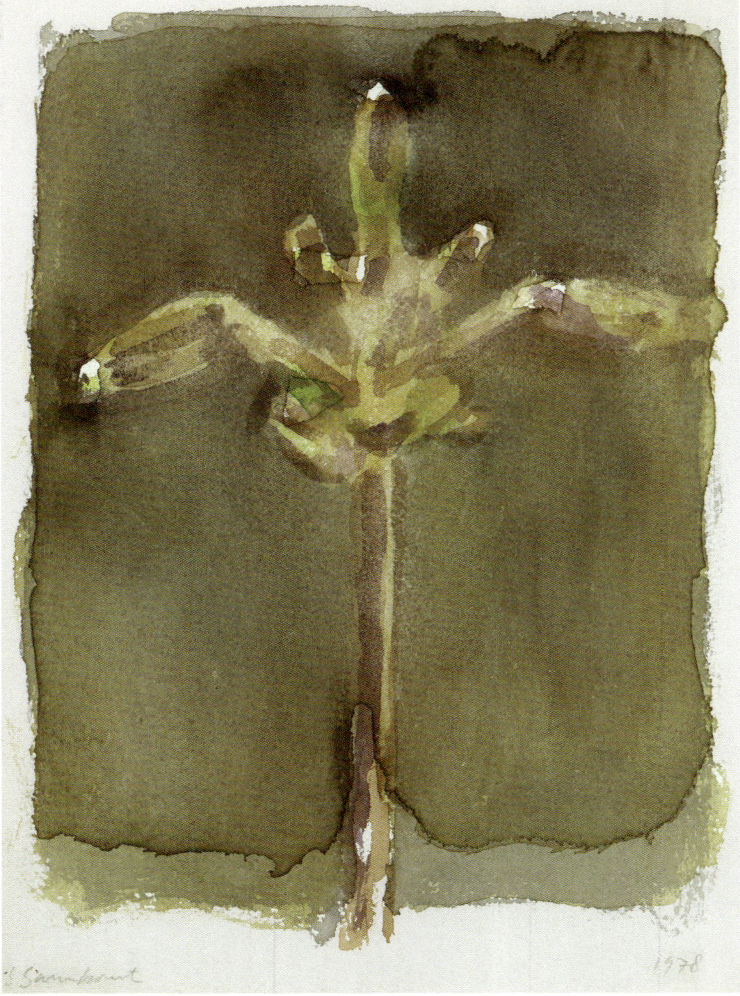

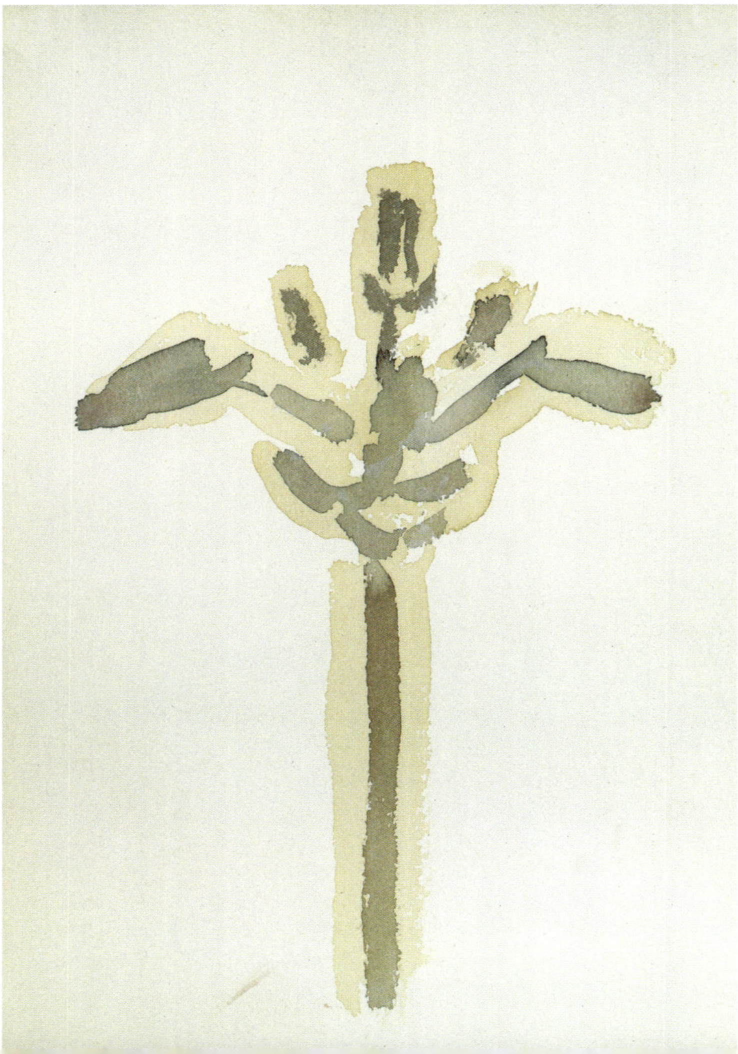

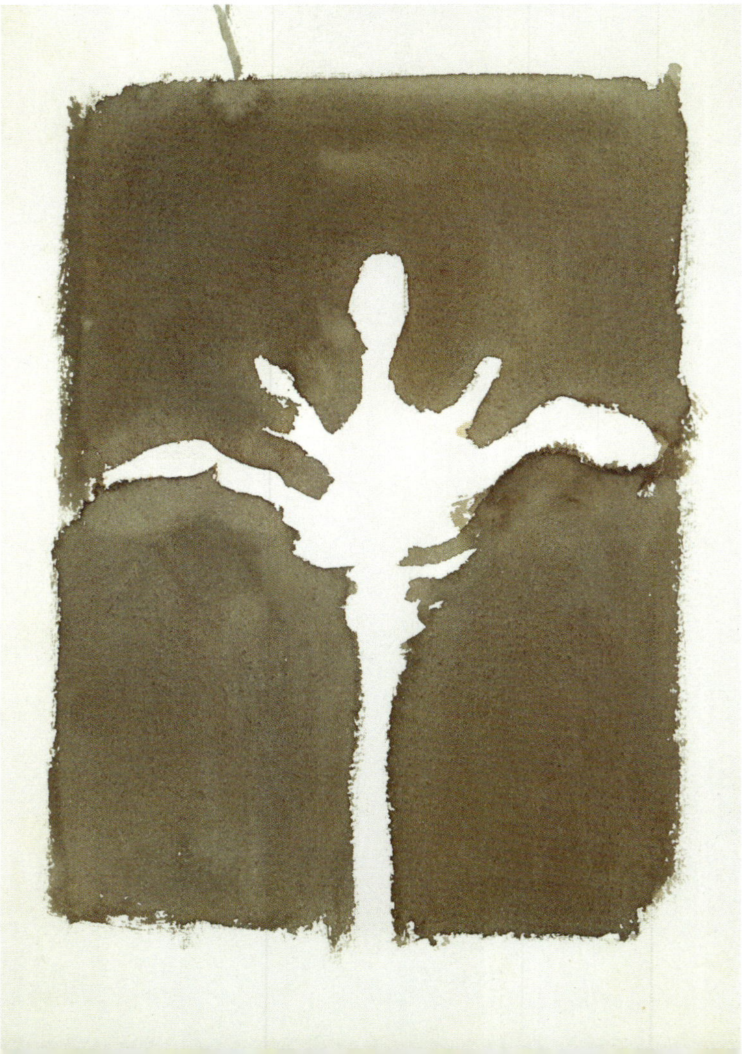

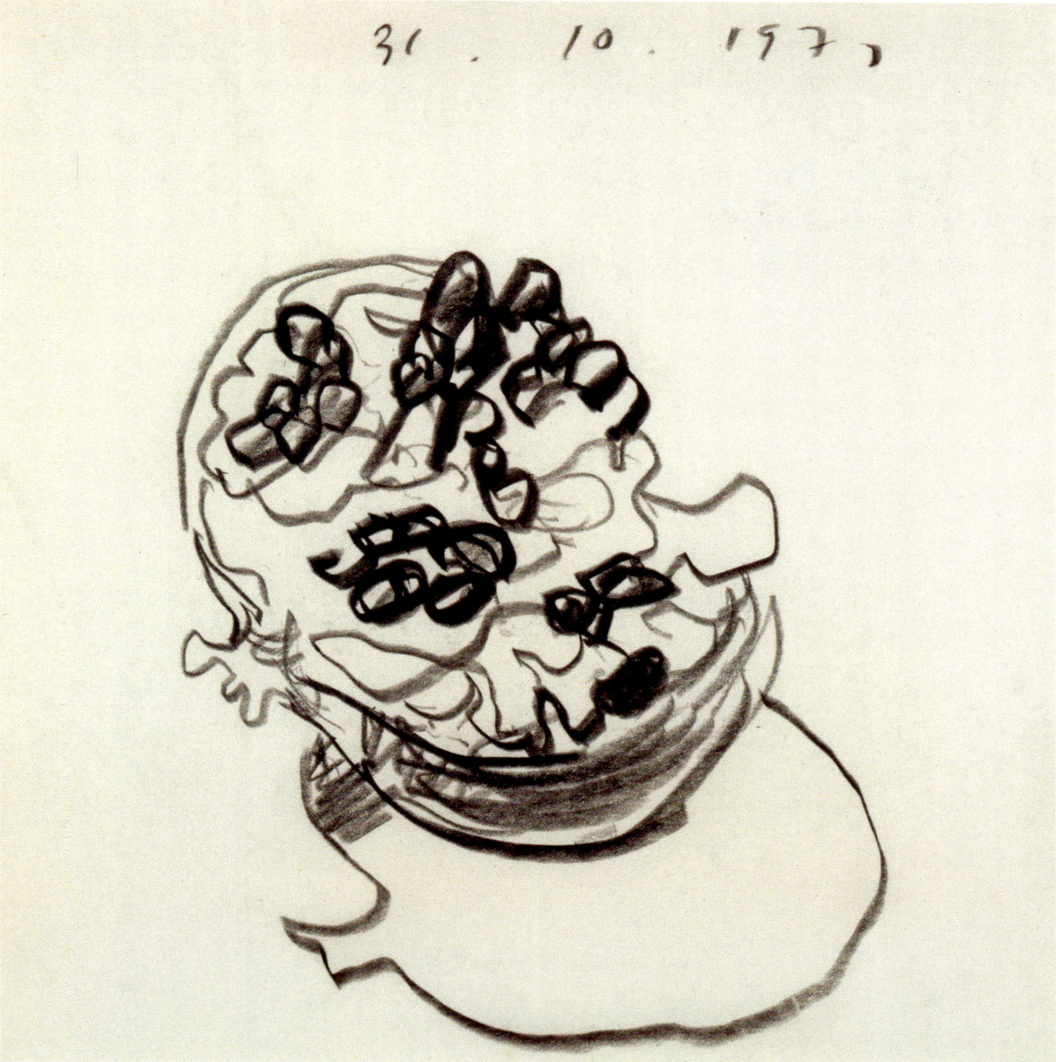

Studi vegetali, 4 acquerelli su carta, 28,5 x 19,5 cm, 1977-78

Melograno, carboncino su carta, 20 x 20 cm, 1971

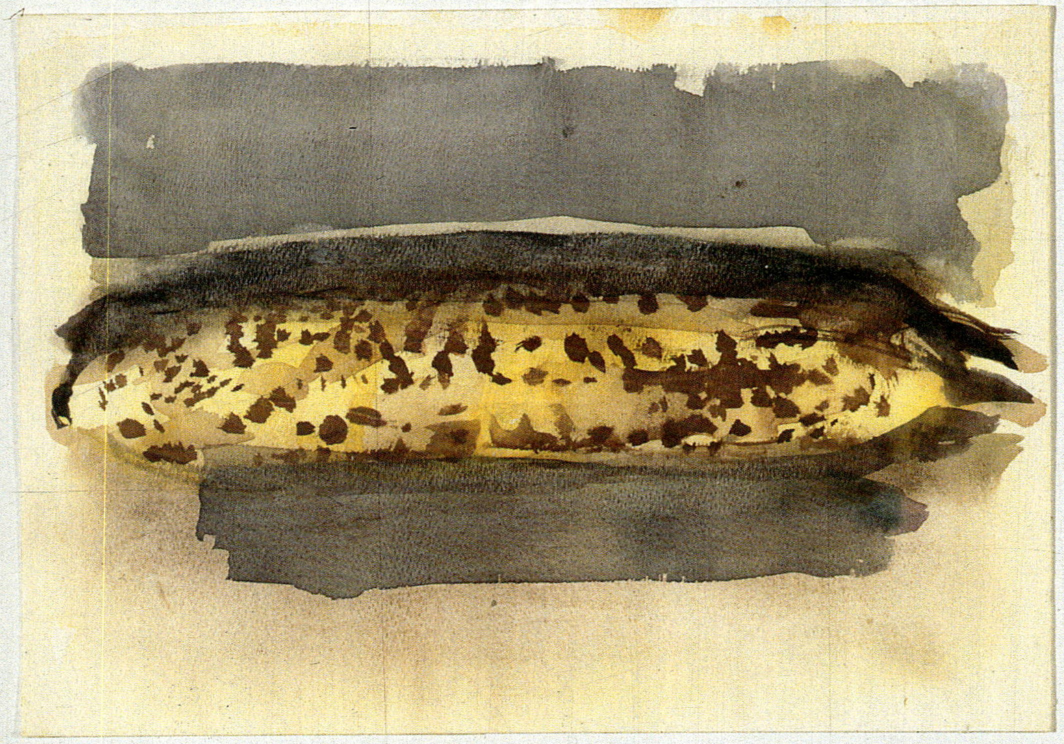

1990

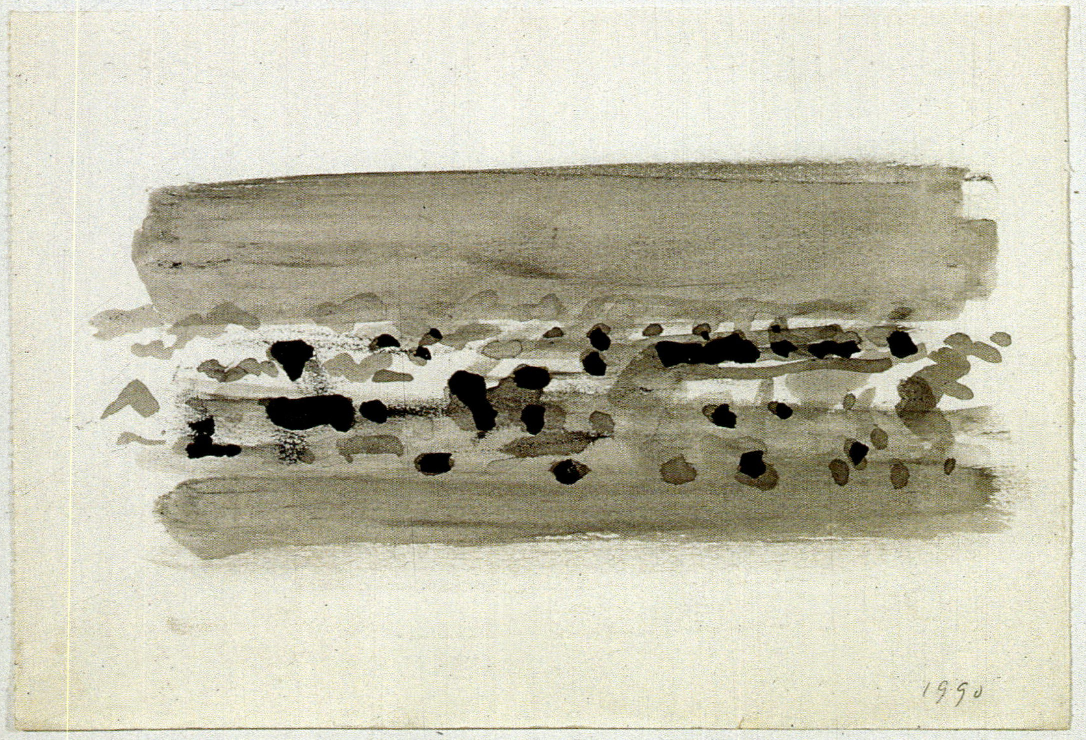
1990

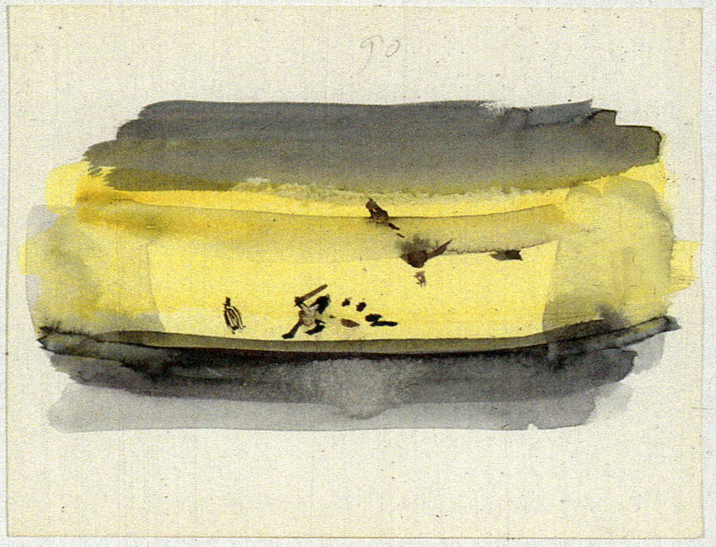

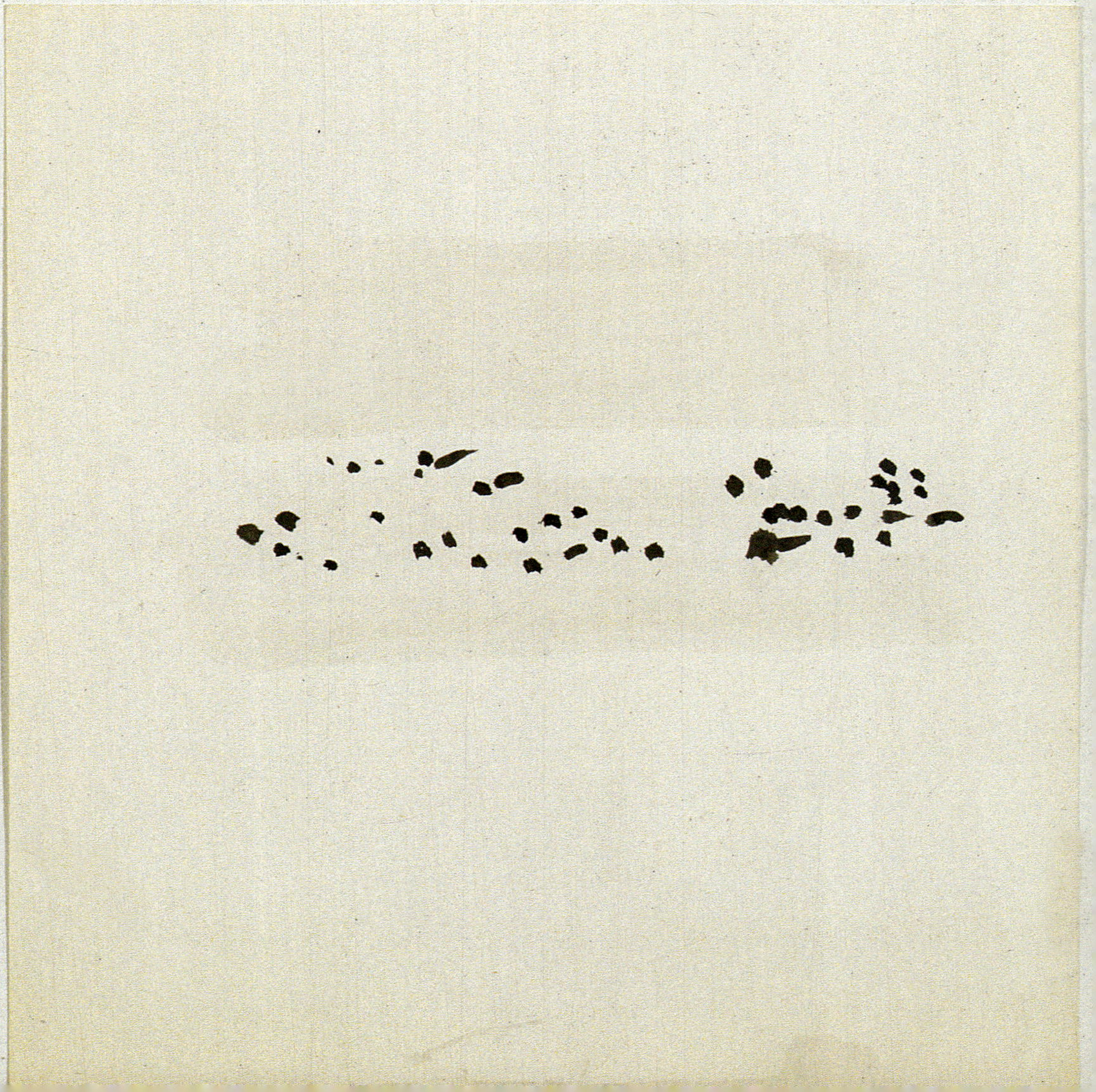

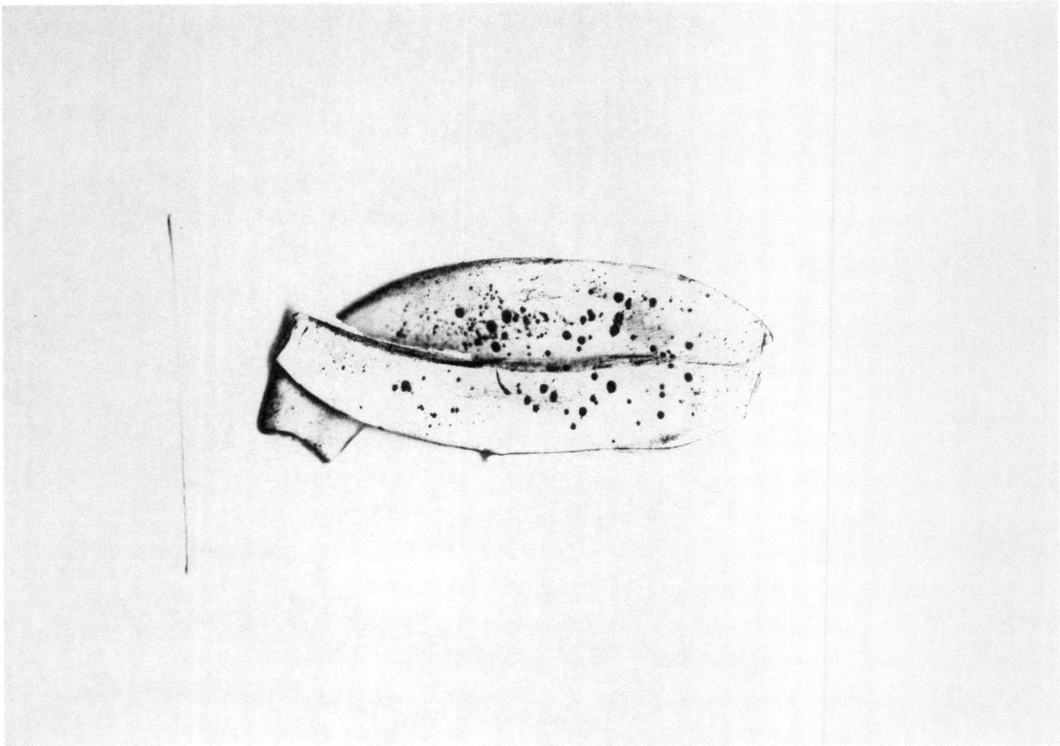

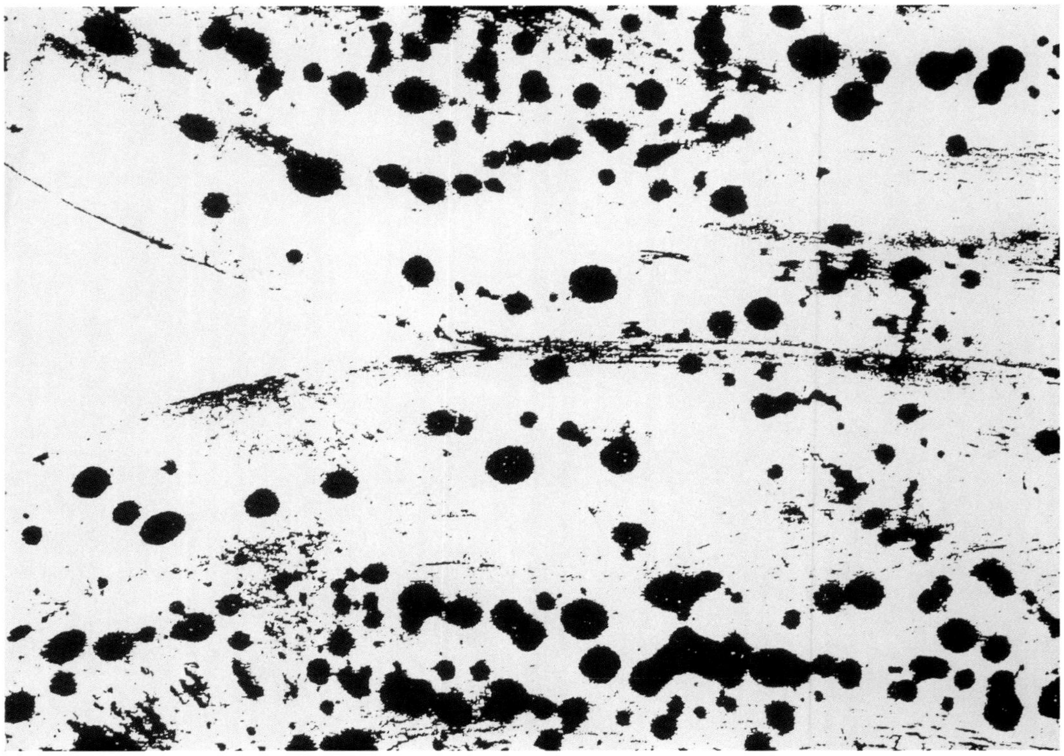

Banana, 6 acquerelli su carta, 16,5 x 24 cm; 19 x 28 cm; 12 x 16 cm; 16,5 x 24; 16,5 x 24; 25 x 25 cm, 1990

Banana, copia fotostatica, 21 x 29,6 cm, 1995
Banana, copia fotostatica, 29,6 x 42 cm, s. d.

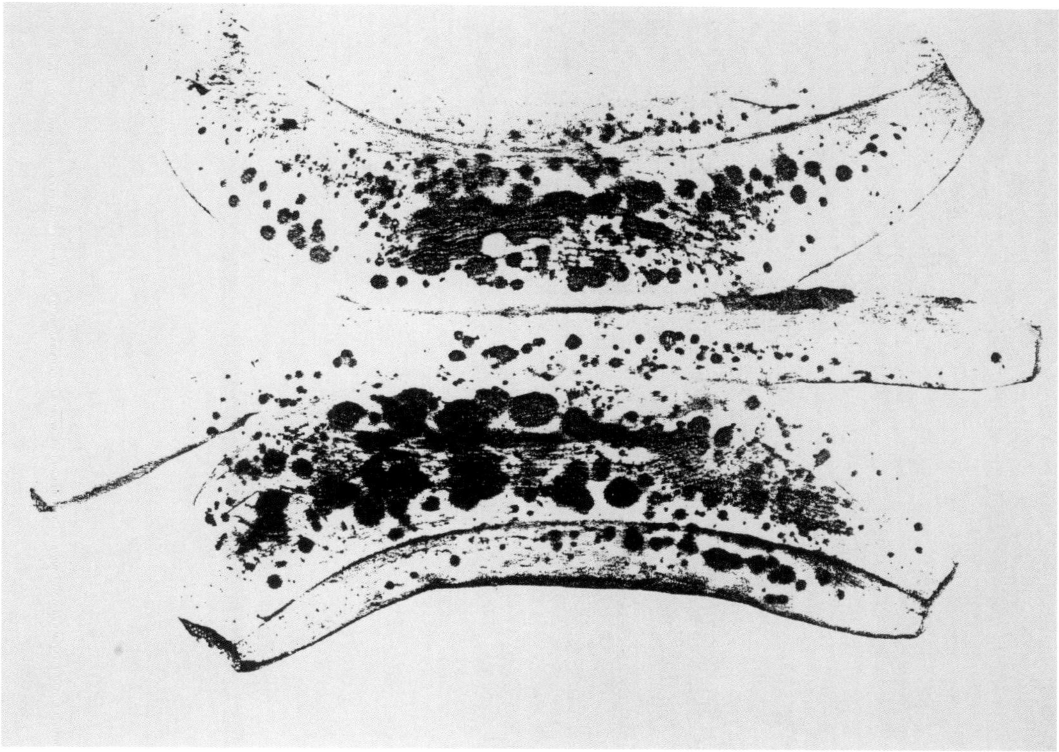

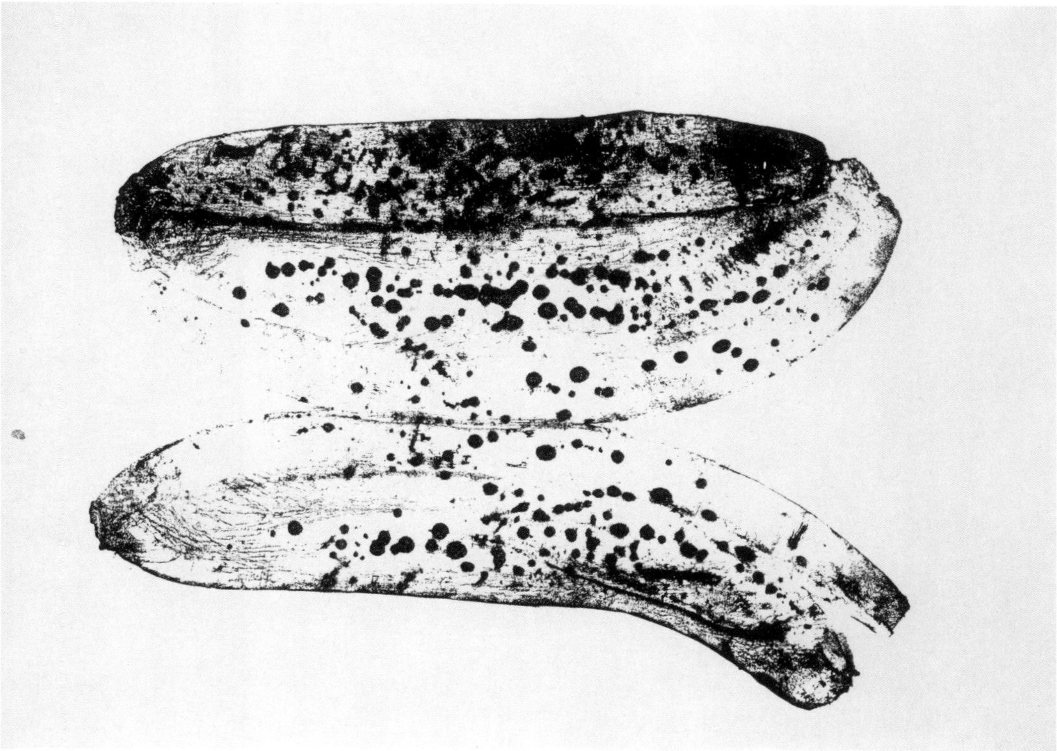

Banana, copia fotostatica, 29.6 x 42 cm, s. d.
Banana, copia fotostatica, 29.6 x 42 cm, s. d.

Banana, olio su tela, 50 x 100 cm, 1990 ca.

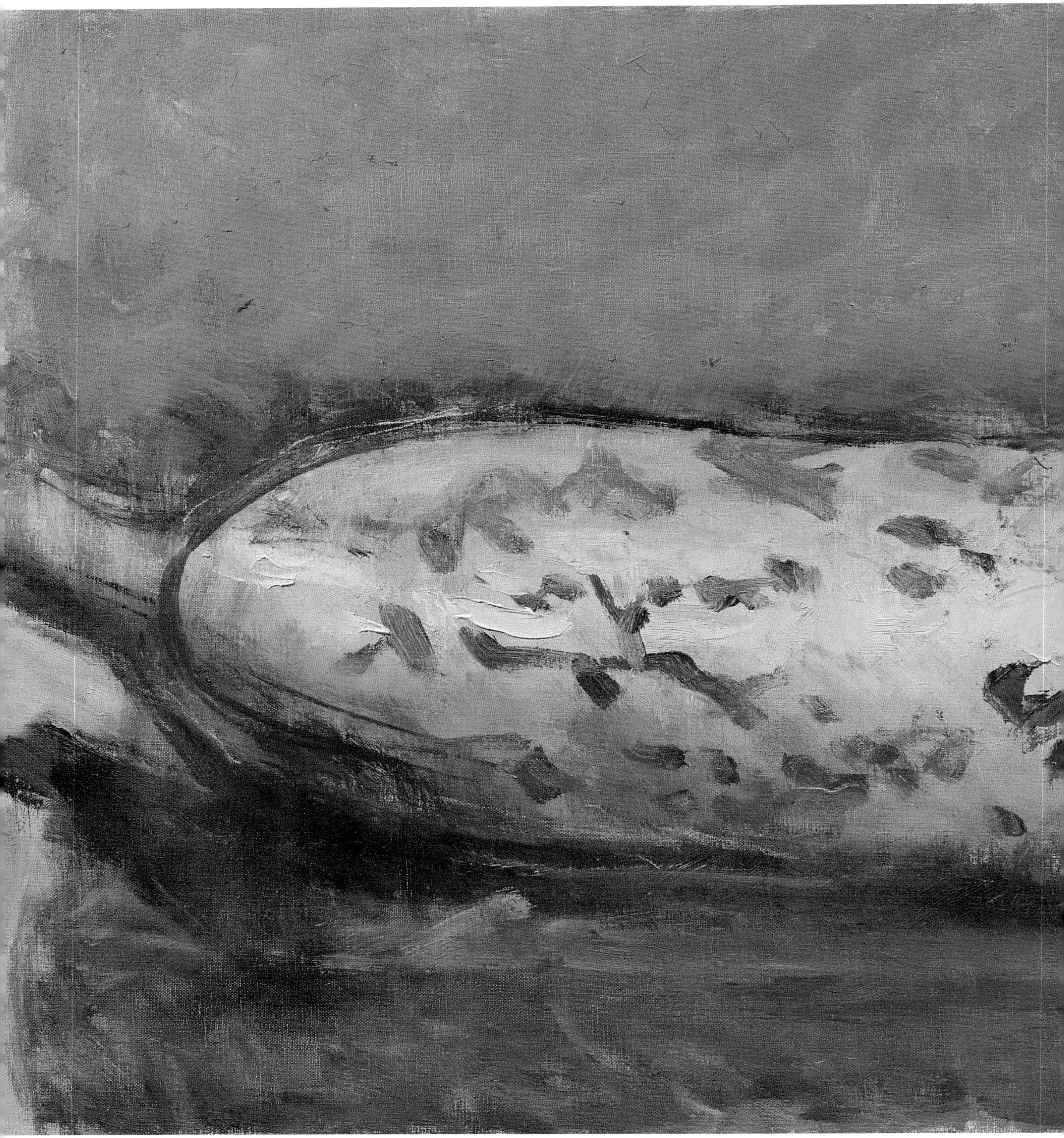

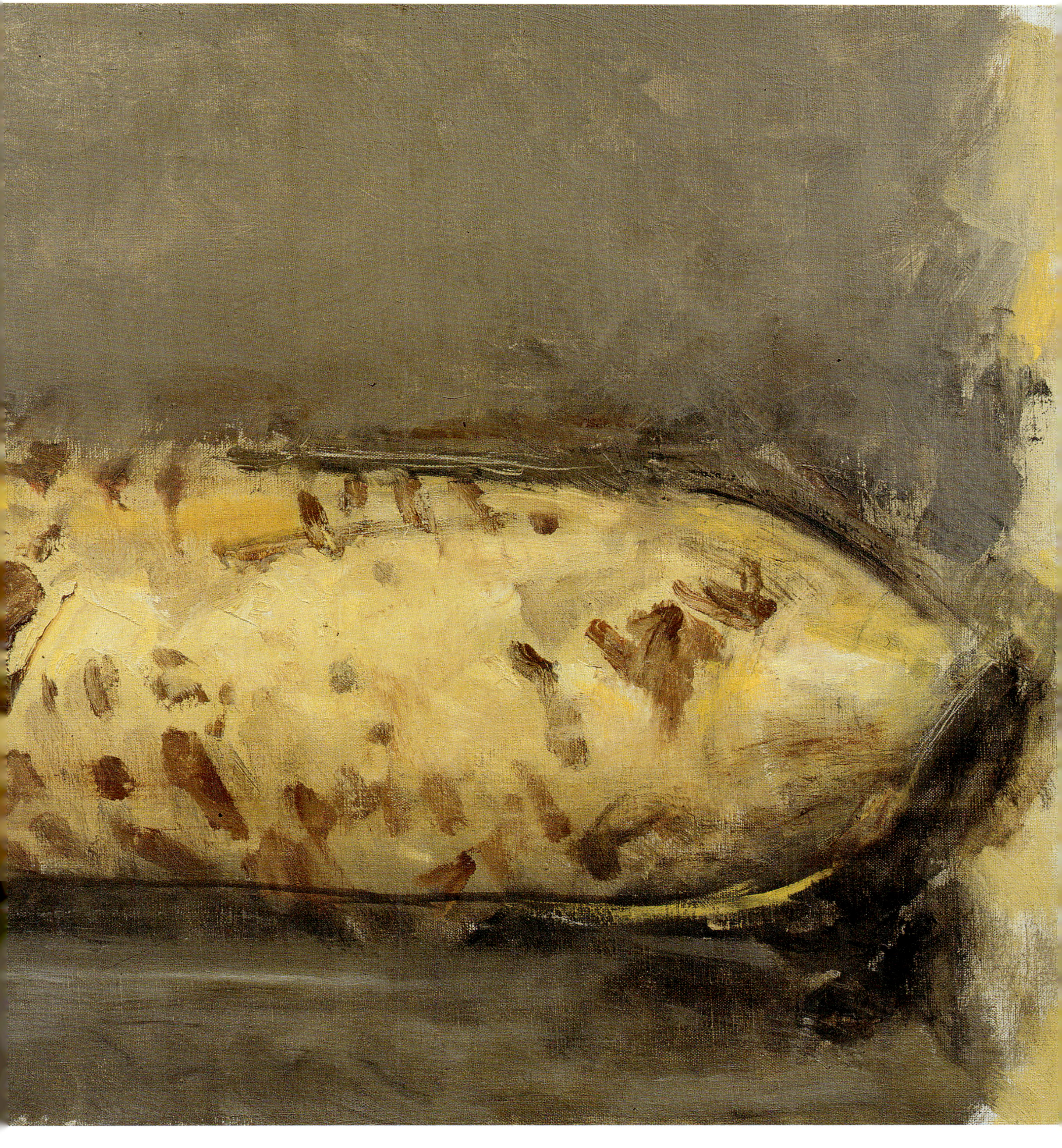

la grafica come narrazione sintetica

Con la grafica Sambonet costruisce un metodo di lavoro basato sulla sintesi fra descrizione e metafora. Finalizzata alla comunicazione, la forma diventa struttura di servizio con cui definire i campi occupati dall'informazione e dalla suggestione in ben precise tipologie d'intervento: il manifesto come sineddotica micro storia, il gadget come astrazione tridimensionale, il sistema coordinato come regola dell'identità, il marchio come folgorante fermo immagine.

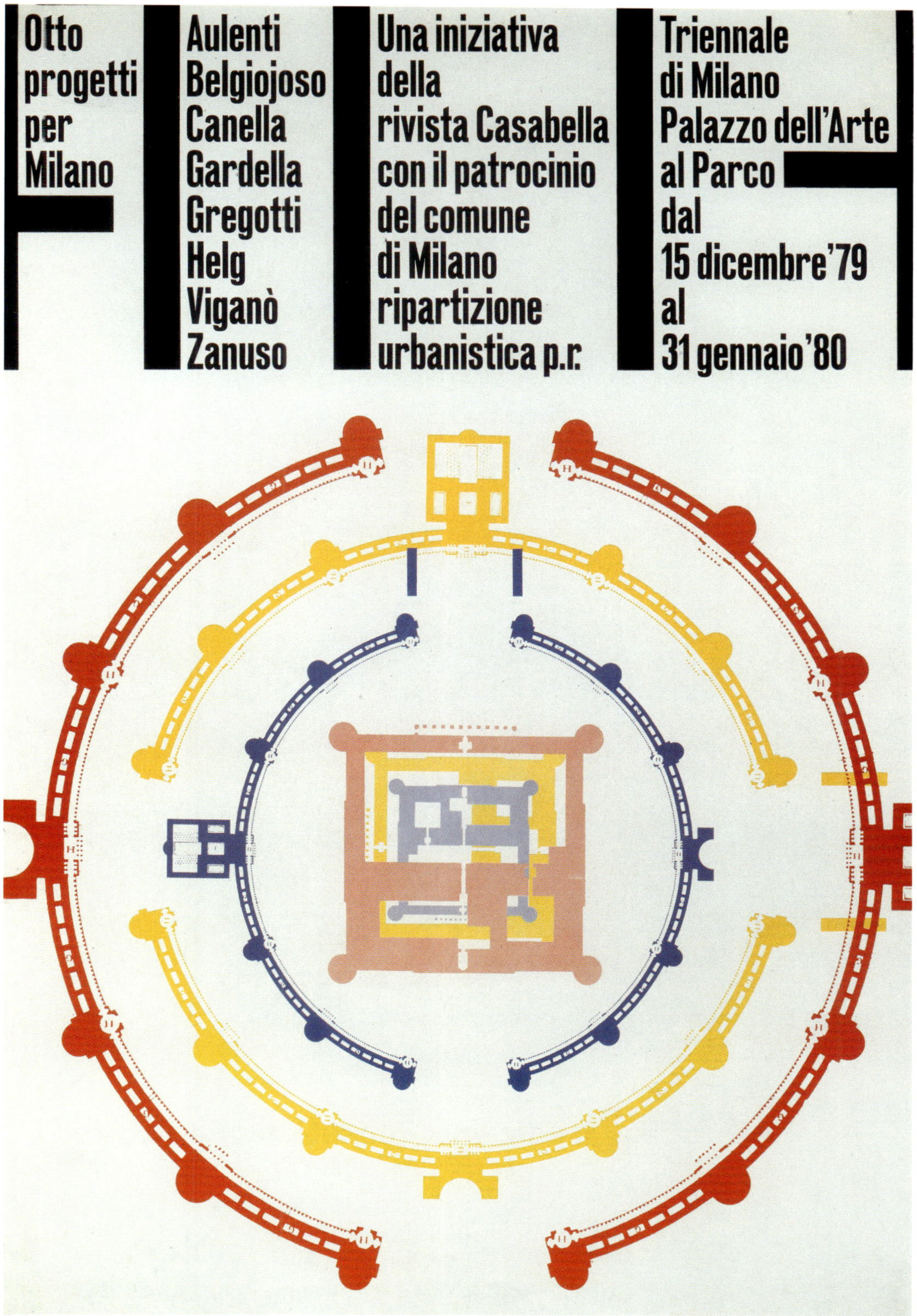

8 progetti per Milano, mar ifesto di Roberto Sambonet e Bruno Monguzzi,
100 x 70, Triennale di Milano, 1979

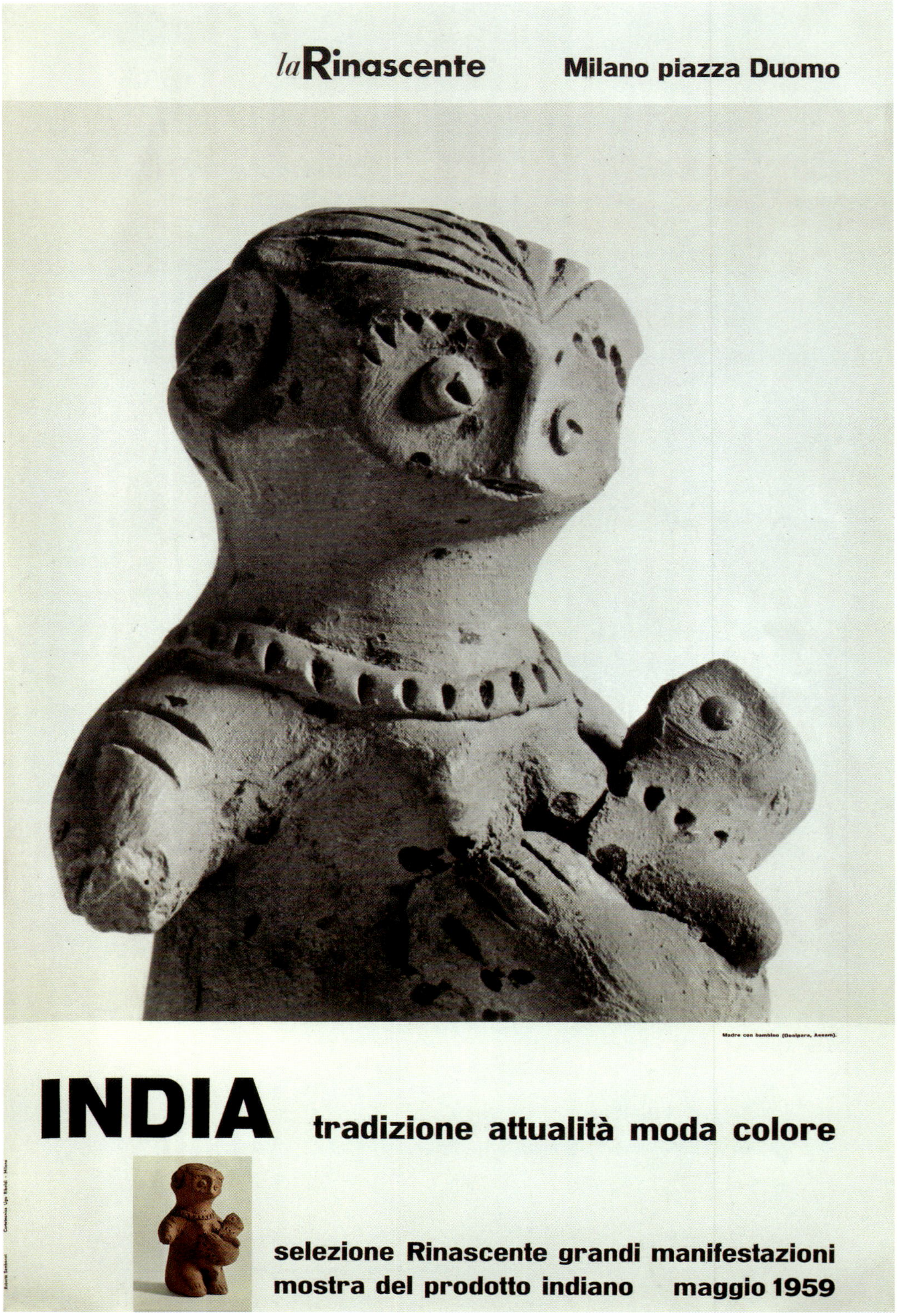

La Rinascente, India, locandina della mostra, 1959

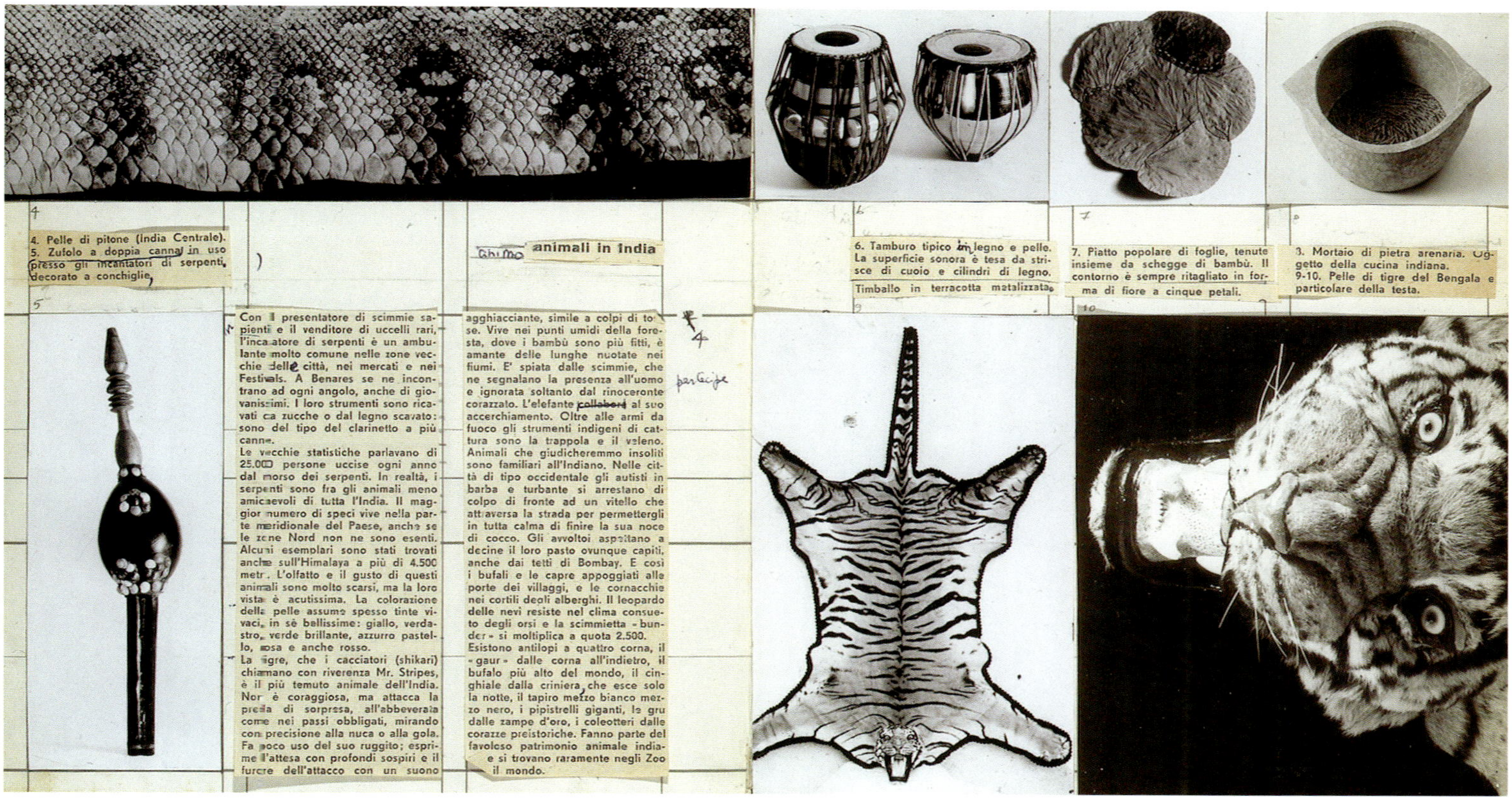

La Rinascente, India, menabò del catalogo della mostra, collage su cartoncino, 22 x 42 cm, 1959

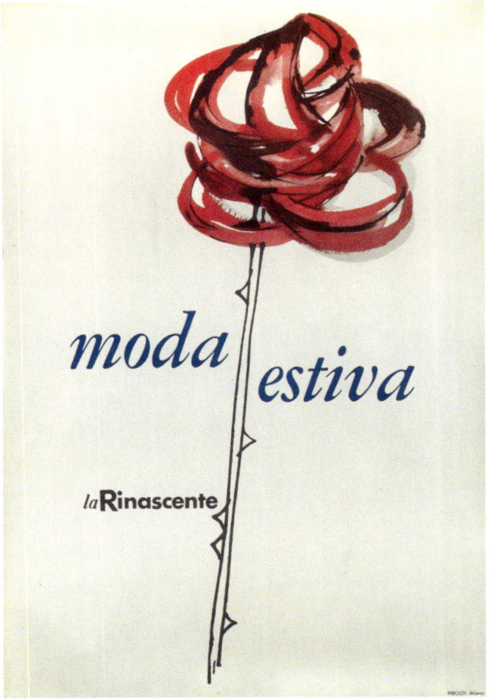

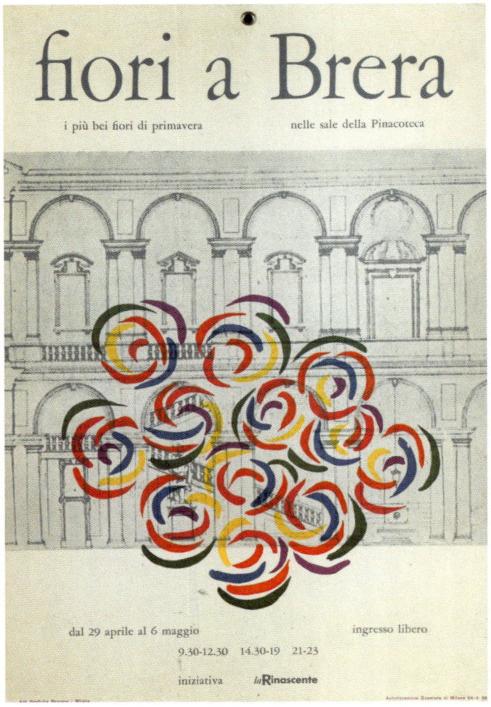

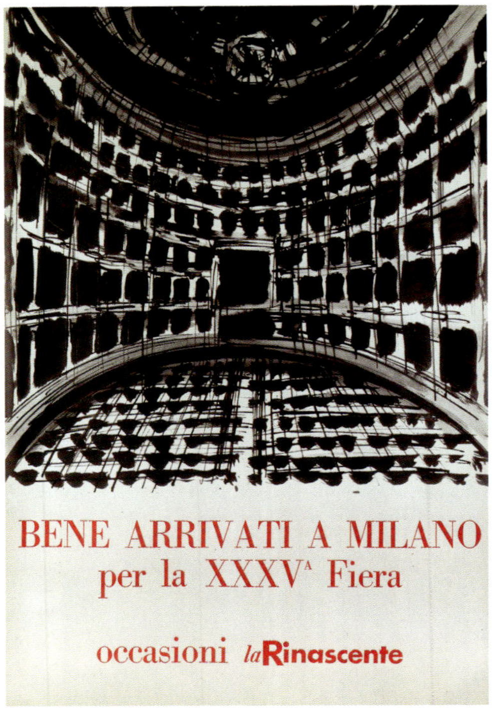

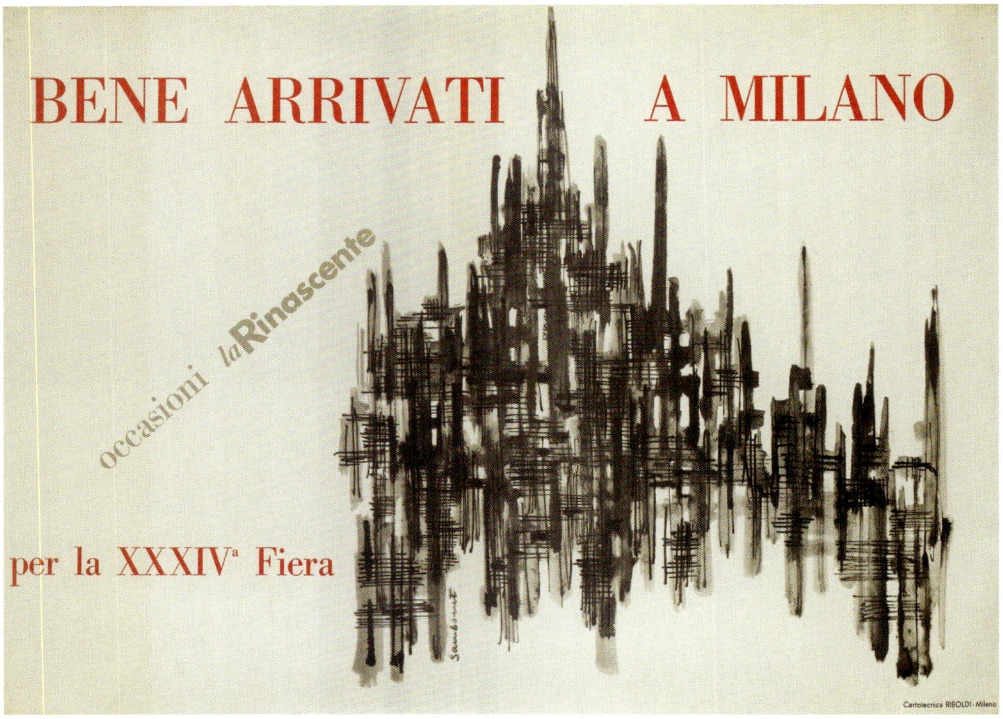

La Rinascente, Moda estiva, manifesto, 100 x 70 cm
La Rinascente, Fiori a Brera, locandina, 35 x 24,5 cm

La Rinascente, Bene arrivati a Milano (Teatro alla Scala), manifesto, 100 x 70 cm, 1957
La Rinascente, Bene arrivati a Milano (Duomo), manifesto, 70 x 100 cm, 1956

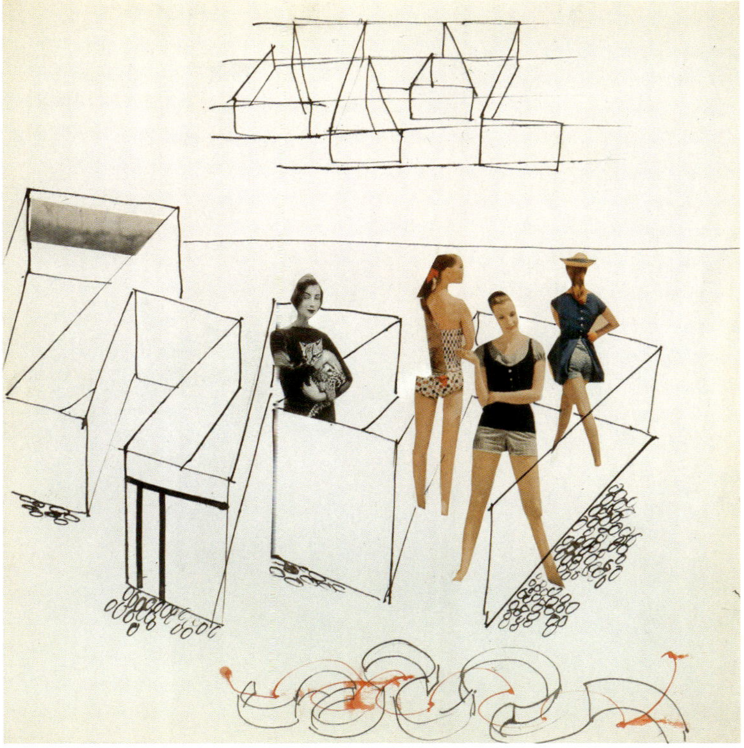

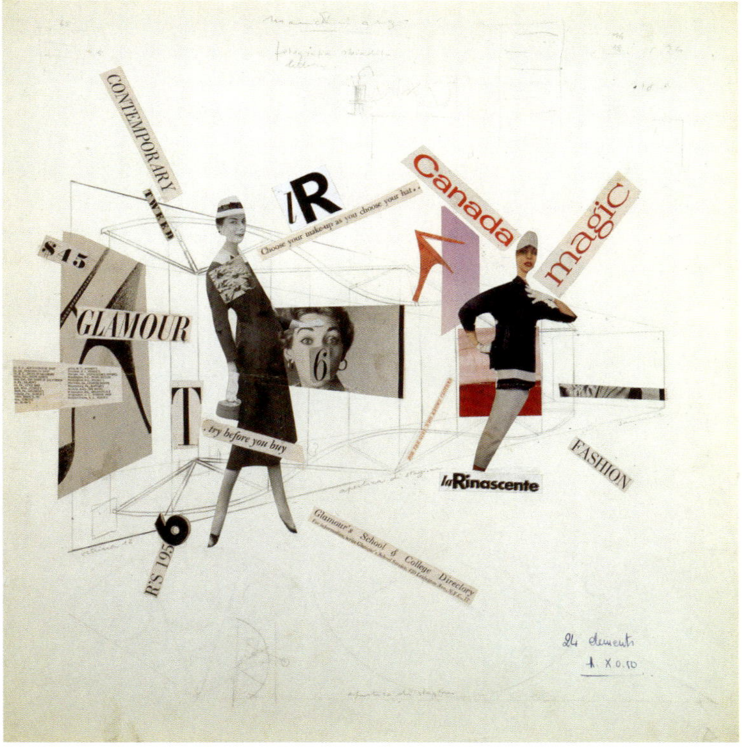

La Rinascente, bozzetto per allestimento, tecnica mista, 50 x 50 cm, 1955 ca.
La Rinascente, bozzetto per allestimento, tecnica mista, 50 x 50 cm, 1955 ca.

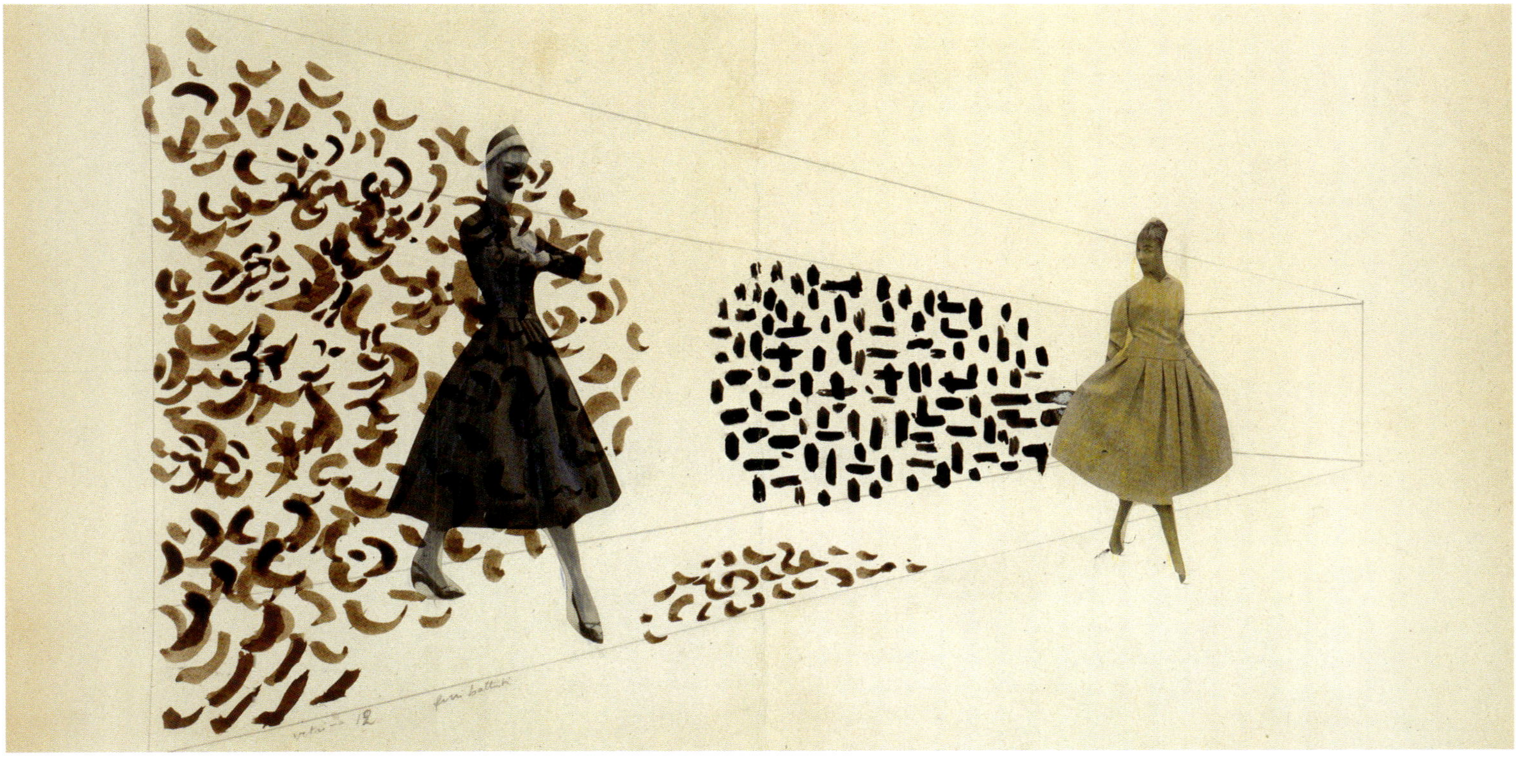

La Rinascente, bozzetto per allestimento, tecnica mista, 25 x 50 cm, 1955 ca.

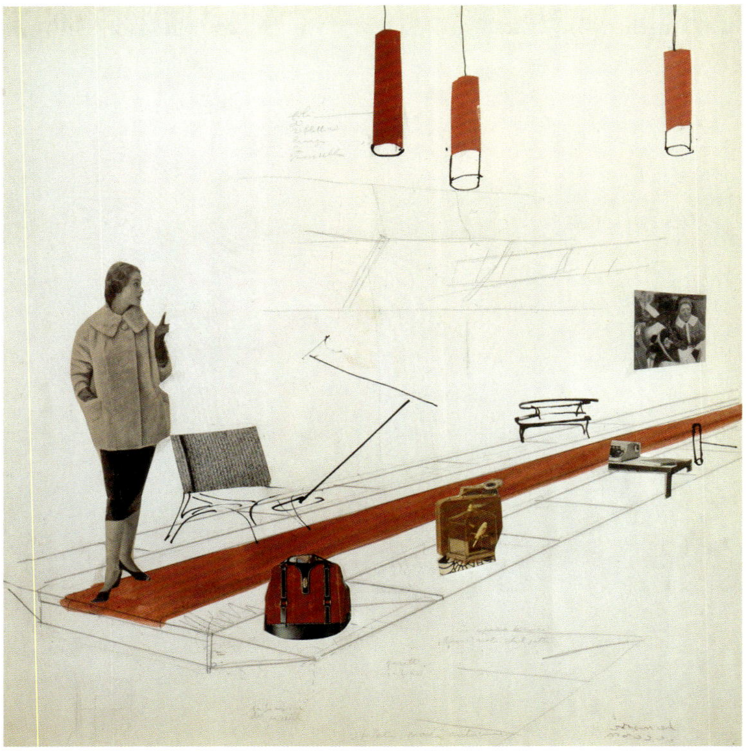

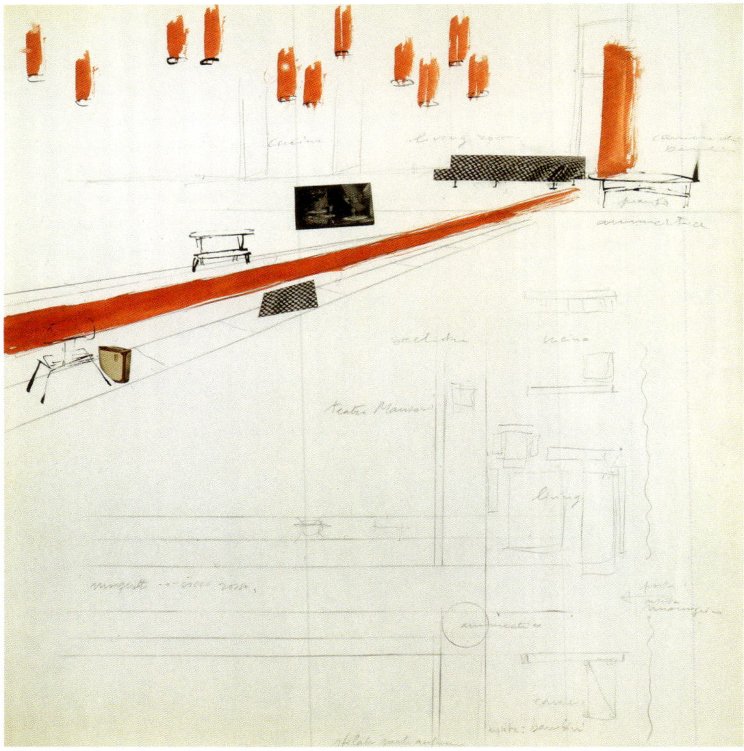

La Rinascente, bozzetto per allestimento, tecnica mista, 50 x 50 cm, 1955 ca.

La Rinascente, bozzetto per allestimento, tecnica mista, 50 x 50 cm, 1955 ca.

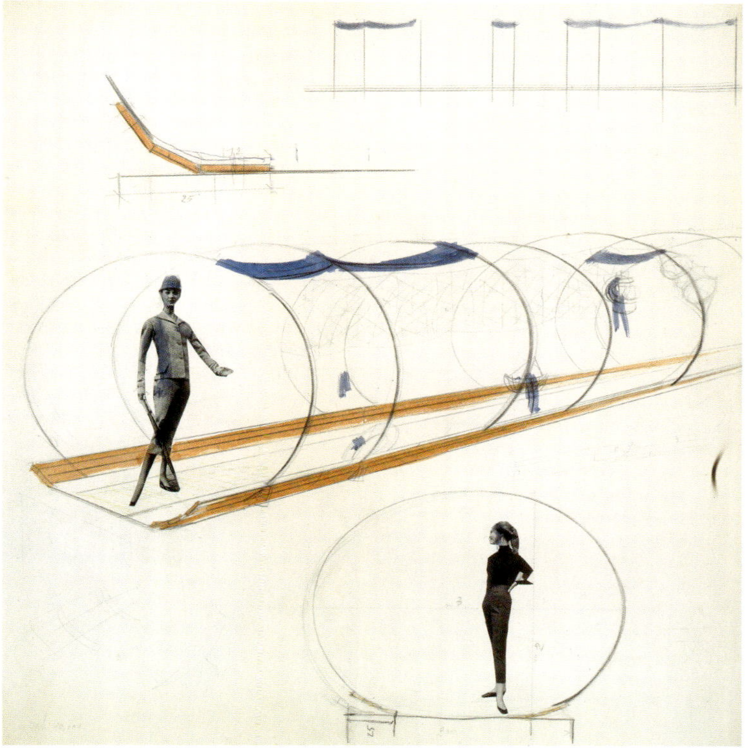

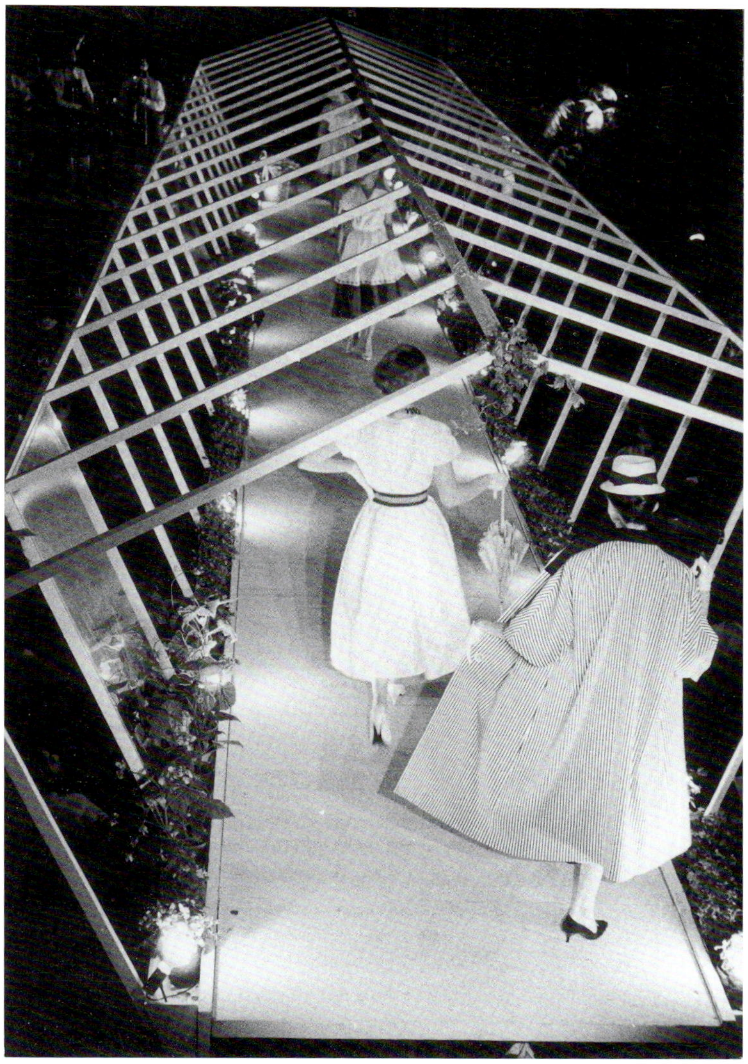

La Rinascente, bozzettc per allestimento, tecnica mista, 50 x 50 cm, 1955 ca.

La Rinascente, fotografia di una sfilata, 1955 ca.

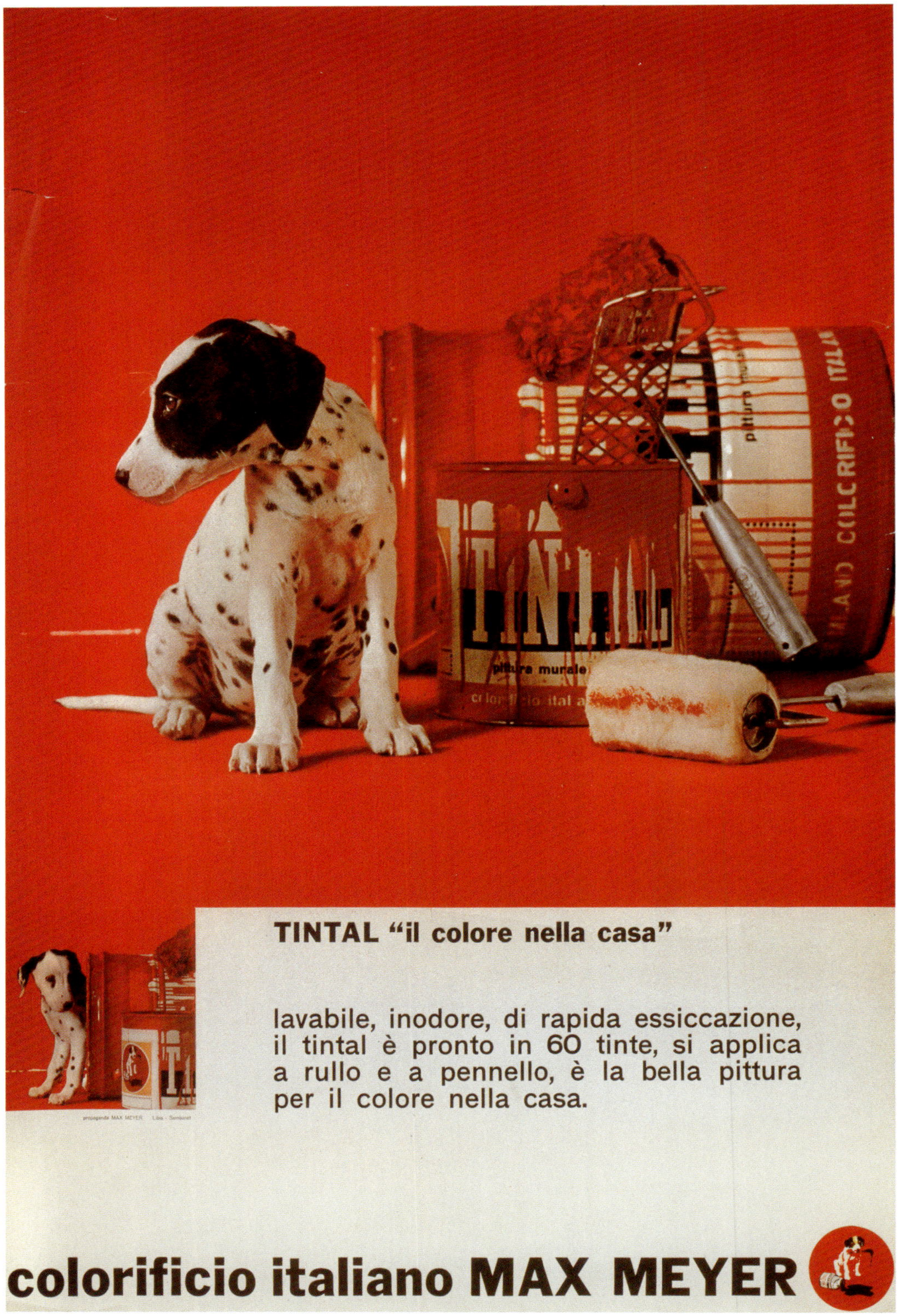

Max Meyer, manifesto, 100 x 70 cm, s. d. Art director Roberto Sambonet, fotografo Serge Libiszewski

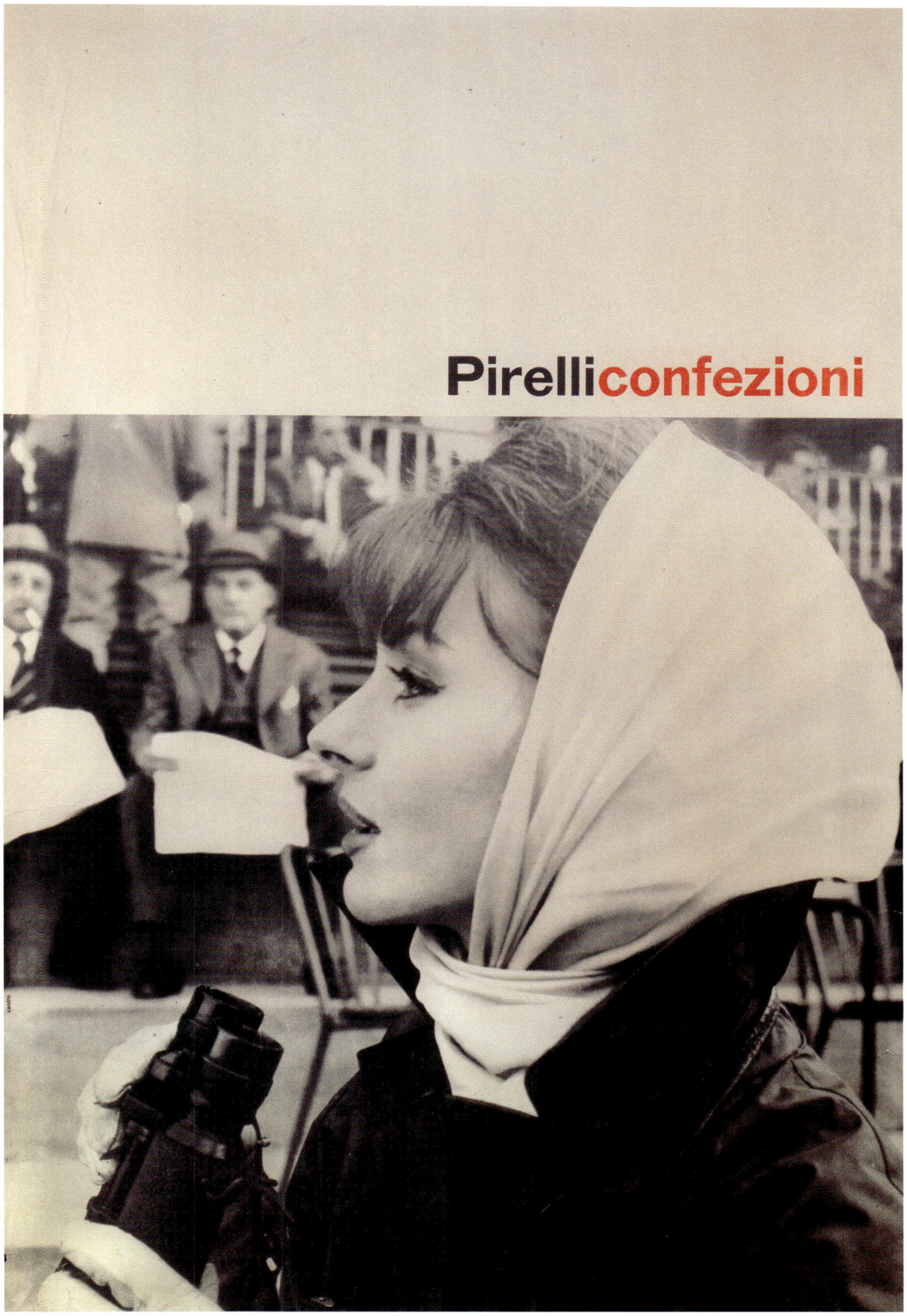

Pirelli confezioni, manifesto, 100 x 70 cm, s. d.

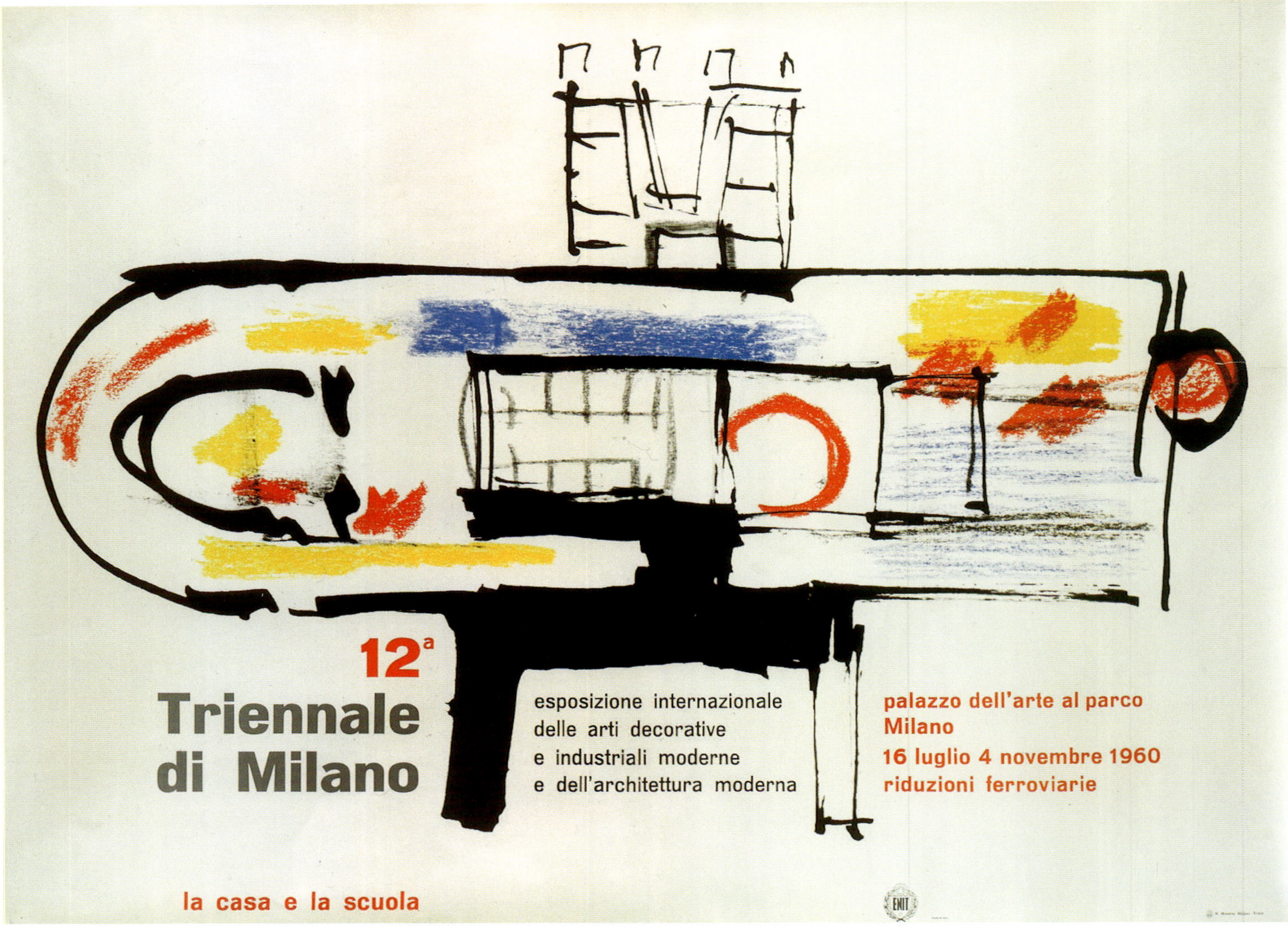

12ª Triennale di Milano, manifesto, 100 x 140 cm, 1960

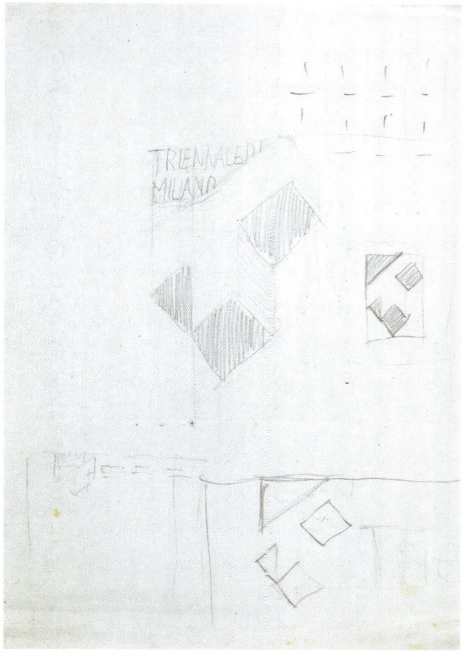
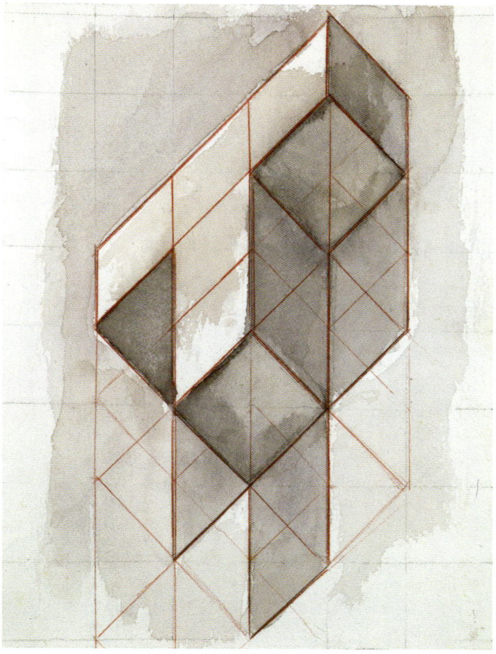
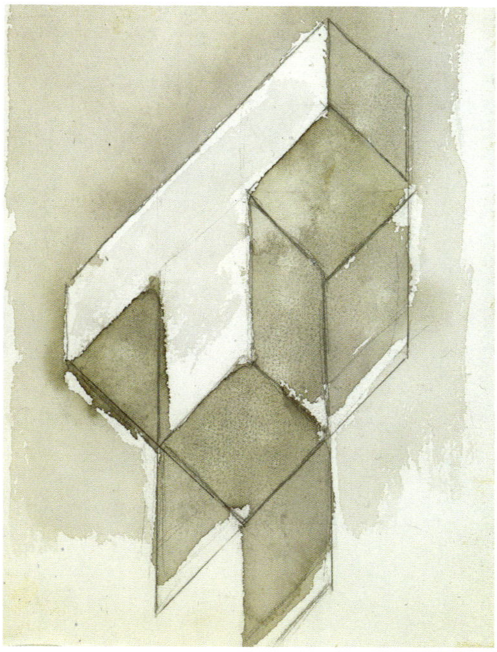

Triennale di Milano, logo, studio matita su carta, 29,5 x 21 cm, 1987
Triennale di Milano, logo, acquerello su carta, 30 x 25 cm, 1987
Triennale di Milano, logo, acquerello su carta, 30 x 25 cm, 1987

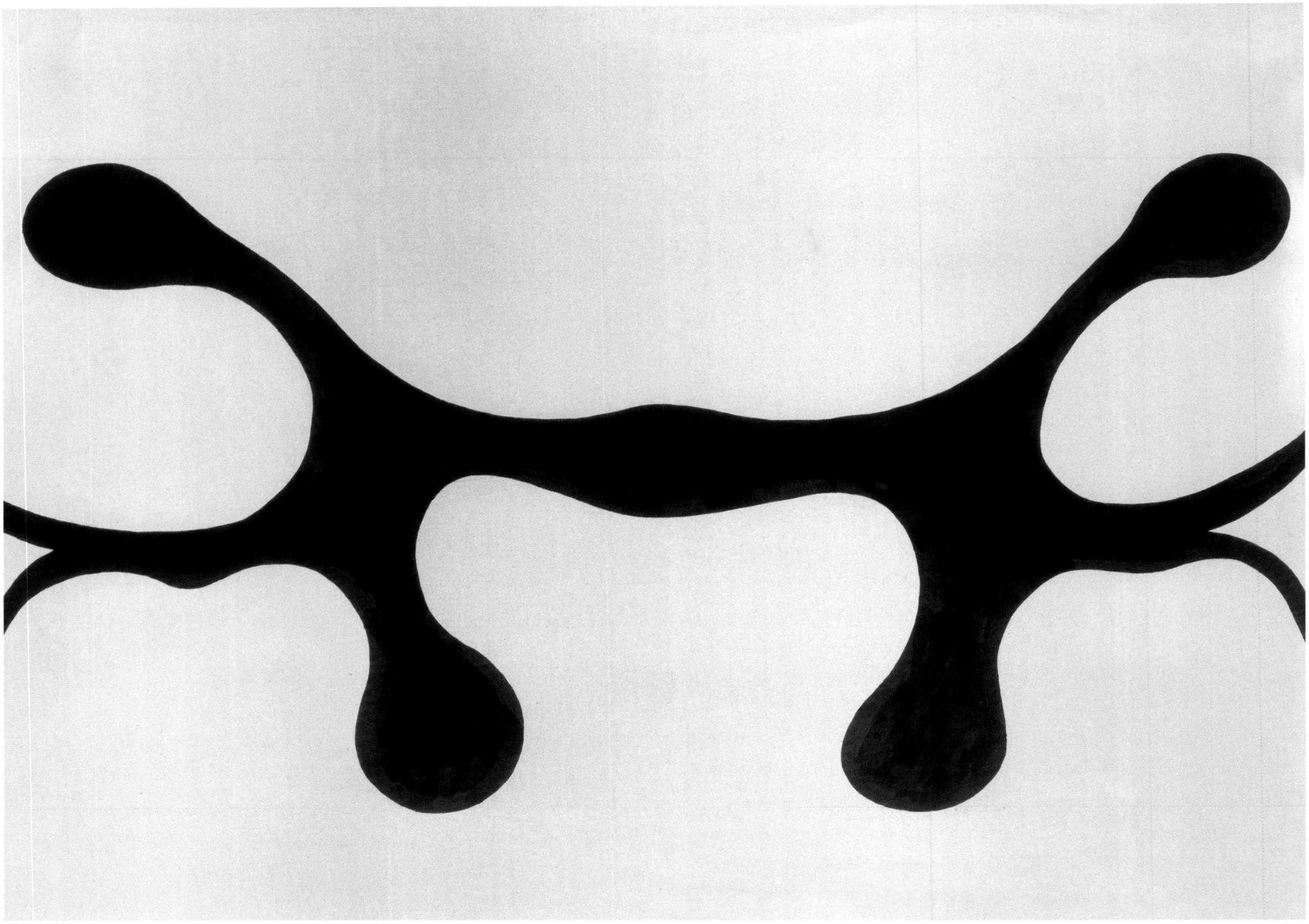

Stomodeum, china su carta, 50 x 100 cm, 1954

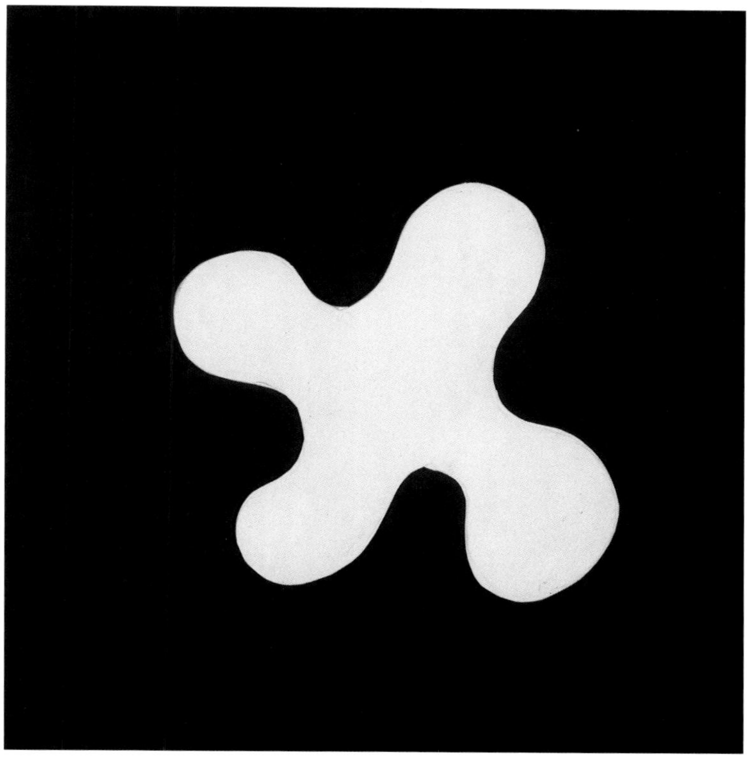

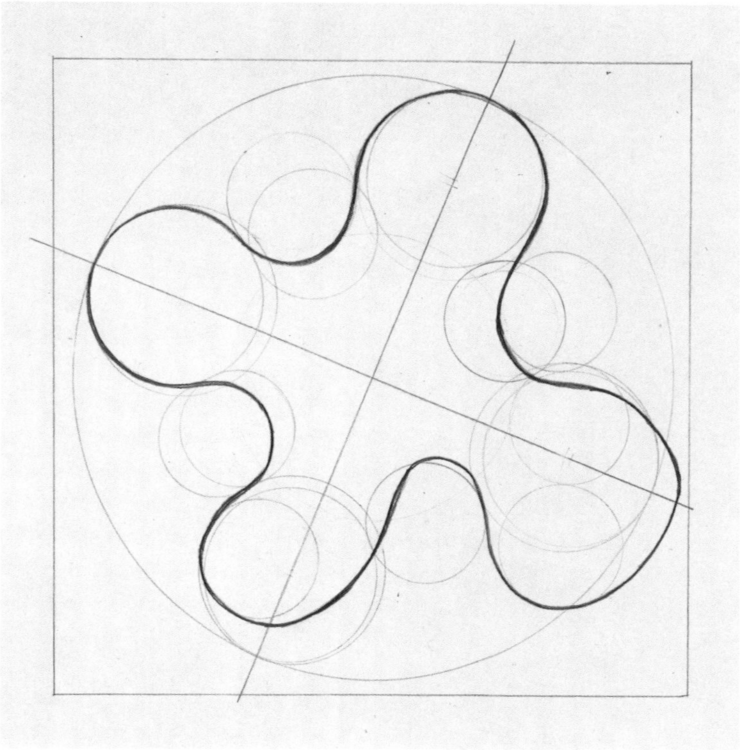

Rosa Camuna, marchio per la Regione Lombardia di Roberto Sambonet, Bob Noorda, Pino Tovagl a e Bruno Munari, studio, collage su cartoncino, 35 x 35 cm, 1974

Rosa Camuna, marchio per la Regione Lombardia di Roberto Sambonet, Bob Noorda, Pino Tovaglia e Bruno Munari, studio, matita su carta, 35 x 35 cm, 1974

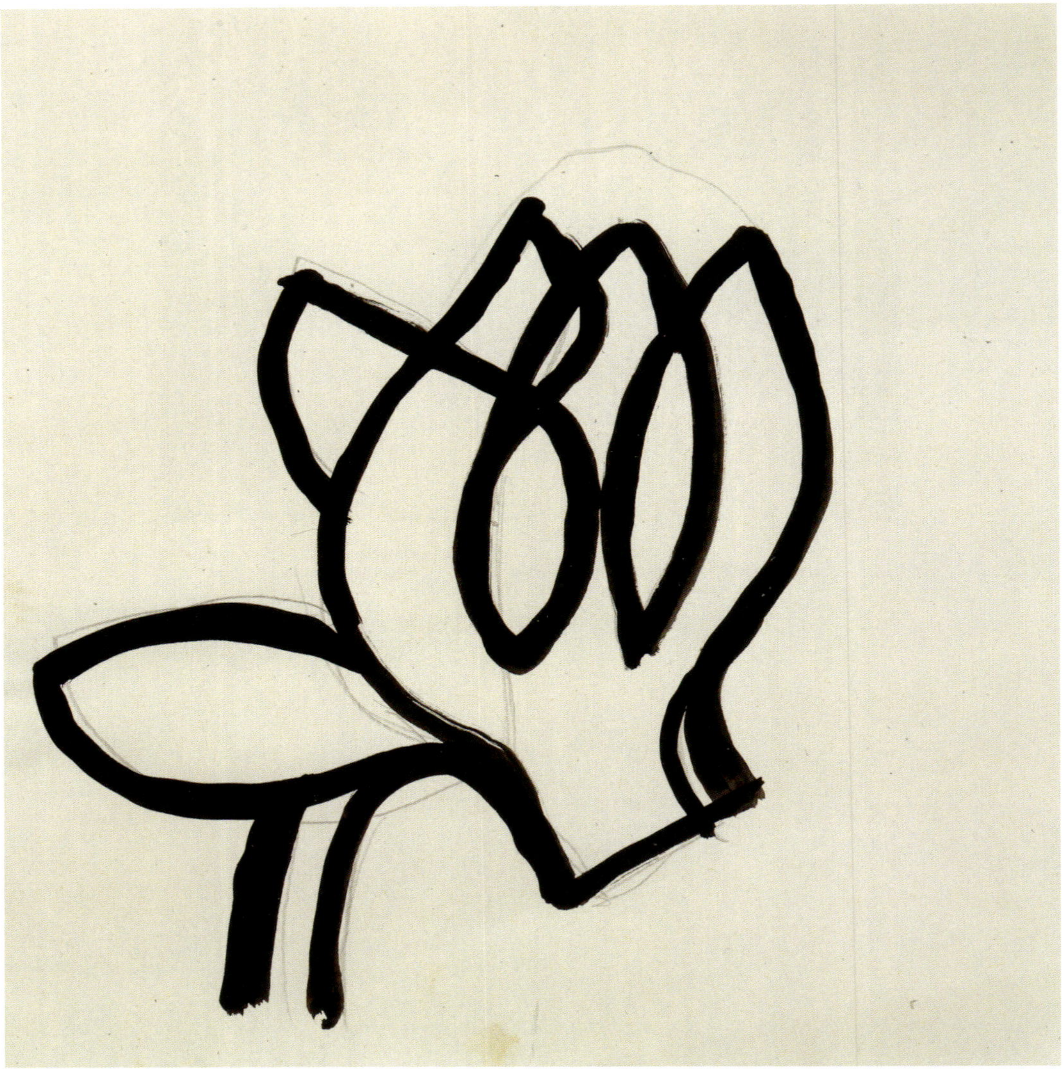

Lago Maggiore, concorso per marchio, china su carta, 21 x 21 cm, 1988

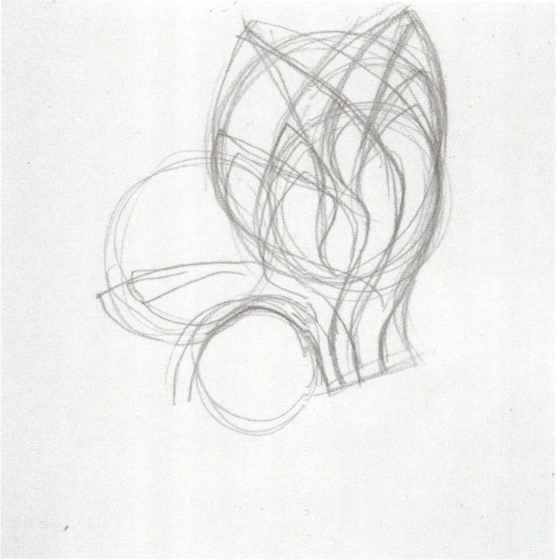

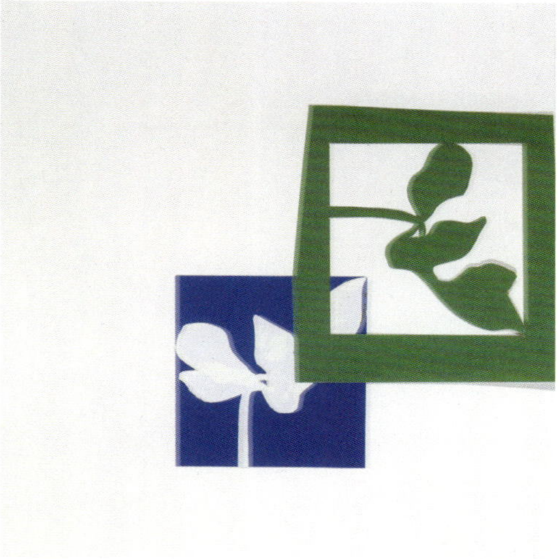

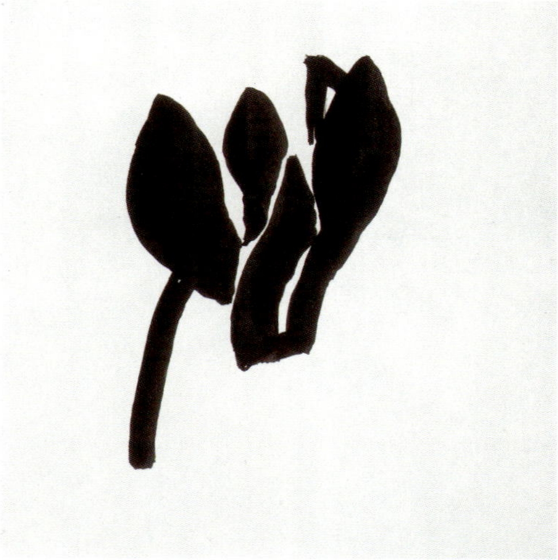

Lago Maggiore, concorso per marchio, studio, matita su carta,
21 x 21 cm, 1988
Lago Maggiore, concorso per marchio, studio, collage su carta,
21 x 21 cm, 1988
Lago Maggiore, concorso per marchio, china su carta, 21 x 21 cm, 1988

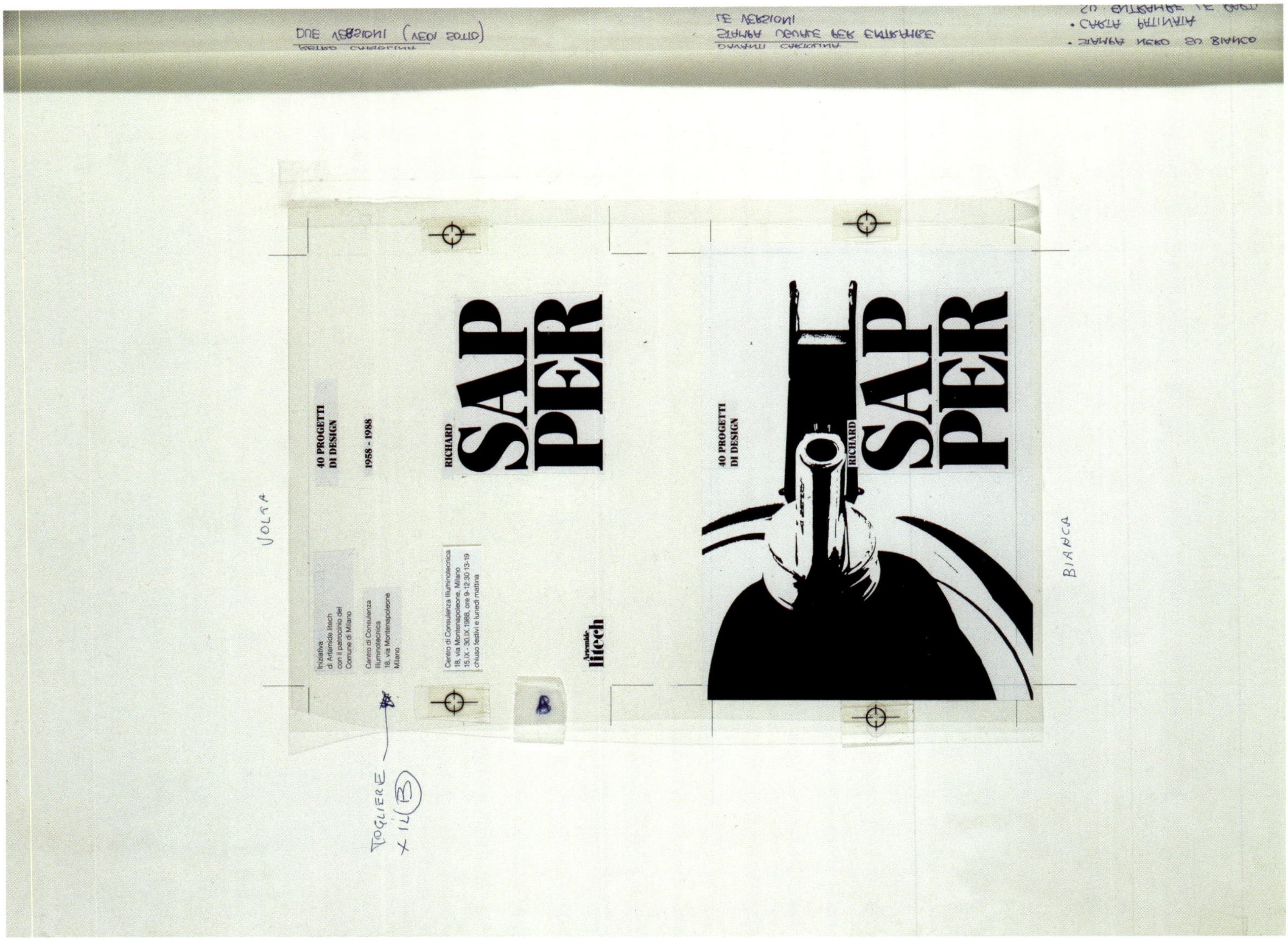

Richard Sapper, 40 progetti di design, bozzetto per la copertina del catalogo e l'invito alla mostra, collage su cartoncino, 36,5 x 51,5 cm, 1988

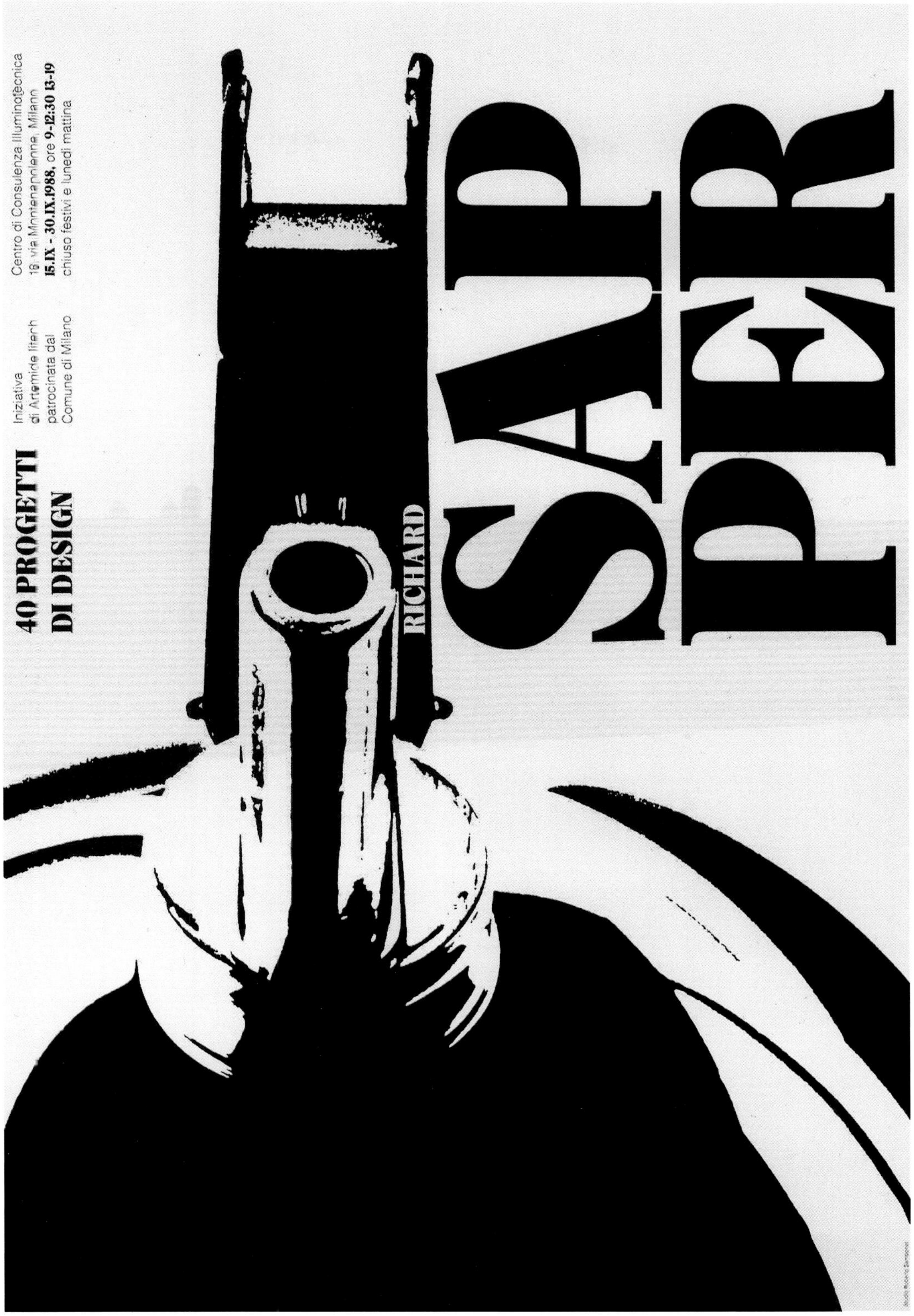

Richard Sapper, 40 progetti di design, manifesto della mostra,
100 x 70 cm, 1988

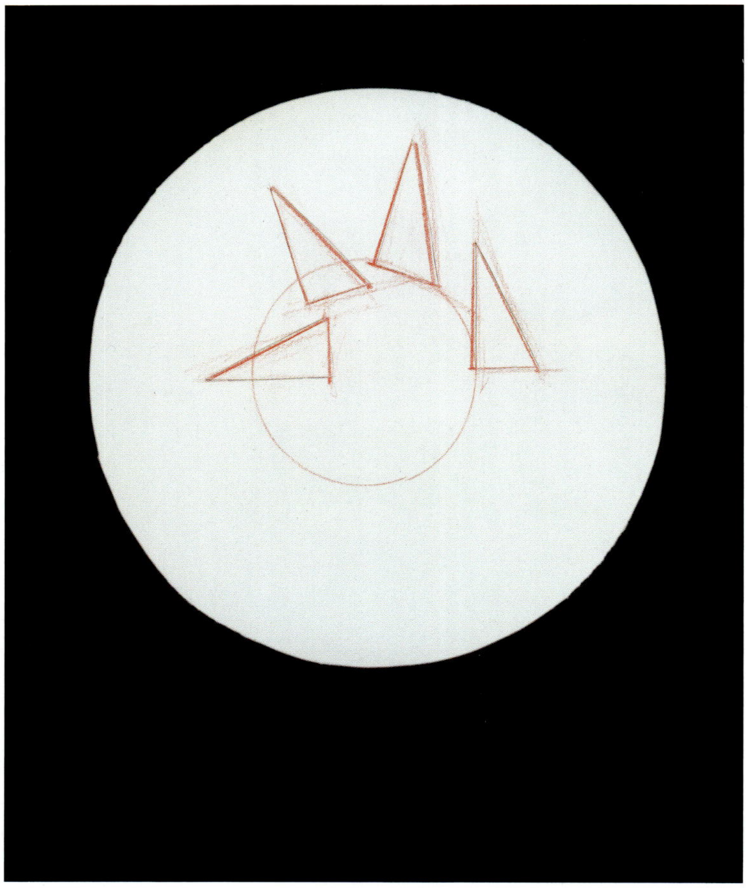

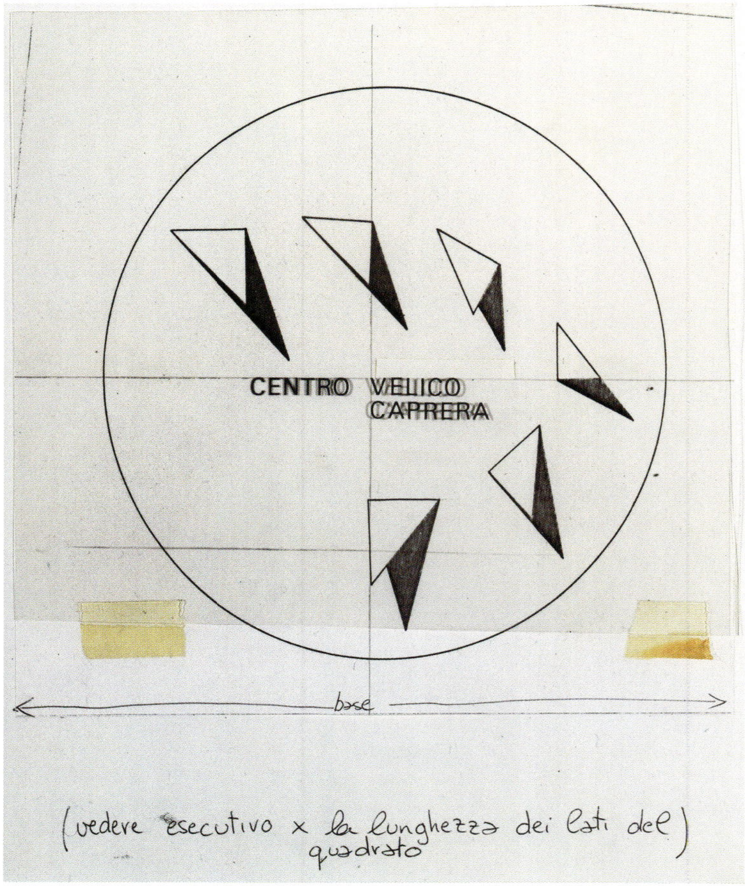

Centro Velico Caprera, trofeo, studio matita rossa su cartone, diametro 18 cm, 1985

Centro Velico Caprera, trofeo, bozzetto, 1985

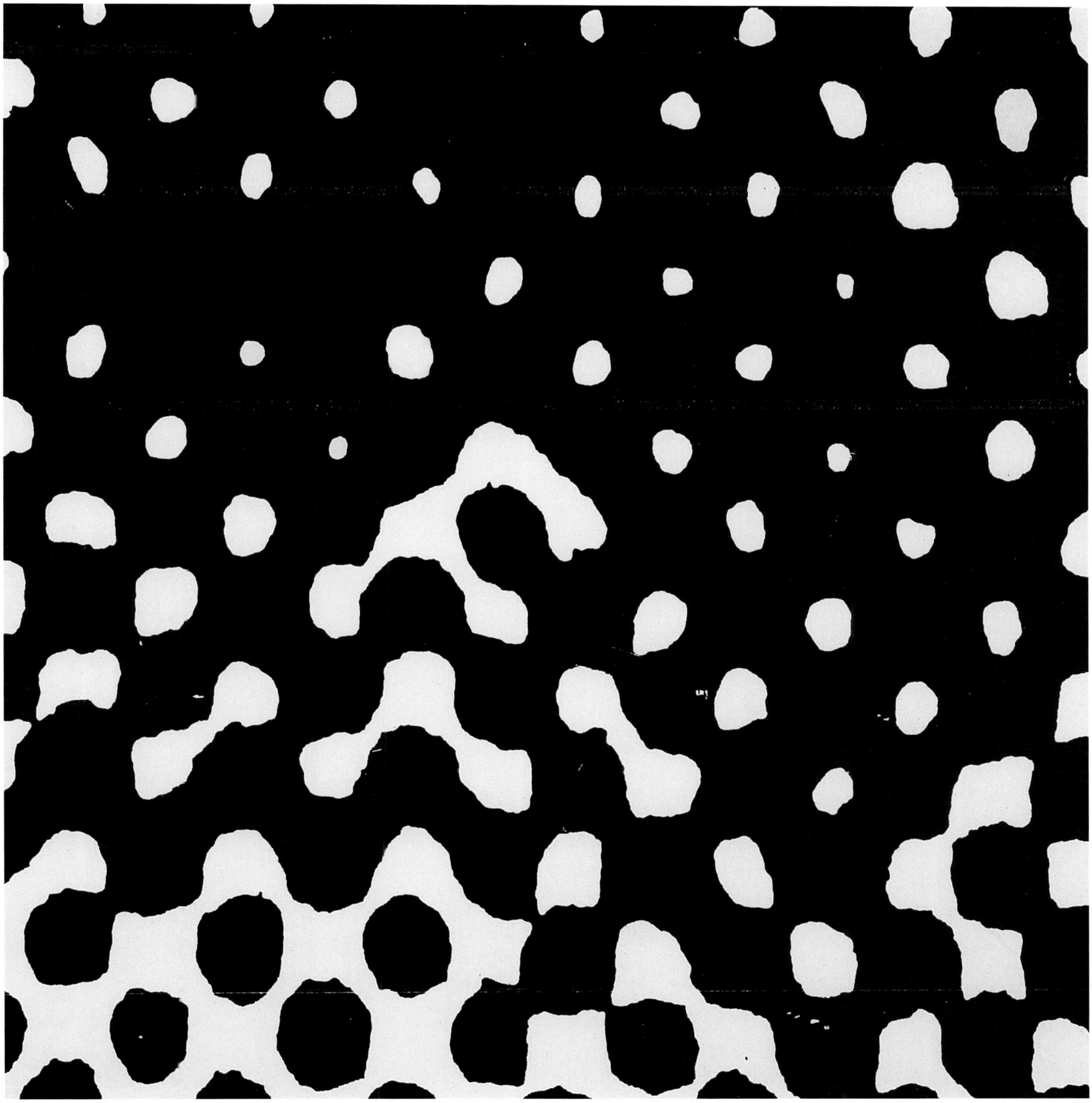

Occhio di Renzo Piano litografia, 1991

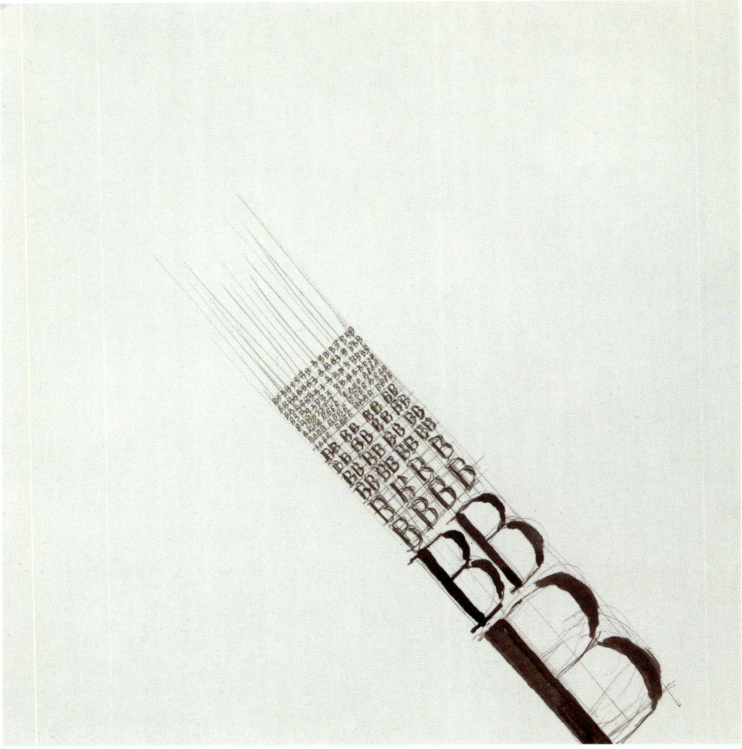

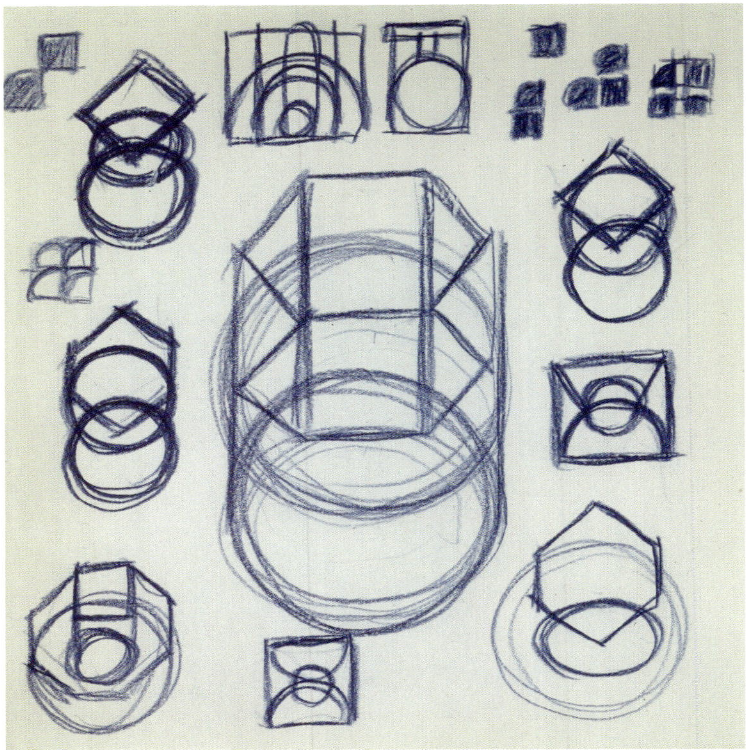

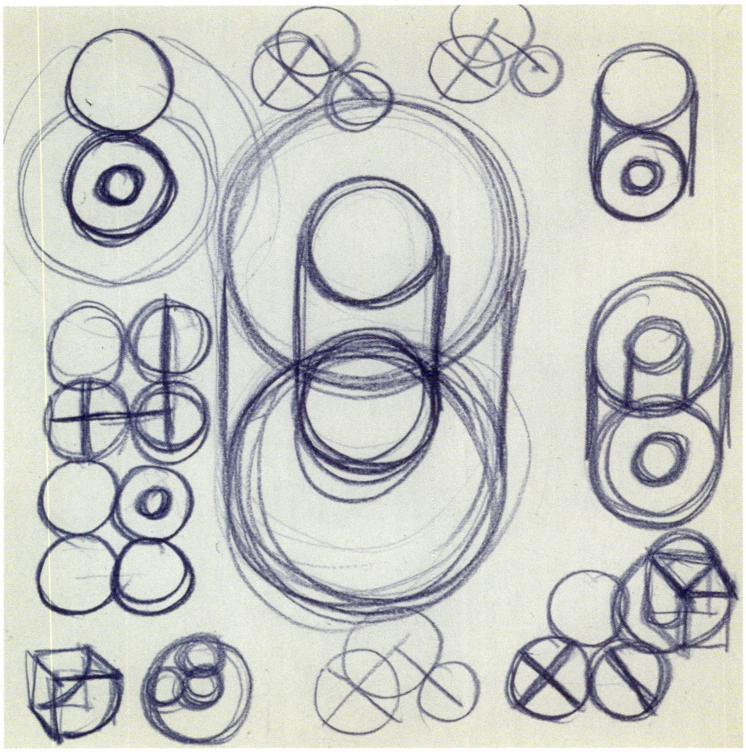

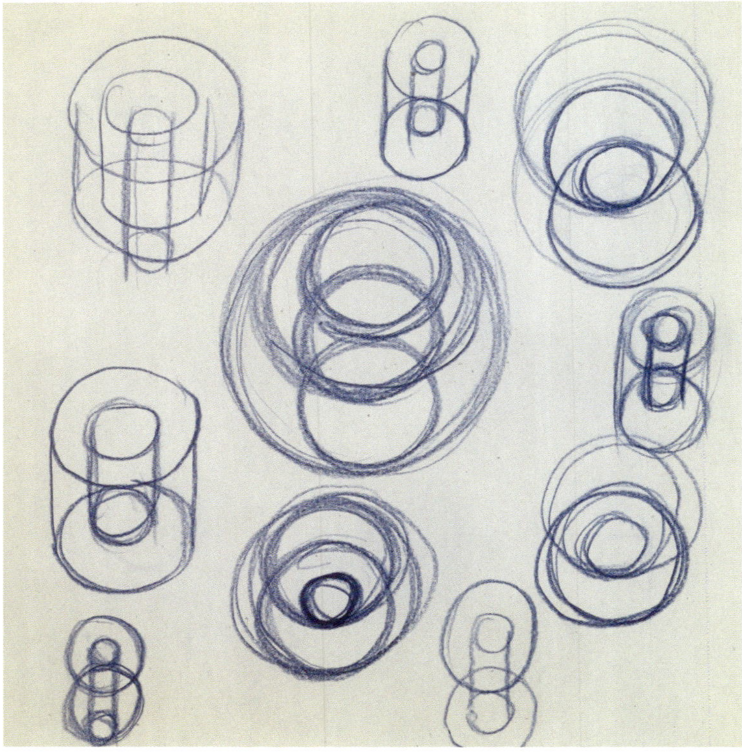

Vetreria Rocco Bormioli, marchio, studio, china su carta, 25 x 25 cm, 1978
Vetreria Rocco Bormioli, marchio, studio, matita blu su carta, 20 x 20 cm, 1978

Vetreria Rocco Bormioli, marchio, studio, matita blu su carta, 20 x 20 cm, 1978
Vetreria Rocco Bormioli, marchio, studio, matita blu su carta, 20 x 20 cm, 1978

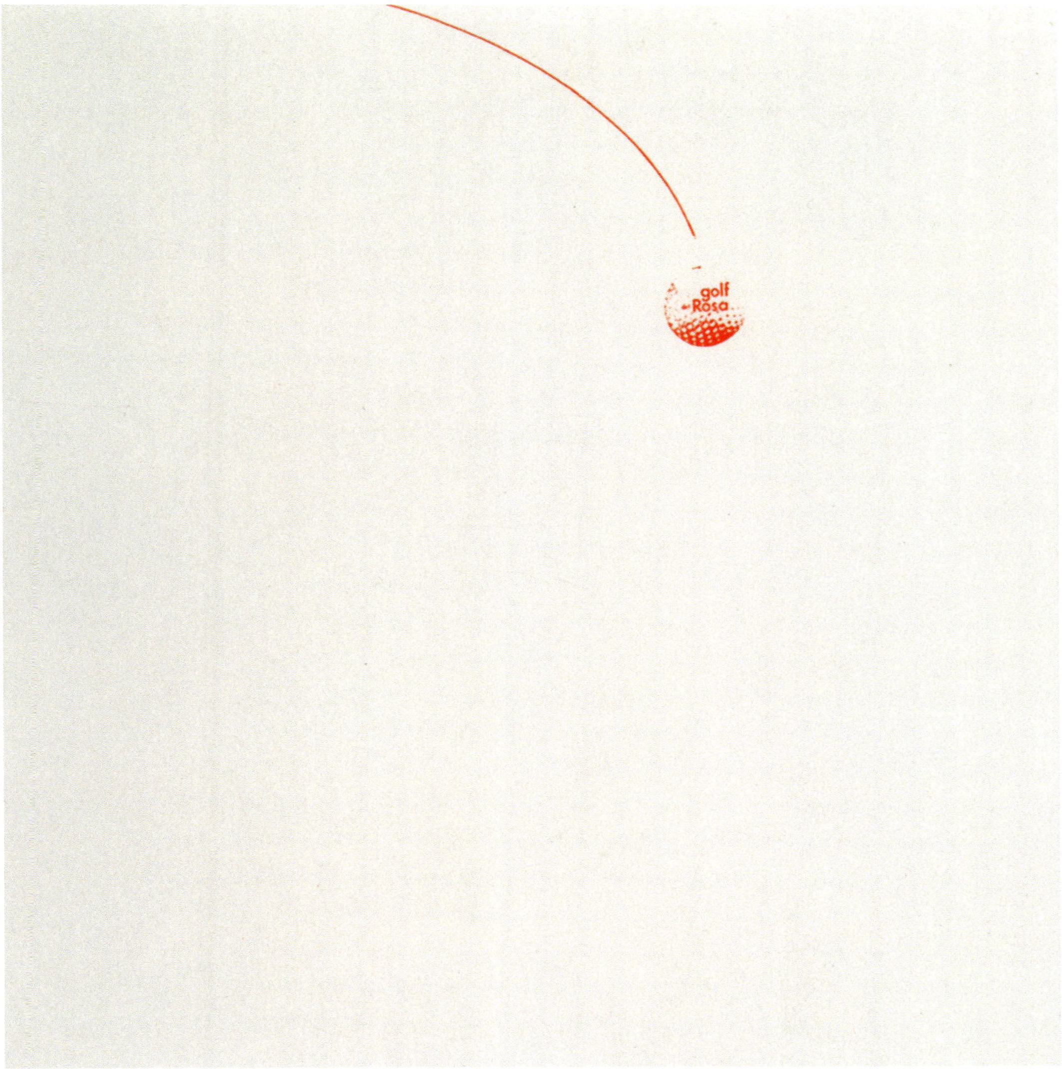

Golf del Rosa, studio di immagine coordinata, copia fotostatica a colori, s. d.

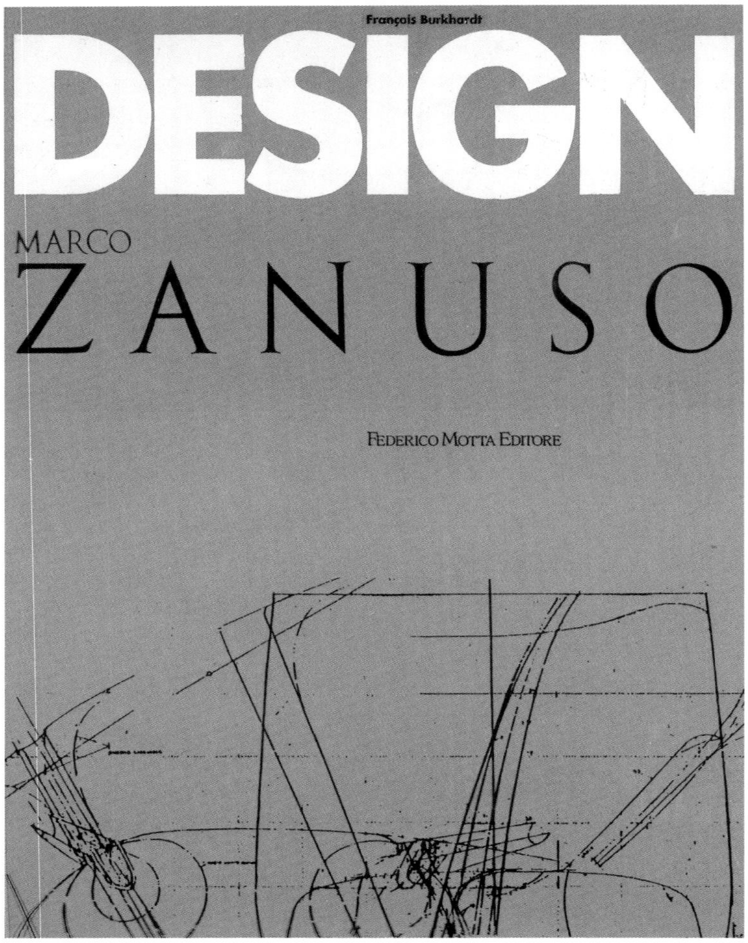

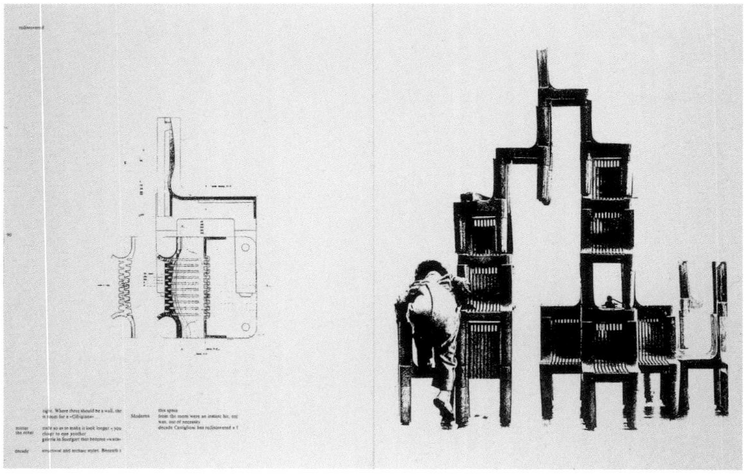

Collana editoriale «Design», Federico Motta Editore, bozzetto di copertina Marco Zanuso, 1991
Collana editoriale «Design», Federico Motta Editore, bozzetto di impaginato Marco Zanuso, 1991

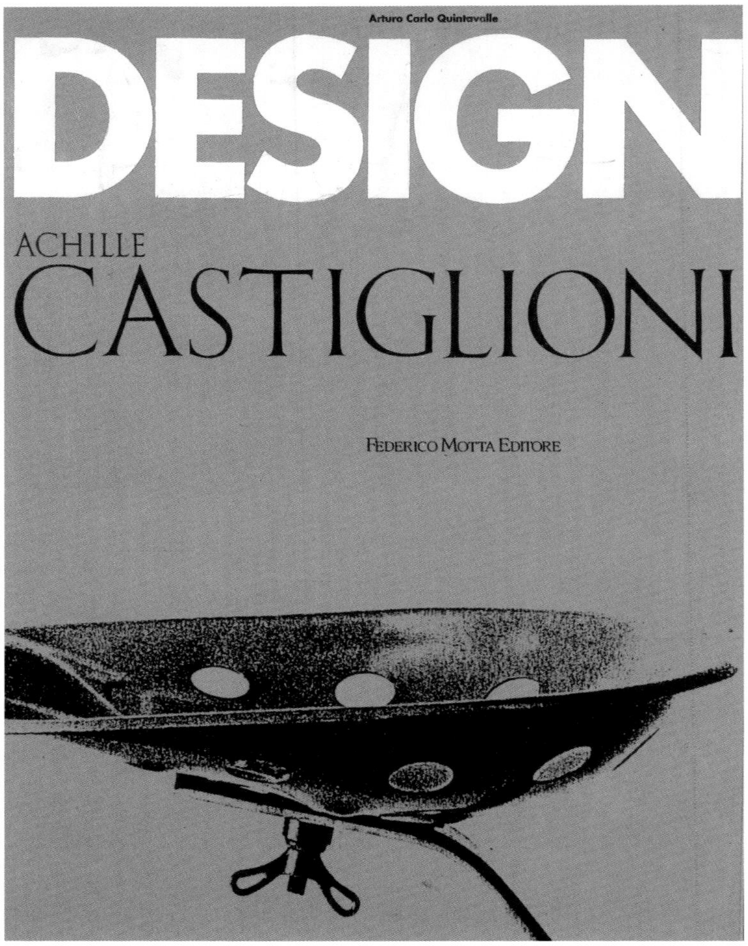

Collana editoriale «Design», Federico Motta Editore, bozzetto di copertina Achille Castiglioni, 1991

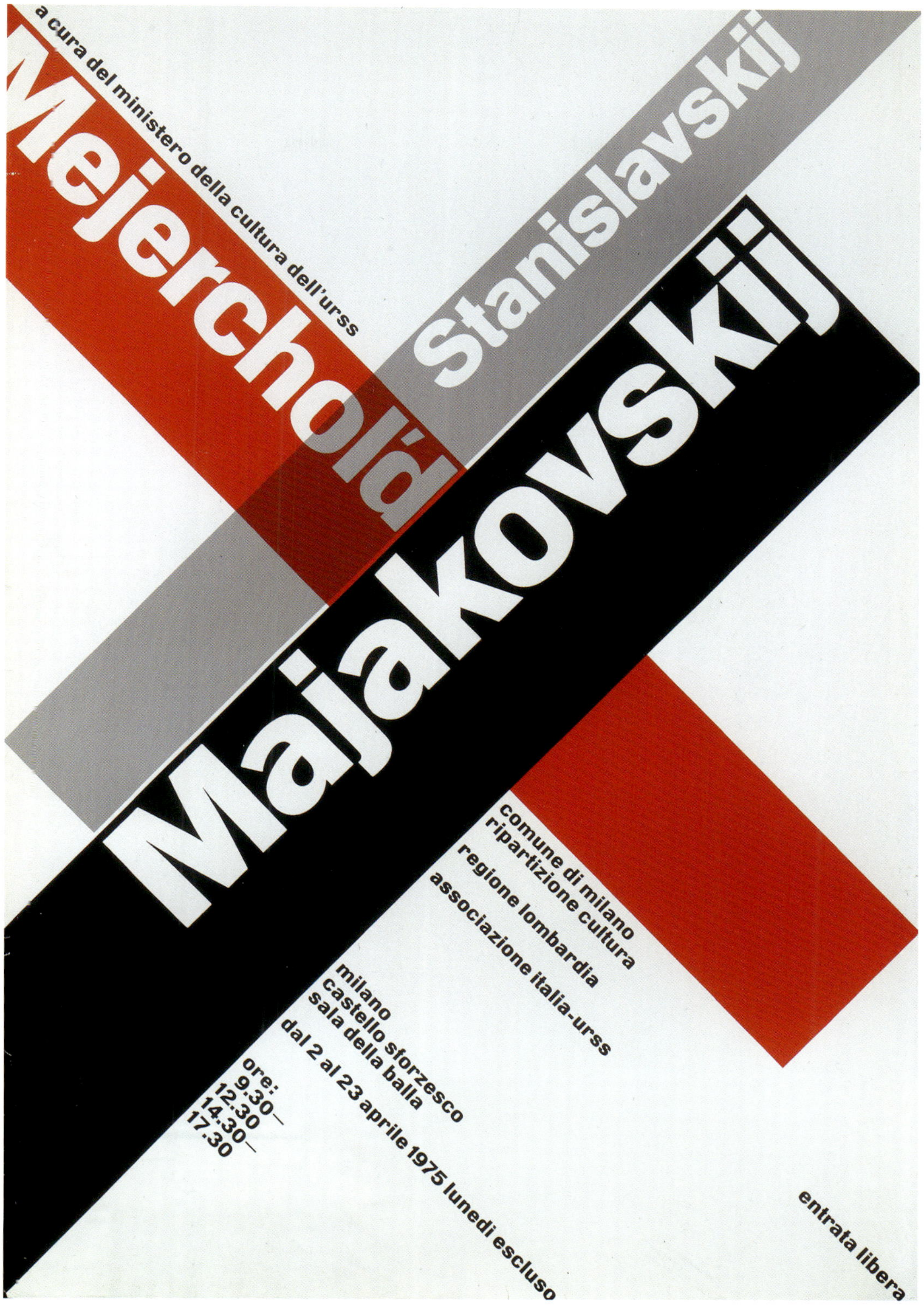

Mejerchol'd, Stanislavskij, Majakovskij, manifesto della mostra, 100 x 70 cm, Castello Sforzesco, Milano, 1975

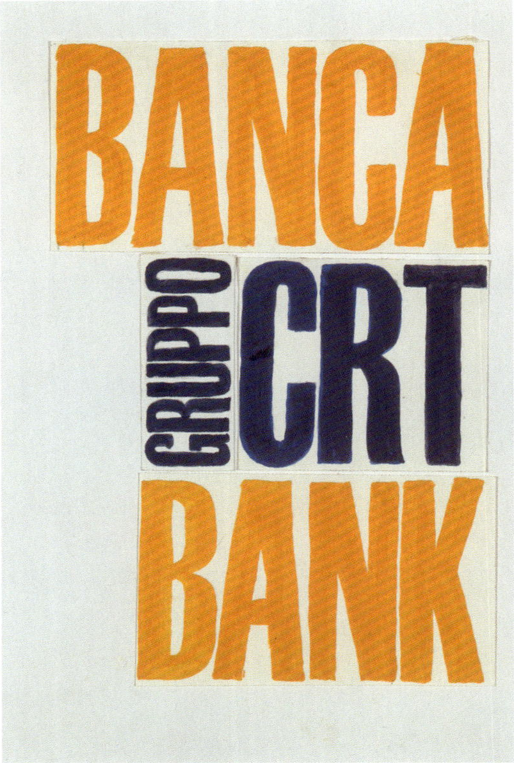

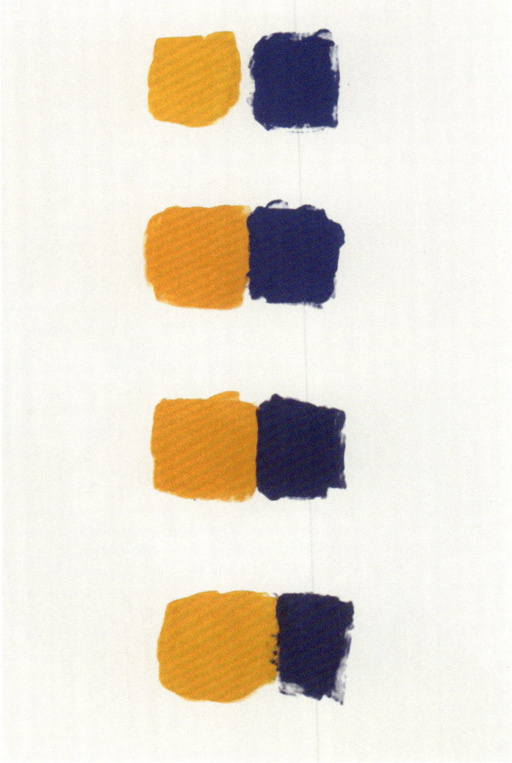

Banca CRT, progetto immagine coordinata, studio logo e cromie, tempera su carta, 25 x 17 cm, 1988-90

Banca CRT, progetto immagine coordinata, studio cromie, tempera su carta, 24,5 x 17,5 cm, 1988-90

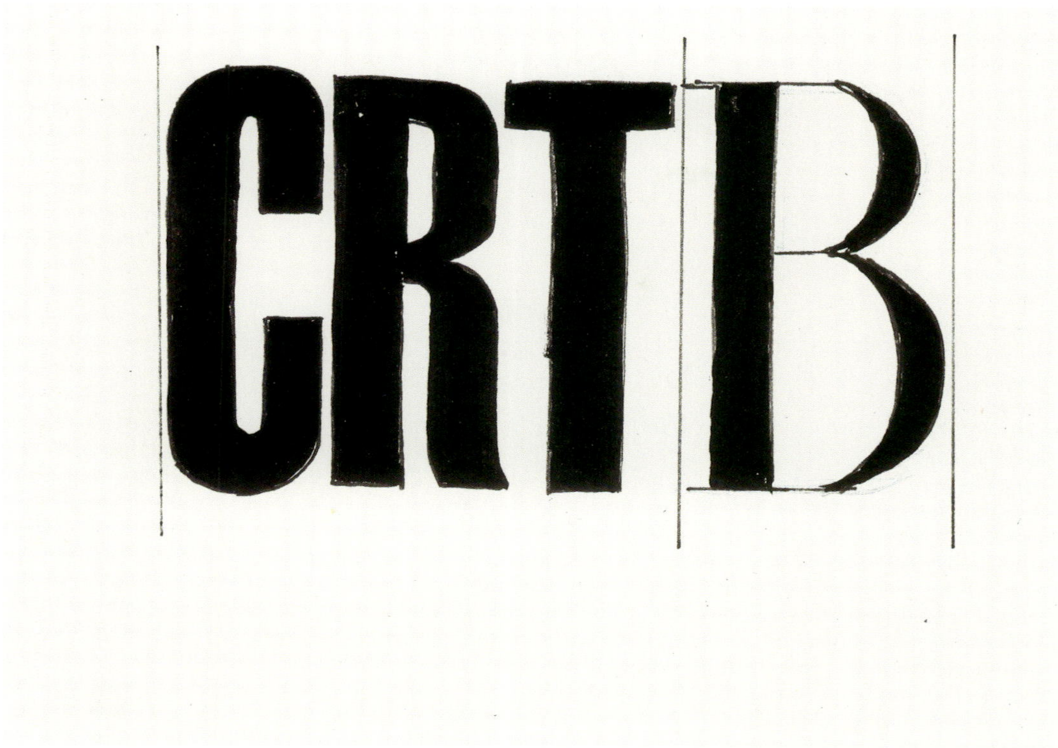

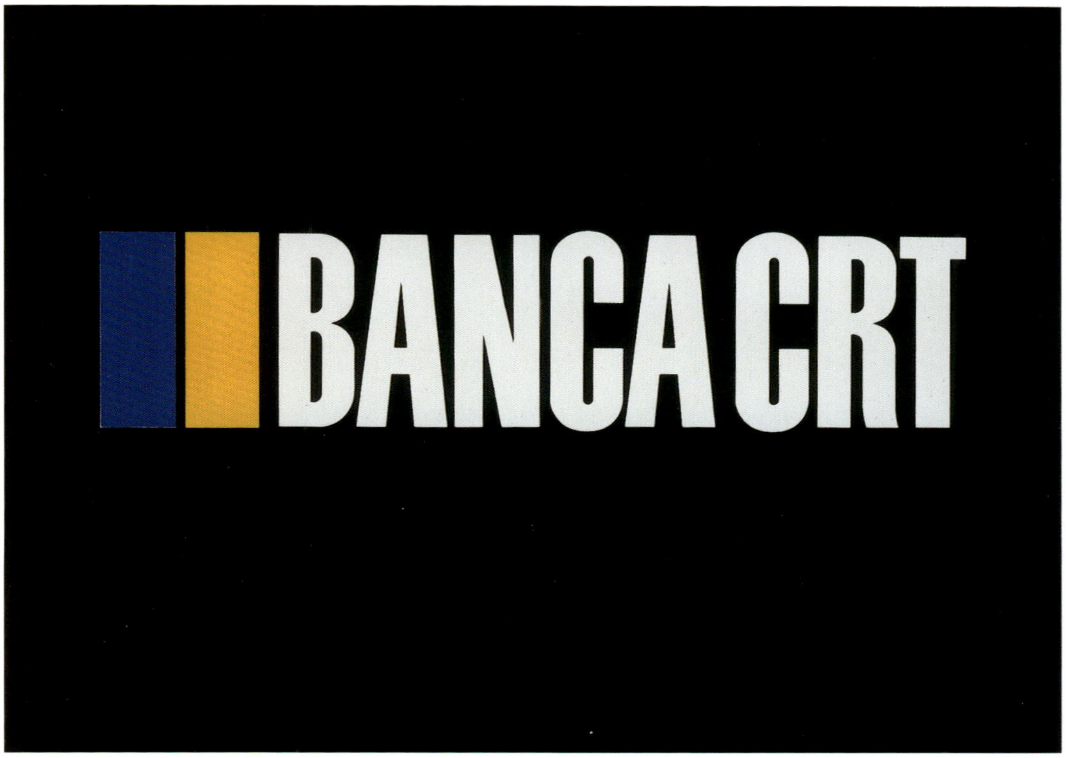

Banca CRT, progetto immagine coordinata, studio logo, tempera su carta, 15 x 21 cm, 1988-90

Banca CRT, progetto immagine coordinata, studio logo, tecnica mista, 29 x 39 cm, 1988-90

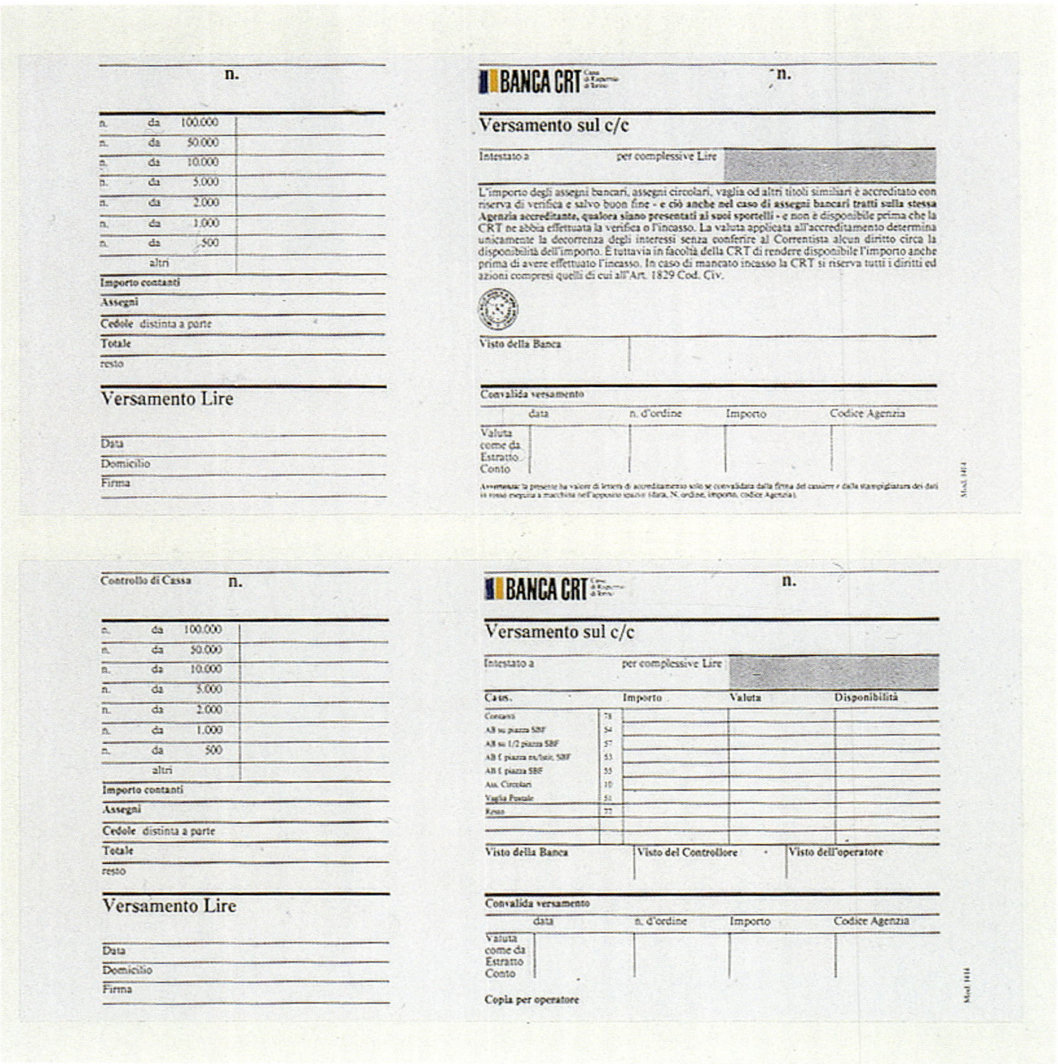

Banca CRT, progetto immagine coordinata, studio modulistica, tecnica mista, 1988-90

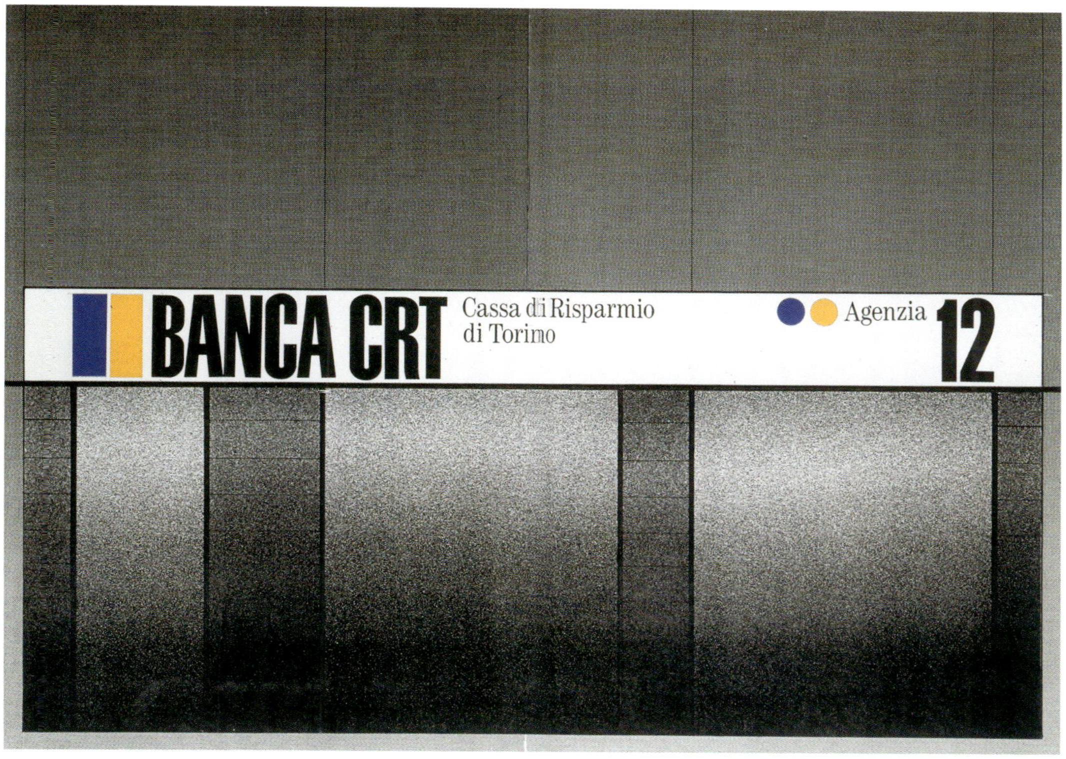

Banca CRT, progetto immagine coordinata, studio insegne, tecnica mista, 41 x 29 cm, 1988-90

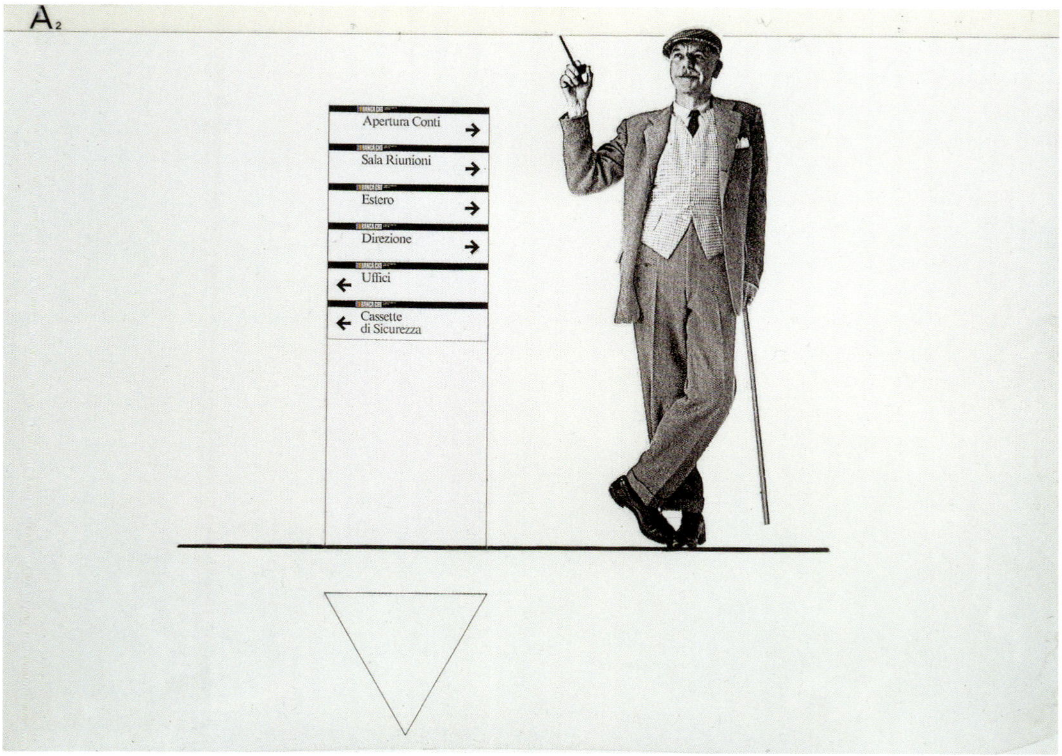

Banca CRT, progetto immagine coordinata, studio segnaletica interna, tecnica mista, 42 x 30 cm, 1988-90

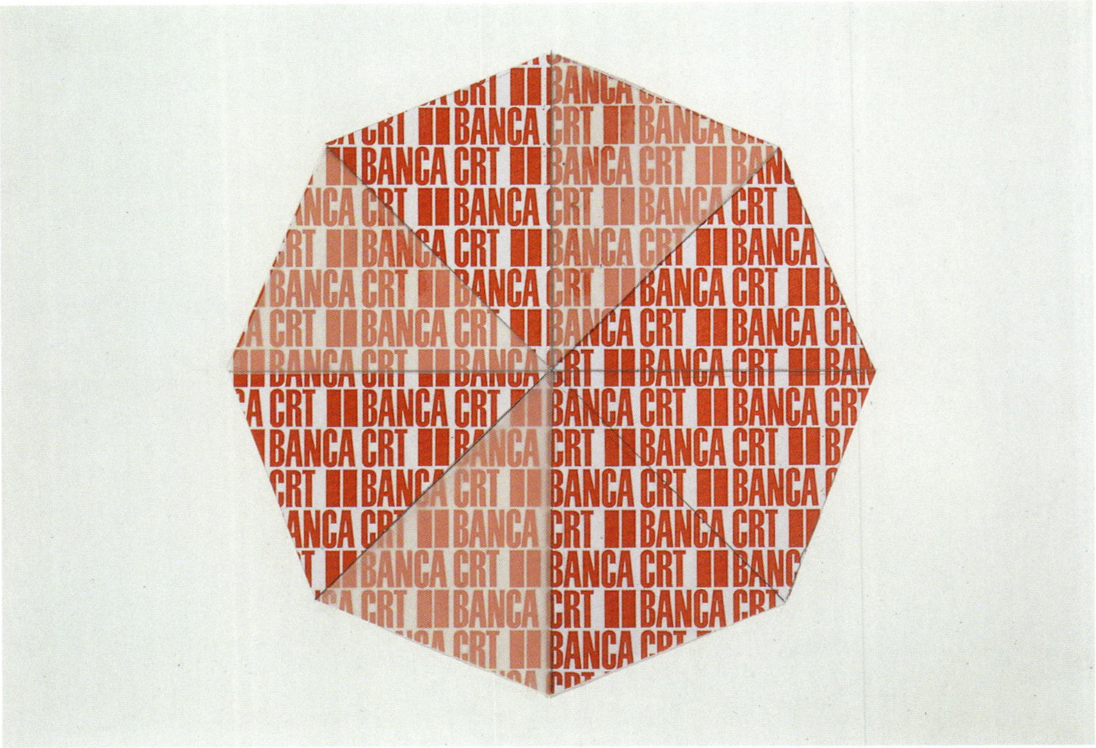

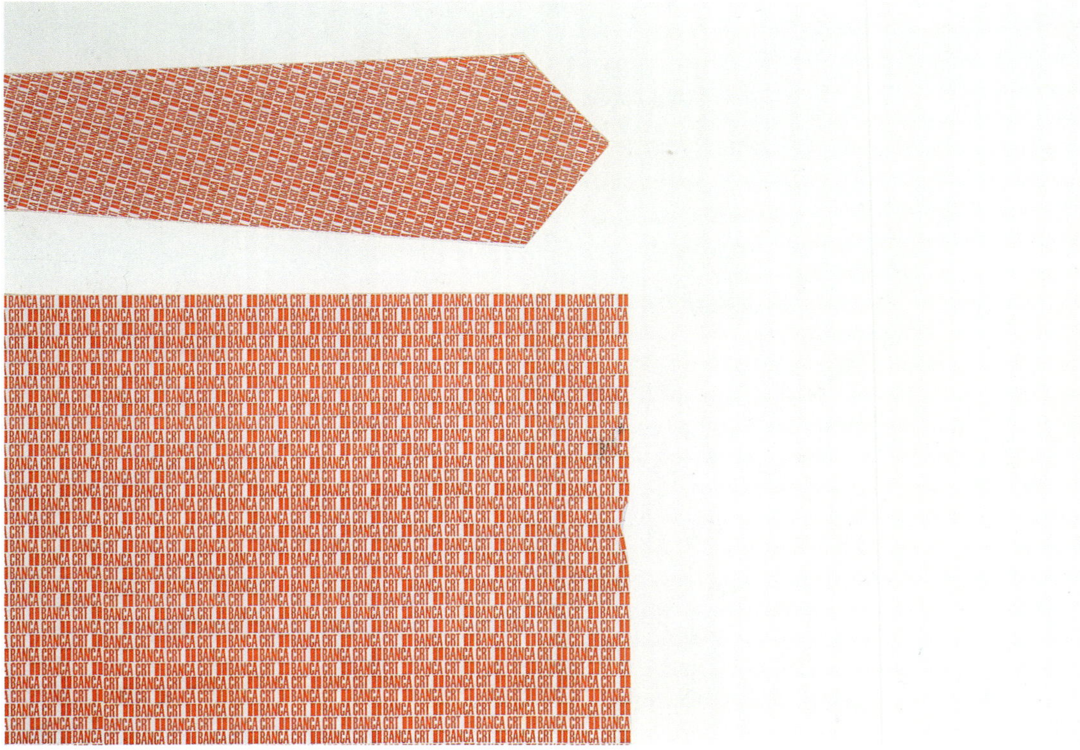

Banca CRT, progetto immagine coordinata, studio gadget aziendali (ombrello), tecnica mista, 35 x 50 cm, 1988-90

Banca CRT, progetto immagine coordinata, studio gadget aziendali (cravatta e pochette), tecnica mista, 35 x 50 cm, 1988-90

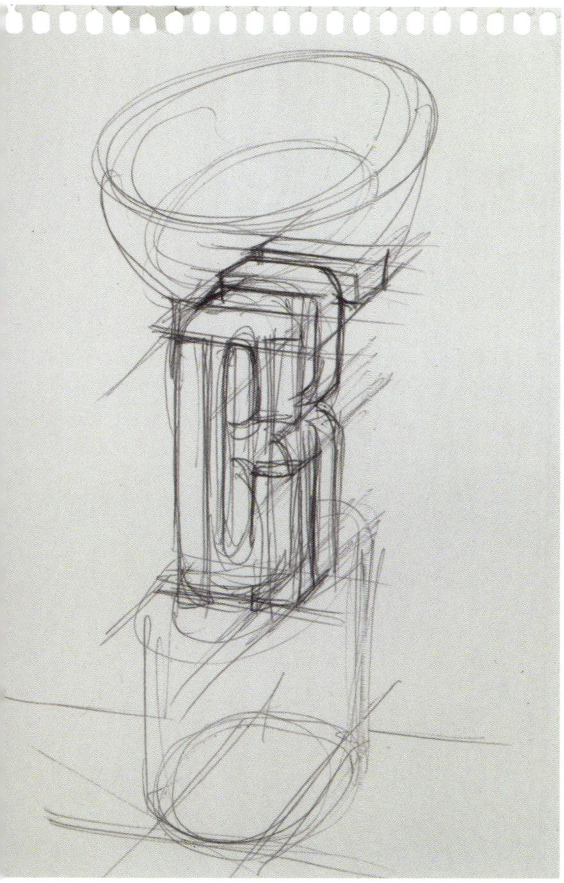

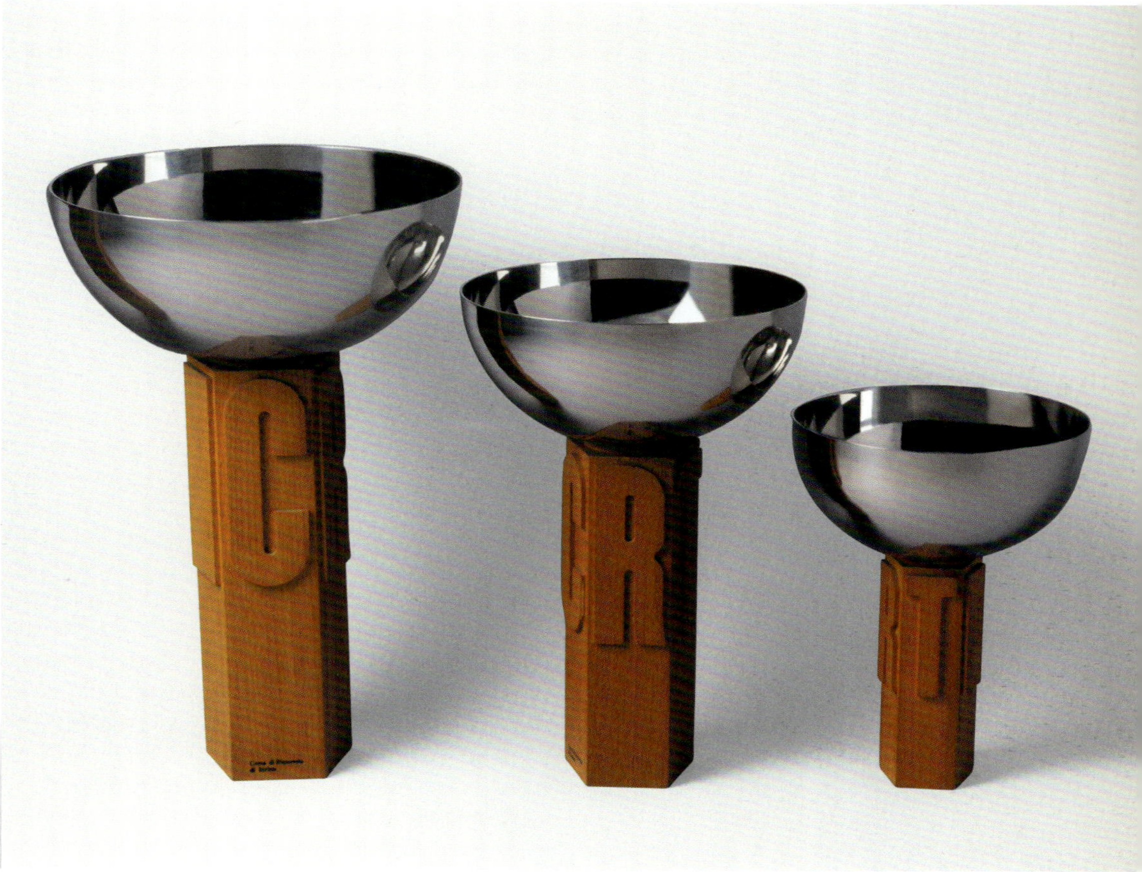

Banca CRT, progetto immagine coordinata, studio gadget aziendali (coppe), biro su carta, 16,5 x 12 cm, 1988-90

Banca CRT, progetto immagine coordinata, studio gadget aziendali (coppe), 3 modelli legno e acciaio, 1988-90

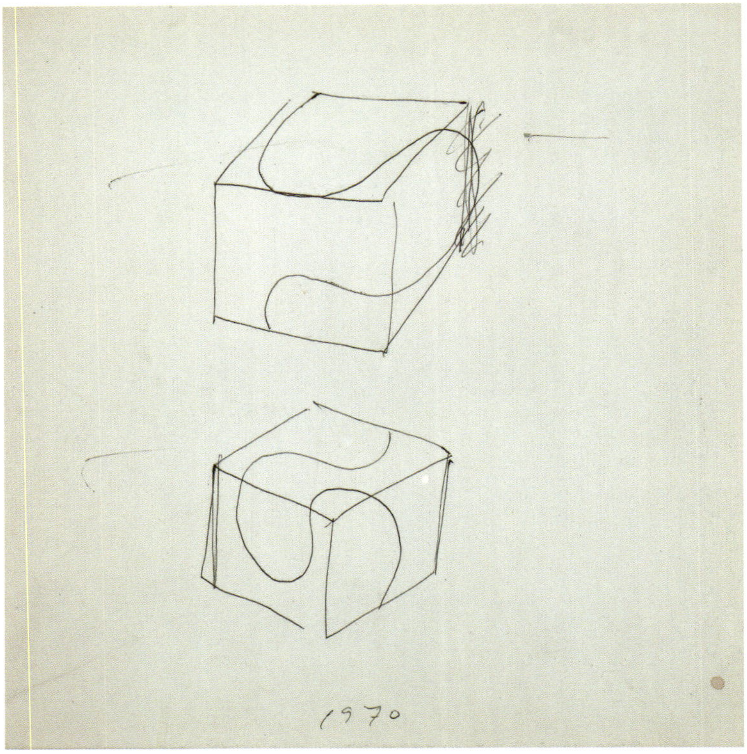

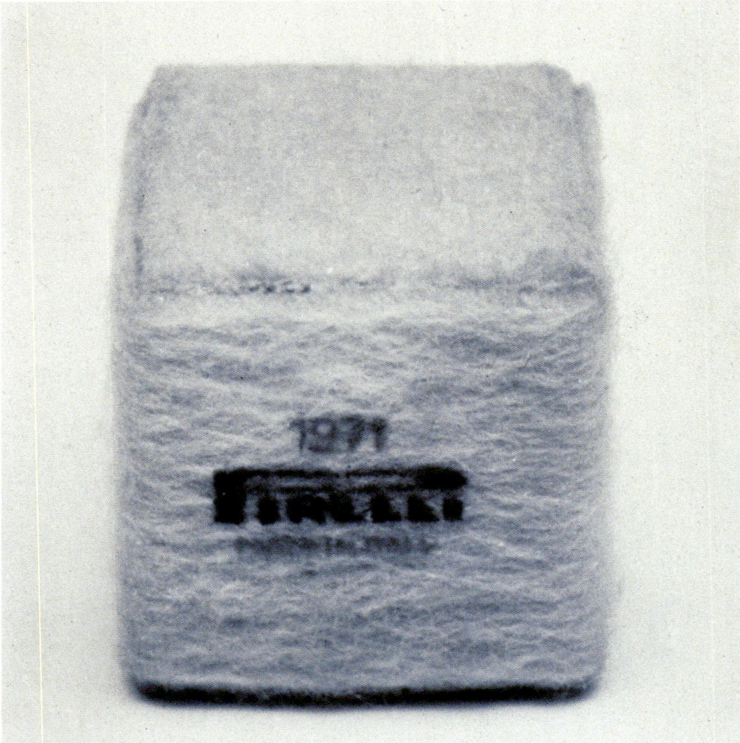

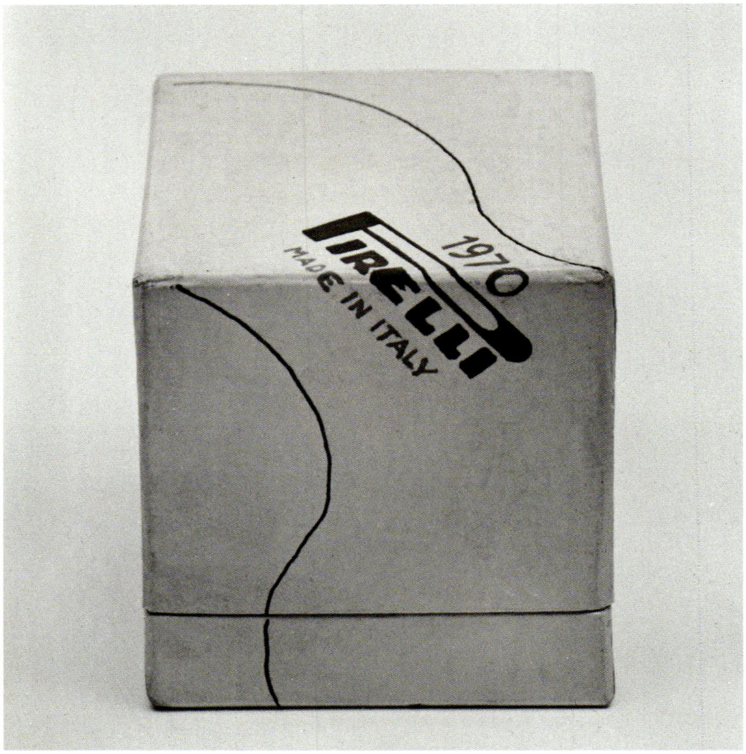

Palla da tennis cubica, biro su carta, 25 x 25 cm, 1970

Palla da tennis cubica, feltro, oggetto promozionale per Pirelli, 1964
Palla da tennis cubica, confezione, 1964

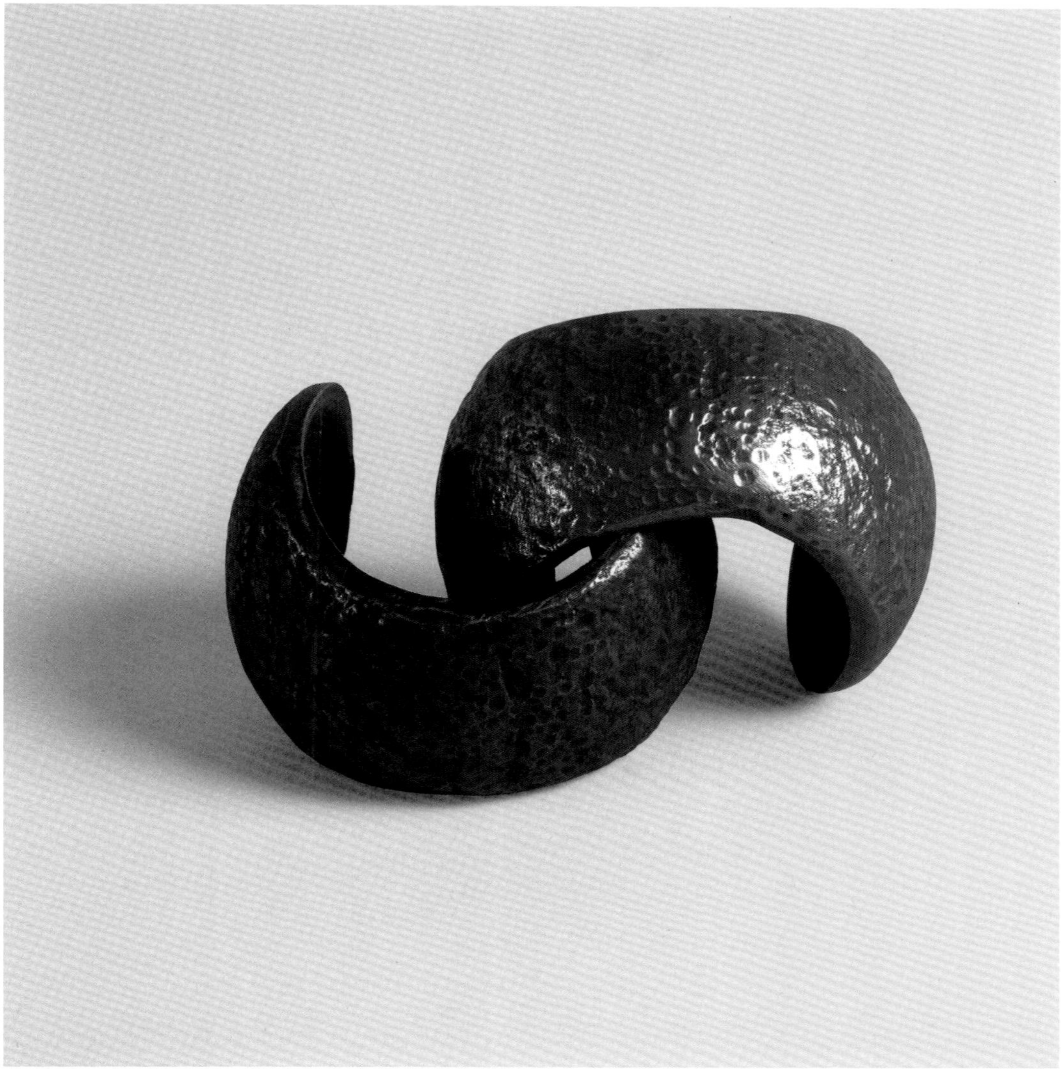

Palla da tennis divisa in isometria, bronzo, oggetto promozionale
per Pirelli, 1965

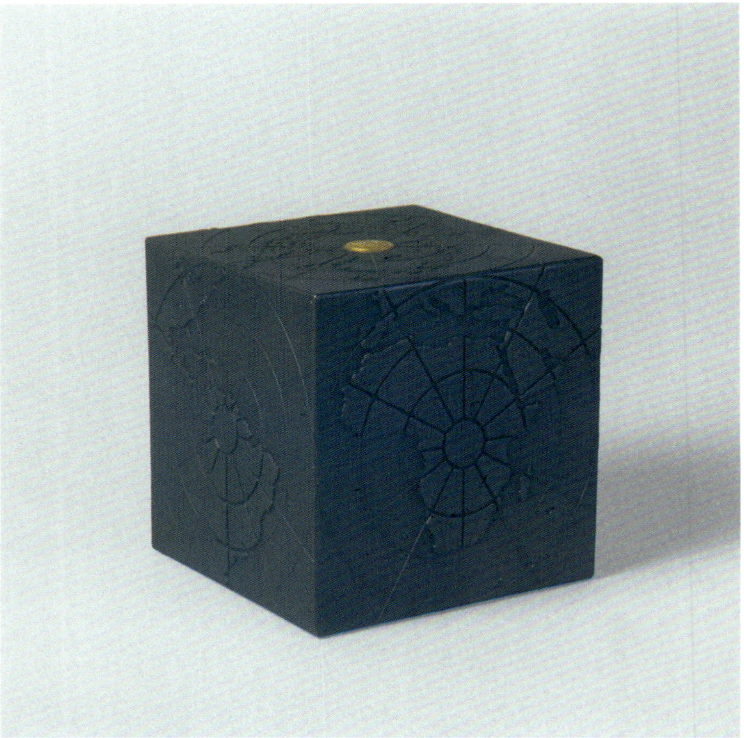

Mondo cubico, bronzo, oggetto promozionale TCI, 1987

Mondo cubico, studio, biro su carta, 21 x 13 cm, 1987

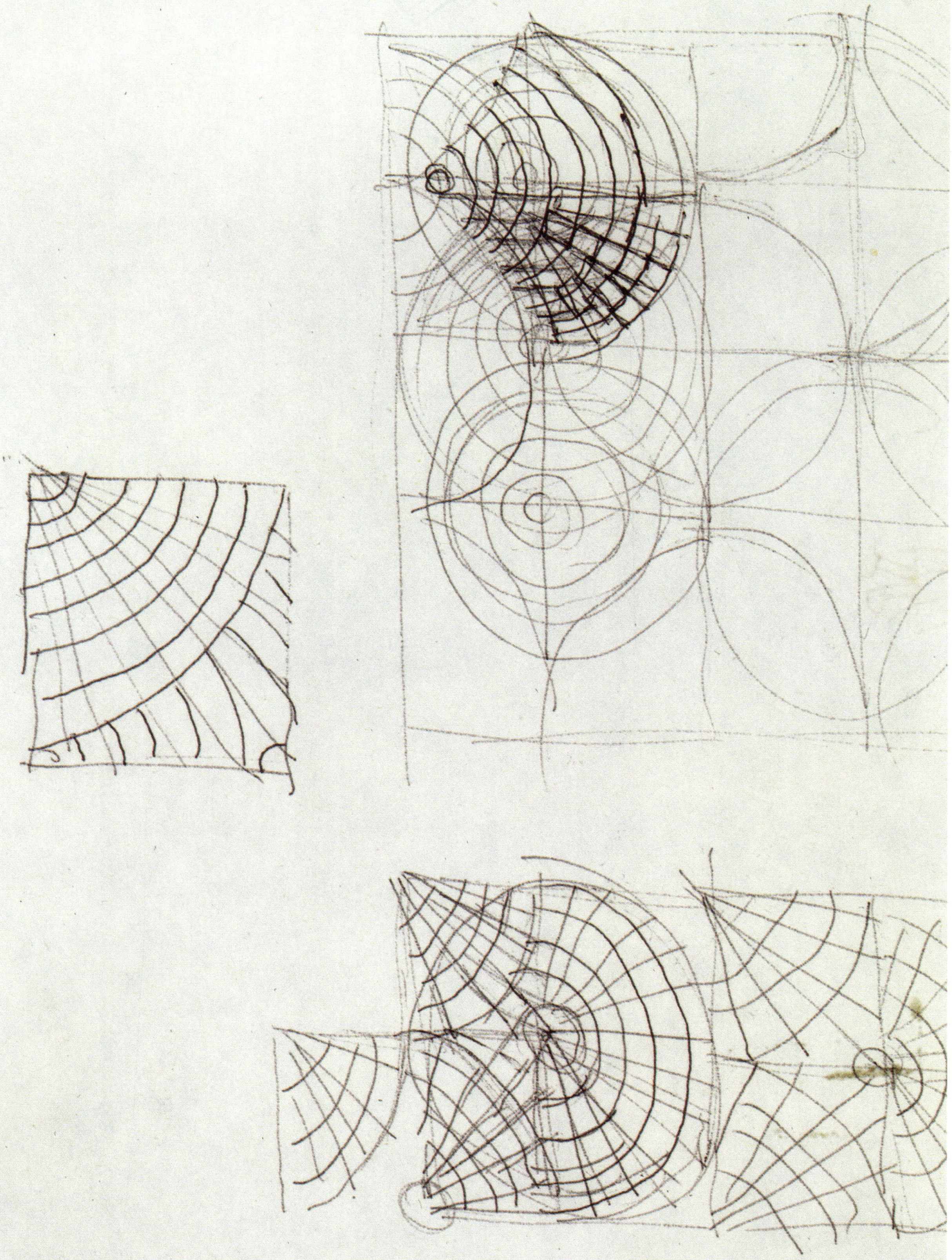

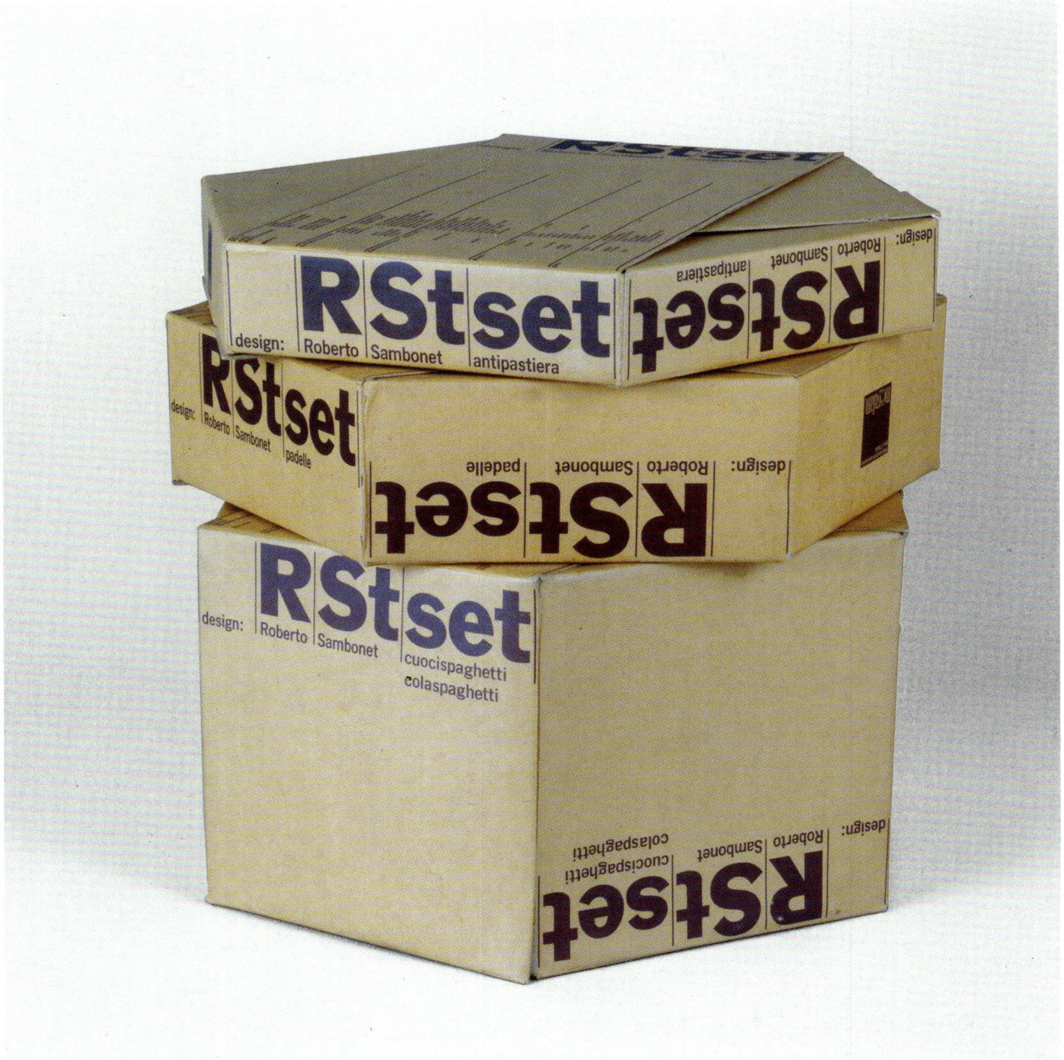

RSt Set, serie di imballaggi in cartone industriale stampato con inchiostro viola copiativo. Con Bruno Monguzzi e Mario Zacchetti per Sambonet, 1975-76

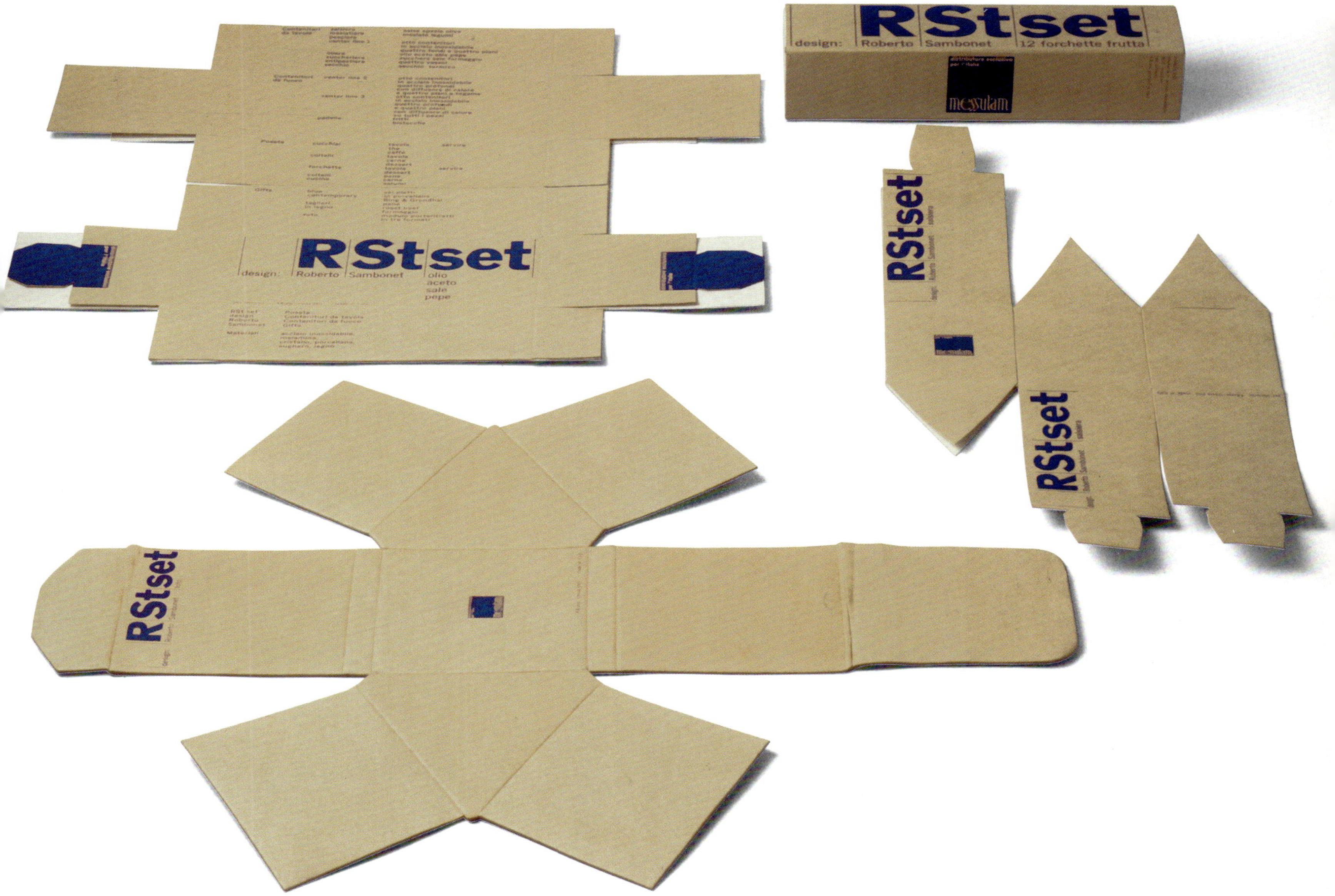

RSt Set, serie di imballaggi in cartone industriale stampato con inchiostro viola copiativo. Con Bruno Monguzzi e Mario Zacchetti per Sambonet, 1975-76

design come geometria elementare

Sambonet usa la forma come pretesto evocativo perché sa che la funzione non è mai nuda, ma vestita di intenzioni, usi, ricordi, possibilità. Una forma semplice è sempre più versatile perché lascia spazi per nuove interpretazioni, così come lavorare per moduli consente di inventare funzioni inattese

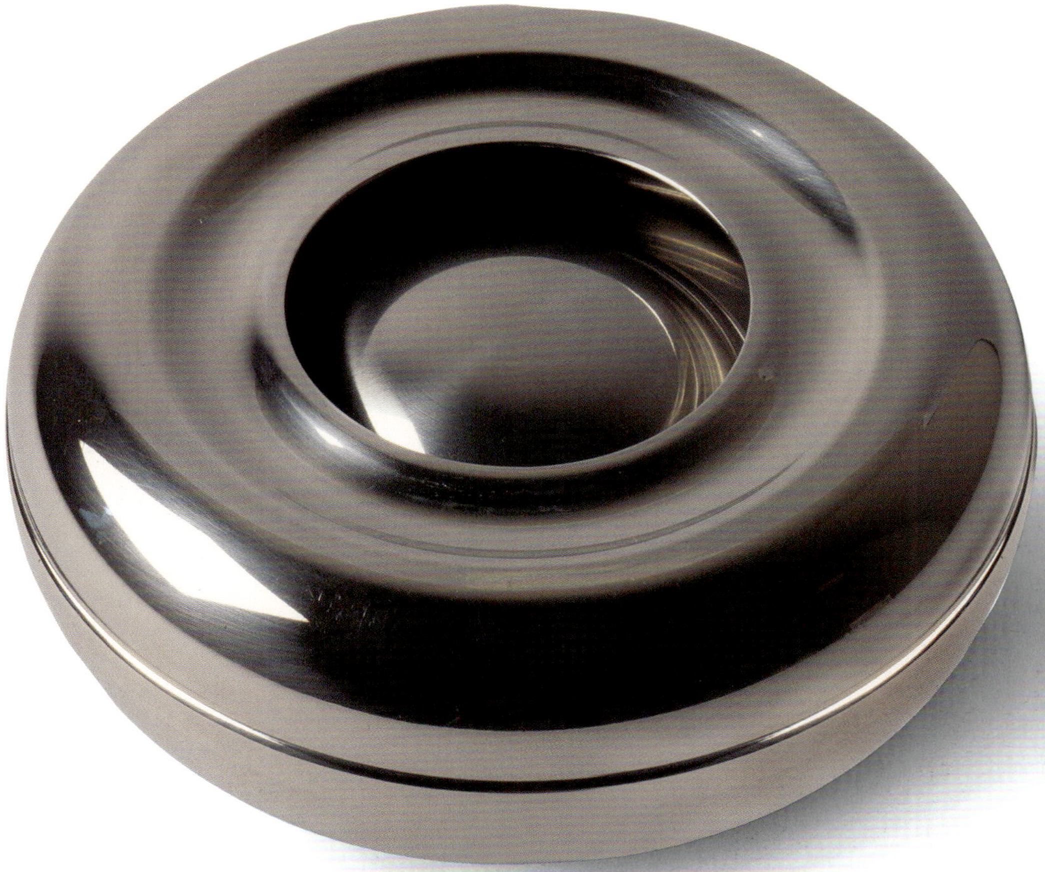

Posacenere tondo 1971
Posacenere tondo in acciaio inossidabile, formato da un fondo e da una corona. Diametro 18 cm. Oggetto promozionale per Fiat. Produzione Sambonet

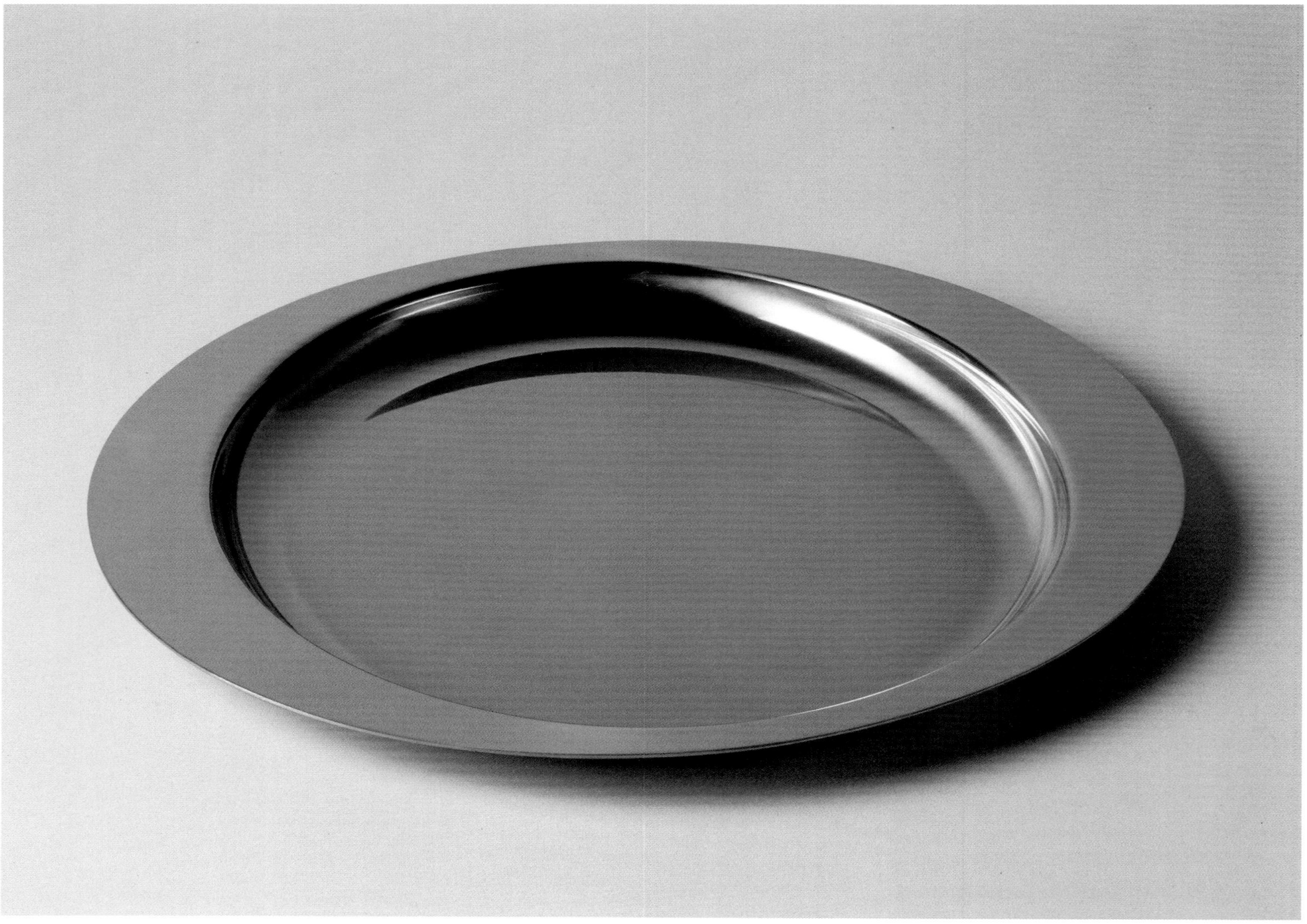

Piatto tondo-ovale 1955
Serie di vassoi in acciaio basati sulla geometria del cerchio e dell'ellisse.
Diametro 25 e 40 cm. Produzione Sambonet. Compasso d'Oro 1956

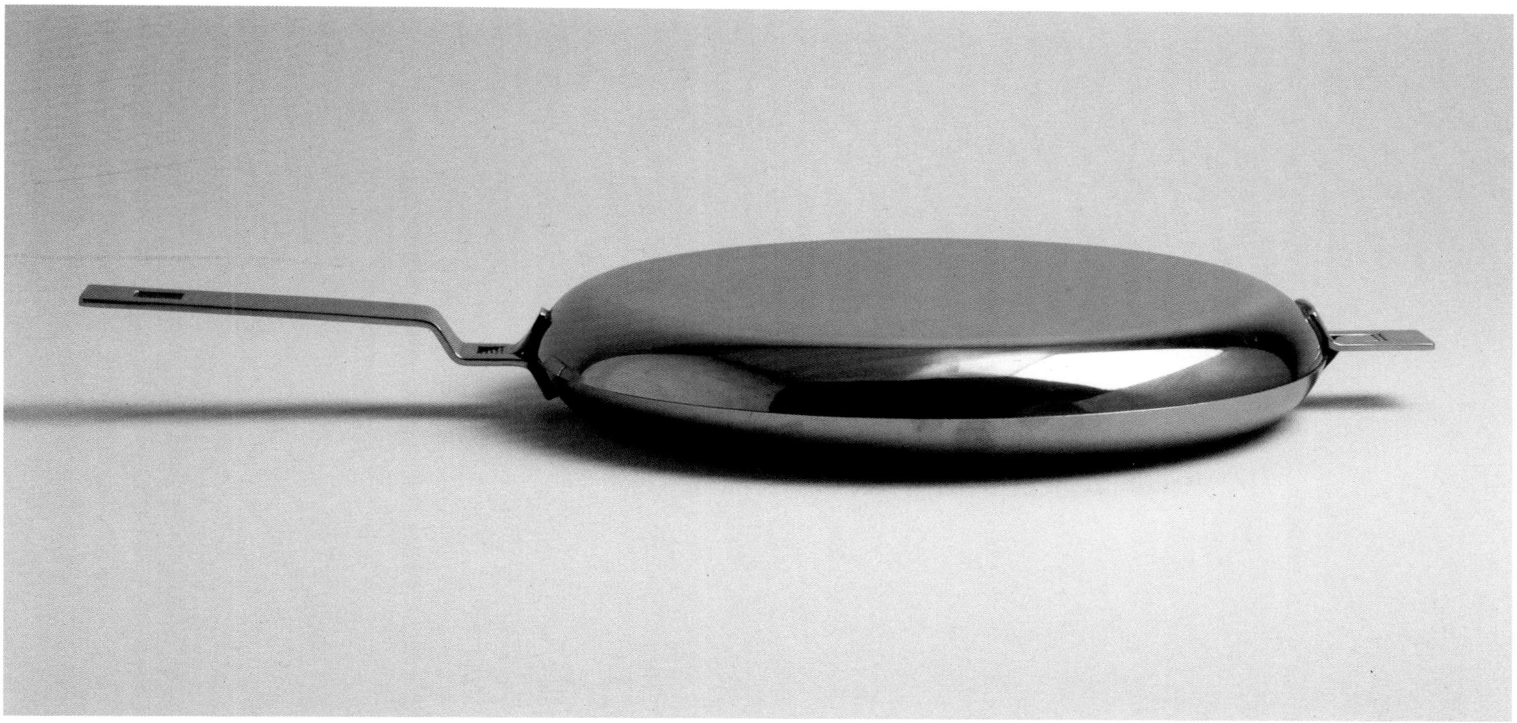

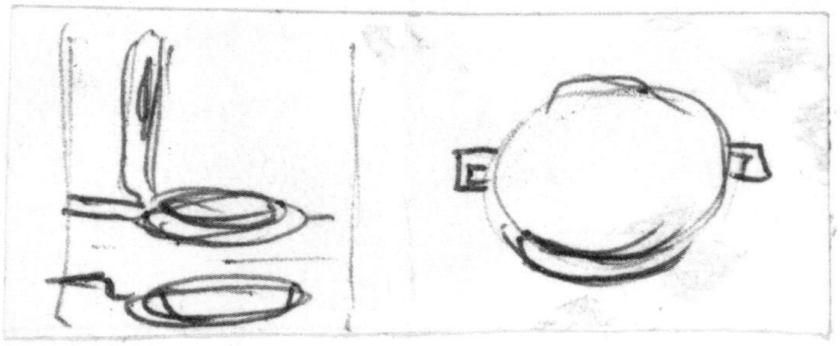

Padella a tondo 1955
Padella tonda in acciaio inossidabile, con coperchio incernierato e manico.
Diametro 22 cm. Produzione Sambonet

Padella a tondo, studio, biro su carta, 4 x 10 cm, 1955

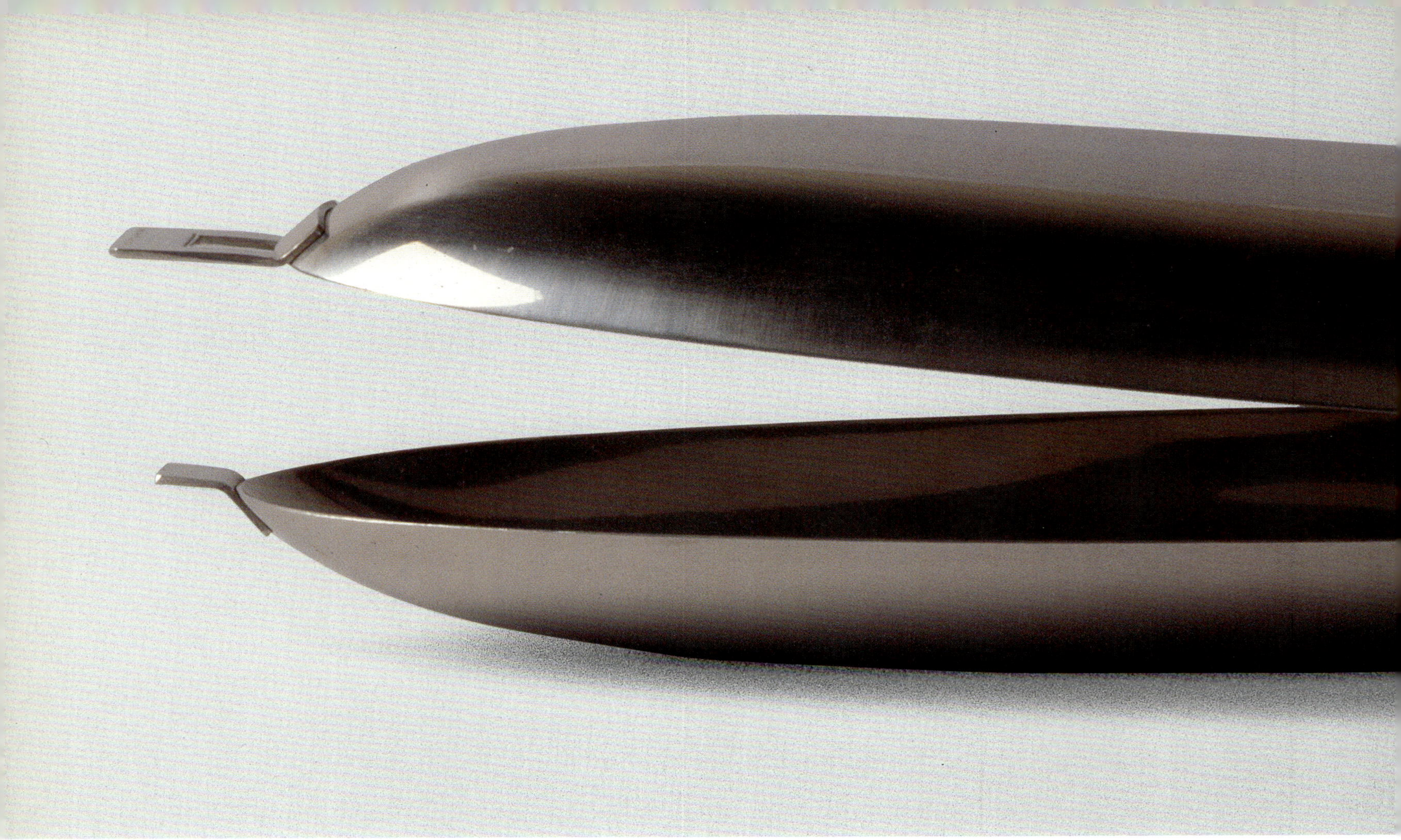

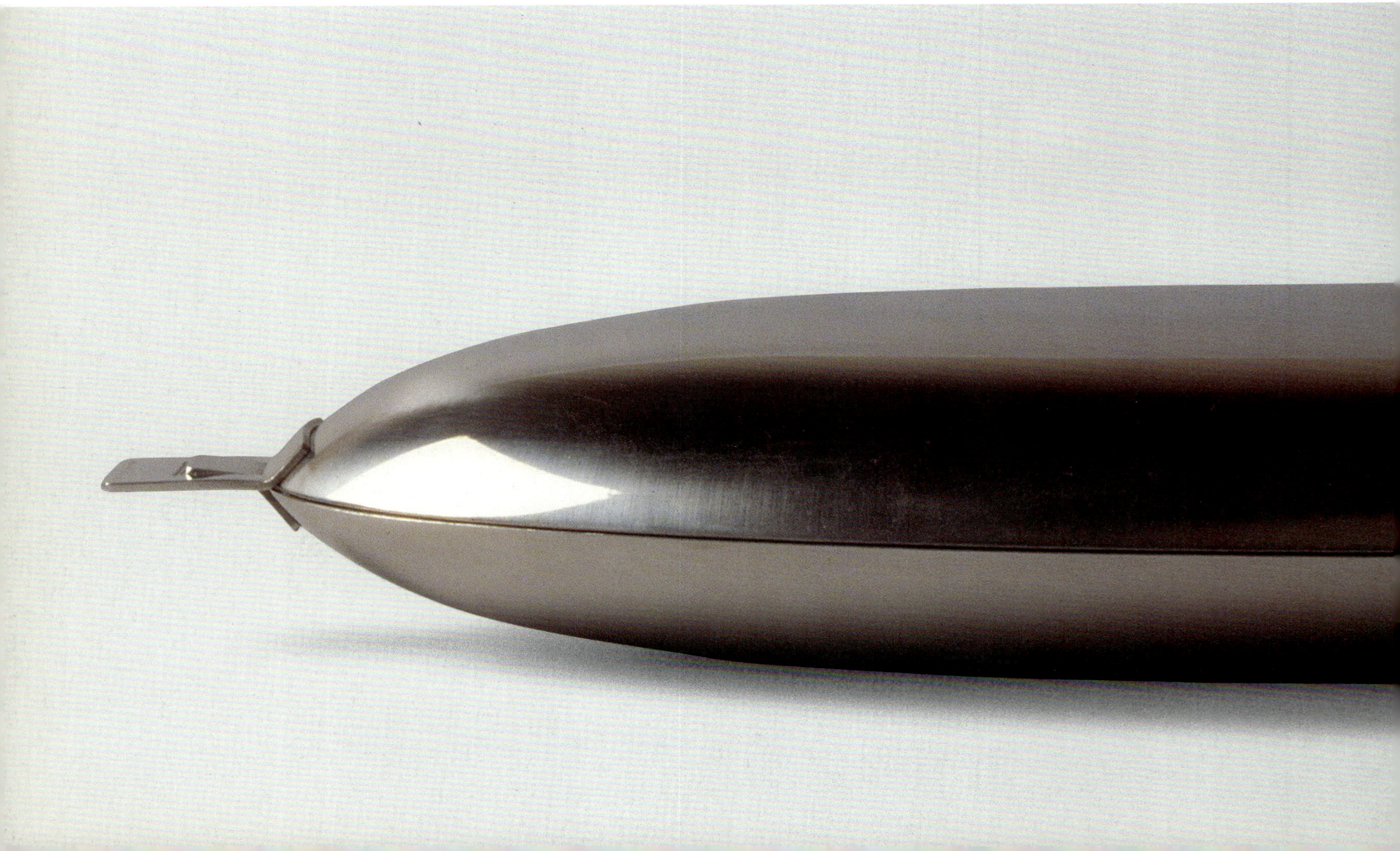

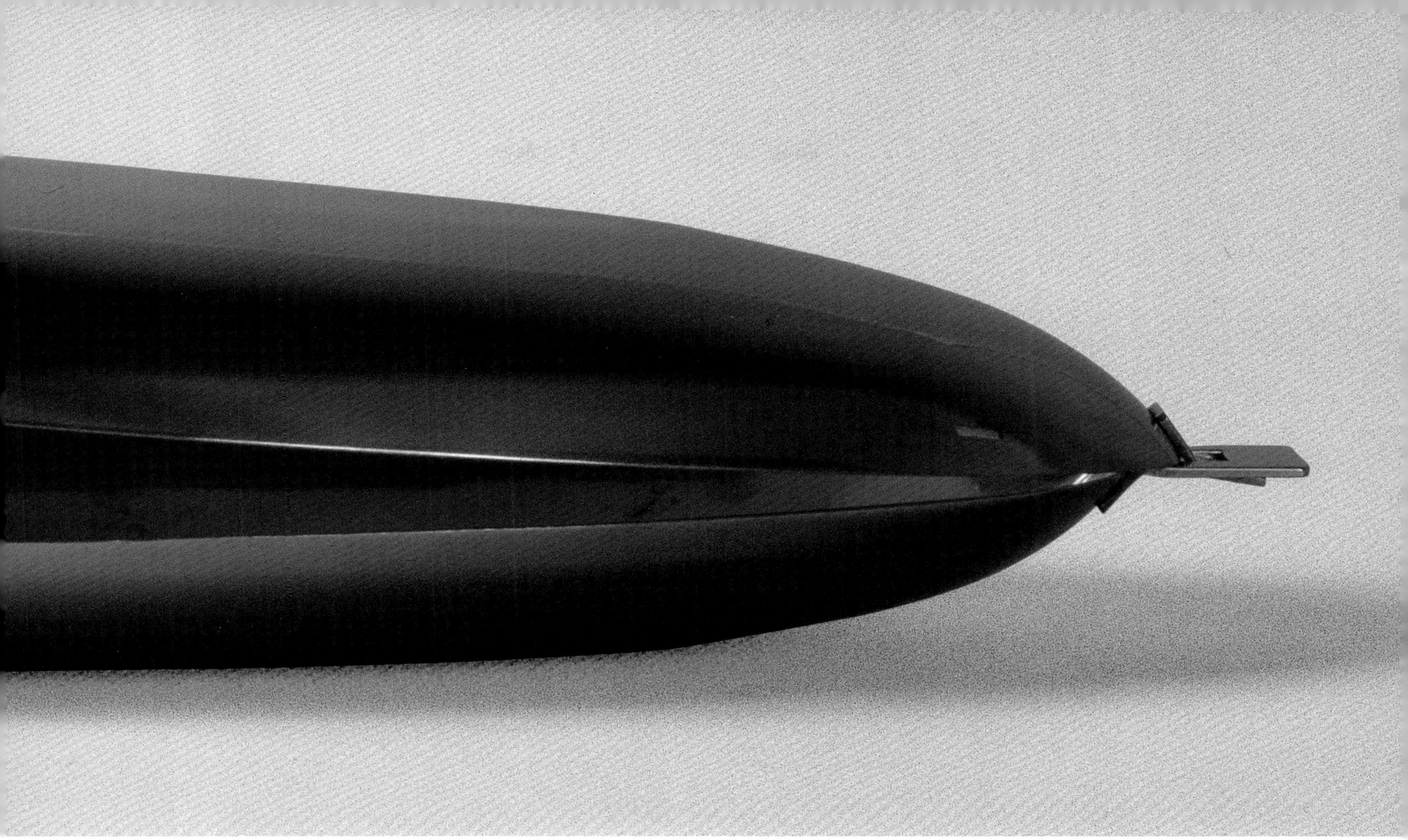

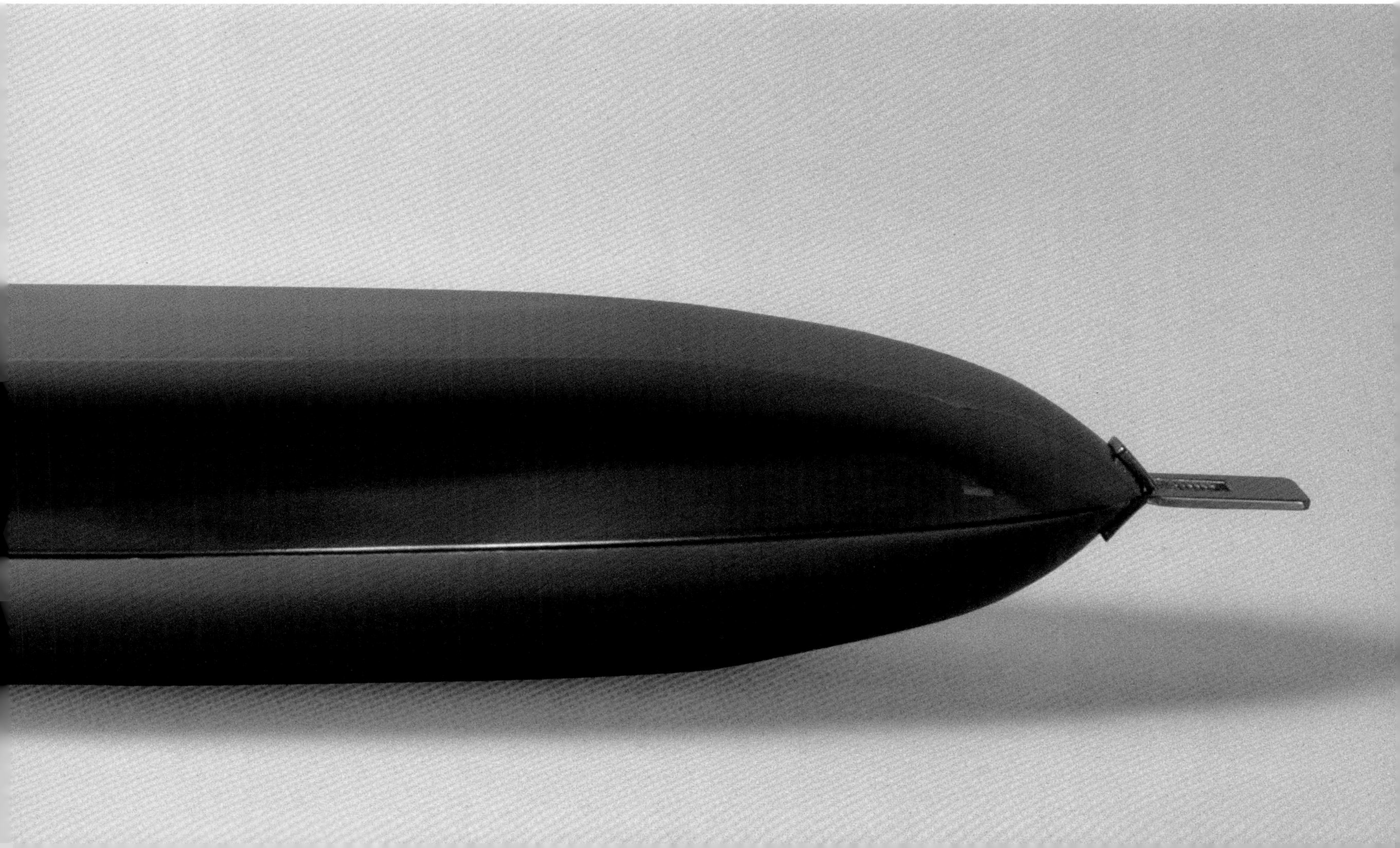

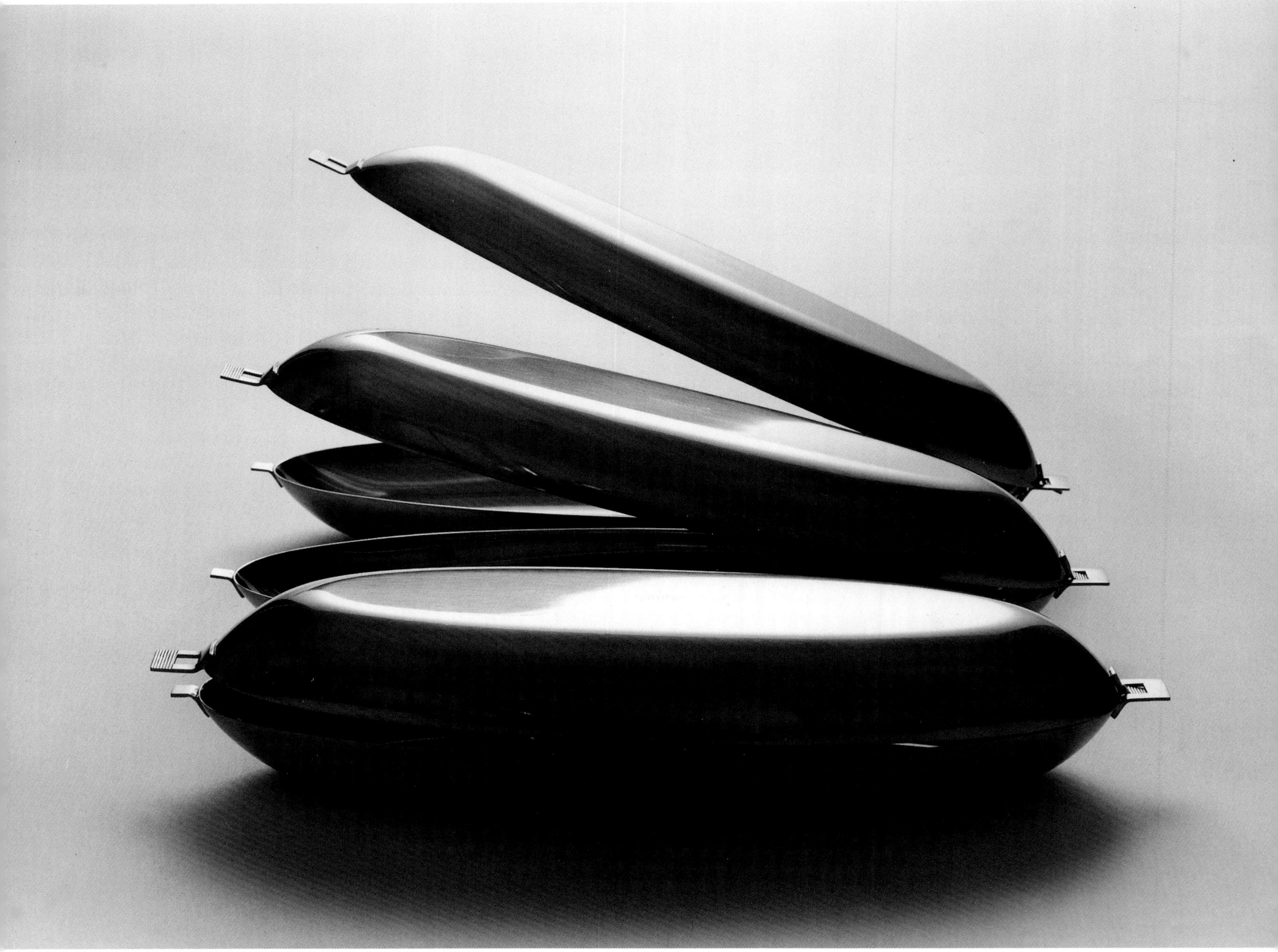

Pesciera 1957 (alle pagine precedenti)
Contenitore bivalve in acciaio 18/10 inoxilver formato con getti d'acqua ad alta pressione in stampi di gomma. Le due valve simmetriche si sovrappongono perfettamente per cuocere o servire in tavola. Il particolare disegno dei manici-cerniera consente di socchiudere la pesciera in tre differenti posizioni o di separare le due parti che possono fungere da vassoio. La pesciera fu prima realizzata in una pre-serie di maggiori dimensioni, successivamente corretta e ridotta nella versione finale. 16 x 51 x 7 cm. Produzione Sambonet. Compasso d'Oro 1970

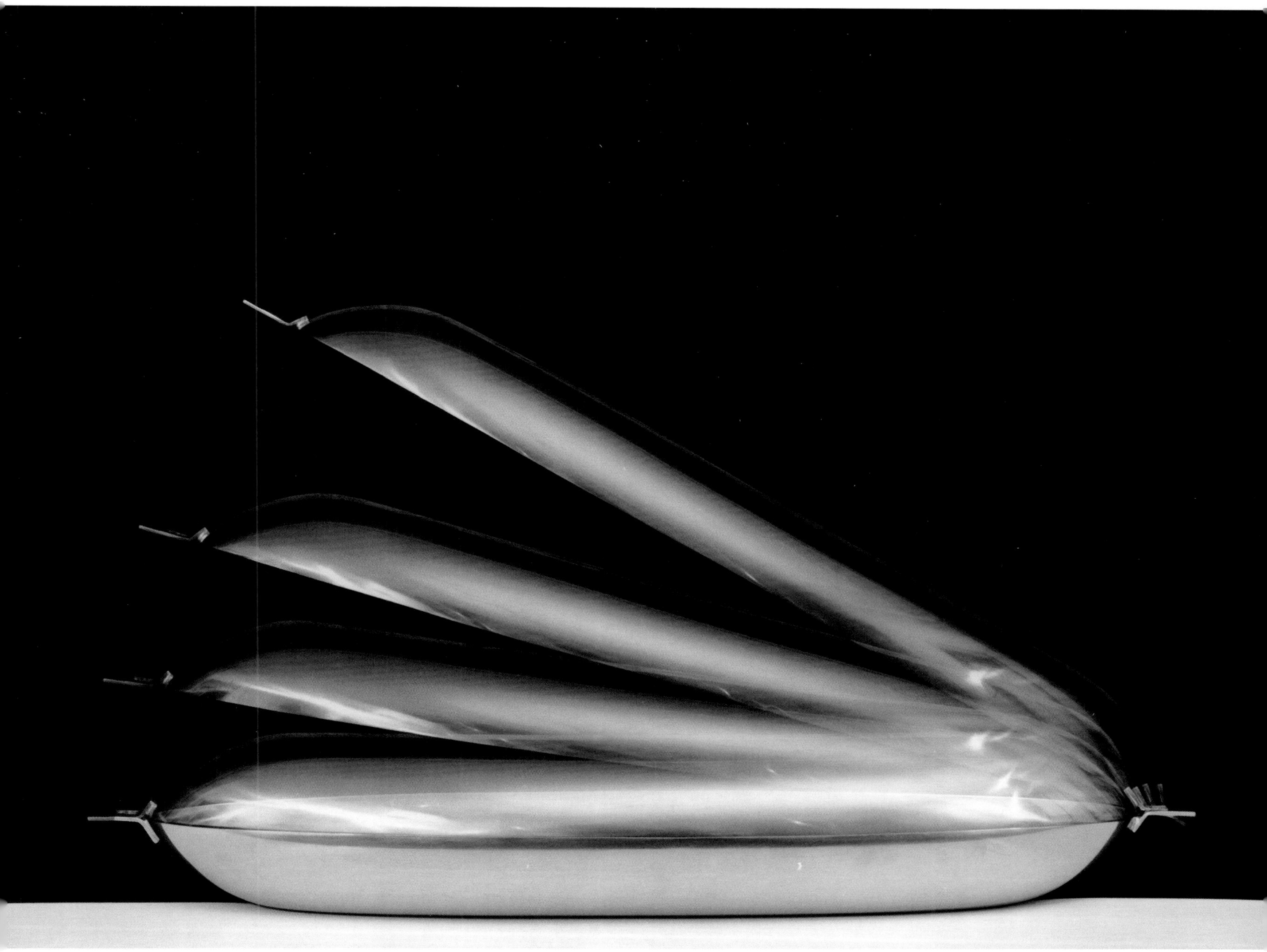

Pesciera, due immagini della pre-serie: a sinistra tre pesciere nelle differenti posizioni di apertura; a destra una fotografia stroboscopica sintetizza il movimento. Fotografie Archivio Roberto Sambonet

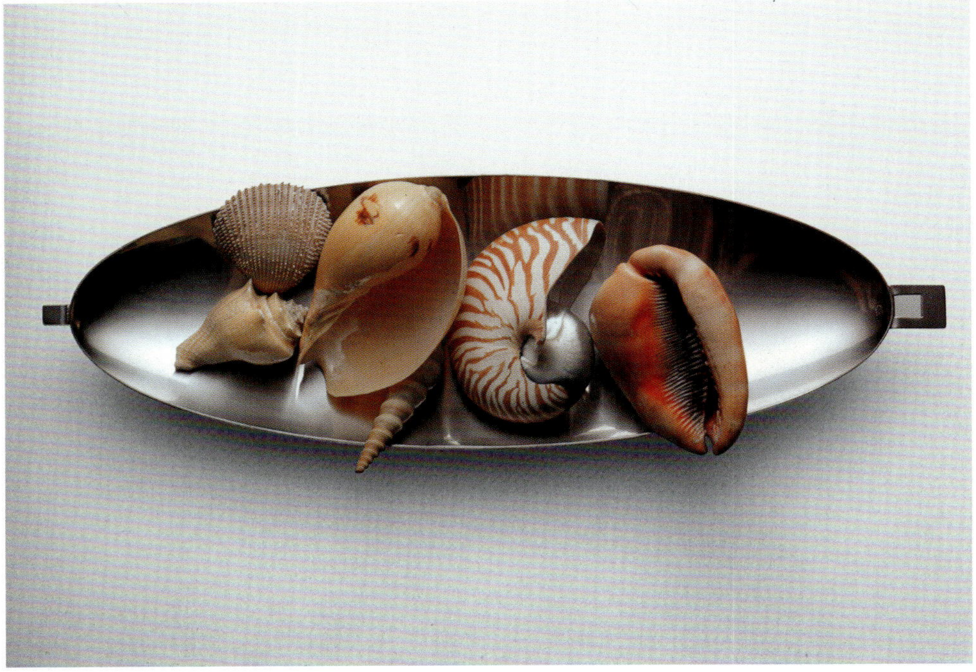

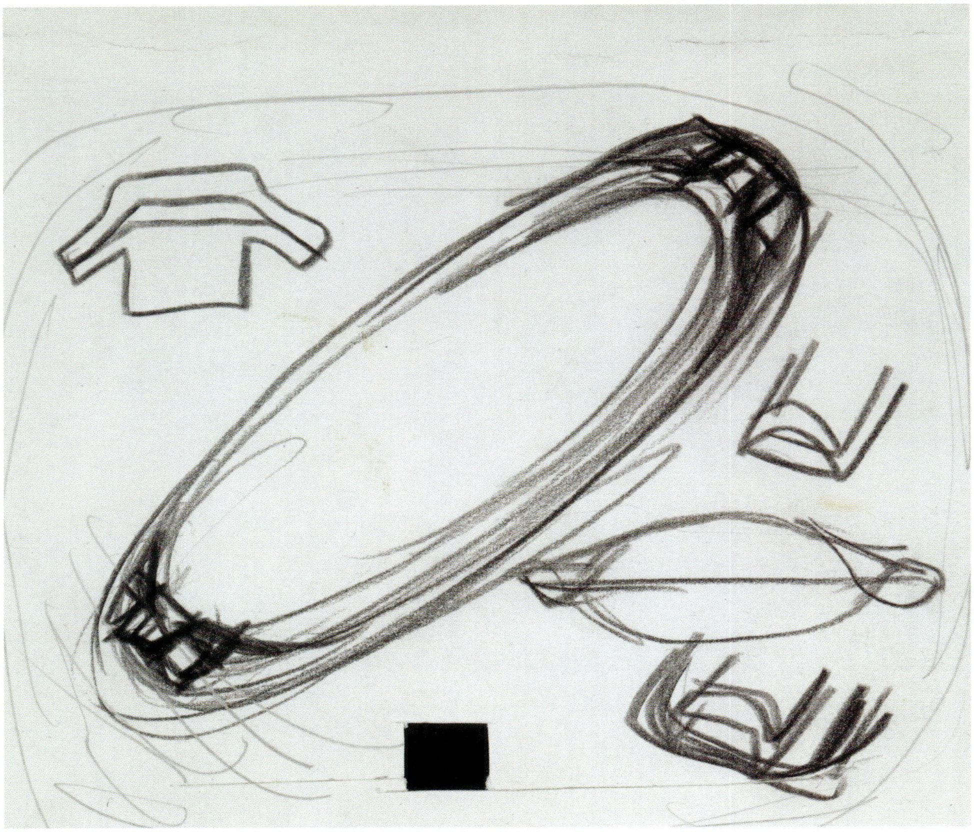

data Vercelli,10.4.1985
da sig.Piero Fornara
a sig.Roberto Sambonet
oggetto Ciclo Lavorazione "PESCERA RSt/1950"

- per vostra conoscenza
- per vostri commenti
- per vostra approvazione
- come da richiesta
- dare conferma
- per dare istruzioni
- da seguire personalmente
- da trattenere
- restituire l'allegato
- parlatene con me

1° Versione:

Acciaio inox 18/10 - sp. mm. 1,2 - Aisi 304
rettangolo mm. 230 x 500

Imbutitura con gomma, pressione 400 T.

1° Rifilatura

Preparazione di pulitura per avere il pezzo
piano per l'ultima rifilatura

2° Rifilatura

Tranciatura piastrine e stampaggio in doppio

Divisione "
Punzonatura "
Brasatura "
Pulitura finale e aggiustaggio
Sgrossatura

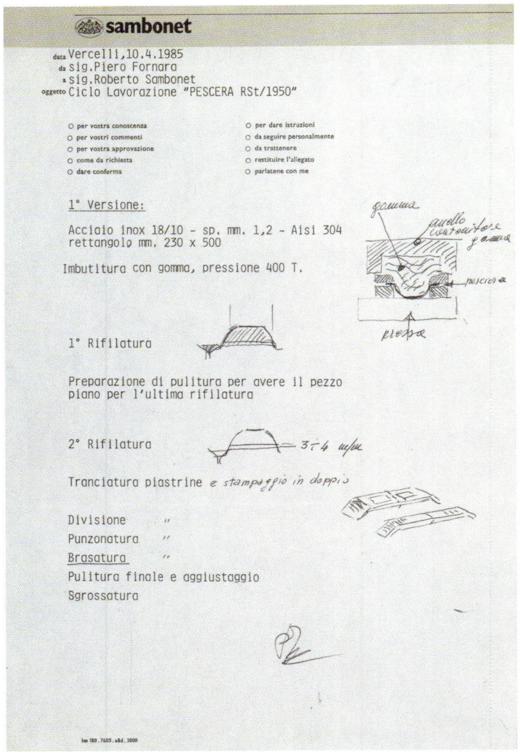

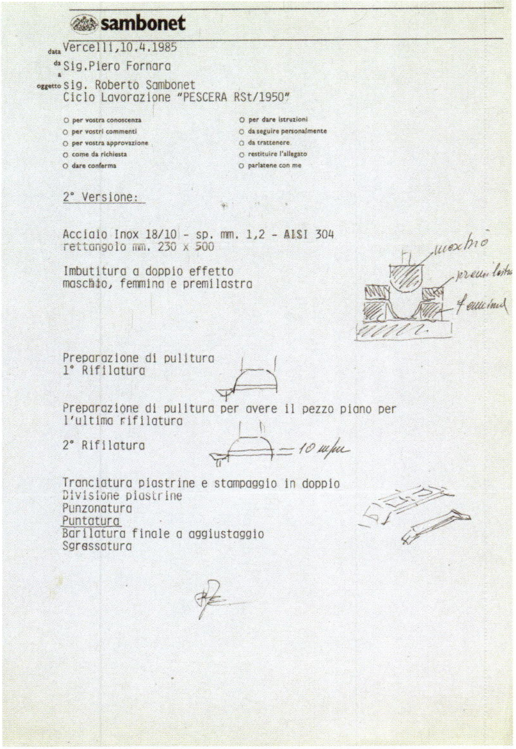

data Vercelli,10.4.1985
da Sig.Piero Fornara
a Sig. Roberto Sambonet
oggetto Ciclo Lavorazione "PESCERA RSt/1950"

- per vostra conoscenza
- per vostri commenti
- per vostra approvazione
- come da richiesta
- dare conferma
- per dare istruzioni
- da seguire personalmente
- da trattenere
- restituire l'allegato
- parlatene con me

2° Versione:

Acciaio Inox 18/10 - sp. mm. 1,2 - AISI 304
rettangolo mm. 230 x 500

Imbutitura a doppio effetto
maschio, femmina e premilastra

Preparazione di pulitura
1° Rifilatura

Preparazione di pulitura per avere il pezzo piano per
l'ultima rifilatura

2° Rifilatura

Tranciatura piastrine e stampaggio in doppio
Divisione piastrine
Punzonatura
Puntatura
Barilatura finale a aggiustaggio
Sgrassatura

Pesciera, una valva singola funge da centrotavola in una fotografia tratta da un catalogo Sambonet
Pesciera, studio, carboncino su carta, 13 x 16 cm, s. d.

Pesciera, relazione tecnica che evidenzia i vantaggi della produzione in stampi in gomma e getti di acqua compressa

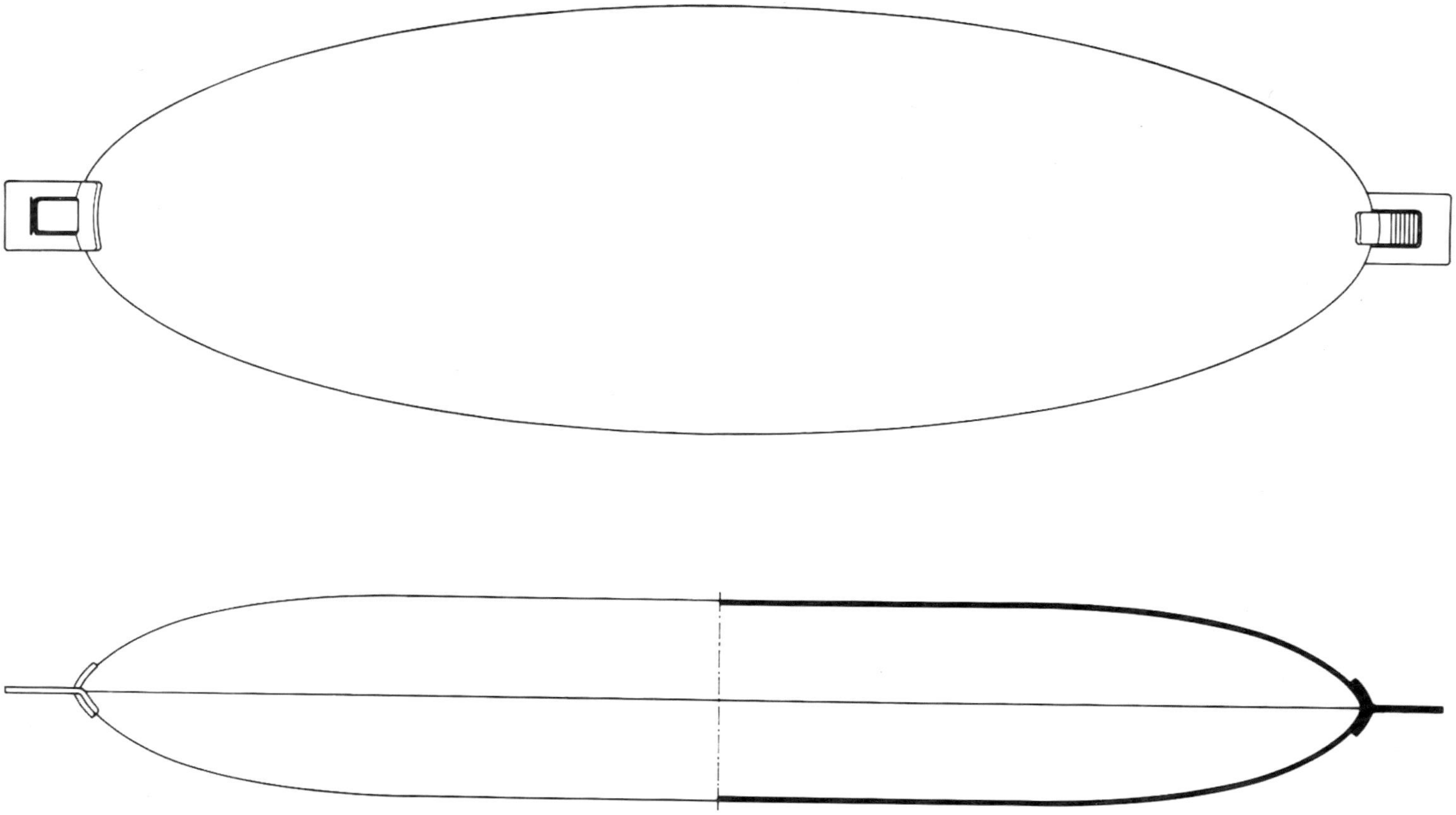

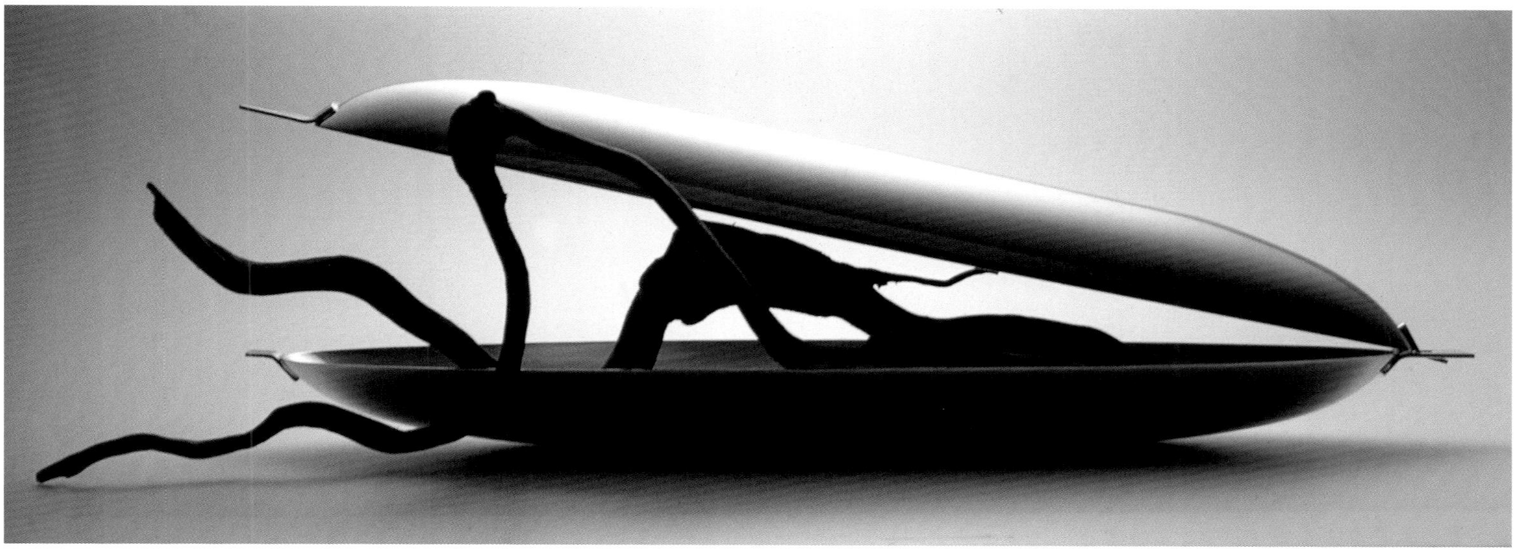

Pesciera, disegni tecnici

Pesciera, fotografia tratta da un catalogo Sambonet

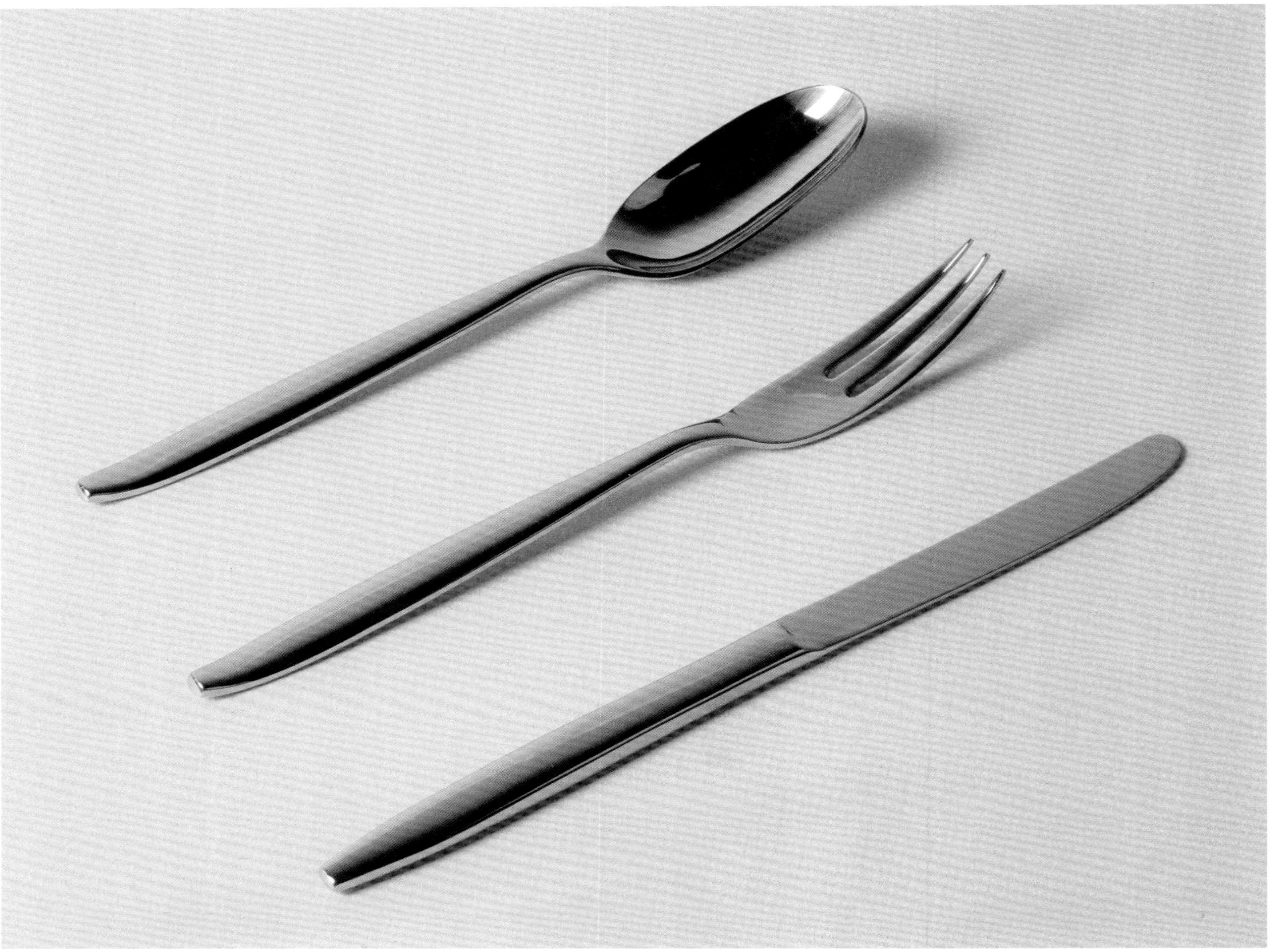

Longilinea 1957
Posate in acciaio. Progetto per Sambonet

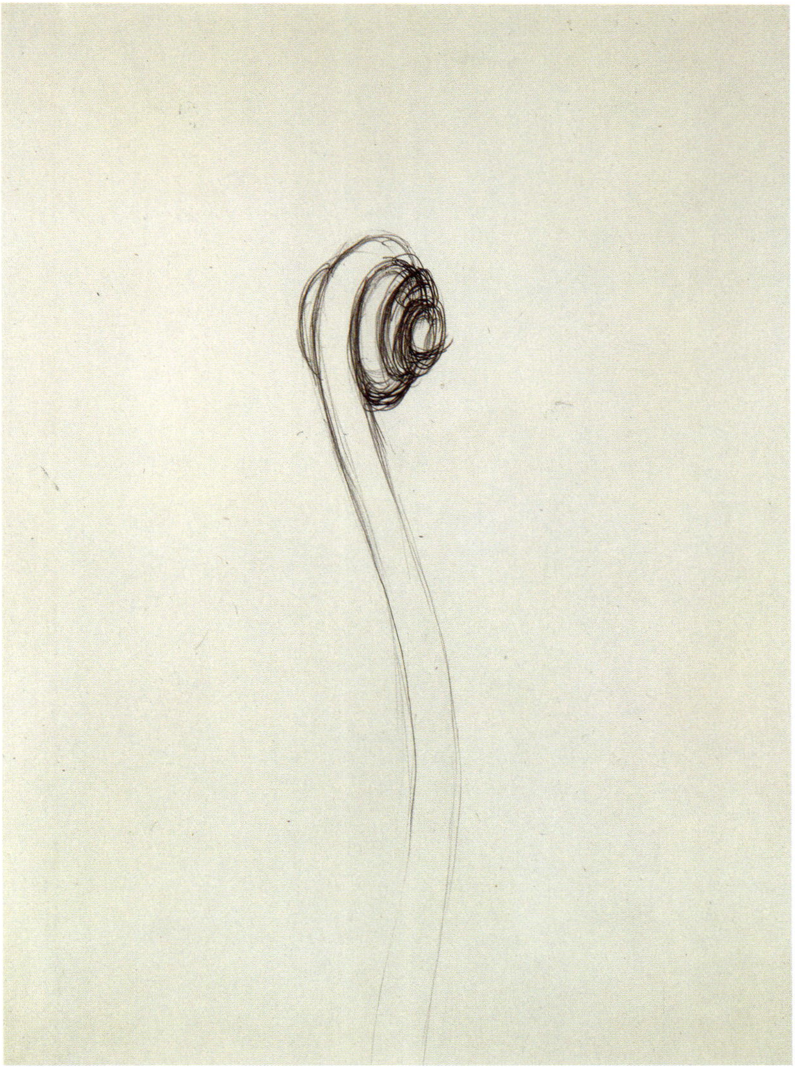

Massaguassù germoglio, matita su carta, 45,5 x 32 cm, 1974

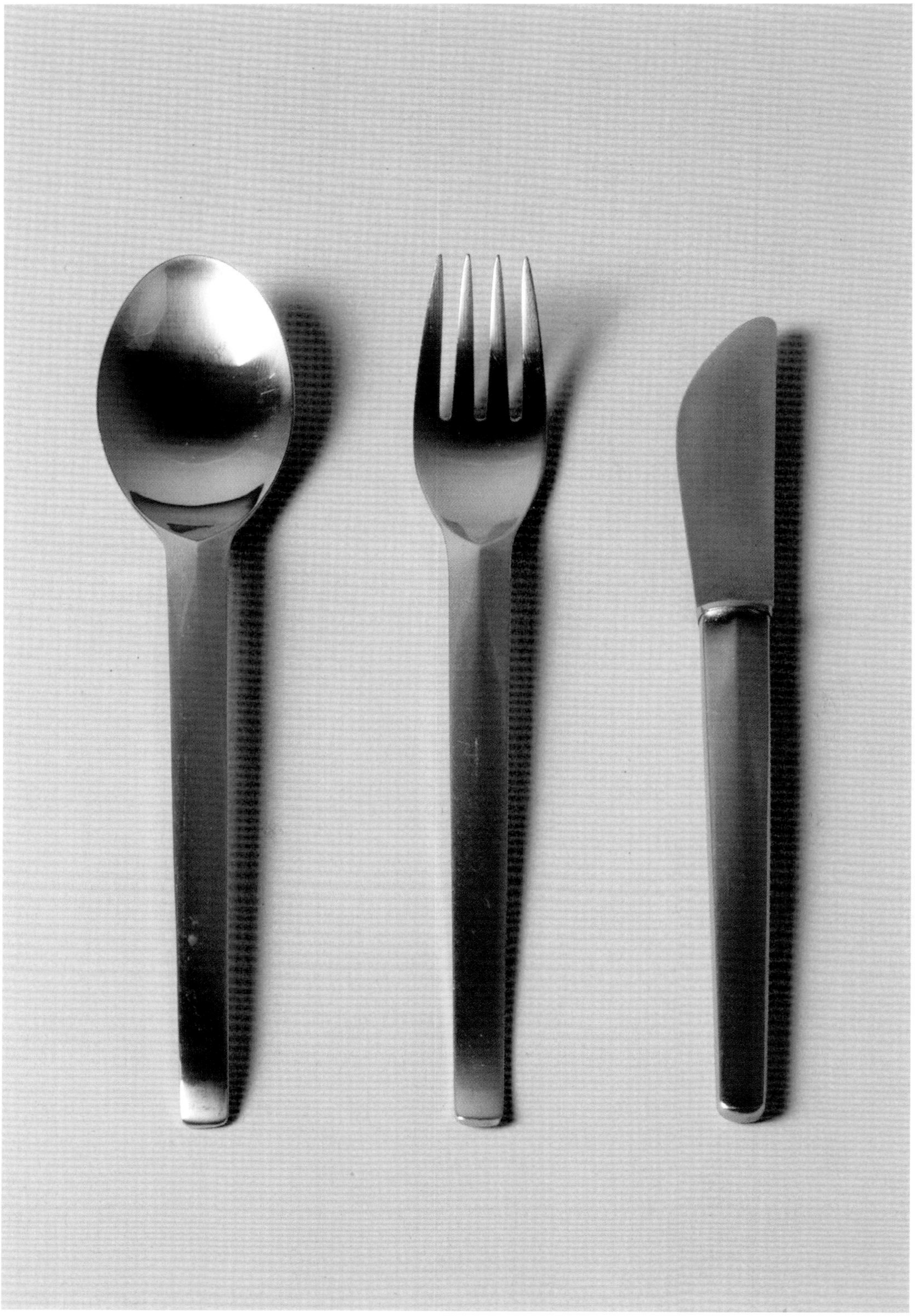

Metron 1960
Servizio di posate in acciaio 18/10 inoxilver, presentato alla XII Triennale di Milano. Produzione Sambonet. Compasso d'Oro 1970

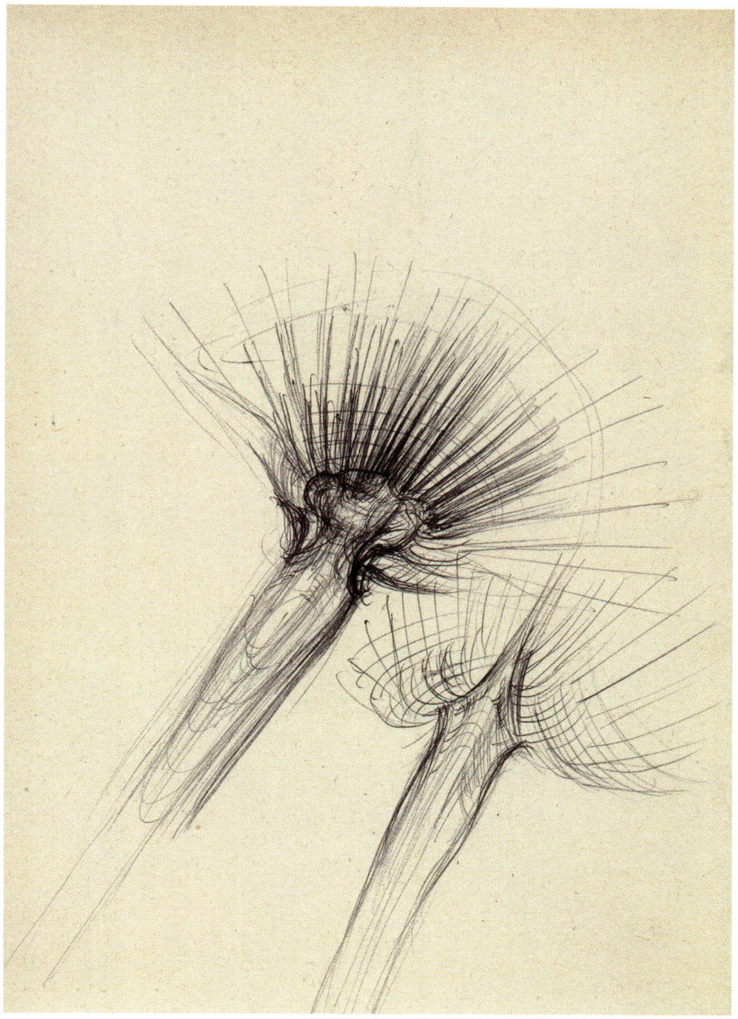

Forme vegetali, matita su carta, 24 x 18 cm, s. d.

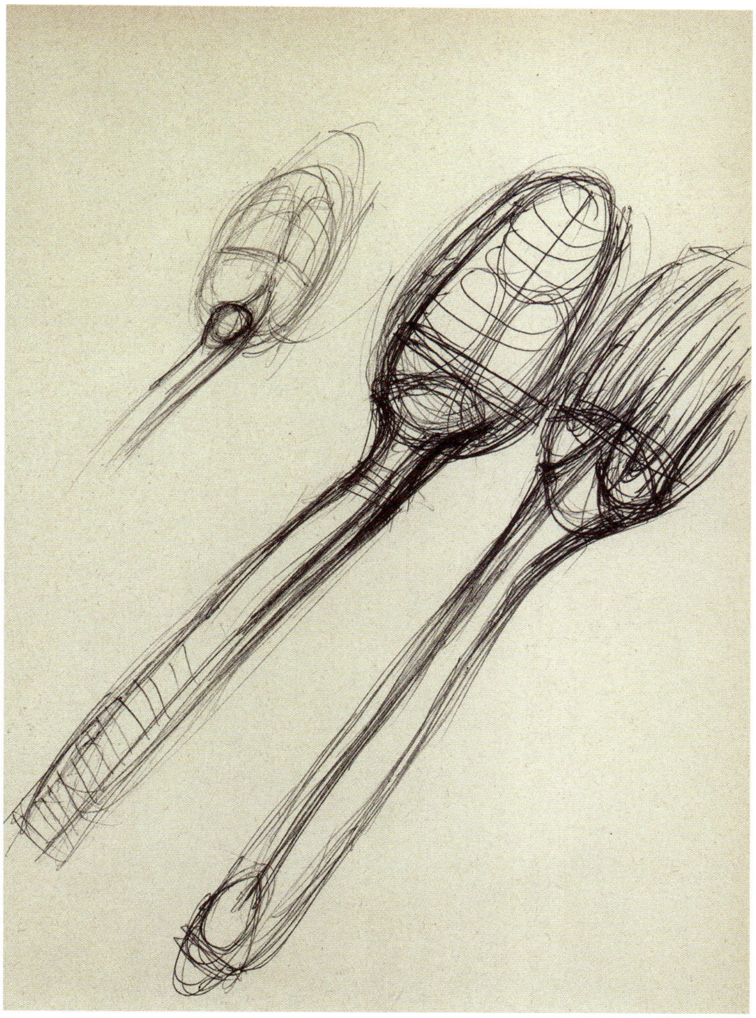

Metron, studio per posata, matita su carta, 24 x 18 cm, s. d.

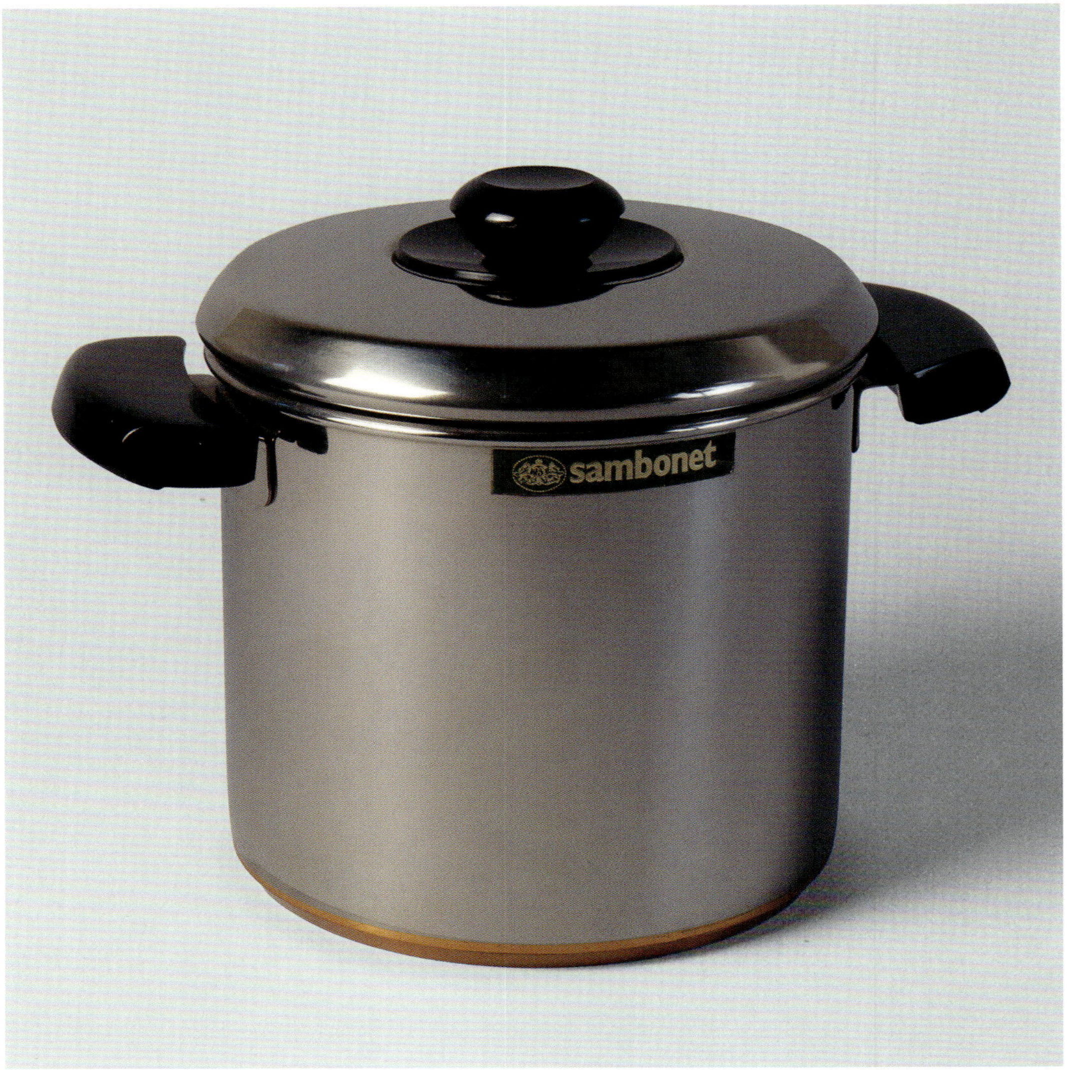

e.g. Electrogas 1960
Batteria di sei pentole in acciaio con diffusore di calore in rame.
Diametro da 12 a 24 cm. Produzione Sambonet. Compasso d'Oro 1970

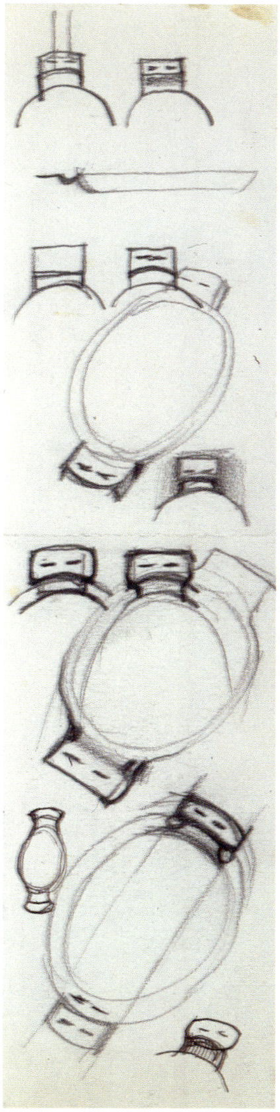

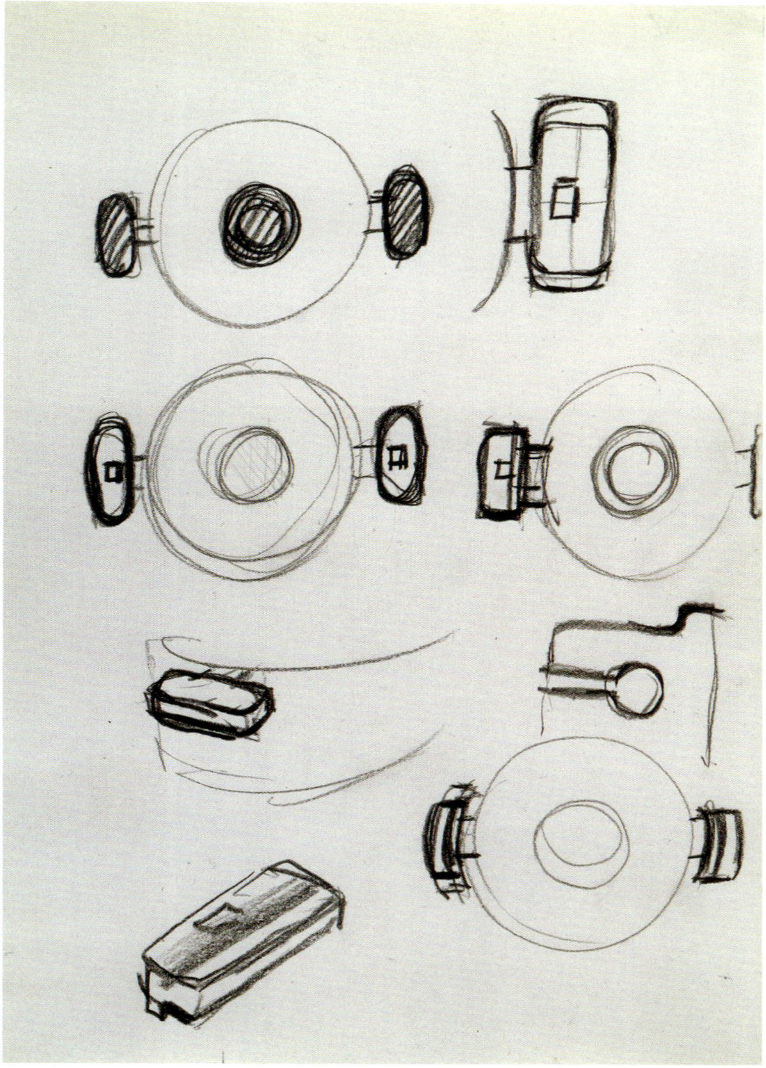

e.g. Electrogas, studio, matita su carta, 30 x 8 cm, 1960

e.g. Electrogas, pastello su carta, 34 x 25 cm, 1960

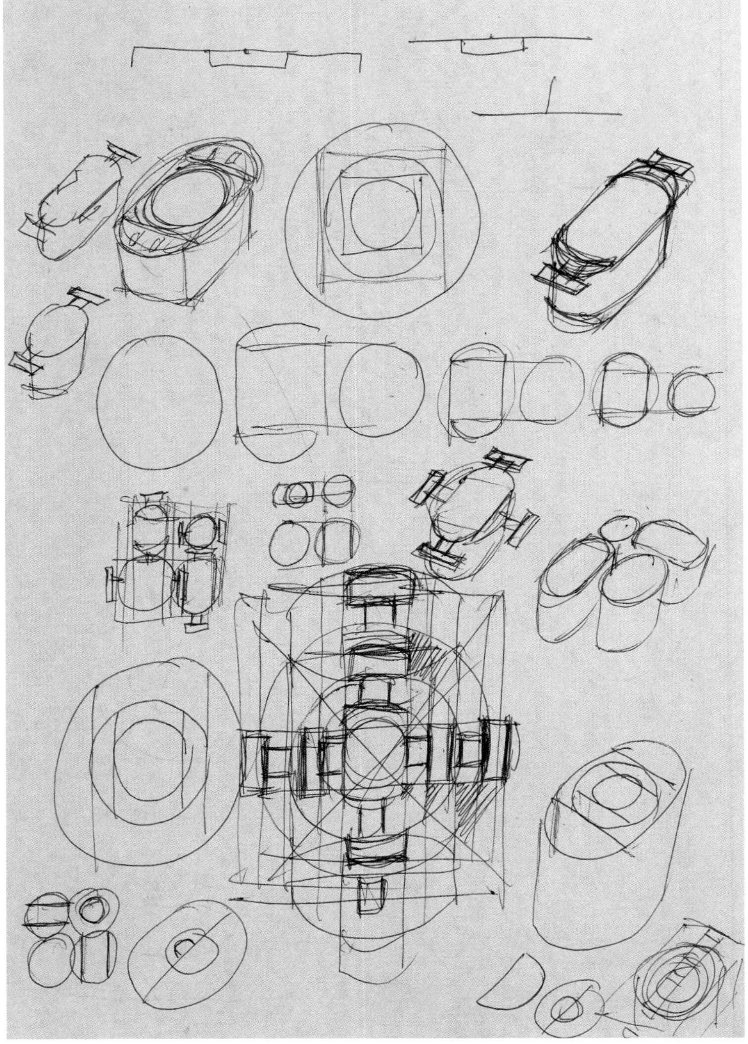

e.g. Electrogas, studio, biro su carta, 29,7 x 21 cm, 1960

e.g. Electrogas, l'intera batteria di pentole in un'immagine tratta da un catalogo Sambonet

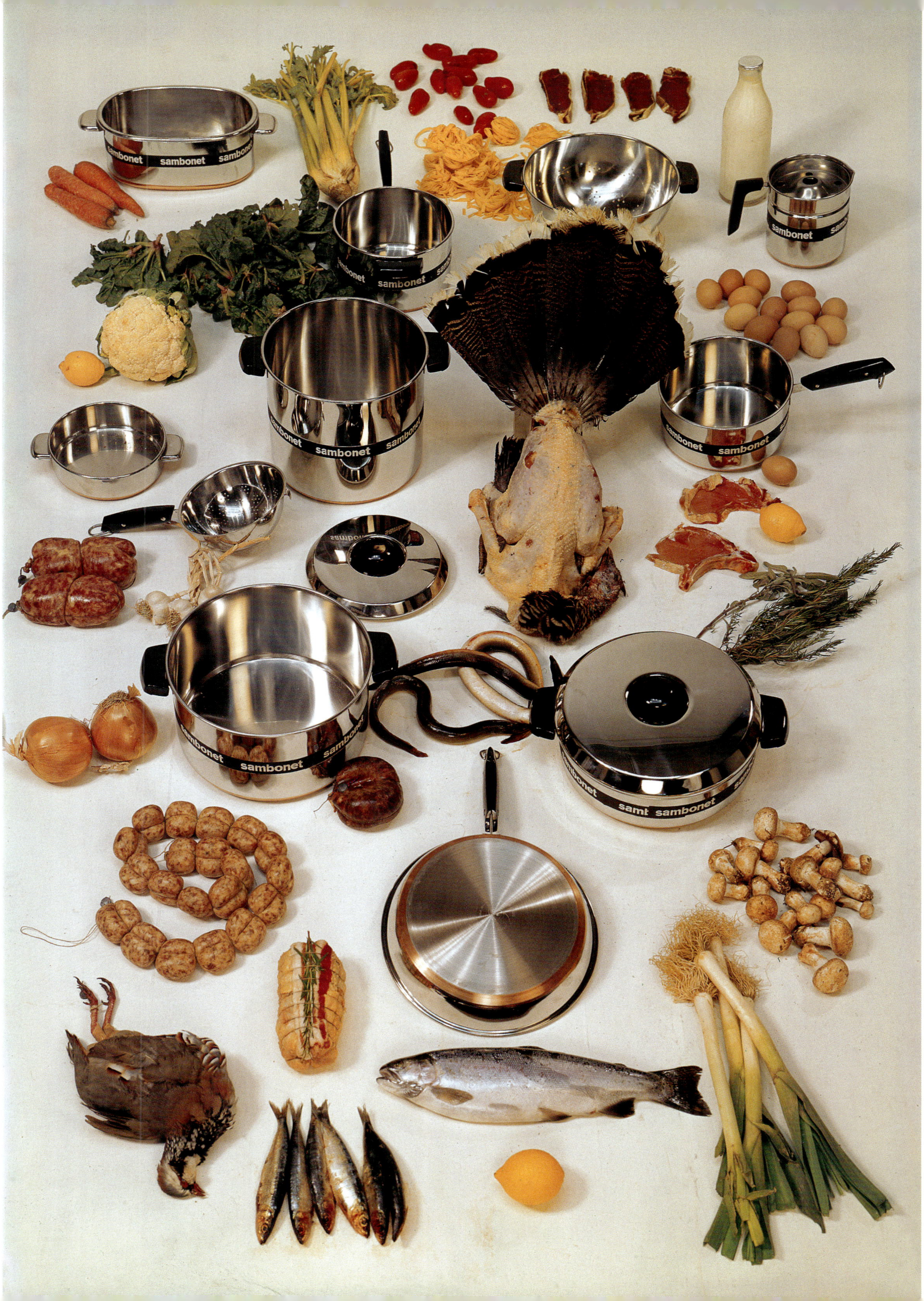
sambonet

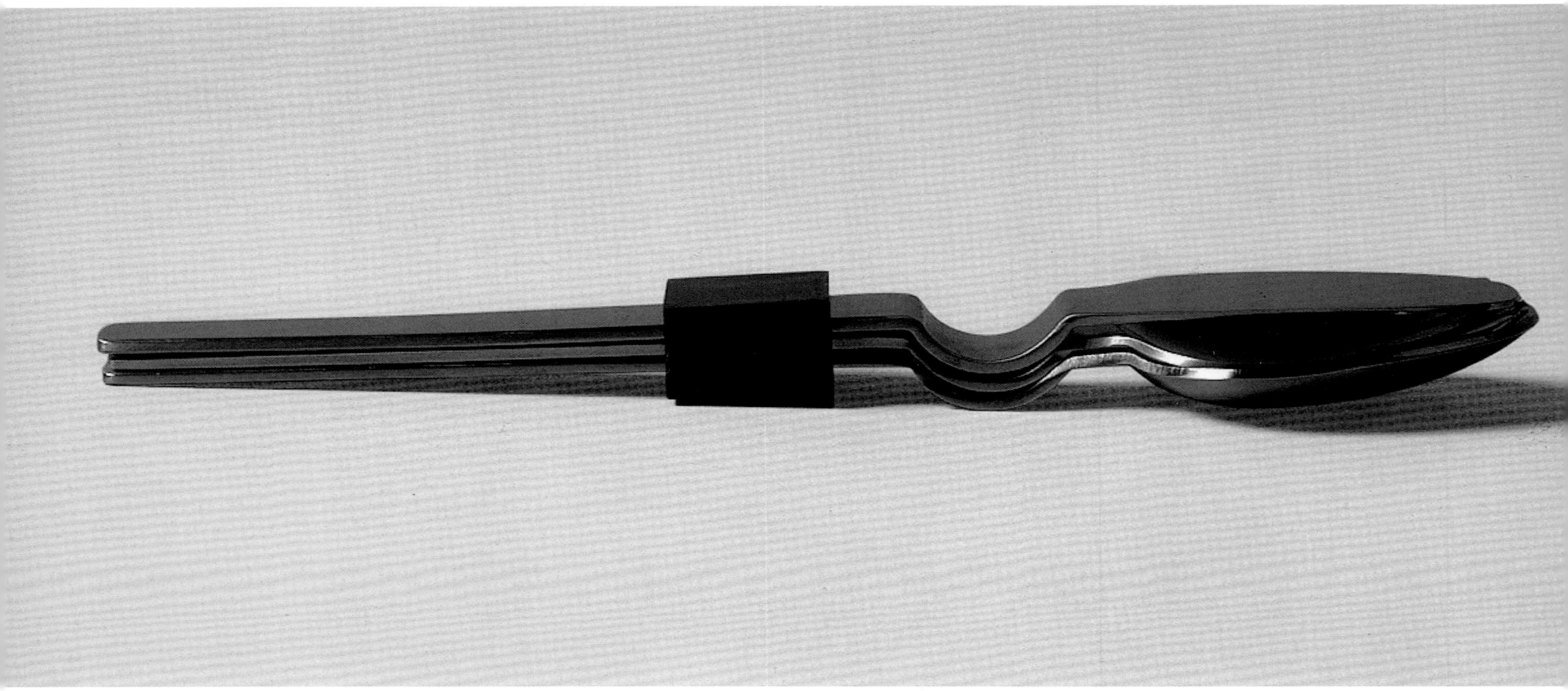

Picnic 1965
Servizio di posate in acciaio inossidabile satinato. La particolare sagoma dei manici consente di incastrarle una con l'altra, riponendole ordinatamente e in poco spazio. Produzione Sambonet

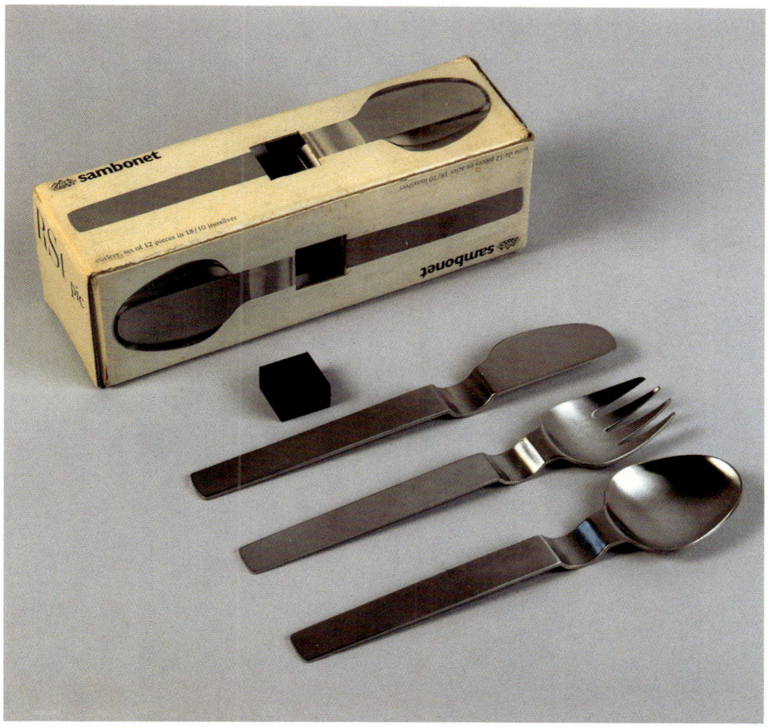

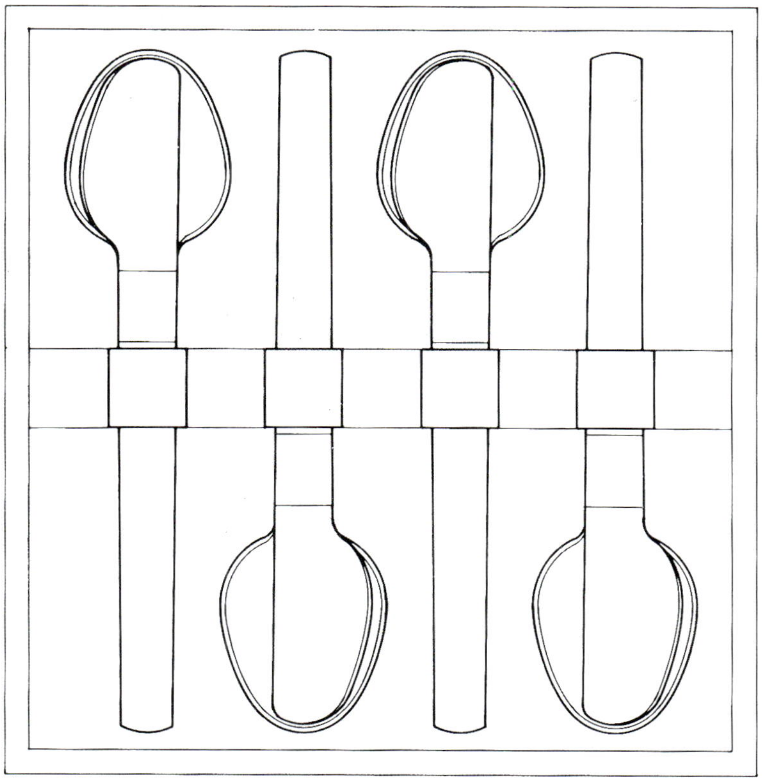

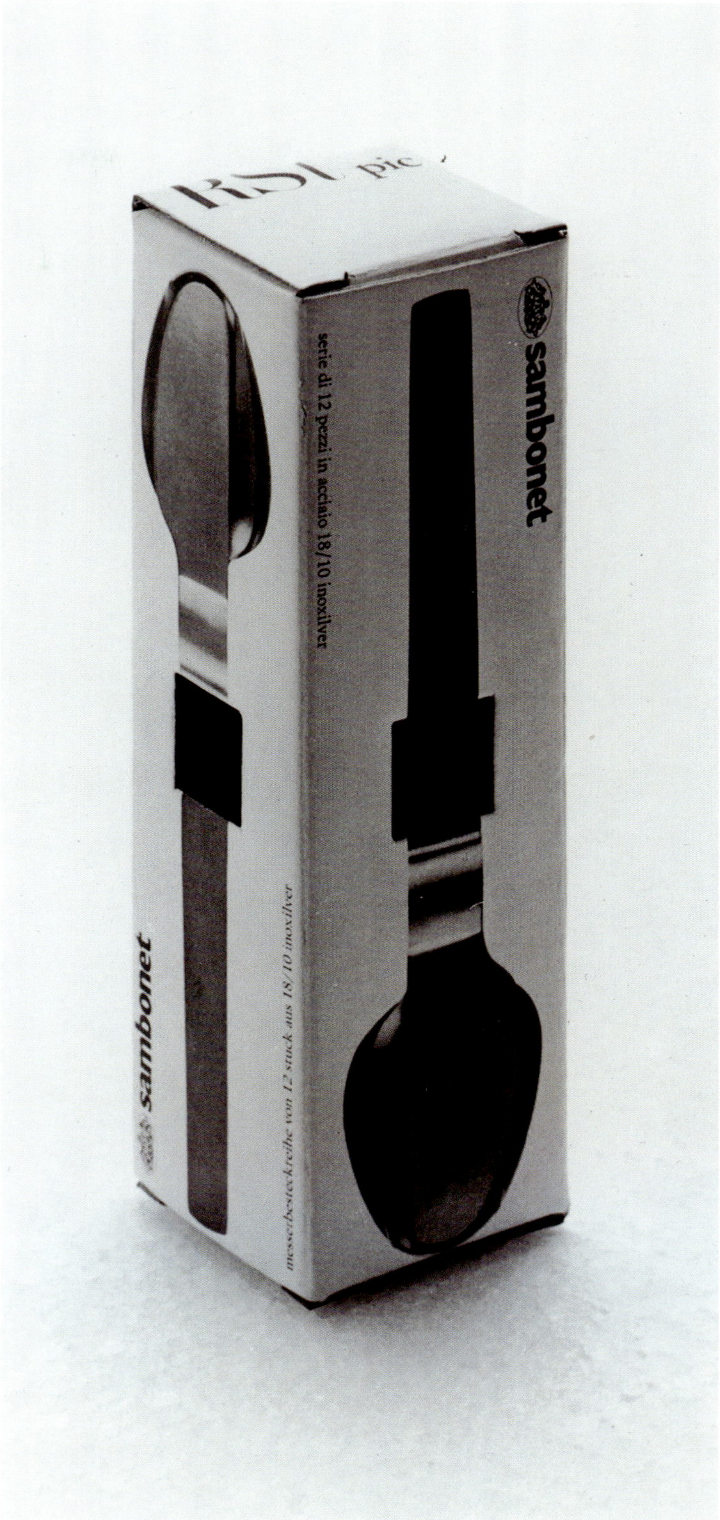

Picnic, il set singolo, la confezione da dodici pezzi studiata con Mario Zacchetti e il disegno tecnico per una confezione non realizzata

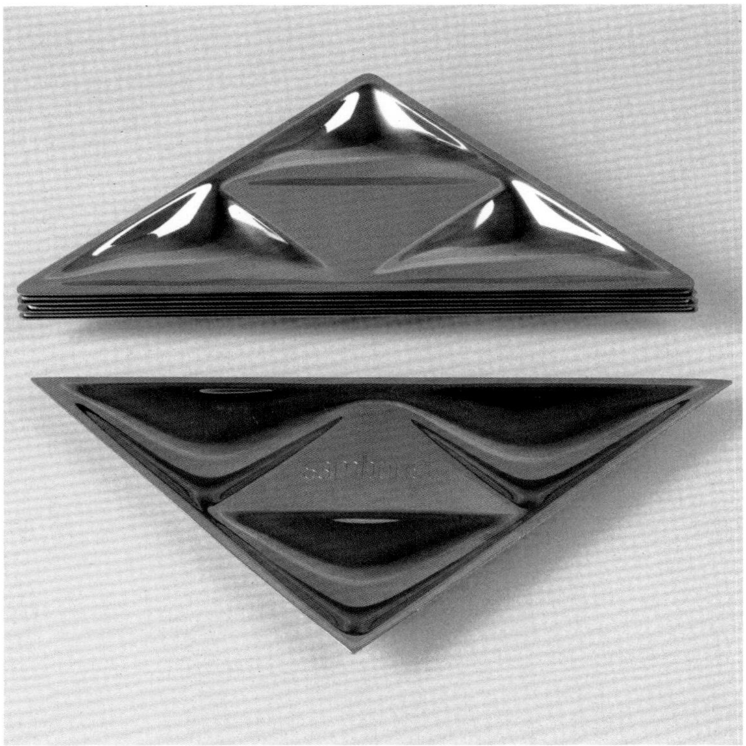

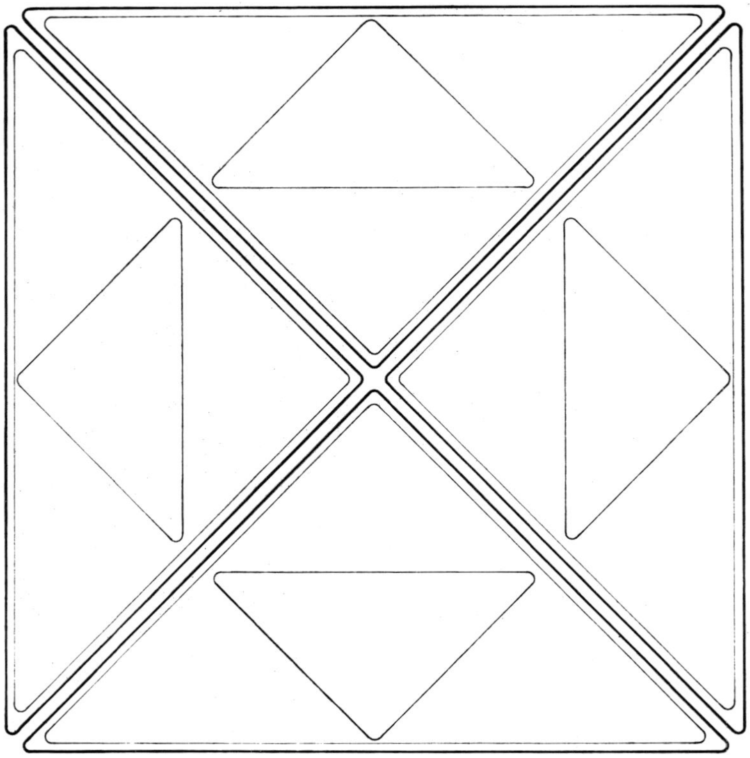

Triangoli appetizer 1966
Elementi triangolari in acciaio 18/10 inoxilver impilabili e componibili.
I moduli sono ottenuti stampando ritagli di altre produzioni. 14 x 14 x 20 cm.
Produzione Sambonet

Triangoli appetizer, disegno tecnico

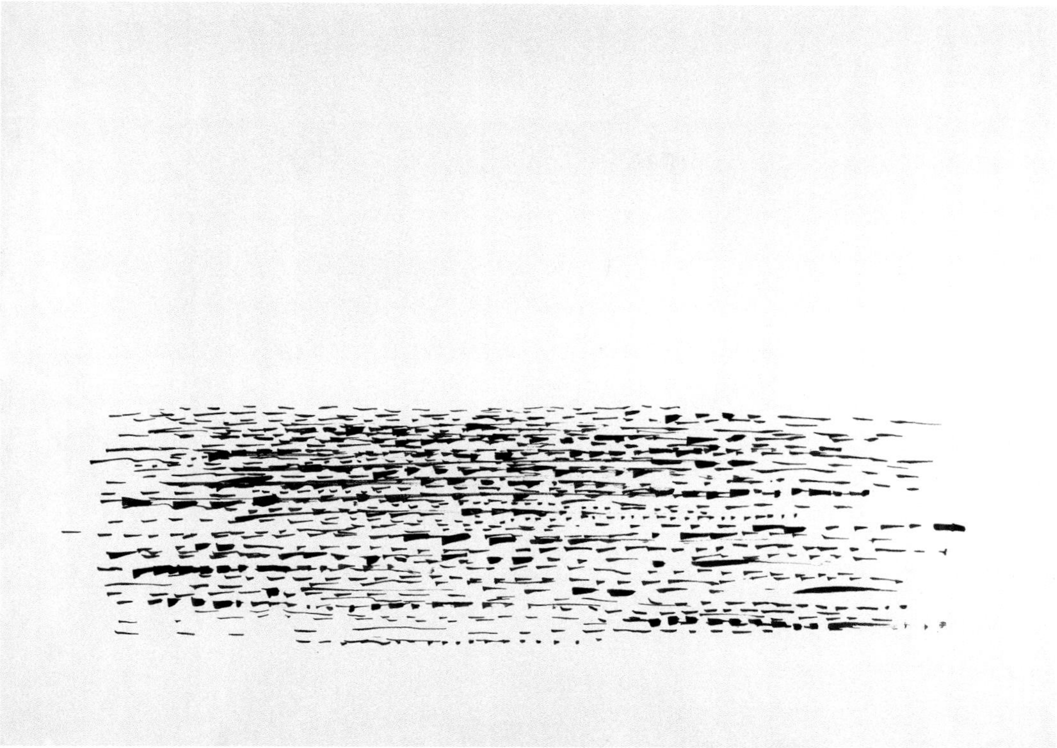

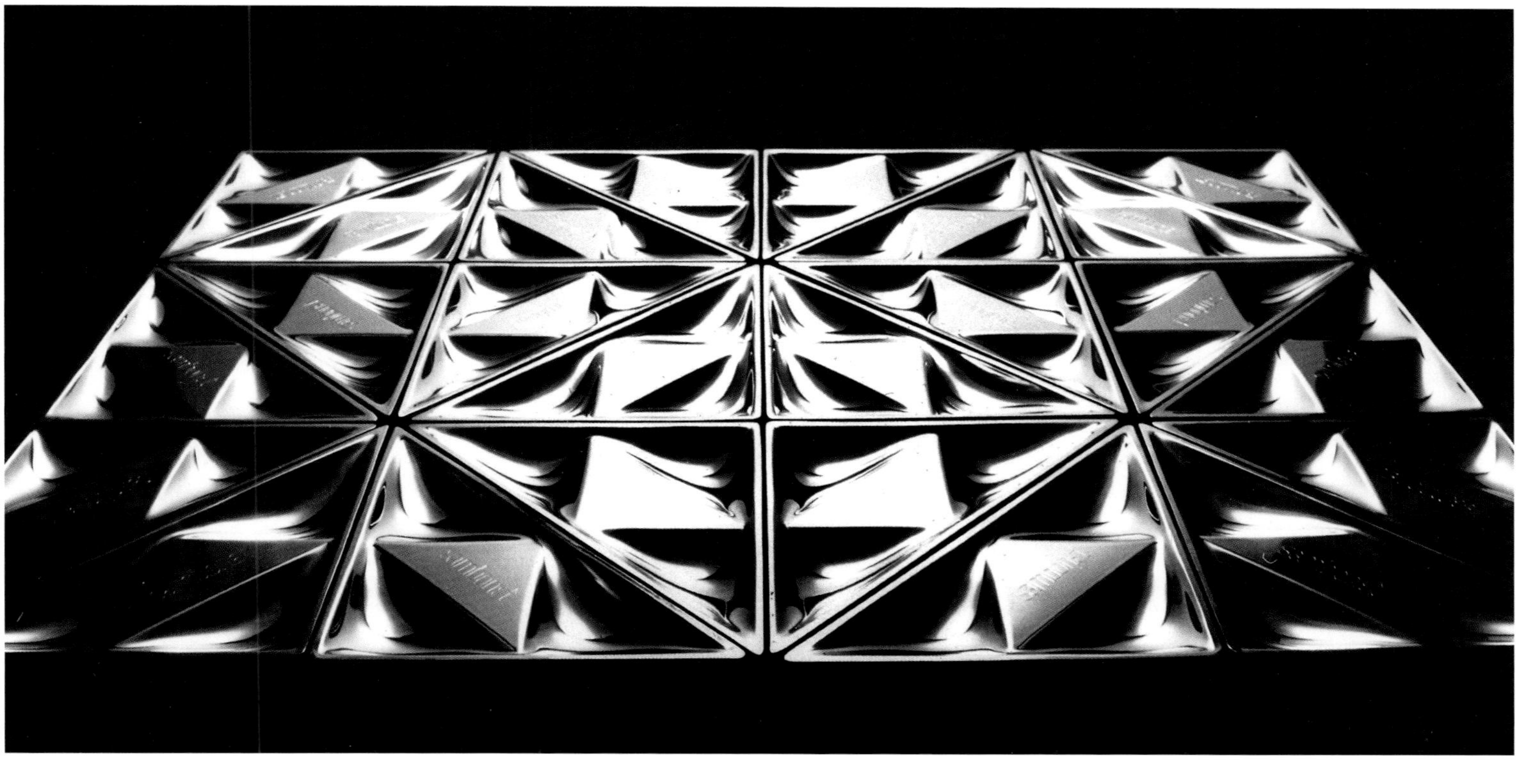

Superfici del mare 5/6, 6 studi, china su carta, 52 x 75 cm, 1959

Triangoli appetizer, un'immagine per i cataloghi Sambonet.
Art director Roberto Sambonet, fotografo Serge Libiszewski

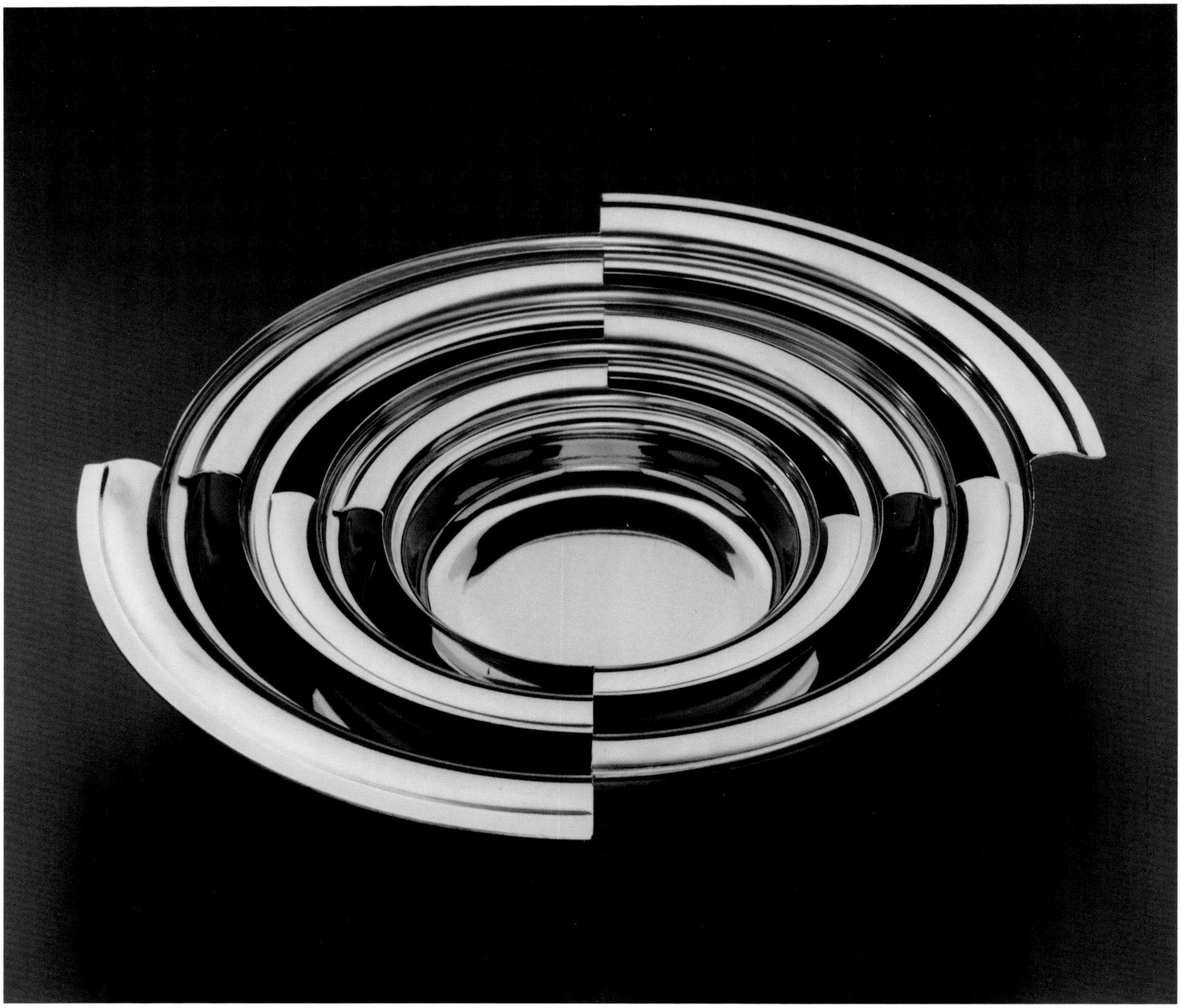

Center line 1963-1965; 1971
Otto contenitori in acciaio inossidabile 18/10 inoxilver. A ogni pentola corrisponde un tegame di diametro uguale, che serve anche come coperchio o come vassoio per servire. La prima versione, più semplice, fu ridisegnata nel 1971 e prodotta in tre varianti: otto contenitori a fondo semplice per cuocere nel forno o servire; quattro pentole con fondo diffusore in alluminio per cuocere sulla fiamma e quattro contenitori per servire; otto pezzi con fondo diffusore in alluminio. Diametro da 12 a 24 cm; h. da 2,8 a 12,4 cm. Produzione Sambonet. Un'immagine per i cataloghi Sambonet. Art director Roberto Sambonet, fotografo Serge Libiszewski

Center line, disegno tecnico

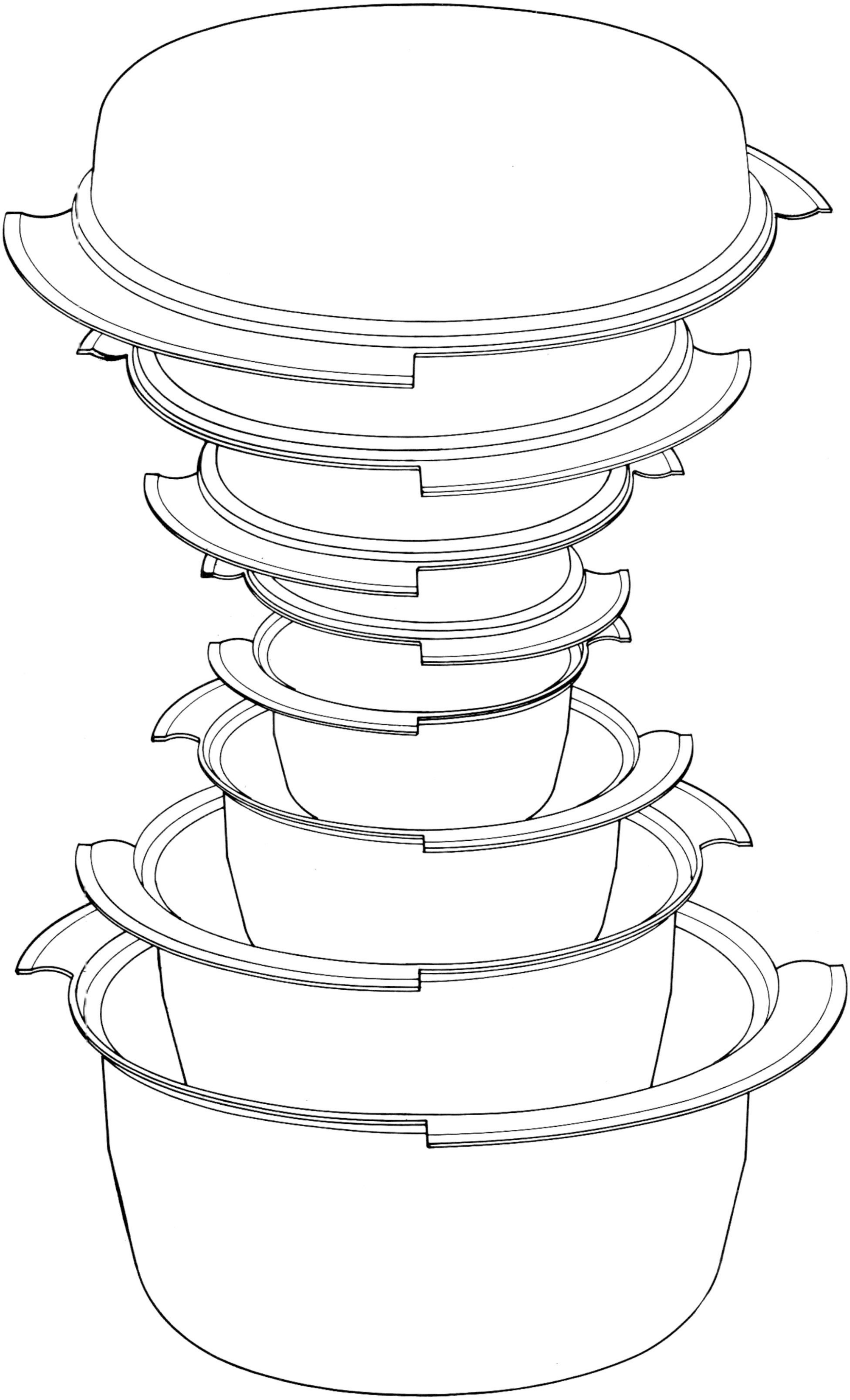

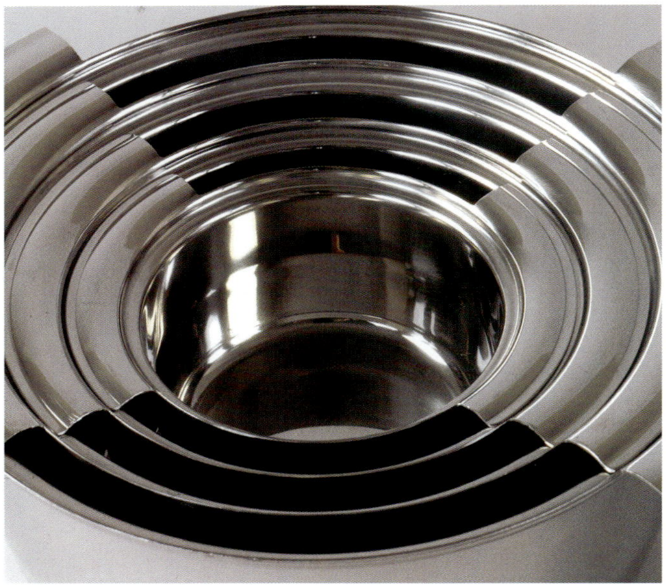

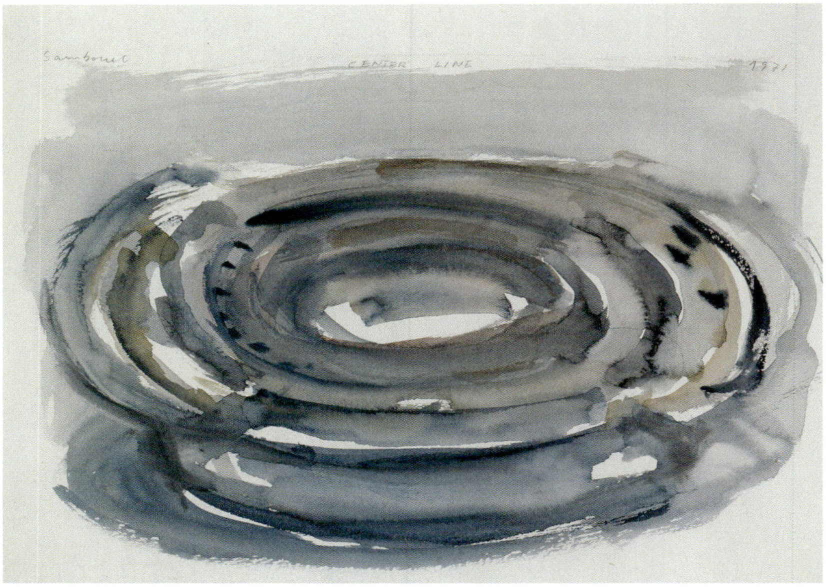

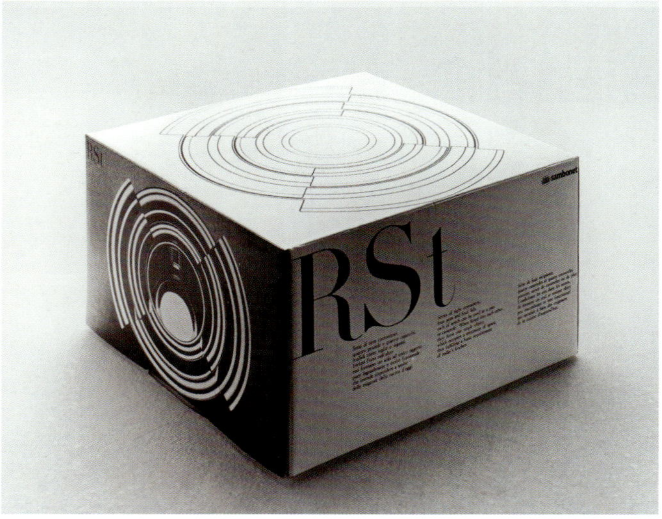

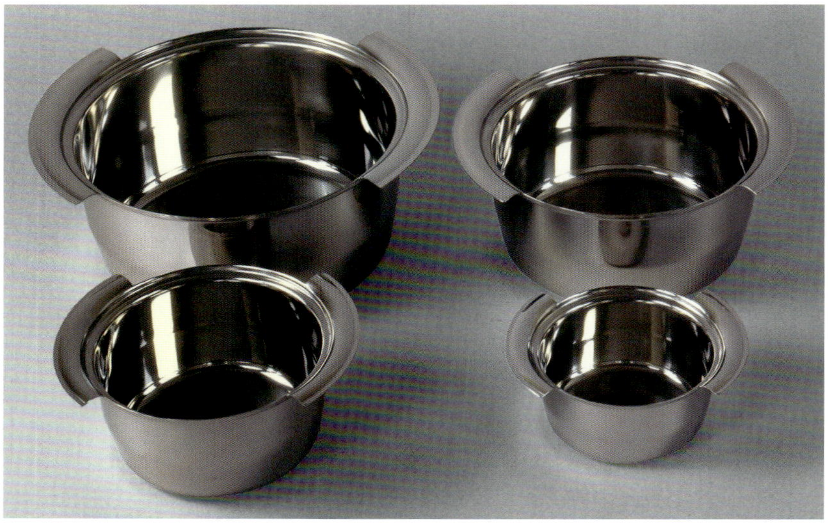

Center line, i quattro contenitori; la confezione di vendita; un acquerello su carta, 37 x 26,5 cm, 1971

Center line, disegno tecnico
Center line, un'immagine per i cataloghi Sambonet.
Art director Roberto Sambonet, fotografo Serge Libiszewski

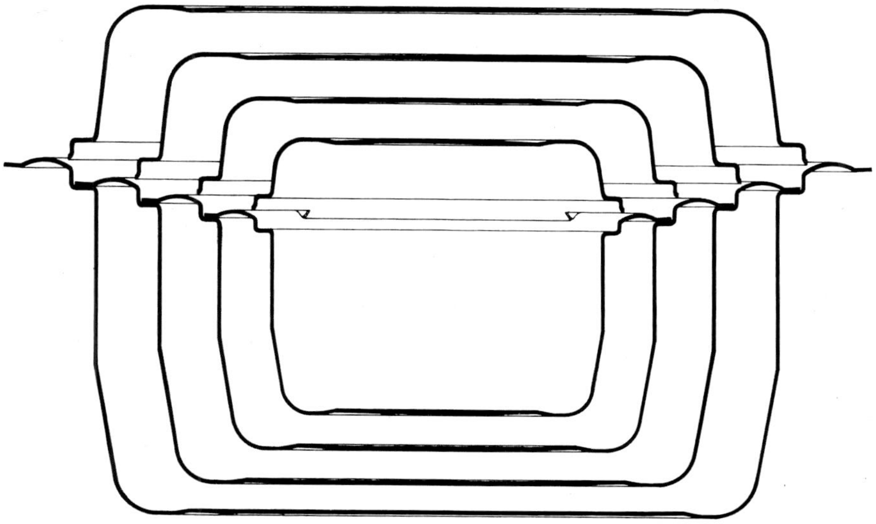

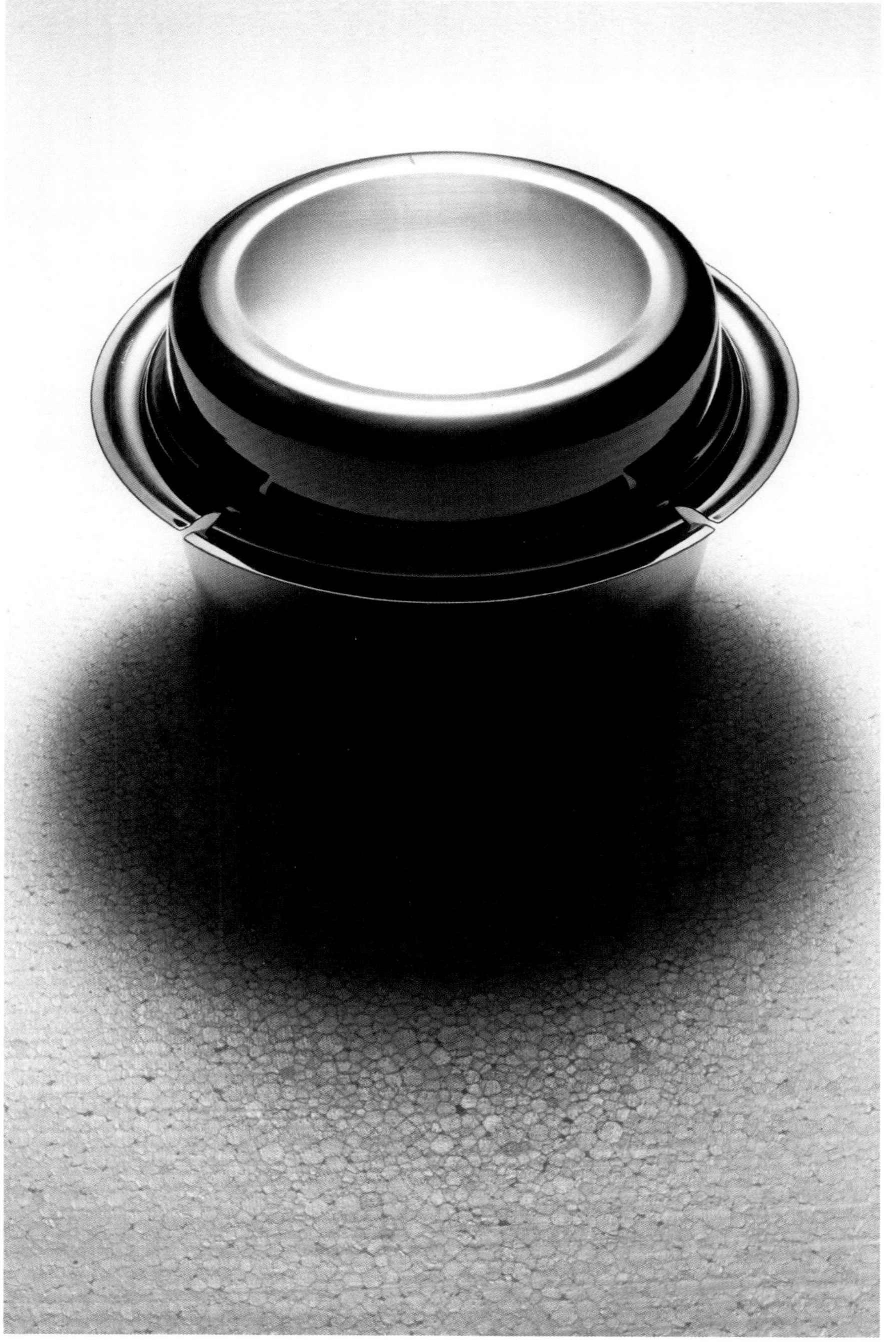

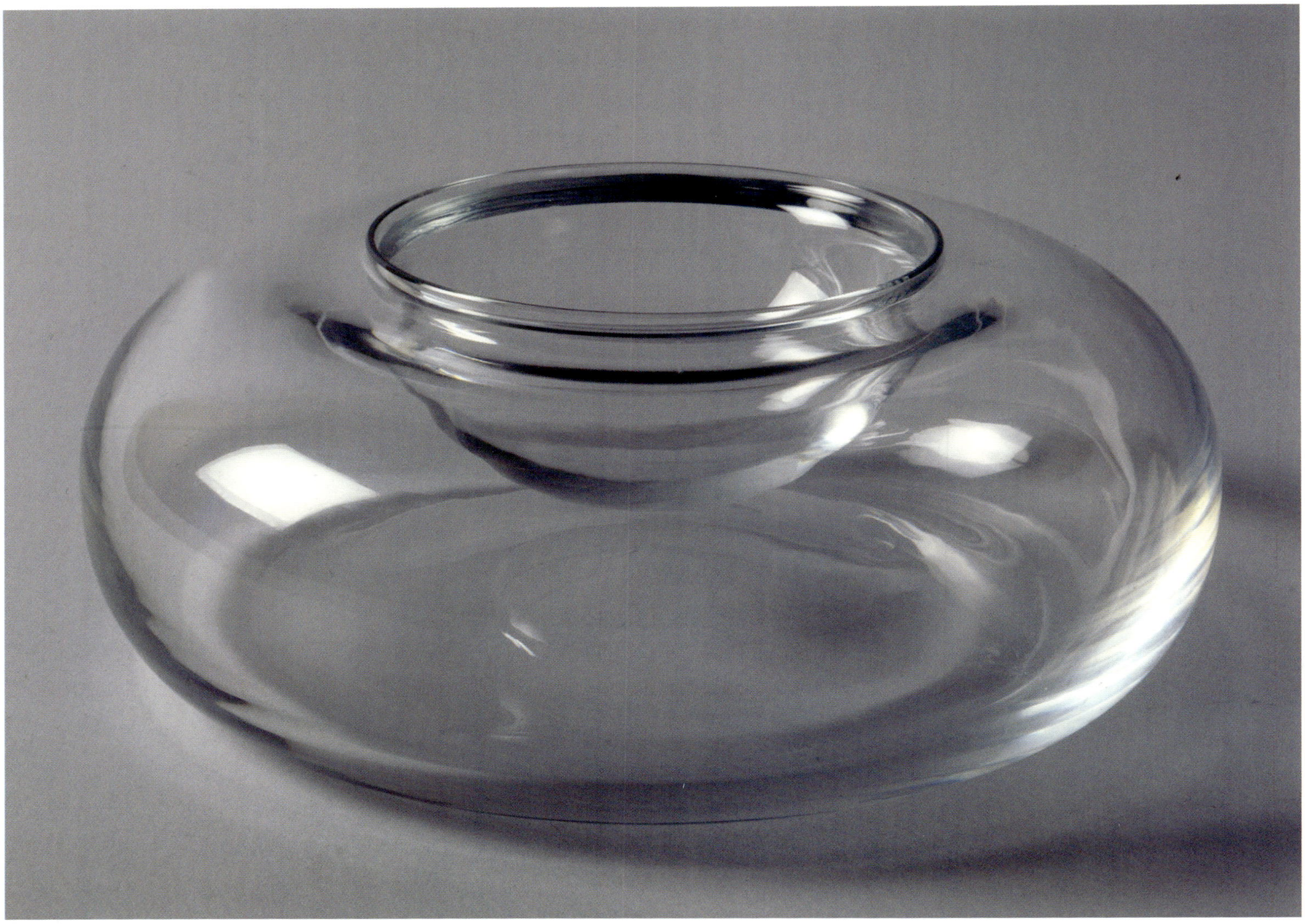

Bol à caviar 1971
Cratere per caviale in cristallo con contenitore inferiore per il ghiaccio.
Diametro 20 cm. Produzione Compagnie des Cristalleries de Baccarat

Bol à caviar, disegno tecnico

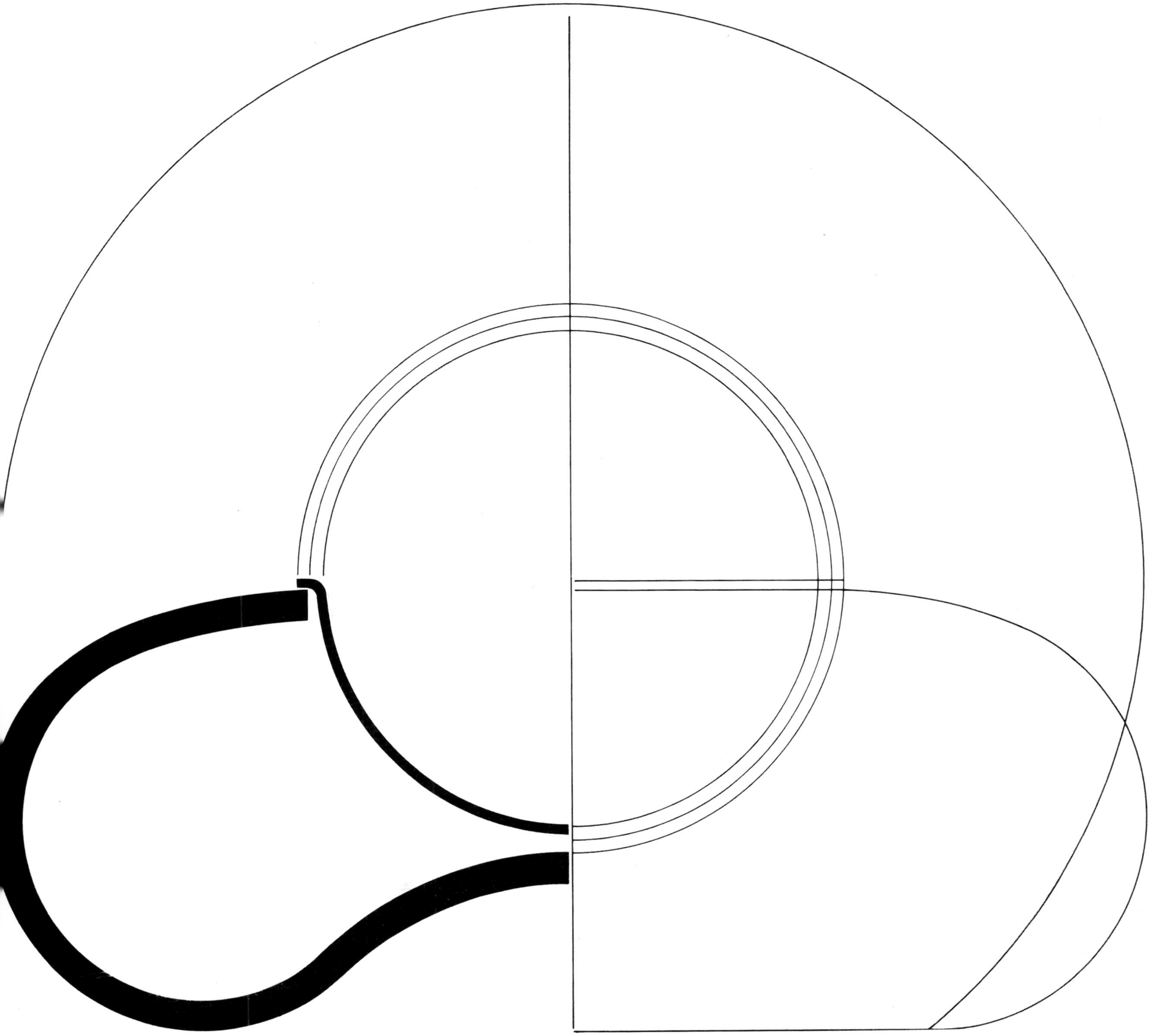

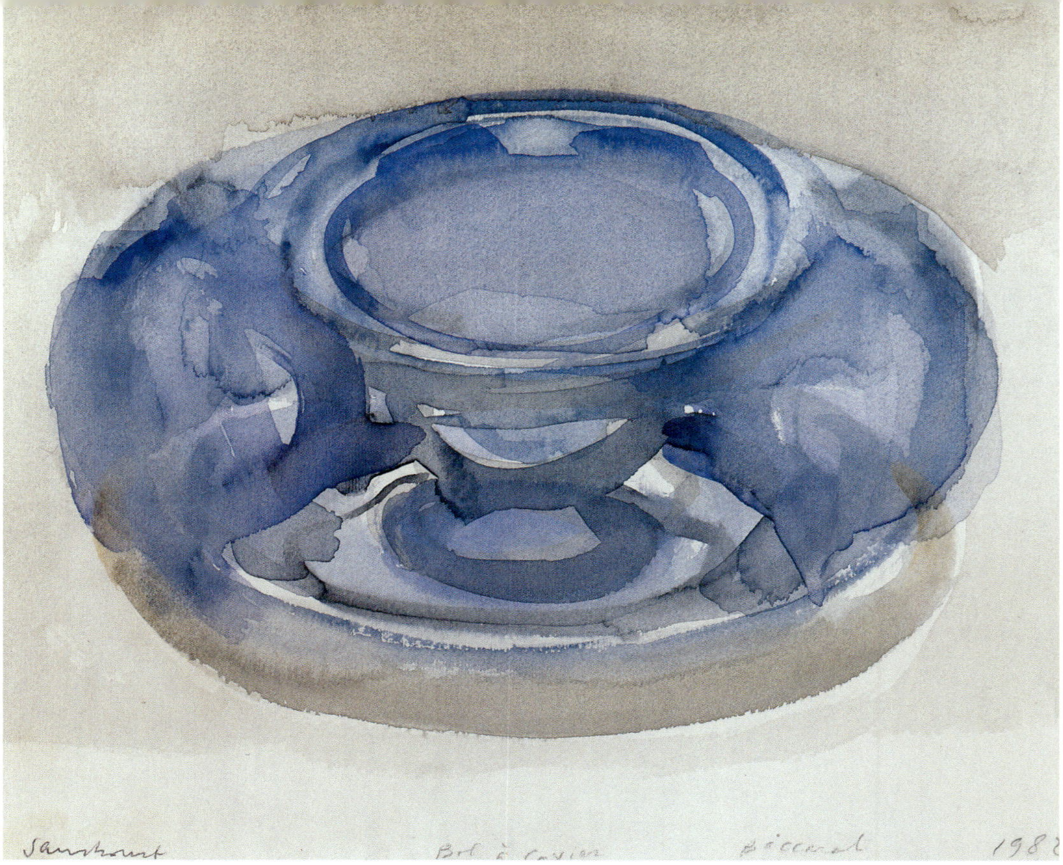

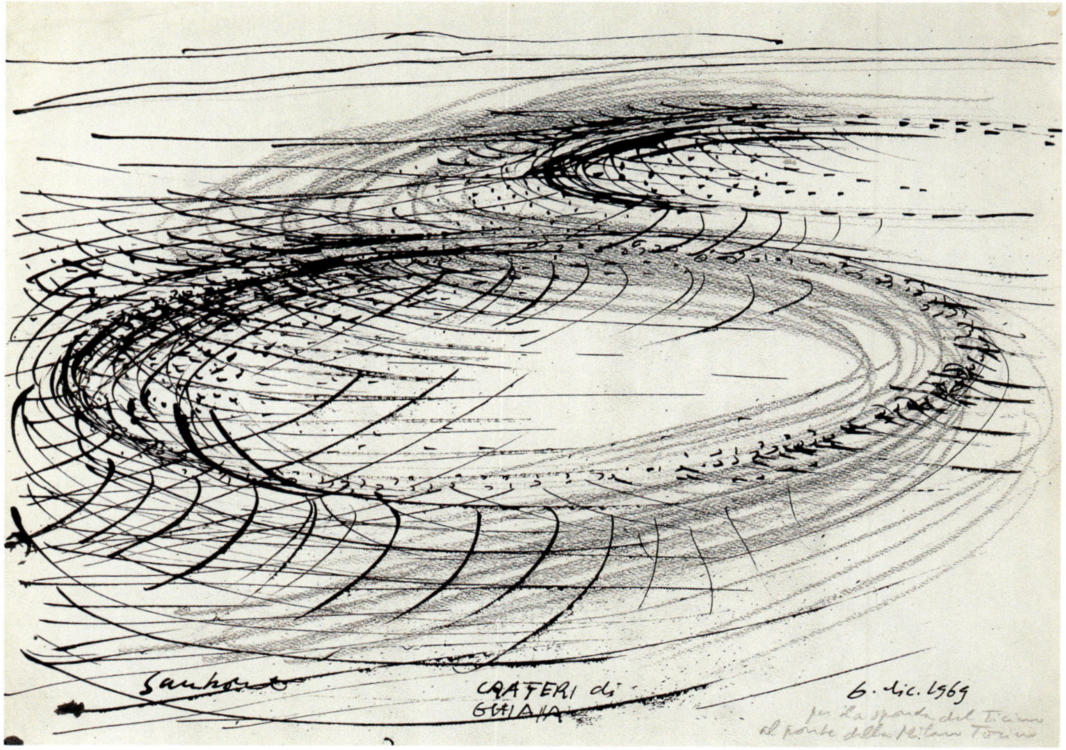

Bol à caviar, acquerello su carta, 20 x 25 cm, 1982

Crateri di ghiaia per la sponda del Ticino al ponte della Milano Torino, china e carboncino su carta, 36 x 50 cm, 6 dic. 1969

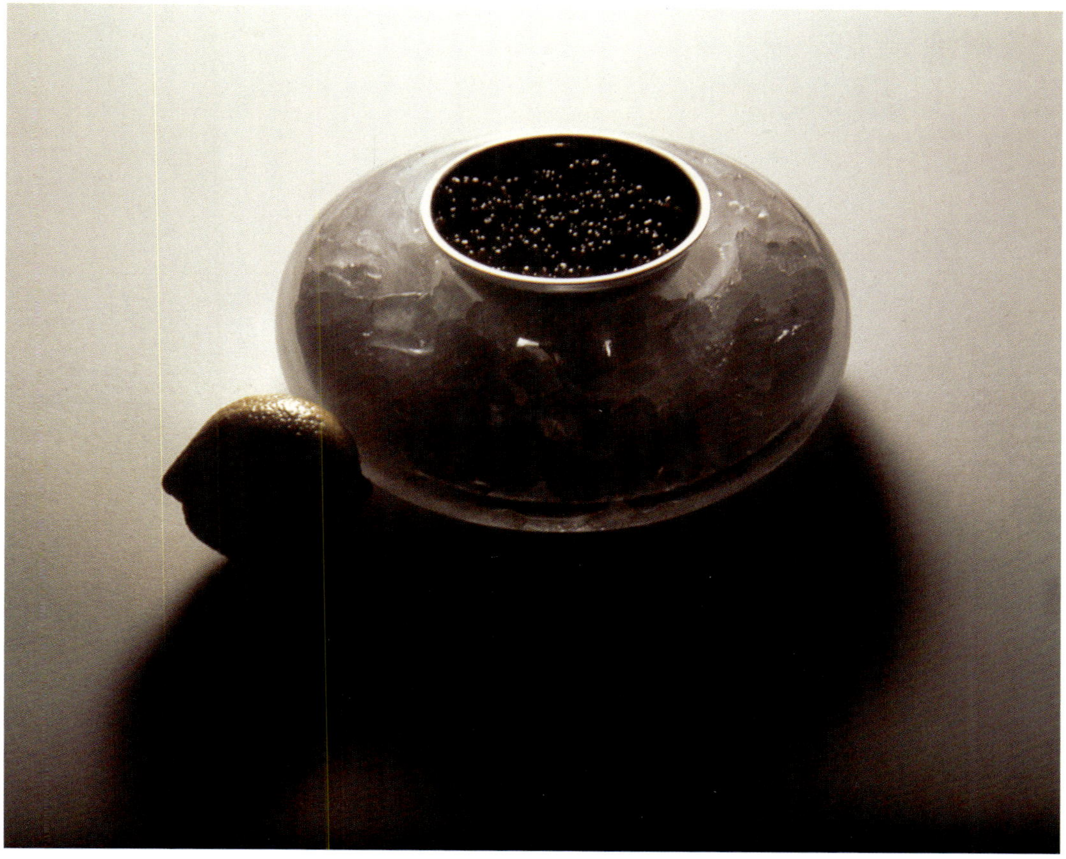

Bol à caviar, un'immagine per i cataloghi Baccarat.
Art director Roberto Sambonet, fotografo Serge Libiszewski

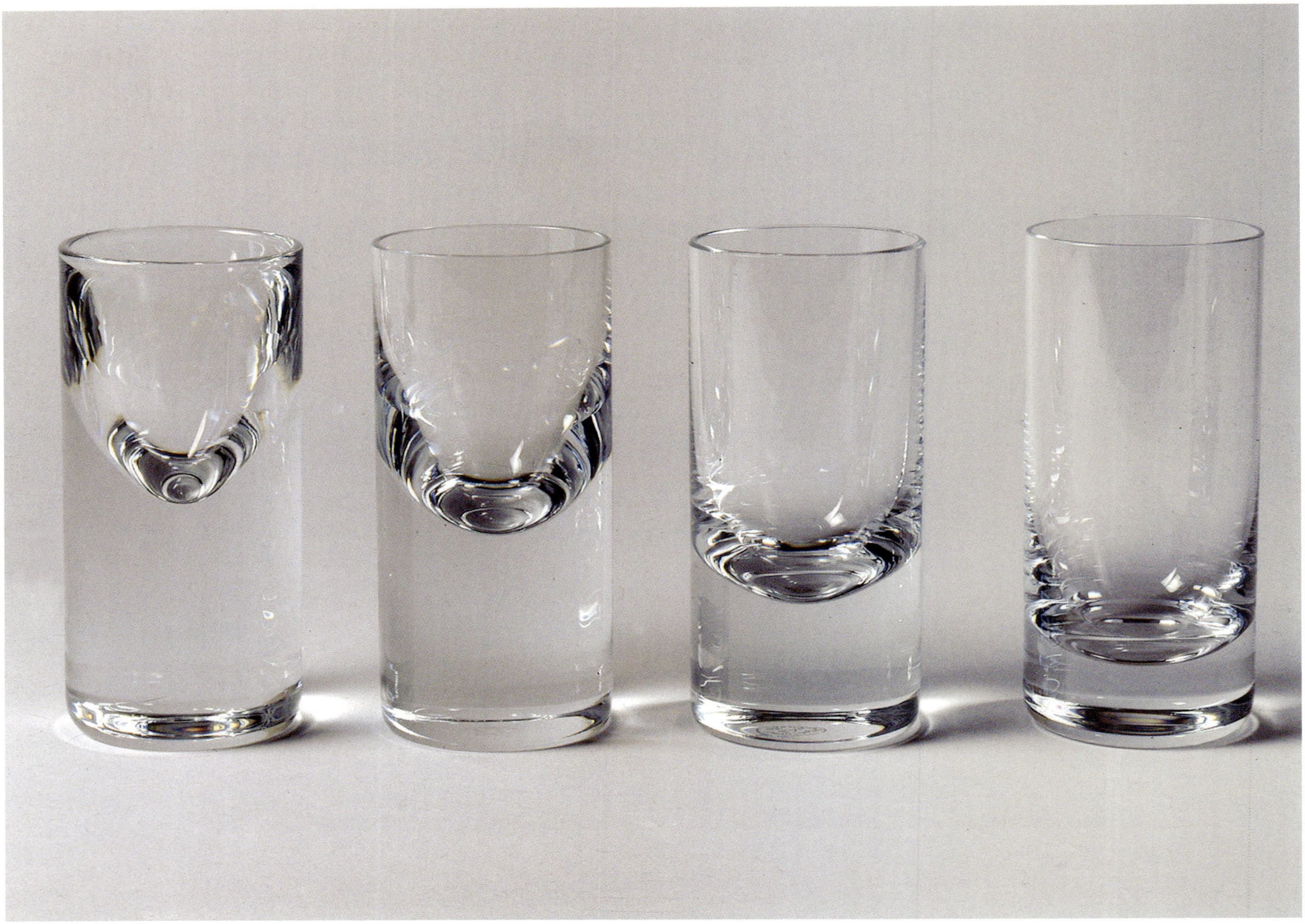

TIR bar 1971
Quattro bicchieri in cristallo a sezione fissa e volume modulare. Diametro 6 cm; h. 12,5 cm. Produzione Compagnie des Cristalleries de Baccarat

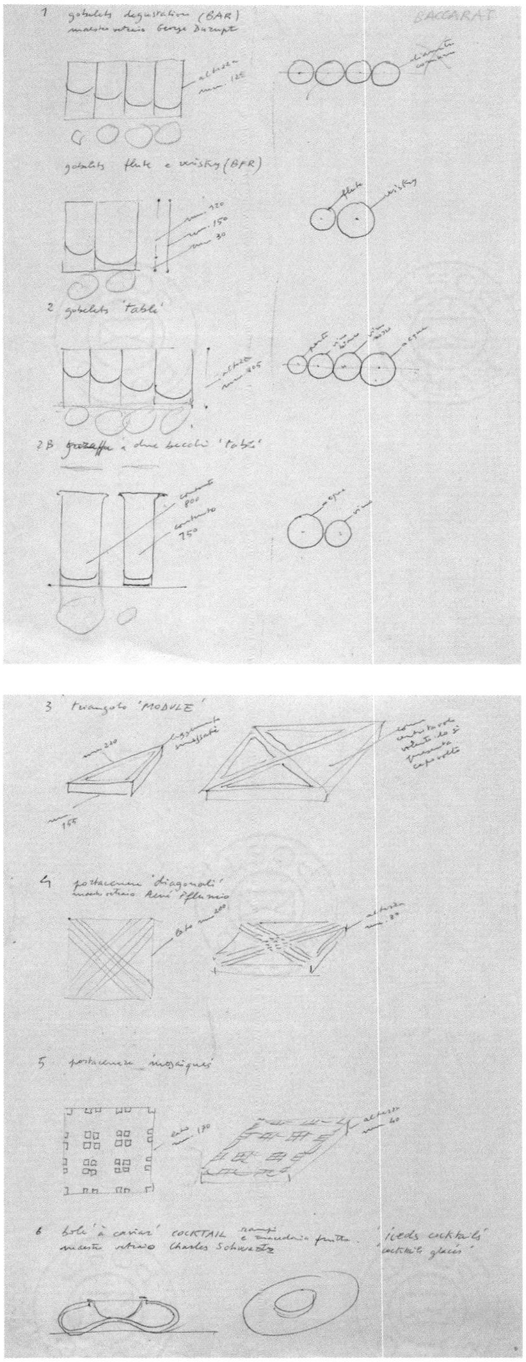

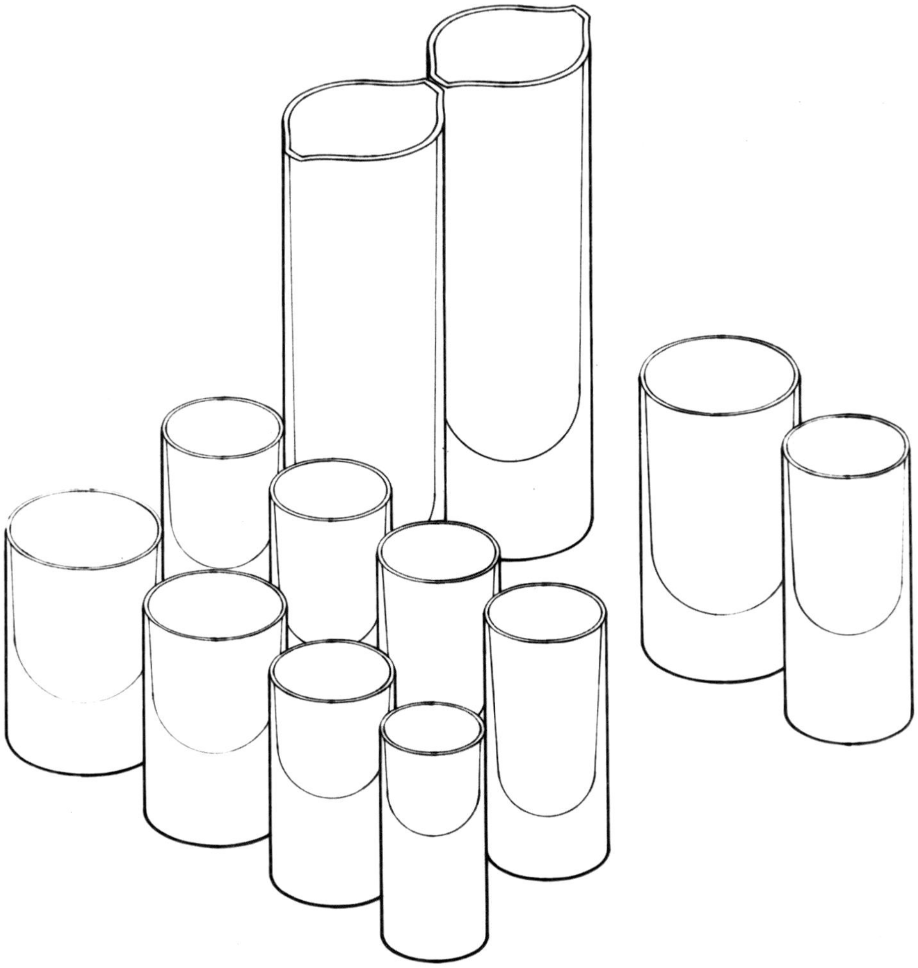

Tavola sinottica in cui Sambonet ha riassunto diversi progetti realizzati per Baccarat, biro e matita su carta, 29,7 x 21 cm ciascuna, s. d.

TIR, disegno tecnico, la collezione completa era formata dalla serie TIR bar, TIR whisky e long drink, TIR tavola, TIR brocca a due becchi

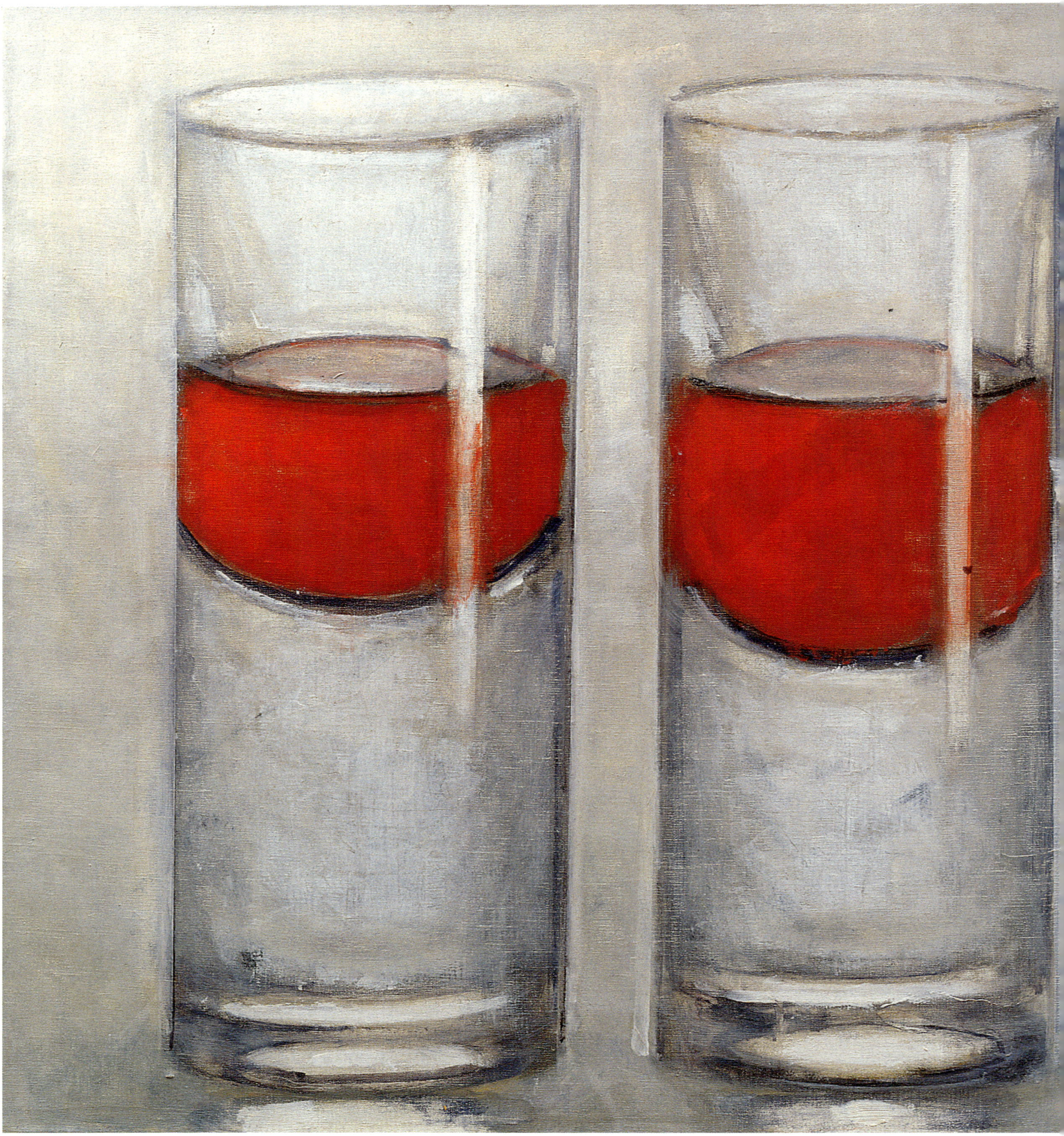

TIR bar, olio su tela, 100 x 150 cm, collezione privata, Milano

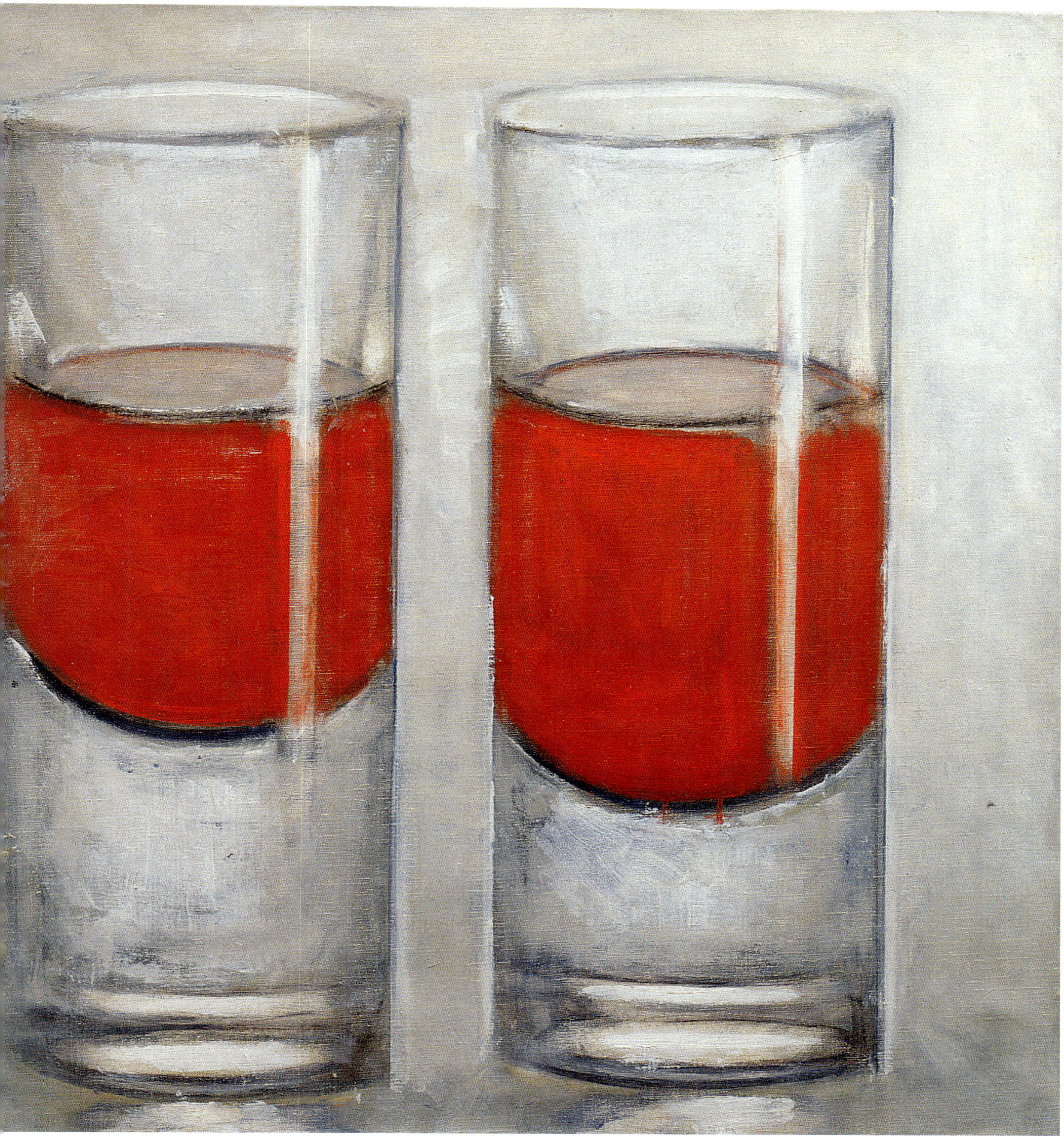

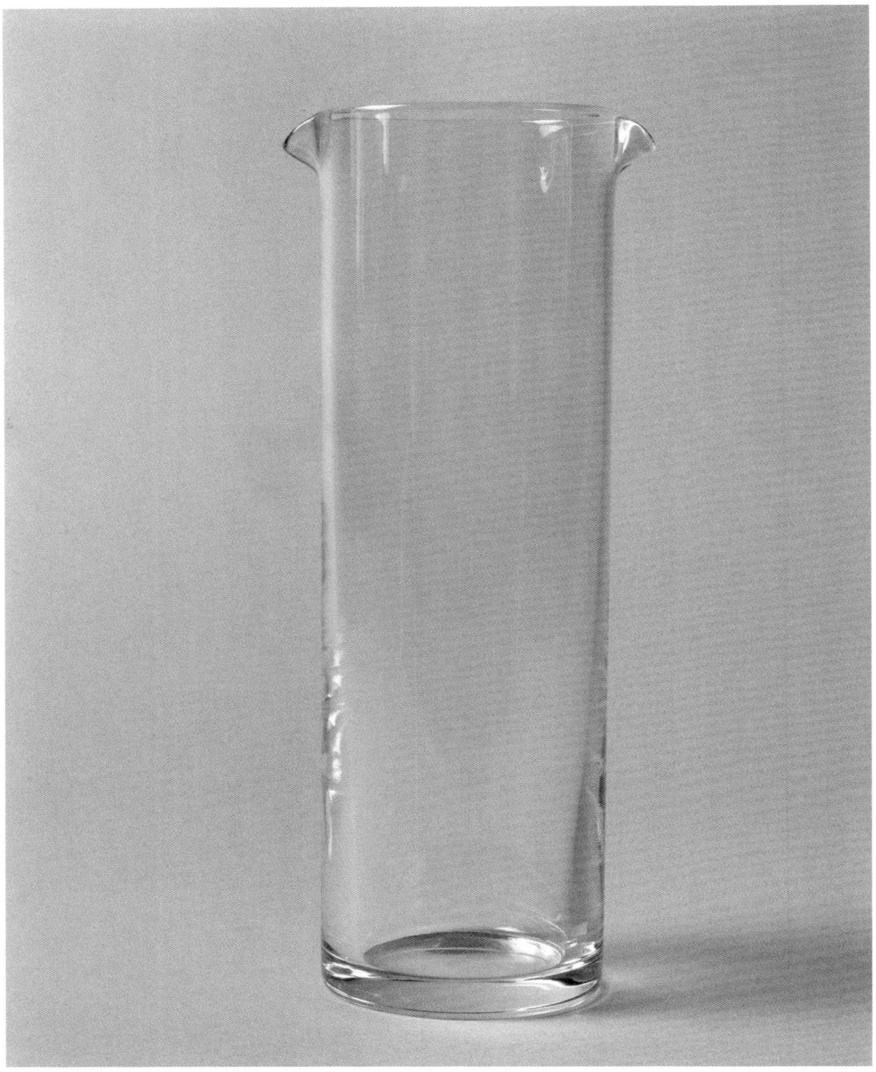

Brocca a due becchi 1971
Nata come elemento della collezione TIR, la brocca rimase in produzione anche quando cessò la produzione dei bicchieri. Produzione Compagnie des Cristalleries de Baccarat

Collezione Nouvelles formes d'art design, la vetrina della Compagnie des Cristalleries de Baccarat a Parigi in occasione della presentazione della nuova collezione di Roberto Sambonet, 1971. Fotografia Archivio Roberto Sambonet

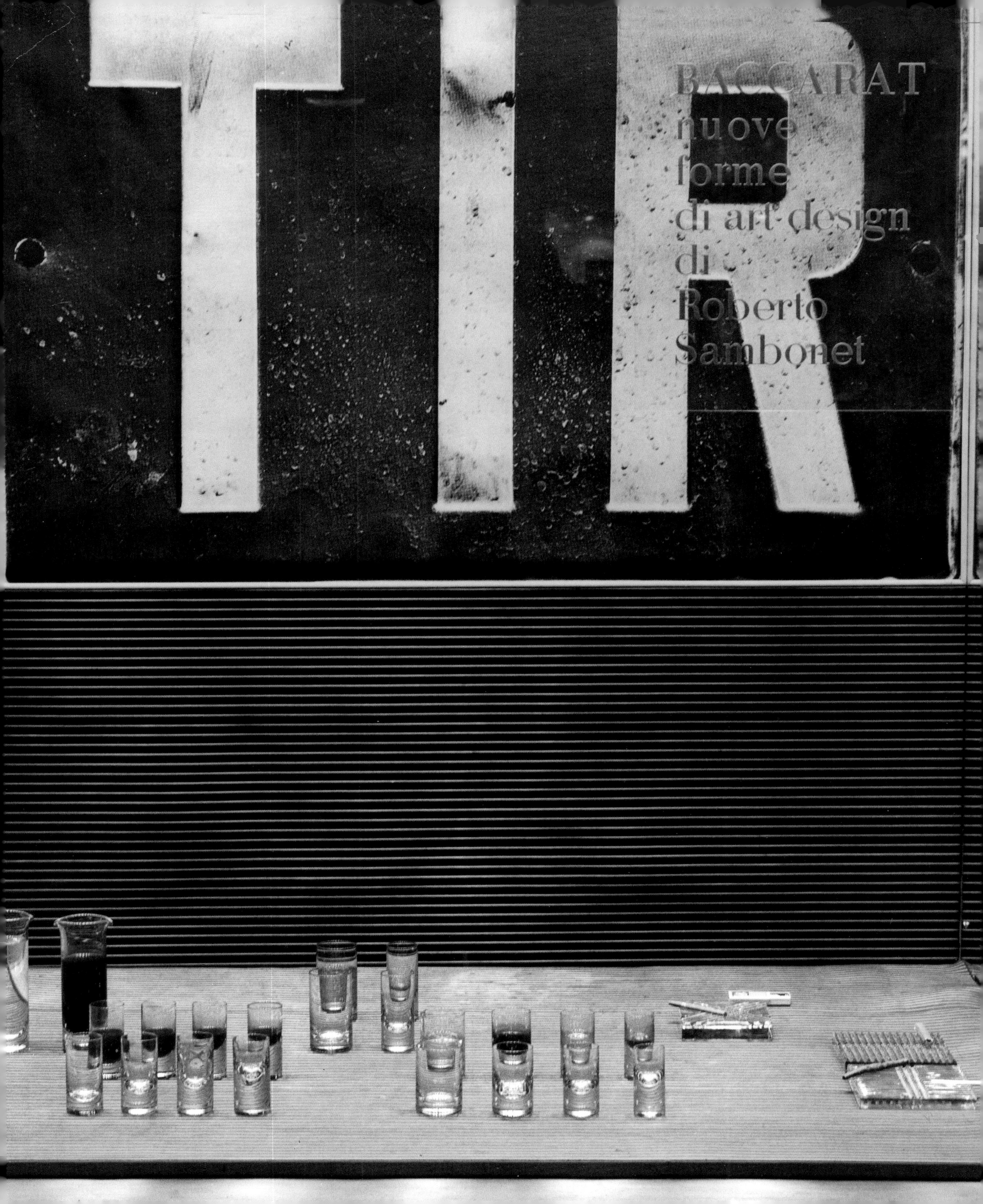
TIR
BACCARAT
nuove
forme
di art design
di
Roberto
Sambonet

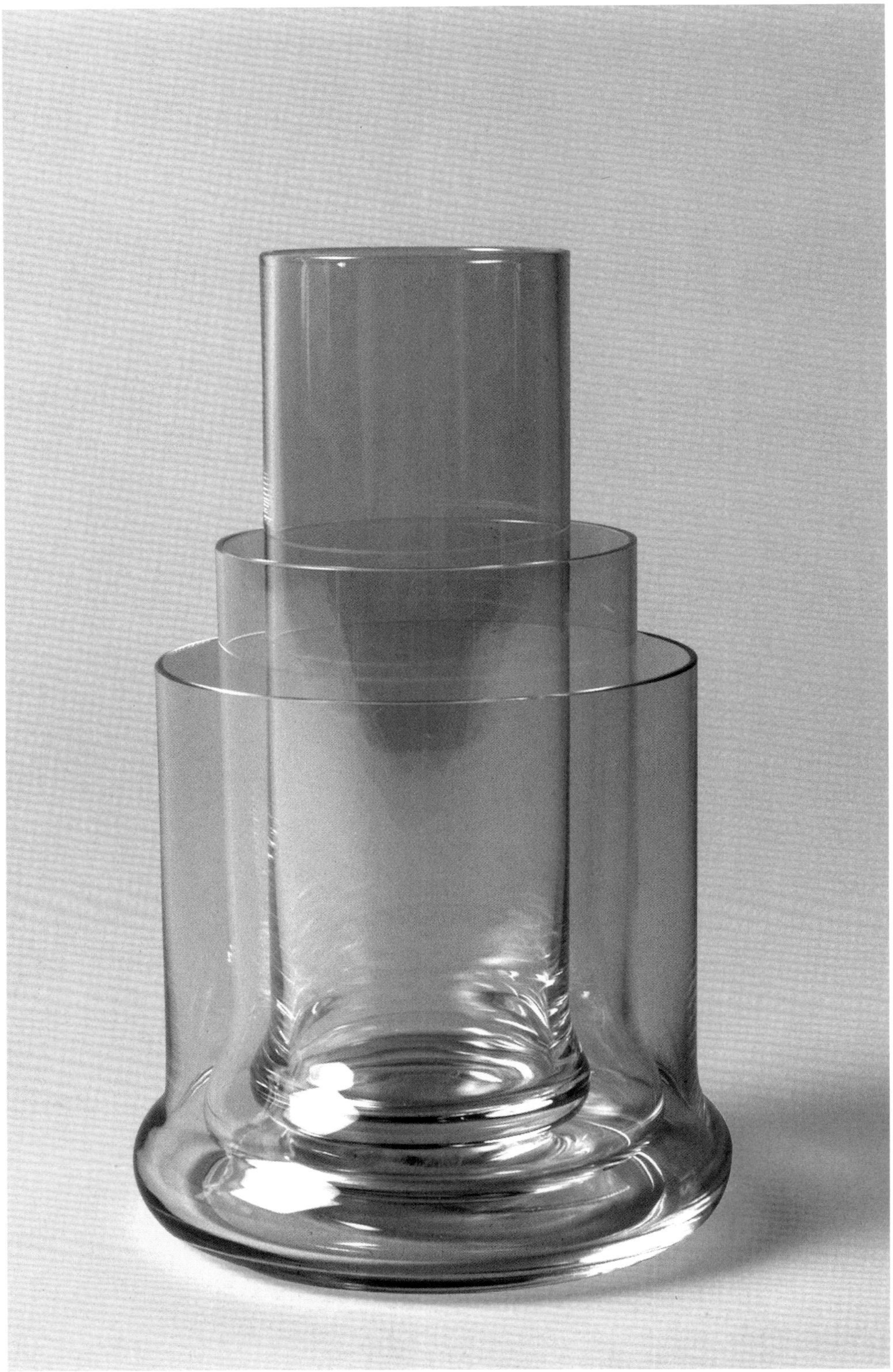

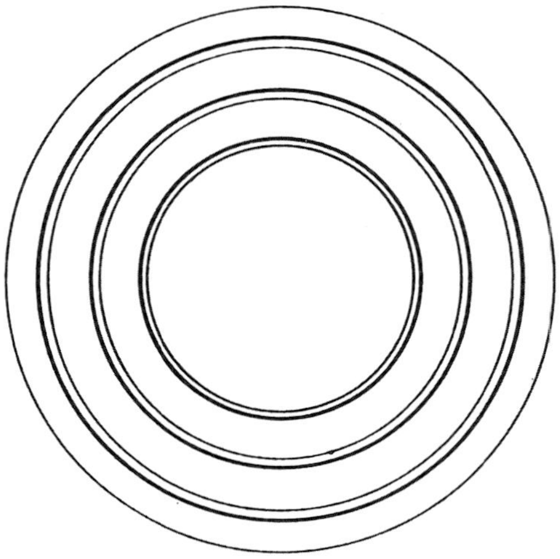

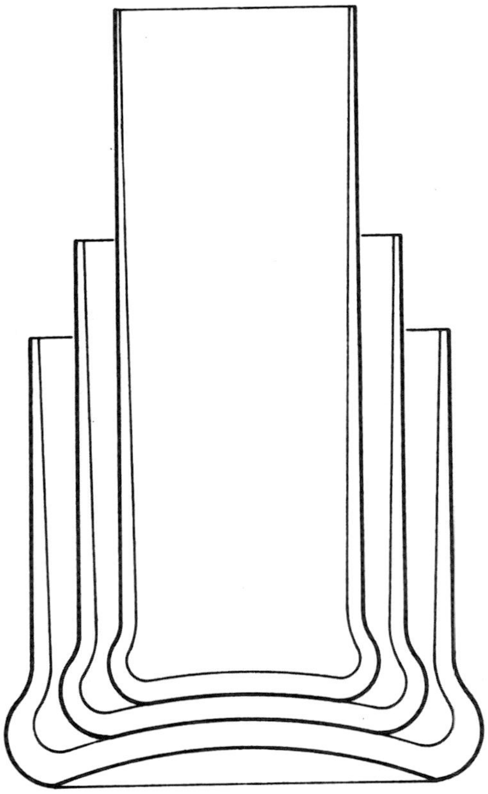

Empilage 1971
Tre bicchieri impilabili in cristallo a sezione concentrica.
Diametro 5-6,5-8 cm; altezza 9-10-14 cm.
Produzione Compagnie des Cristalleries de Baccarat

Empilage, disegno tecnico

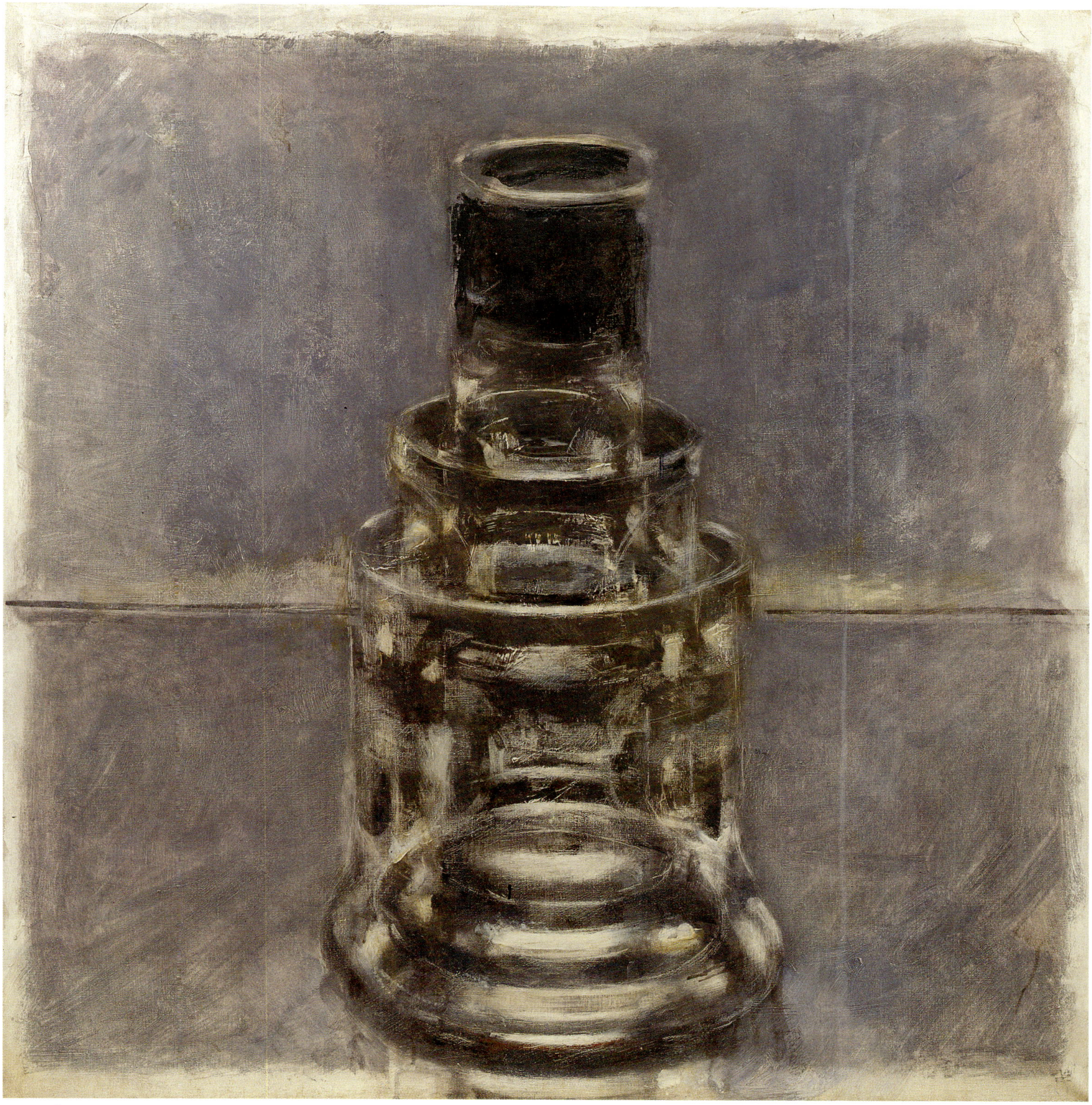

Empilage, olio su tela, 150 x 150 cm, 1990 ca.

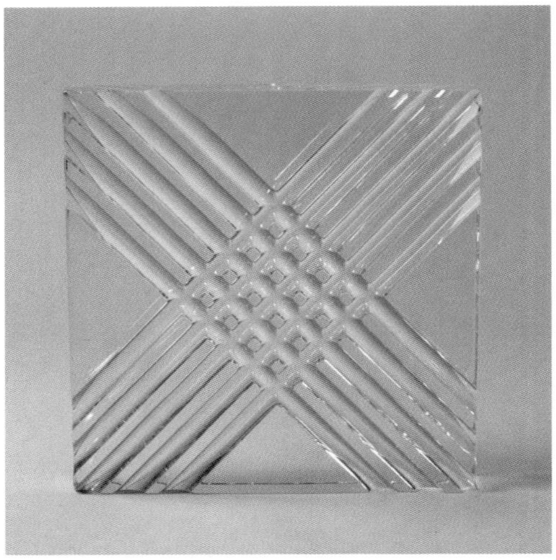

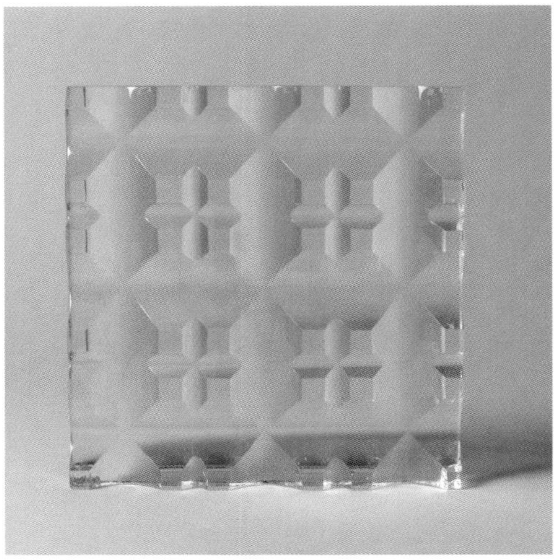

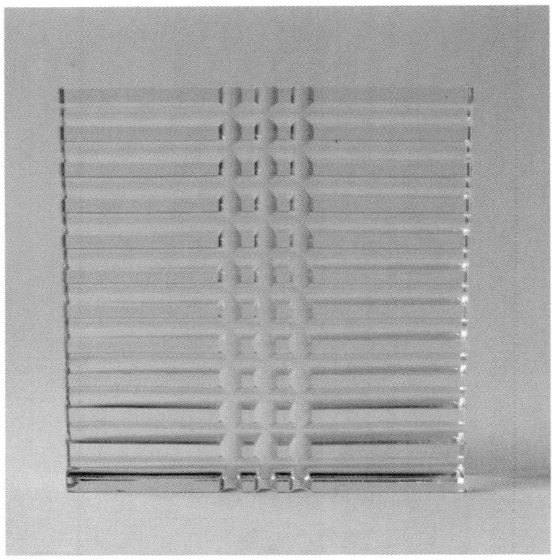

Diagonale 1971
Posacenere in cristallo. 18 x 18 cm. Produzione Compagnie des Cristalleries de Baccarat, collezione privata, Torino
Mosaico 1971
Posacenere in cristallo. 18 x 18 cm. Produzione Compagnie des Cristalleries de Baccarat
Ortogonale 1971
Posacenere in cristallo. 18 x 18 cm. Produzione Compagnie des Cristalleries de Baccarat, collezione privata, Torino

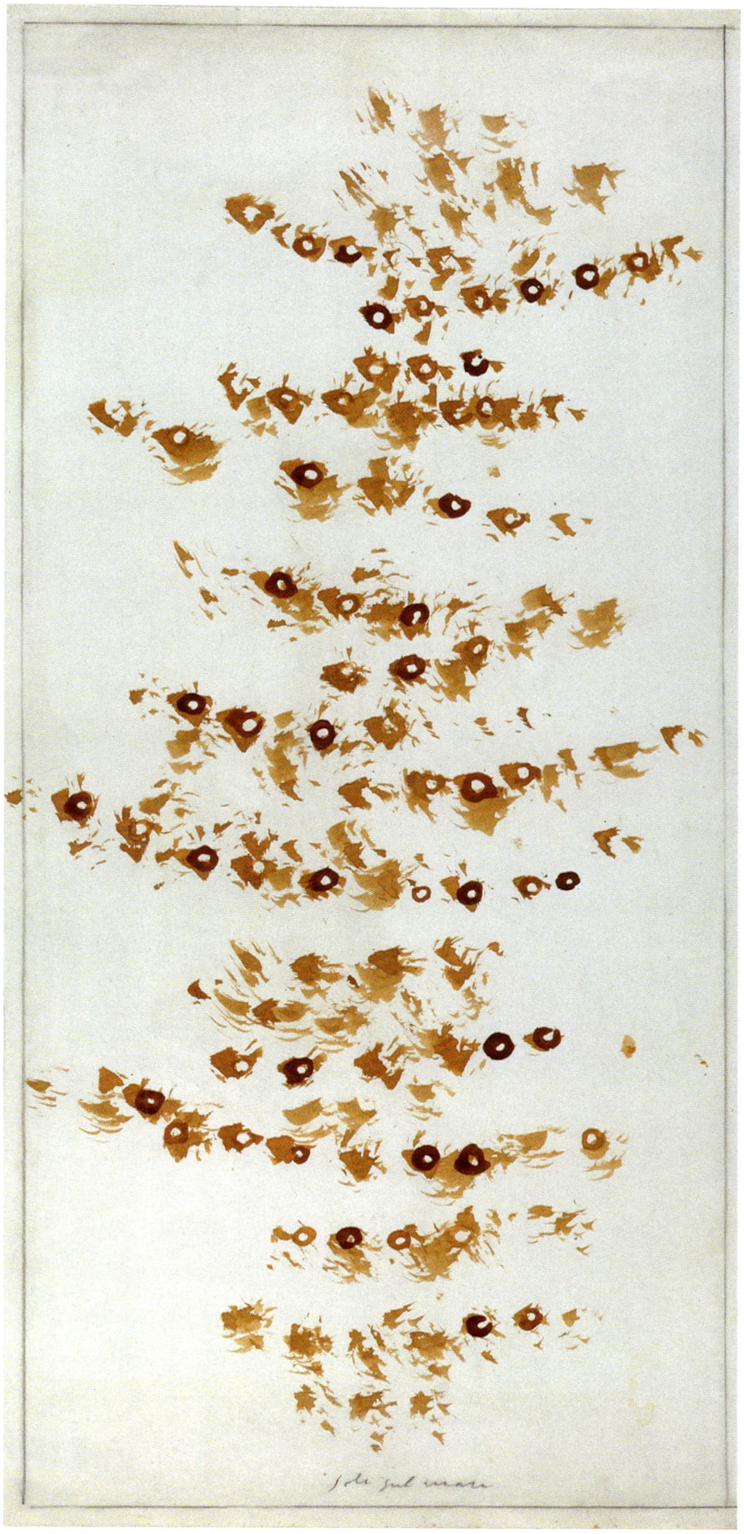

Sole sul mare (studio di r flessi), china colorata su carta, 50 x 25 cm, 1957

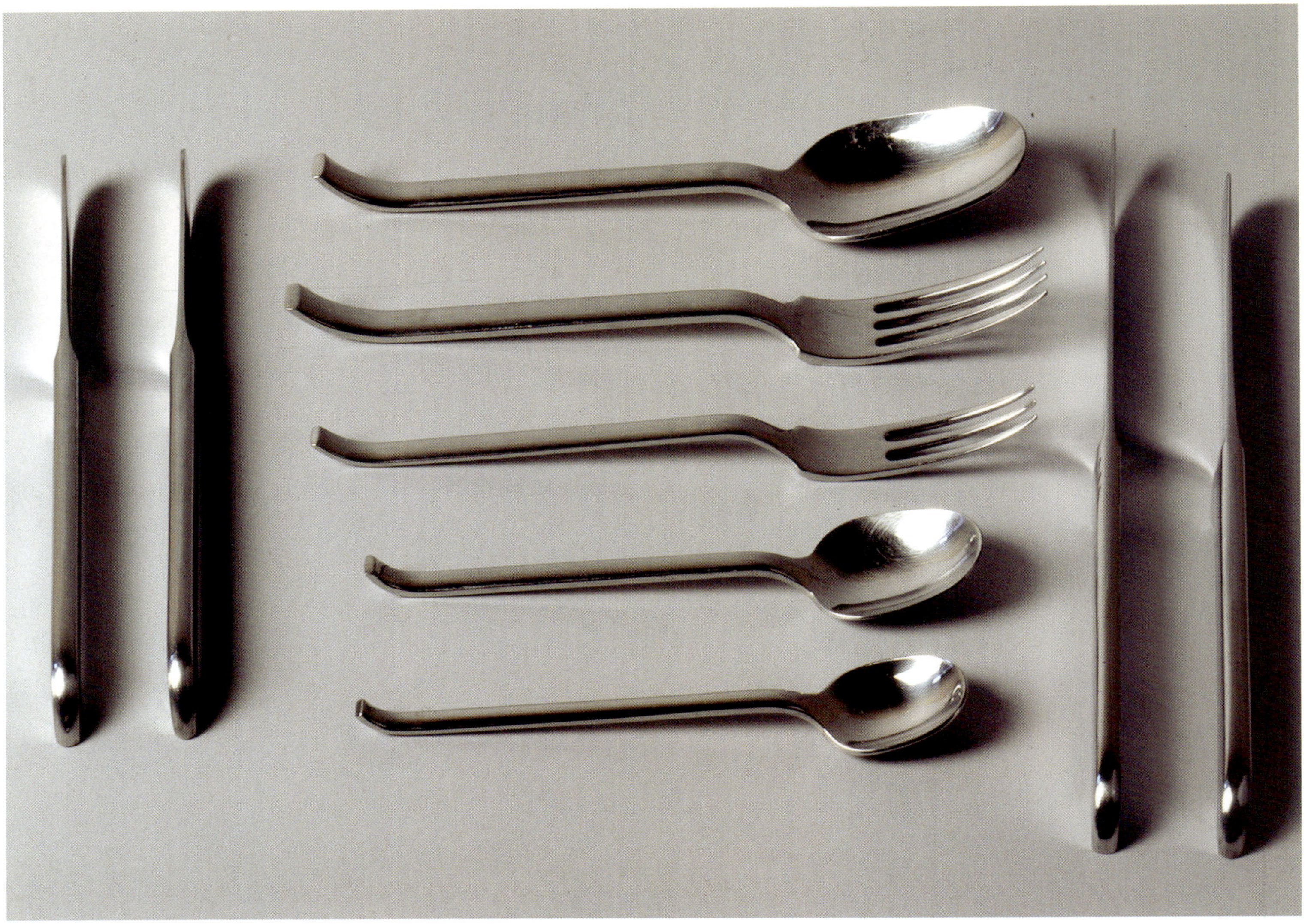

RSt Set 845 1973
Servizio di posate in acciaio lucido. Produzione Sambonet.
Compasso d'Oro 1979

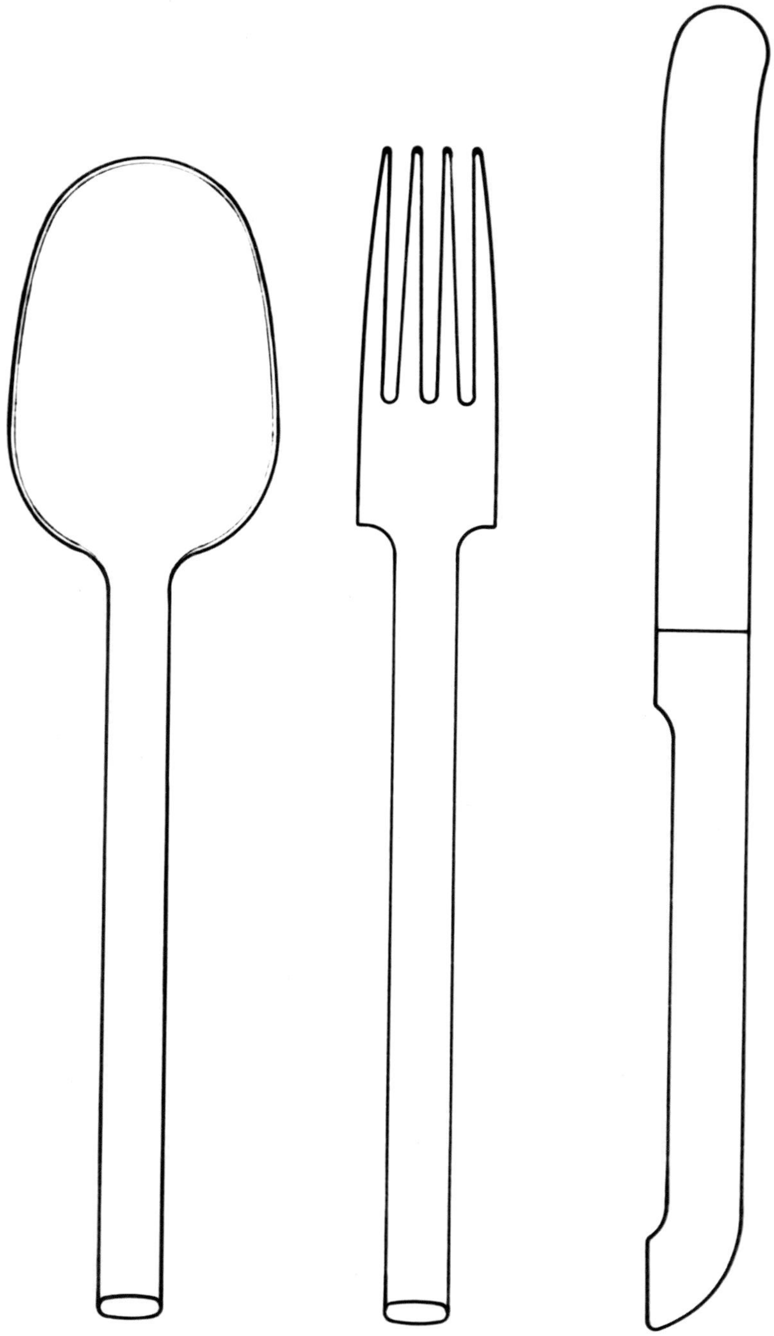

RSt Set 845, disegno tecnico

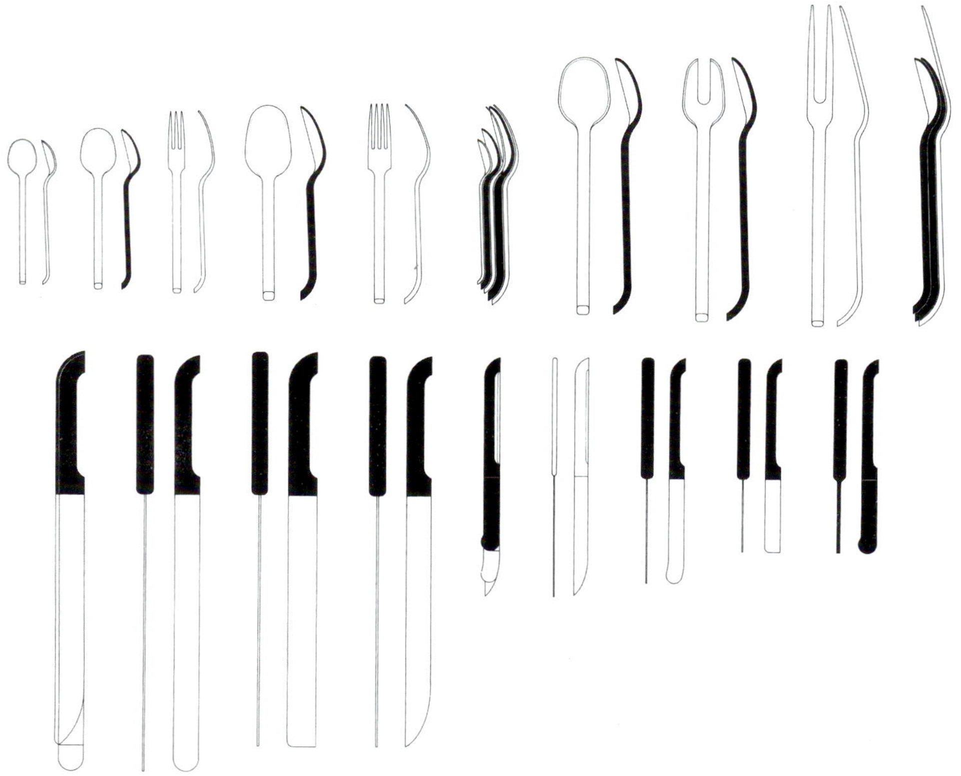

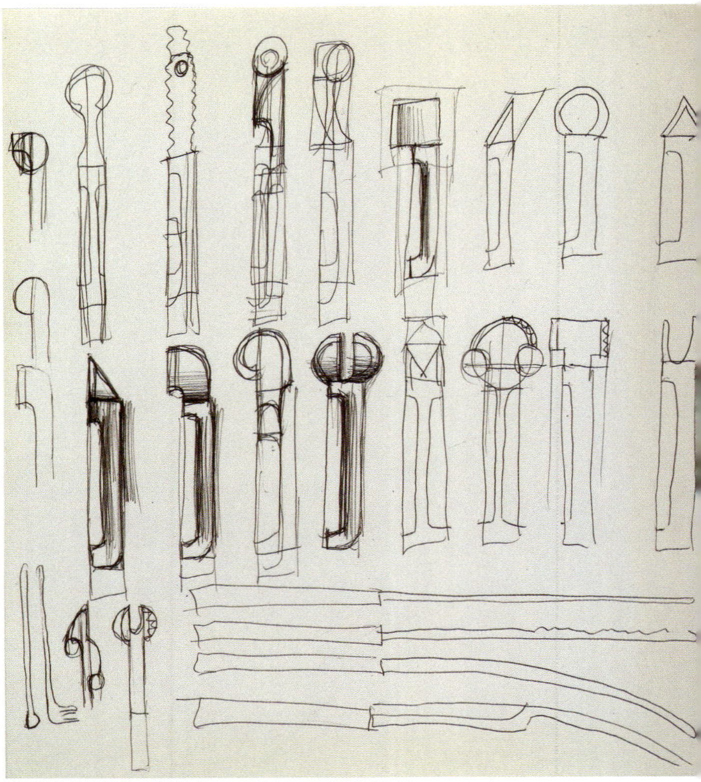

RSt Set 845, disegno tecnico, la collezione originariamente avrebbe dovuto comprendere anche elementi in resina melaminica, rimasti però allo stadio di prototipo

RSt Set 845, studio di posate e impugnature, biro su carta, s. d.

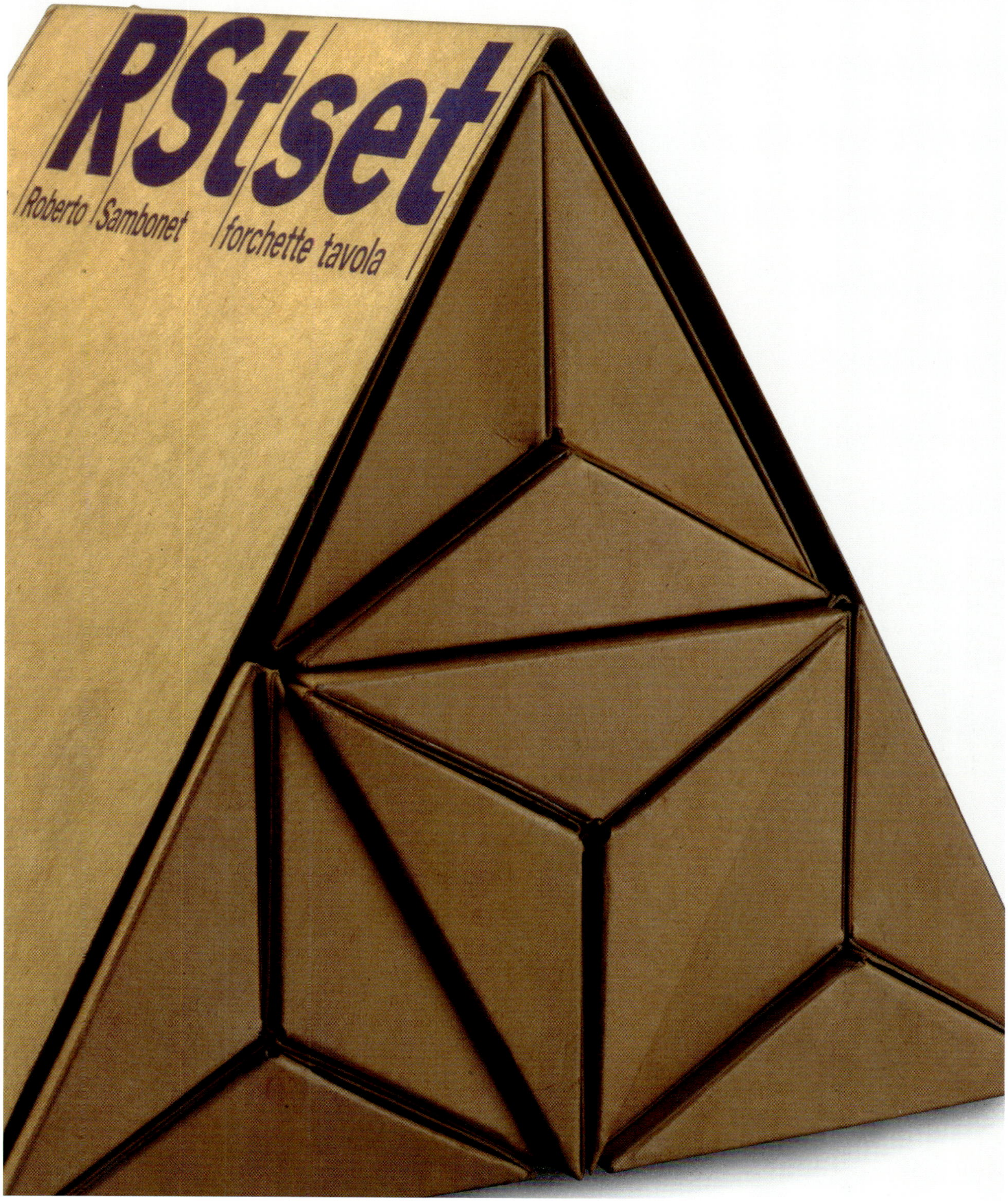

RSt Set 845, imballaggio multiplo in cartone.
Progetto Roberto Sambonet con la collaborazione di Mario Zacchetti
per la cartotecnica e Bruno Monguzzi per la grafica

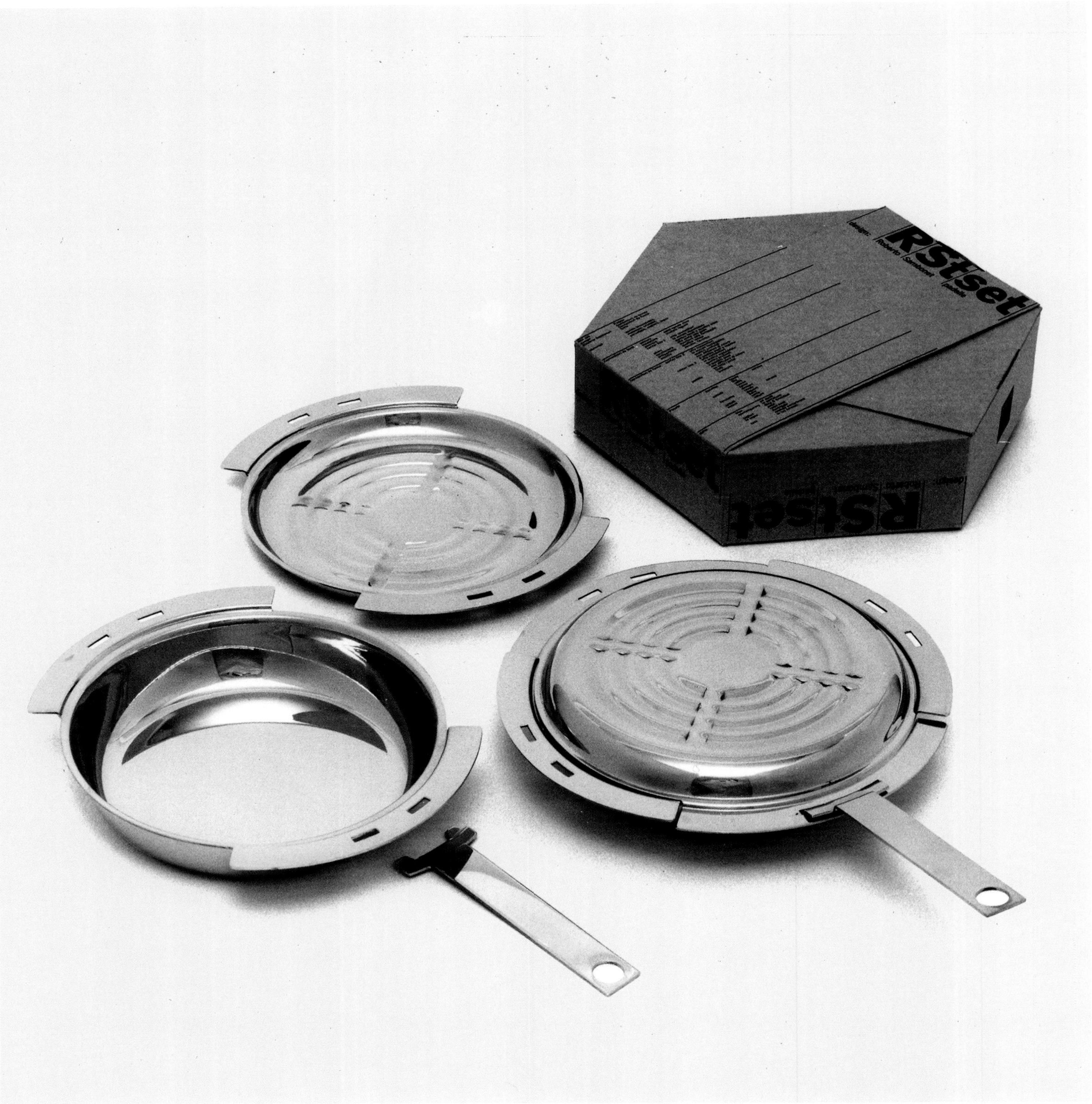

Center line bistecchiera 1972-73
Mini sistema formato da una padella per friggere e una griglia che può fungere anche da coperchio. I due contenitori sono realizzati con una struttura a sandwich in acciaio 18/10 con interno in alluminio-magnesio per una migliore distribuzione del calore. Il manico è separato e si unisce ad incastro. Diametro 26 cm. Produzione Sambonet.
Fotografia di Gelso Chiodi

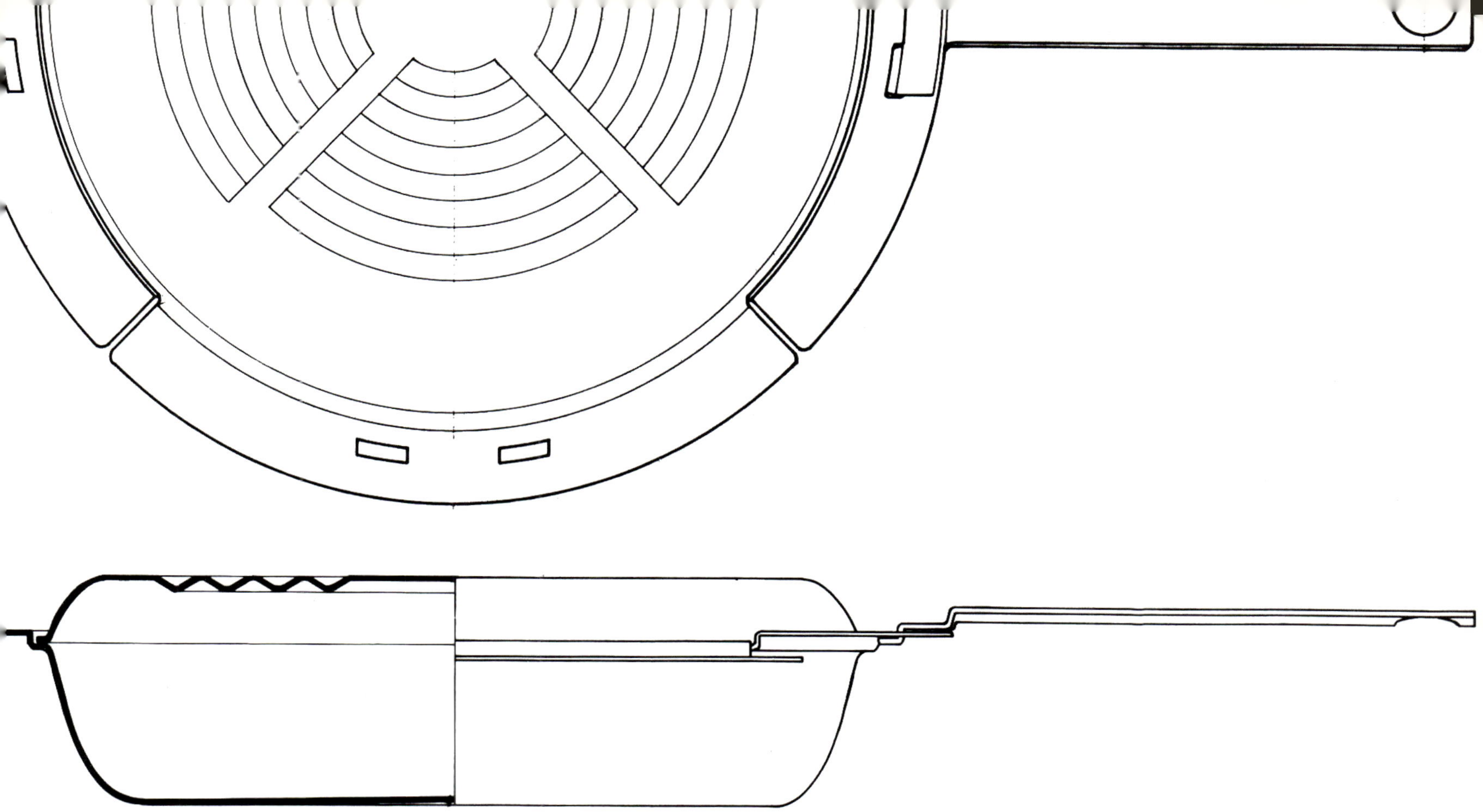

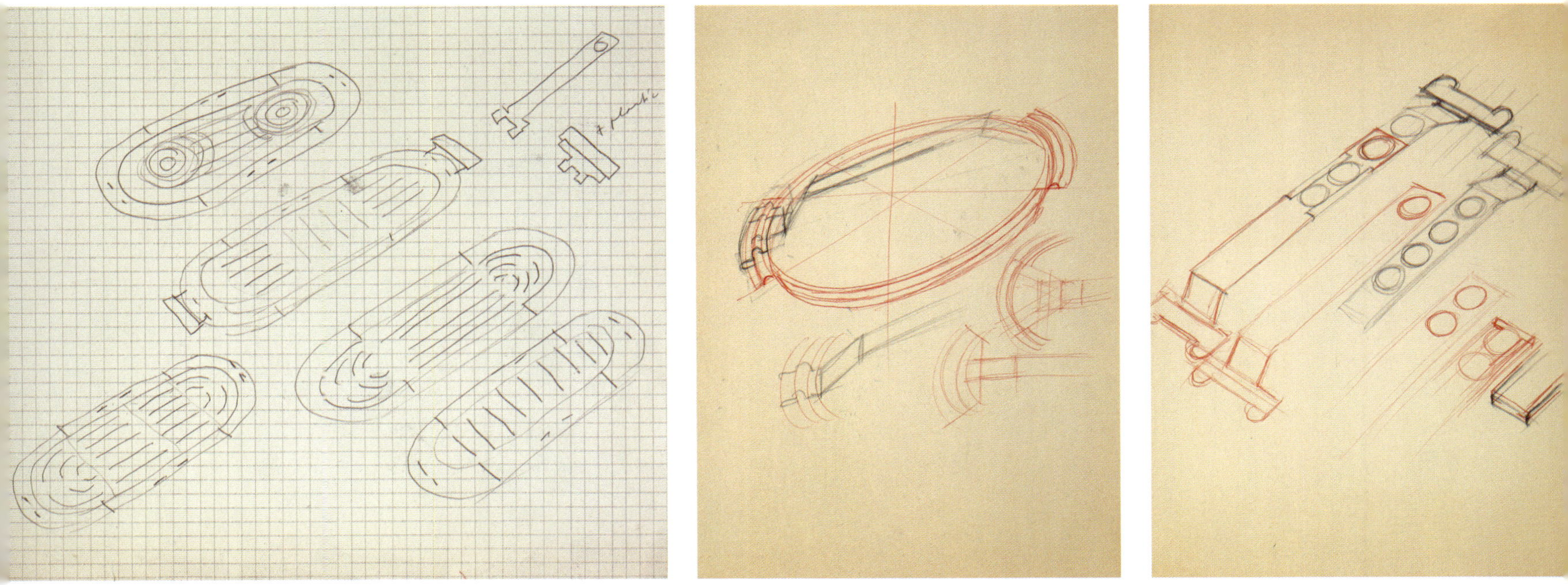

Center line bistecchiera, disegno tecnico

Center line bistecchiera, studi, biro su carta, 25 x 30 cm; 35 x 50 cm; 35 x 50 cm

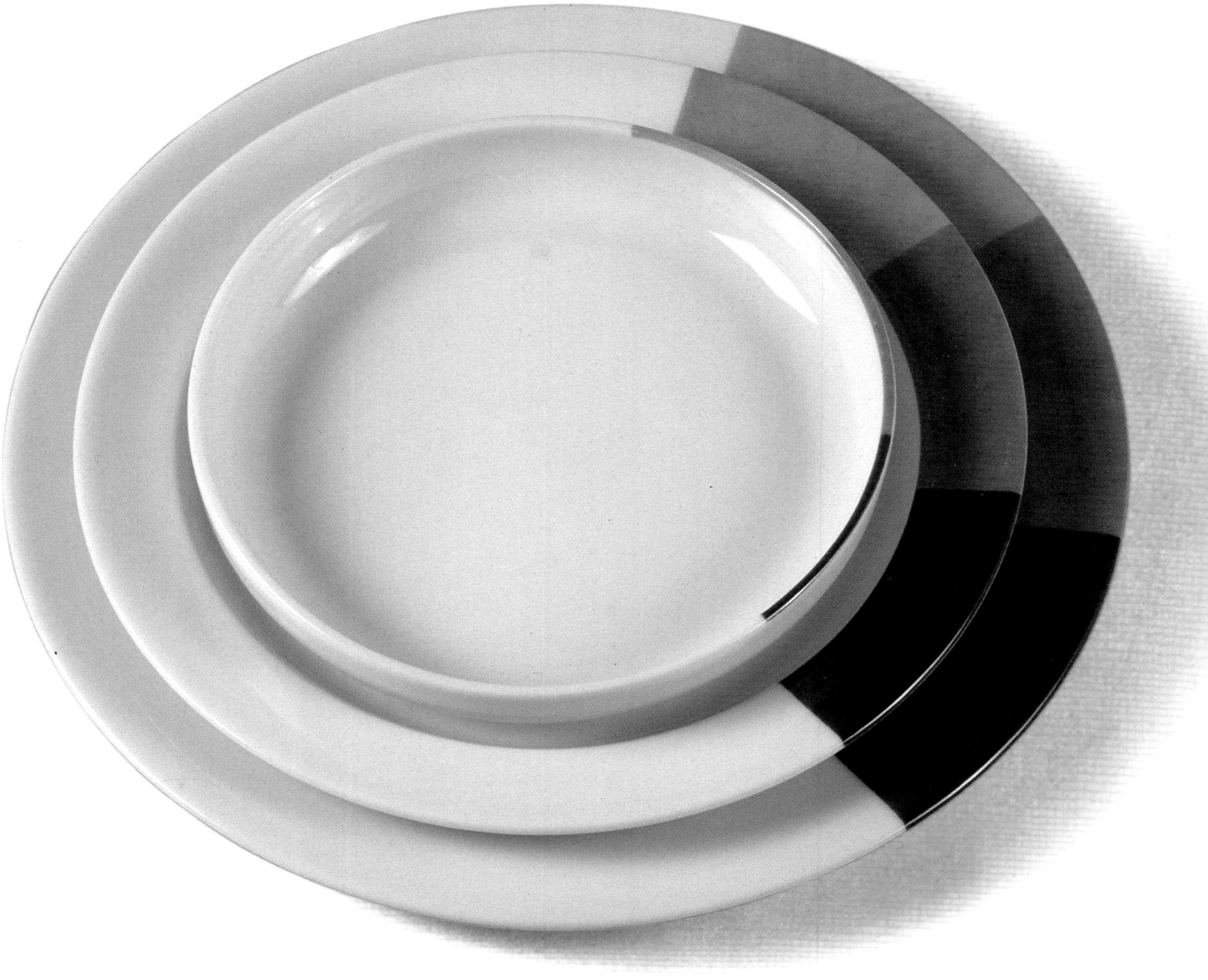

Spectrum 1973
Servizio di piatti in porcellana. Il decoro è studiato per consentire composizioni cromatiche astratte in tre differenti scale di colore.
Produzione Bing & Grondahl

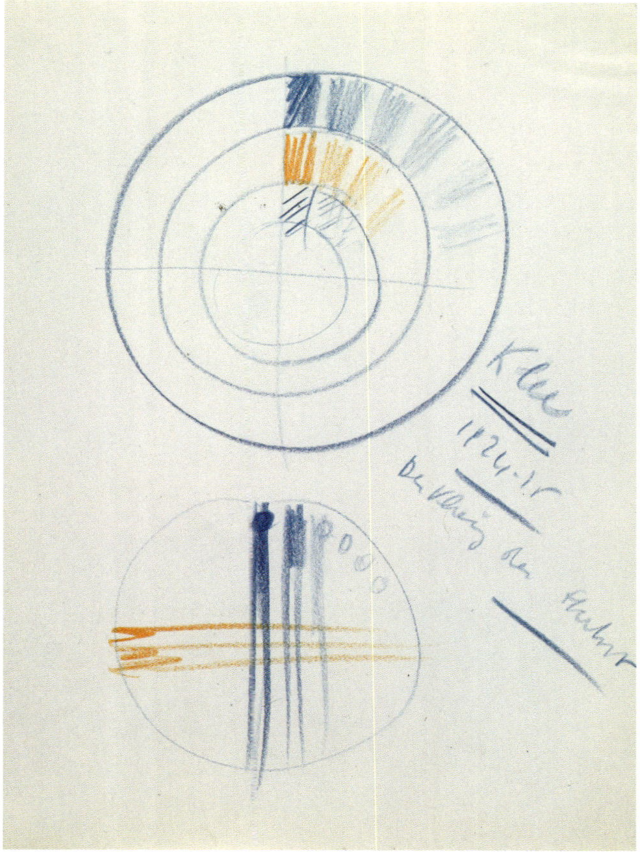

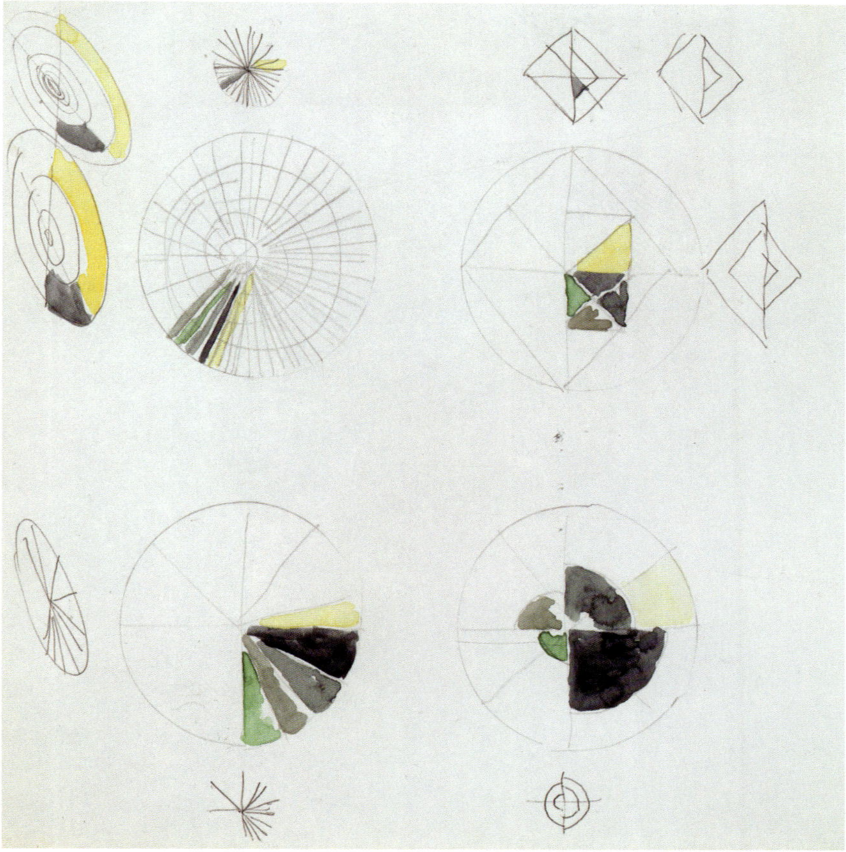

Spectrum, studio, pastello su carta, 18 x 10 cm, 1973 ca.

Studio cromatico, acquerello su carta, 25 x 25 cm, s. d.

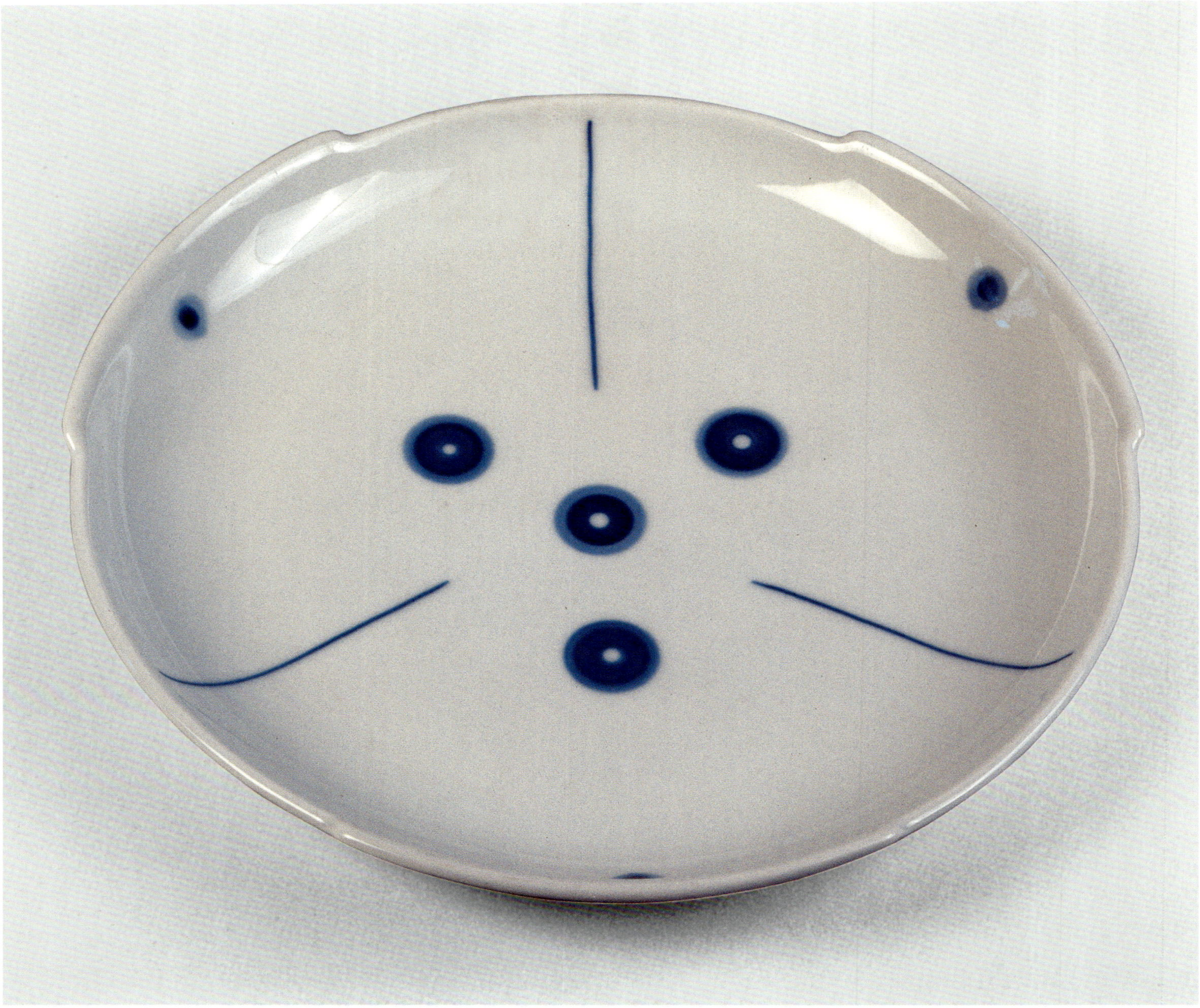

Blue contemporary 1973
Servizio di piatti in porcellana. Sintesi astratta dei decori della Compagnia delle Indie a fiori di ciliegio, di origine settecentesca. Produzione Bing & Grondahl

Blue contemporary, studio, matita colorata su carta, 24 x 32,5 cm, s. d.
Piatto tradizionale Blue fluted (Bla malet), decoro settecentesco, Bing & Grondahl, collezione privata, Milano

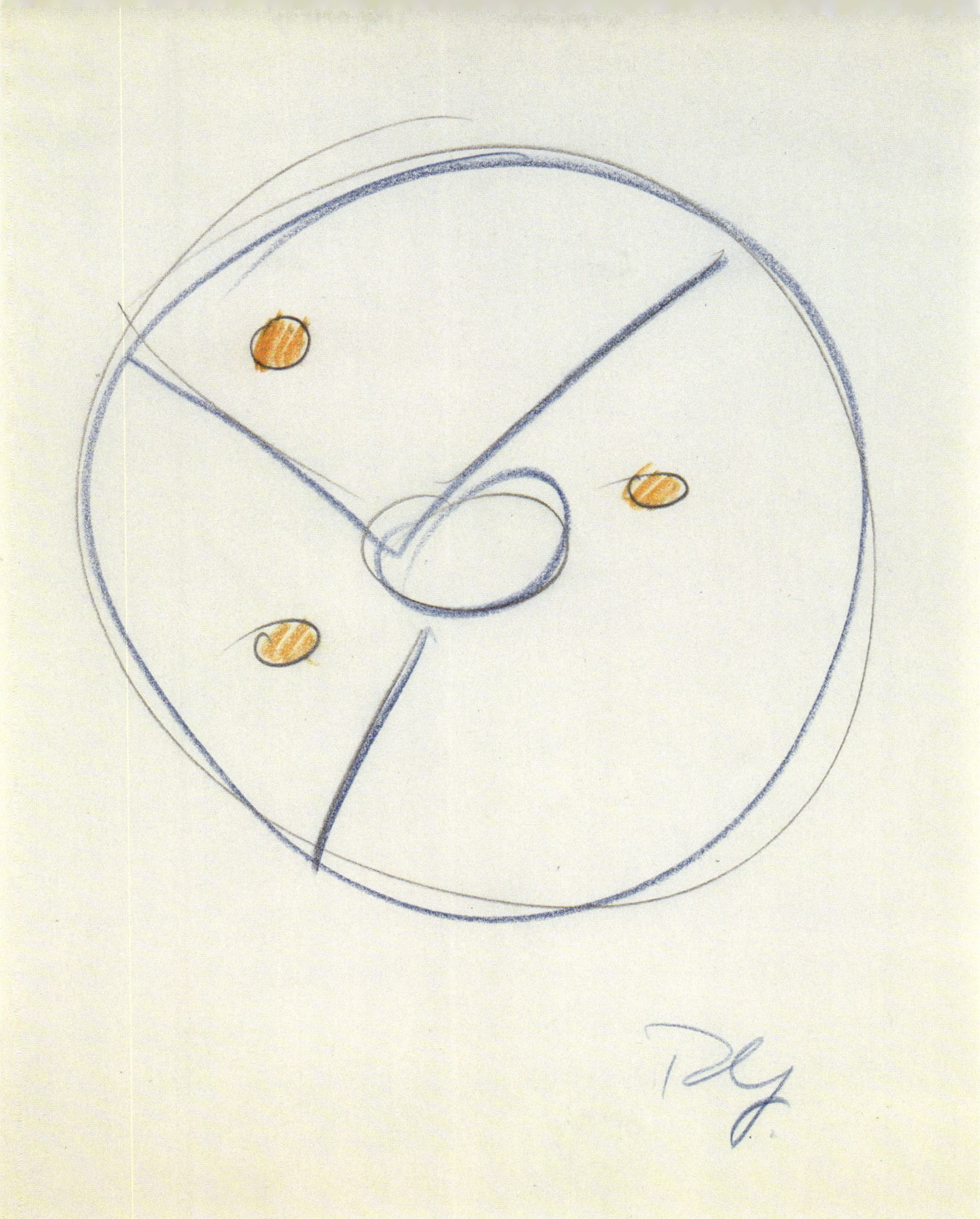

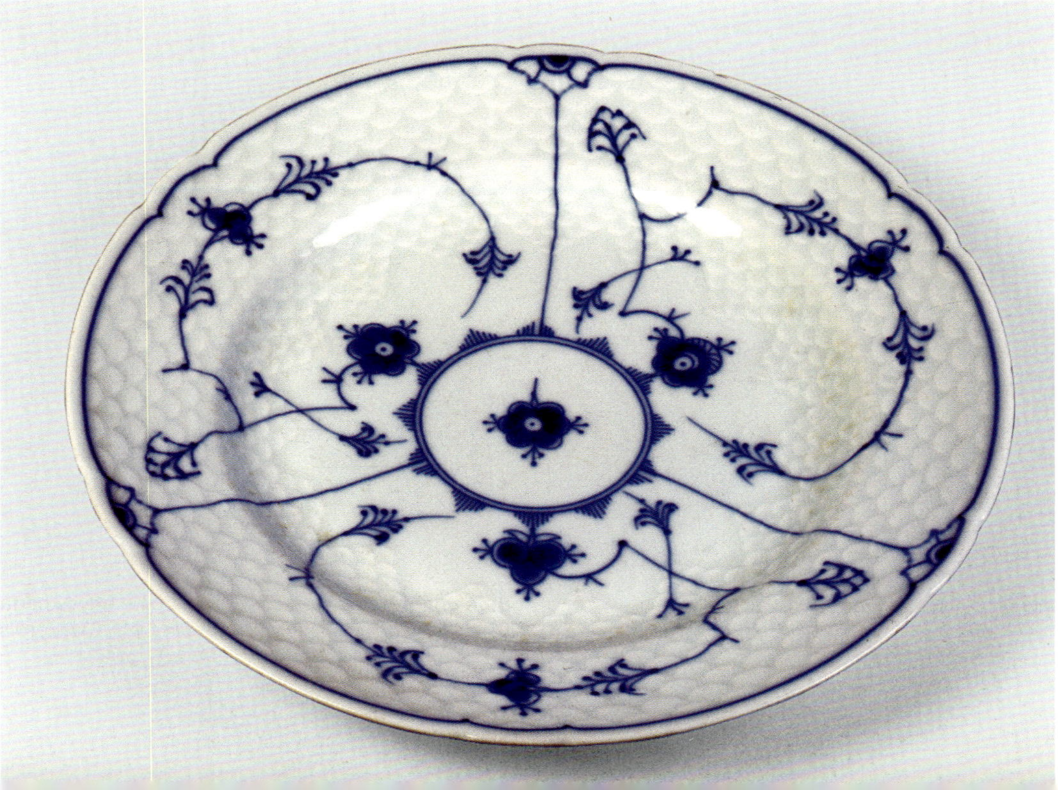

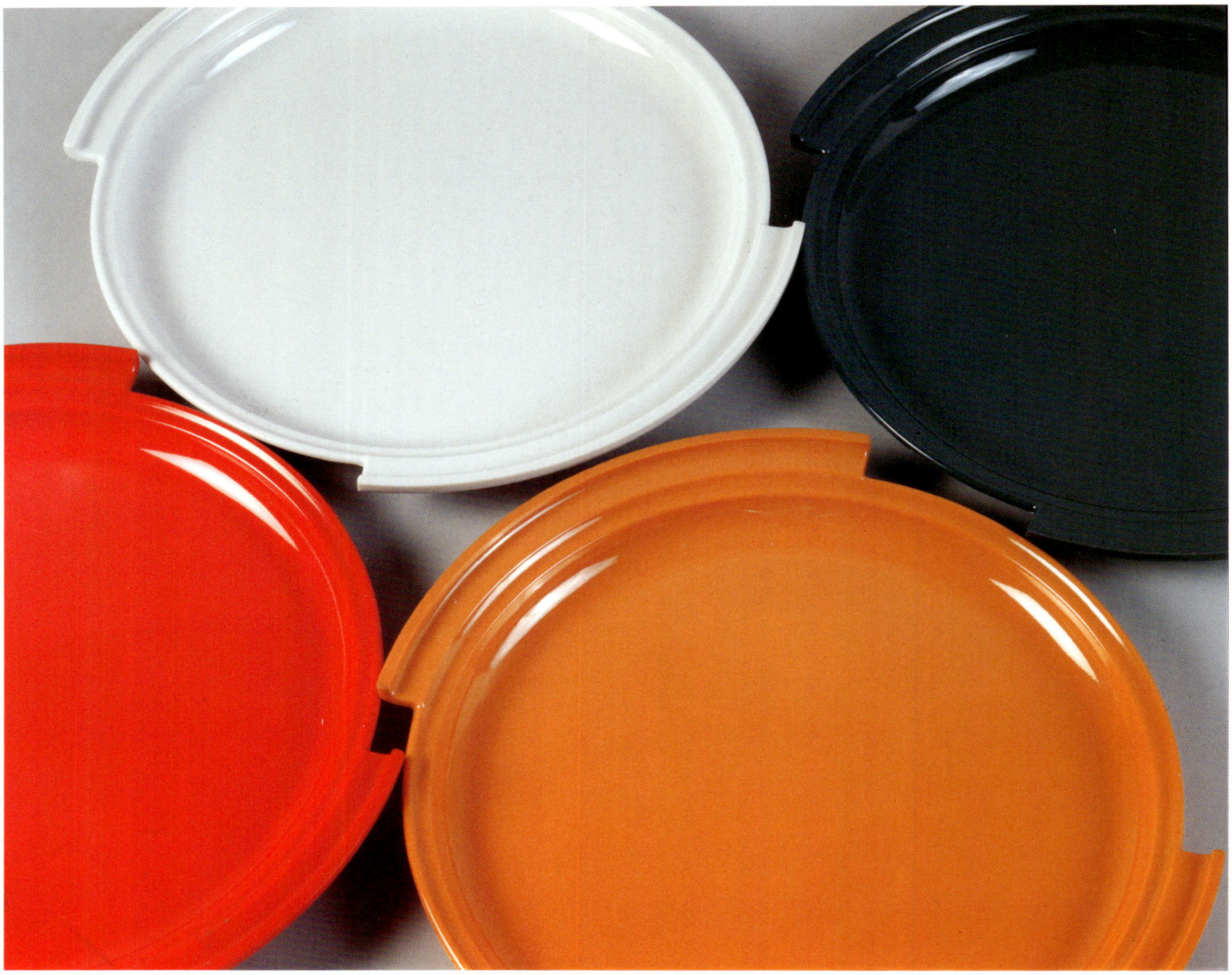

Servizio di piatti 1974
Contenitori in melamina, acciaio e alluminio, impilabili per essere riposti in poco spazio. I contenitori sono alternabili, in modo che l'uno diventi sottopiatto dell'altro oppure coperchio. Produzione Sambonet

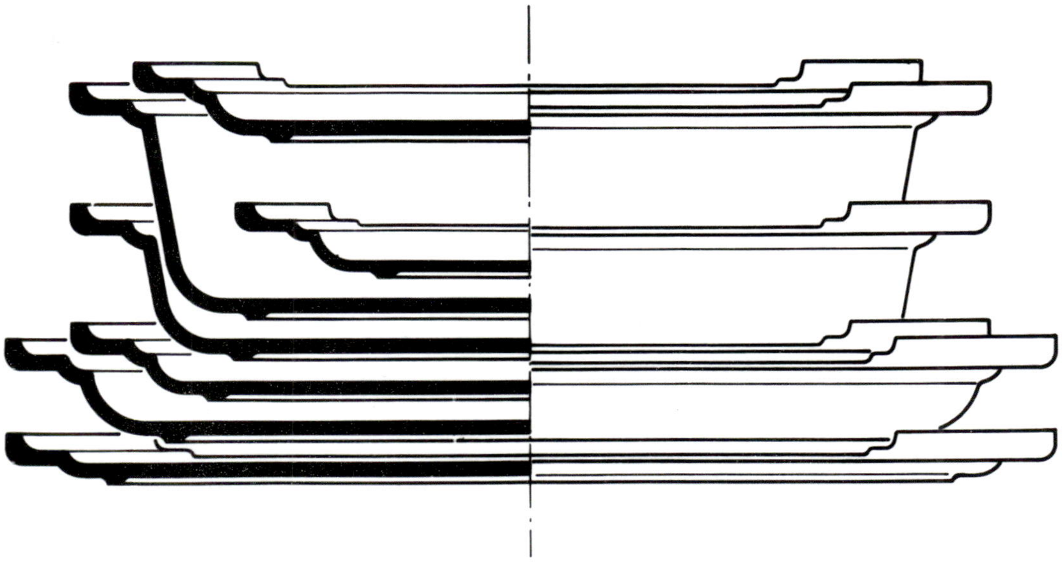

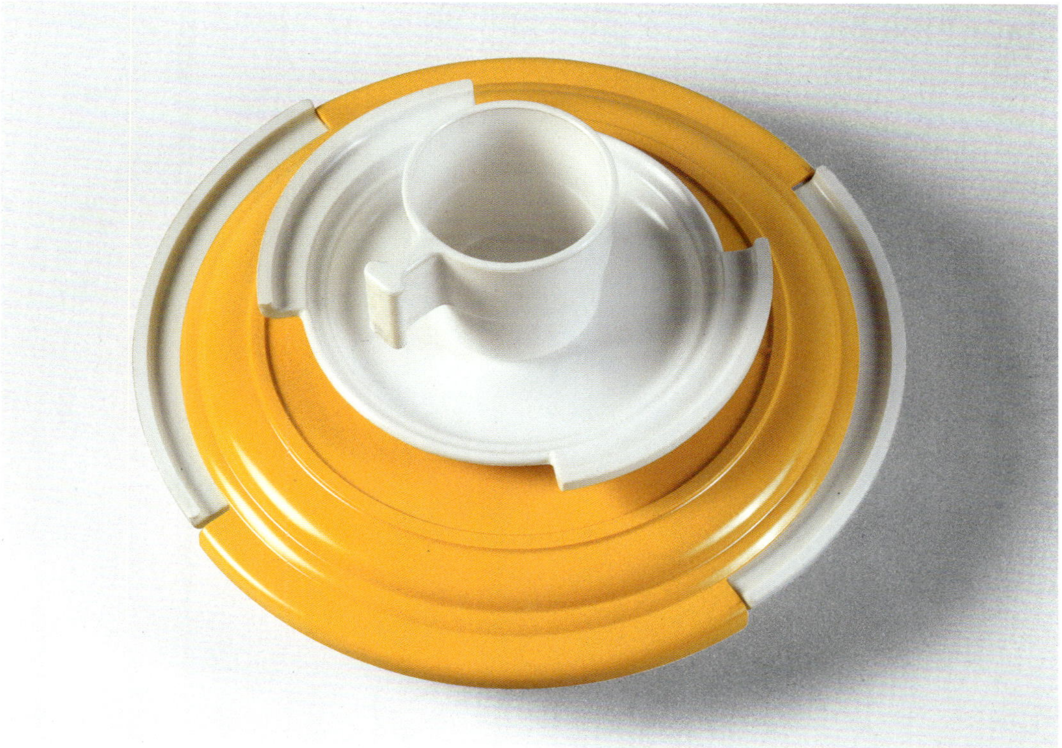

Servizio di piatti, disegno tecnico

Servizio di piatti, piatti piani e tazzina

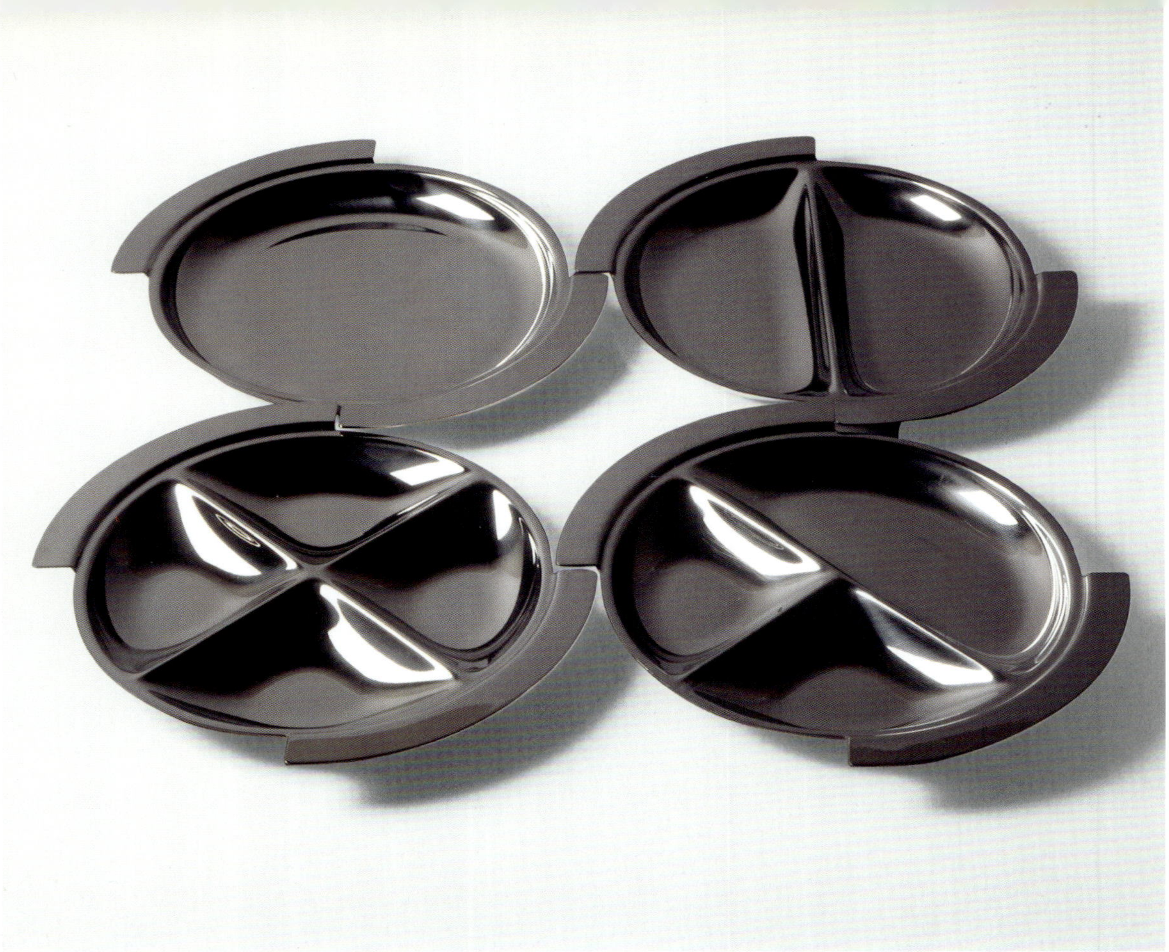

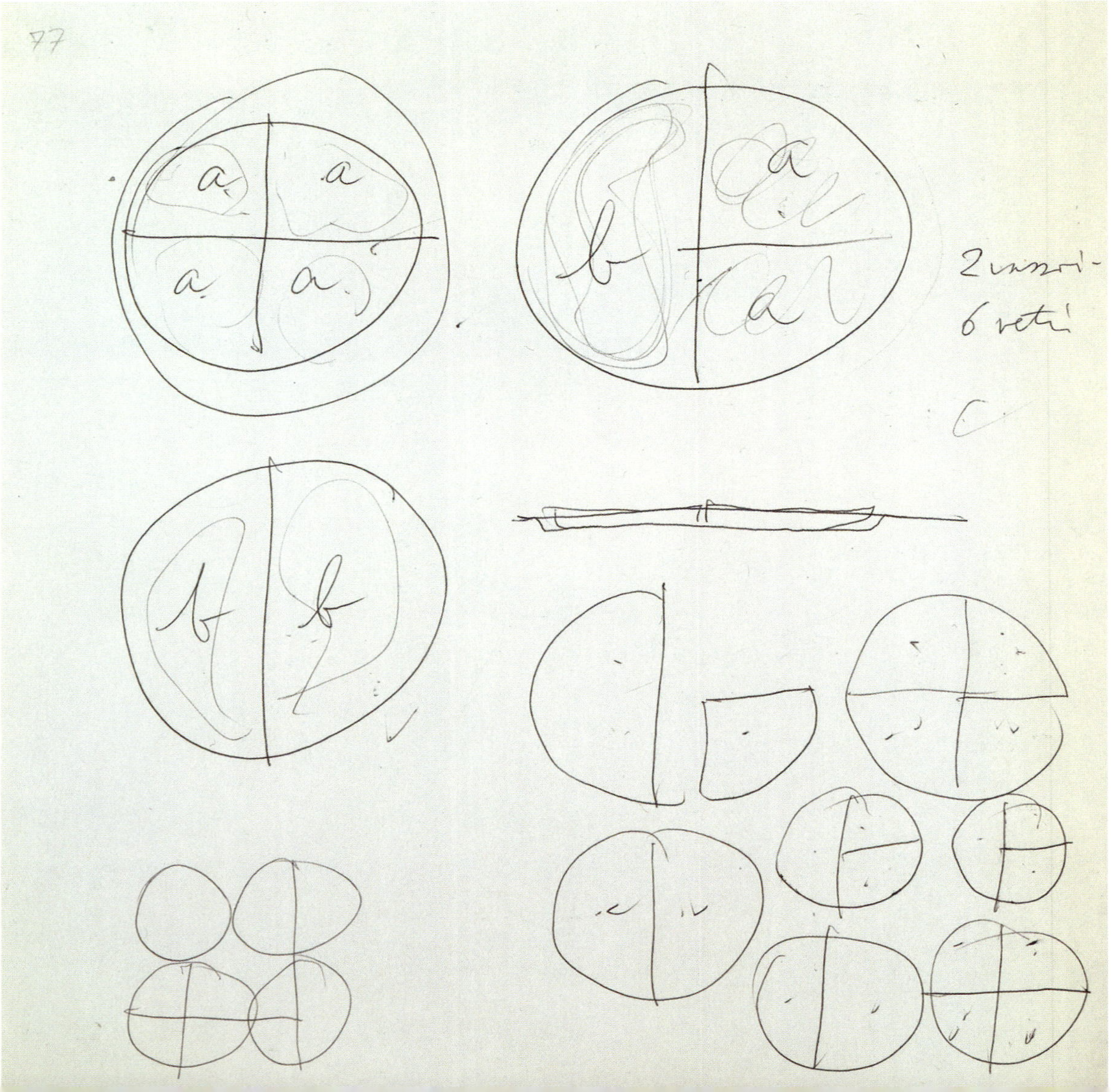
77
a
a
a
a
a
a
b
b
b

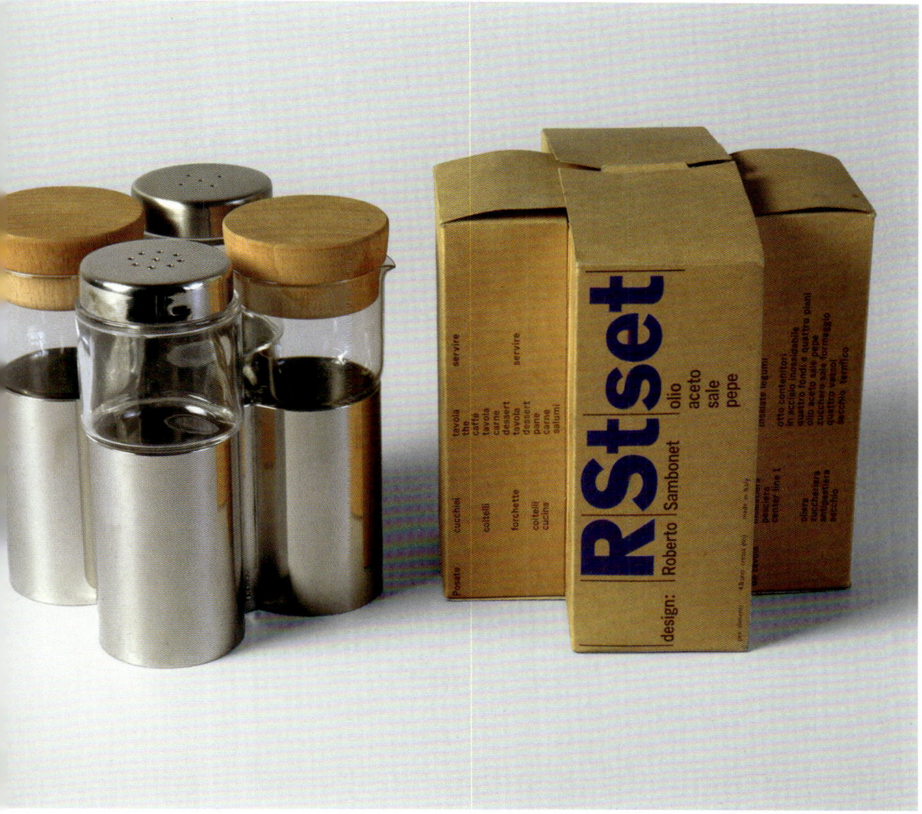

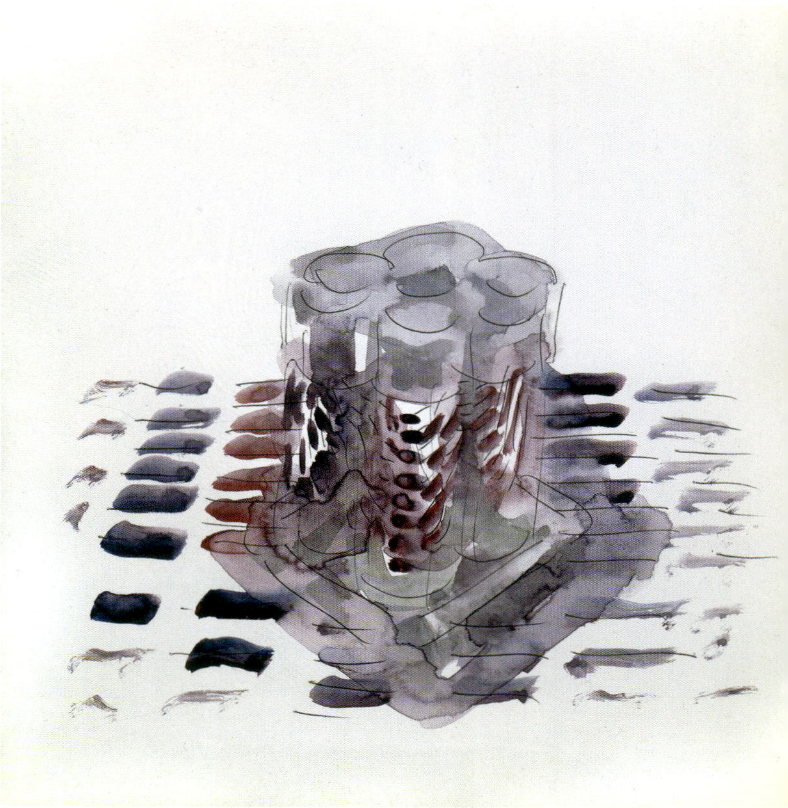

Antipastiera legumiera 1975
Quattro piatti in acciaio con settori modulari. Diametro 31 cm.
Produzione Sambonet
Antipastiera legumiera, studio, biro su carta, 35 x 35 cm, 1977

Ménage 1975-76
Set di quattro contenitori da tavola in cristallo con base in acciaio, con Pieraldo Mortara, Augusto Salviato, Piero Fornara. Produzione Sambonet. Imballaggio in cartone, con Bruno Monguzzi e Mario Zacchetti
Ménage, acquerello su carta, 25 x 25 cm, s. d.

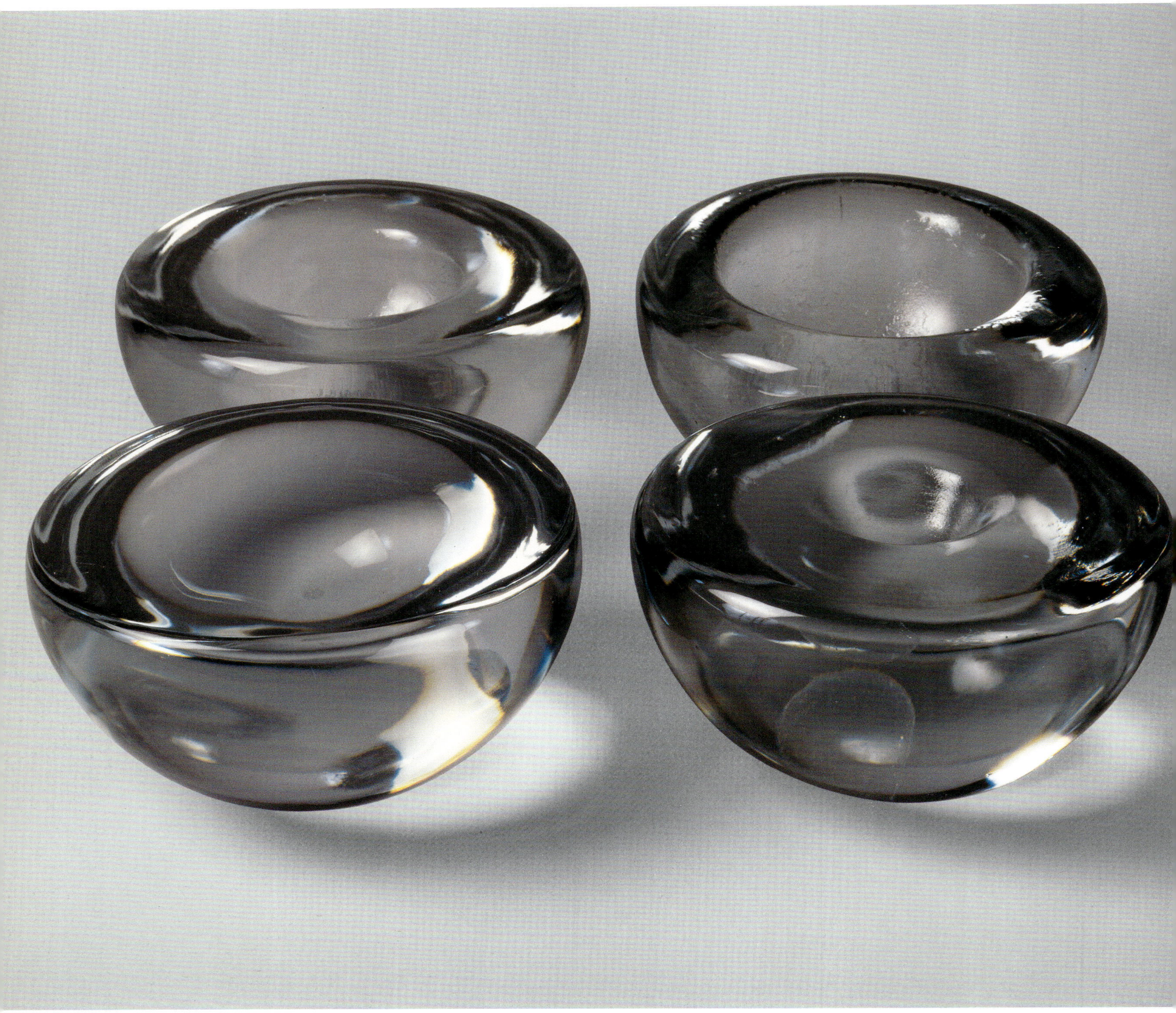

Serie Préhistoire 1975-77
Quattro vasi in cristallo pieno. Mantenuta costante la misura di 20 cm del diametro esterno, la cavità interna varia su scala modulare 6-9-12-15 cm.
Produzione Compagnie des Cristalleries de Baccarat

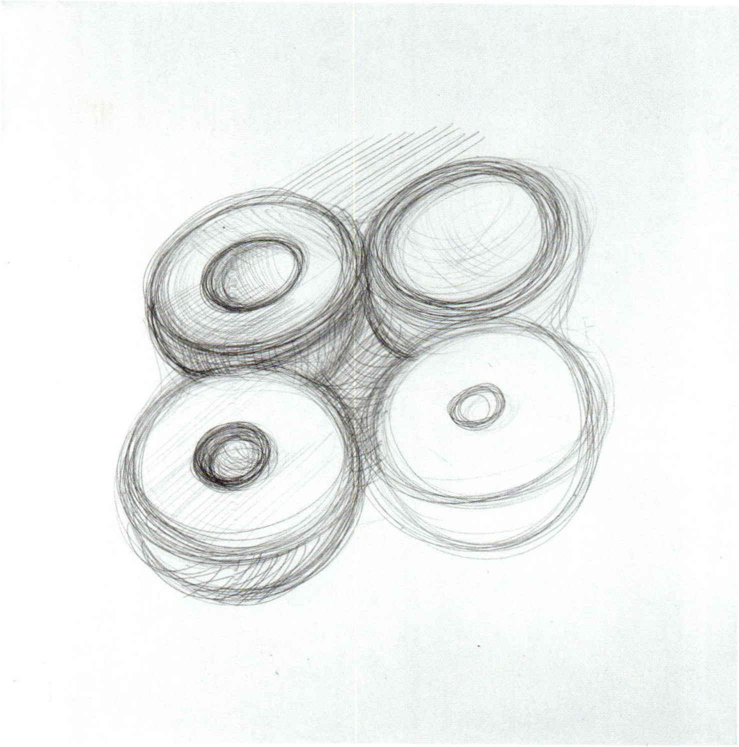

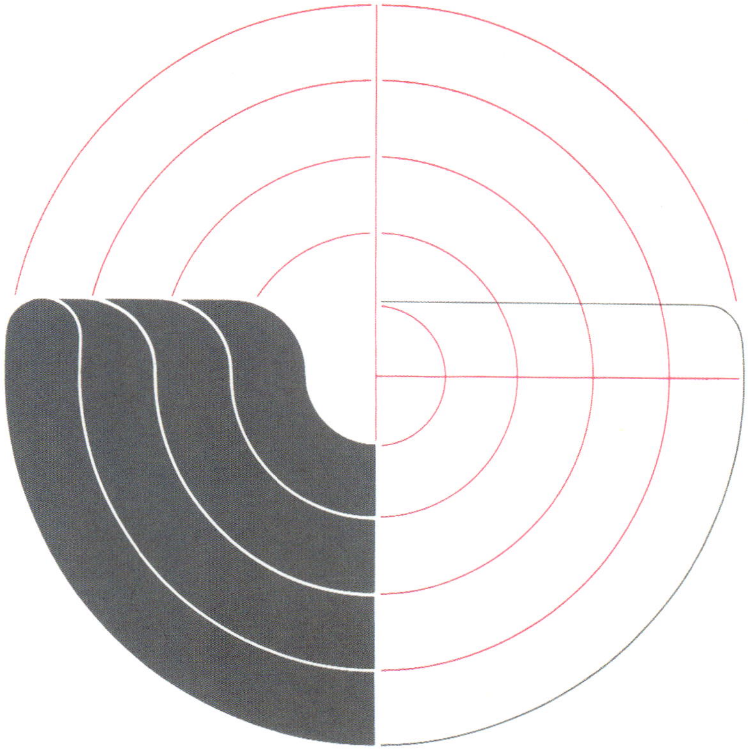

Serie Préhistoire, studio, biro su carta, 50 x 50 cm, s. d.

Serie Préhistoire, disegno tecnico

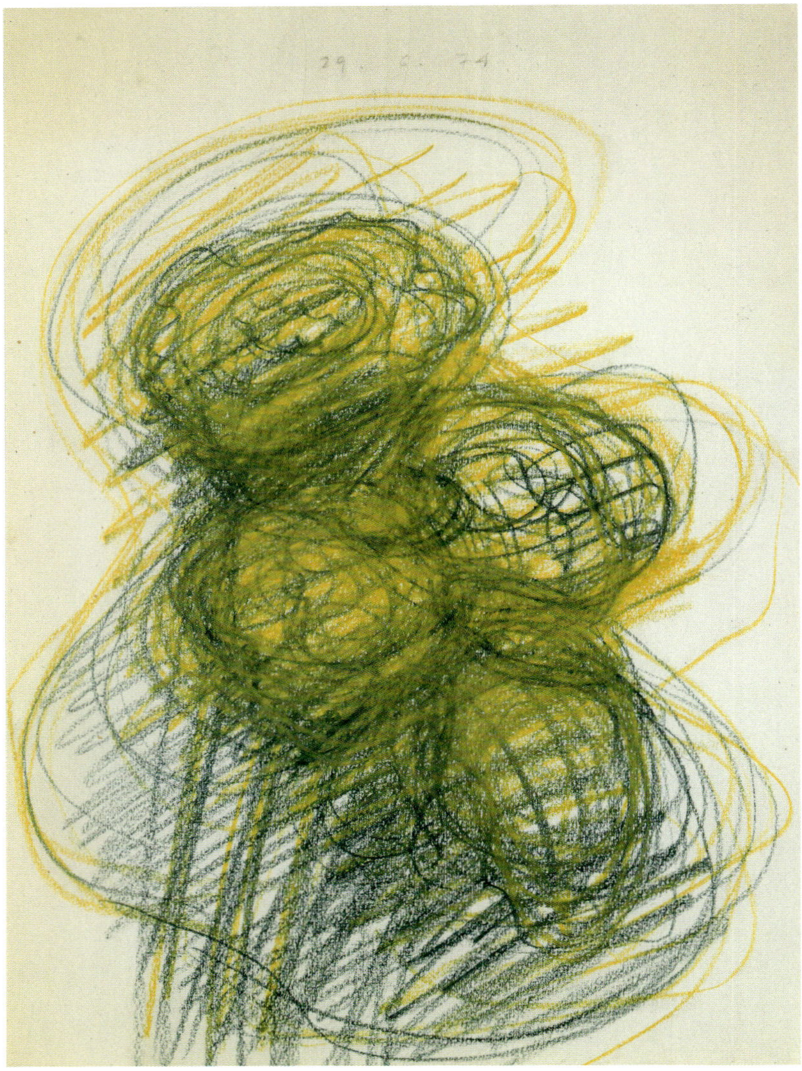

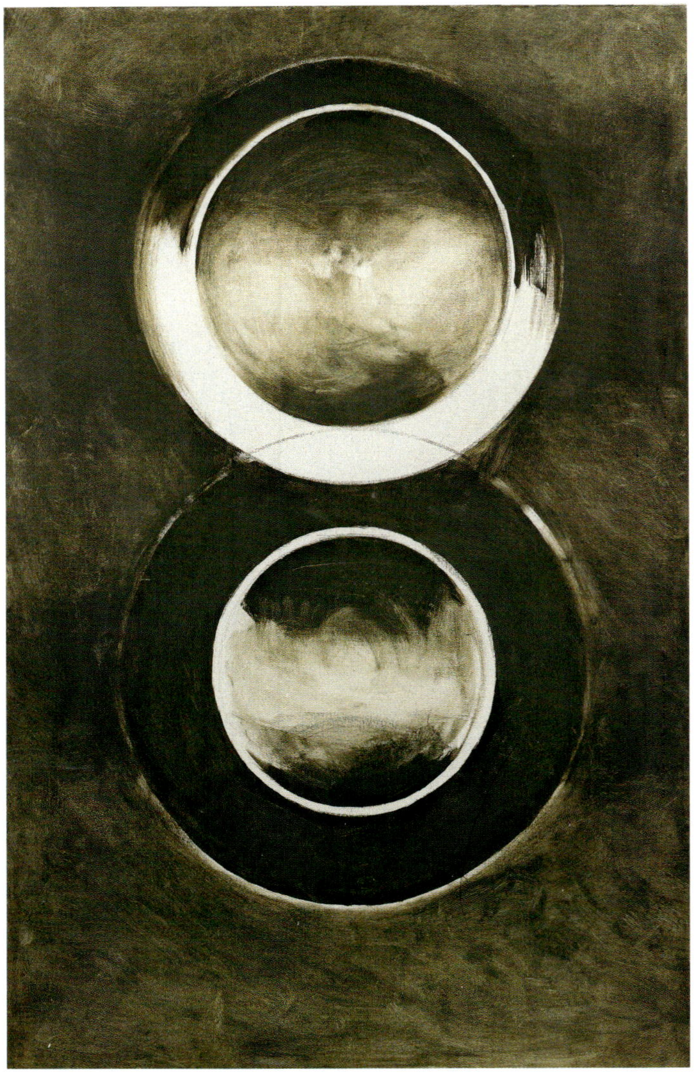

Serie Préhistoire, studio, pastelli su carta, 25,5 x 33,5 cm, 1974

Préhistoire, olio su tela, 150 x 100 cm, 1990 ca.

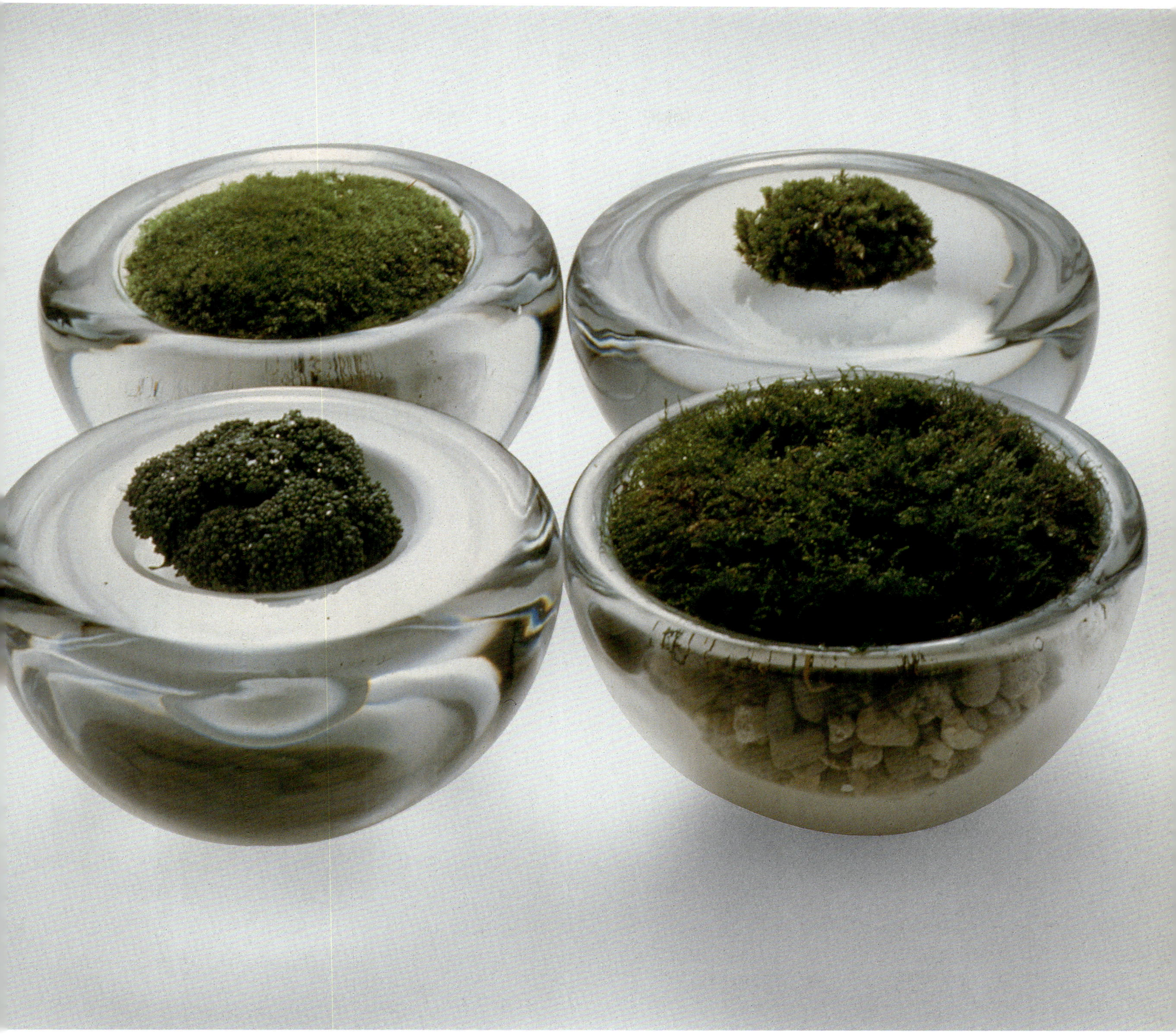

Serie Préhistoire, un'immagine per i cataloghi Baccarat.
Art director Roberto Sambonet, fotografo Serge Libiszewski

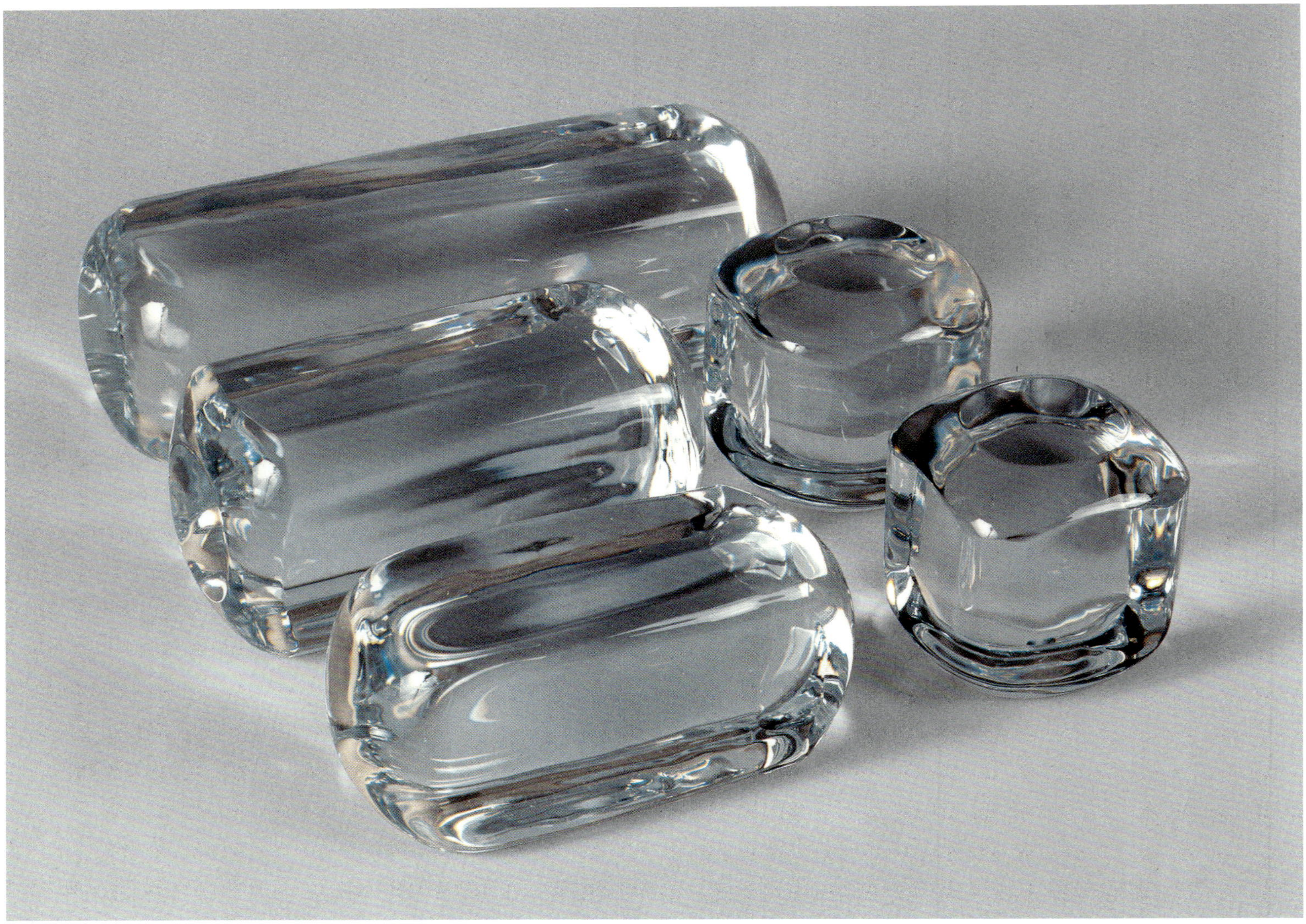

Serie Cailloux 1975-77
Tre moduli in cristallo pieno. Sezione di 6 x 6 cm, lunghezze modulari di 6-12-18 cm. Produzione Compagnie des Cristalleries de Baccarat

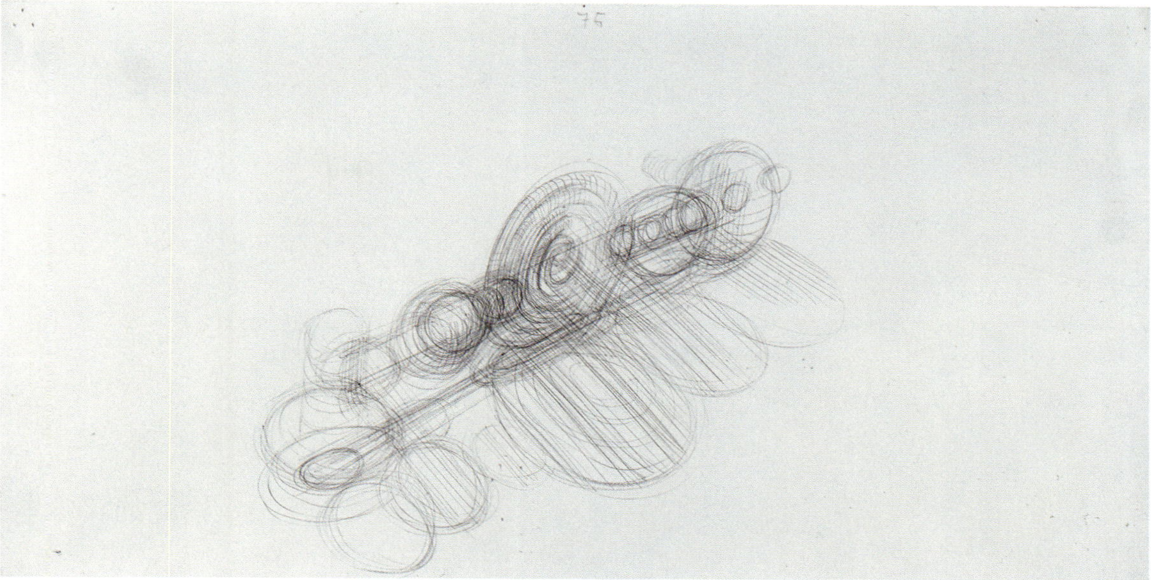

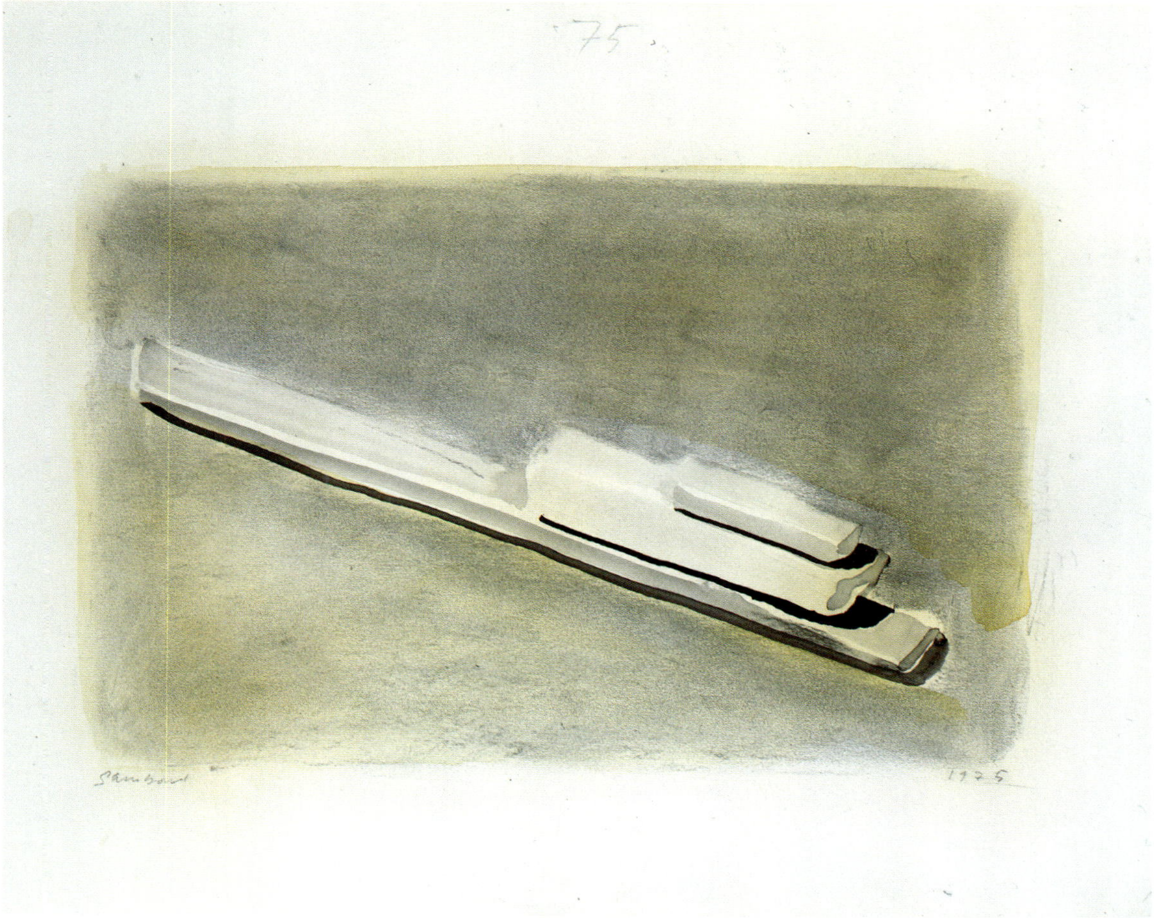

Serie Cailloux, studio. tecnica mista, 25 x 50 cm, 1975

Cailloux, acquerello e matita, 37 x 51 cm, 1975

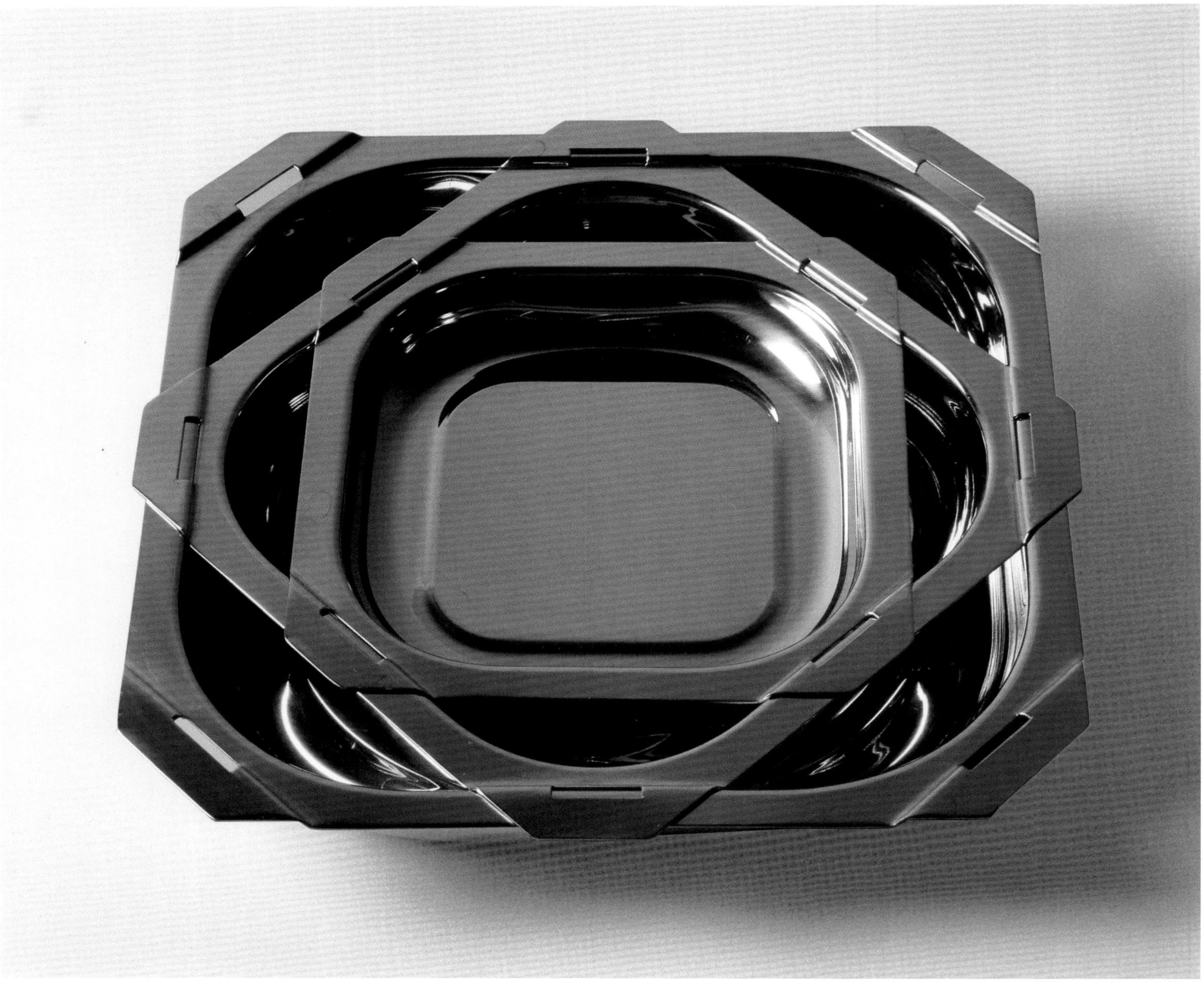

Quadreglie 1977
Set di tre contenitori da forno in acciaio inossidabile.
Quadrati e modulari, stanno uno dentro l'altro sfalsati di 45°. 20-25-30 cm.
Produzione Sambonet

Quadreglie, disegno tecnico
Quadreglie, un'immagine per i cataloghi Sambonet.
Art director Roberto Sambonet, fotografo Serge Libiszewki

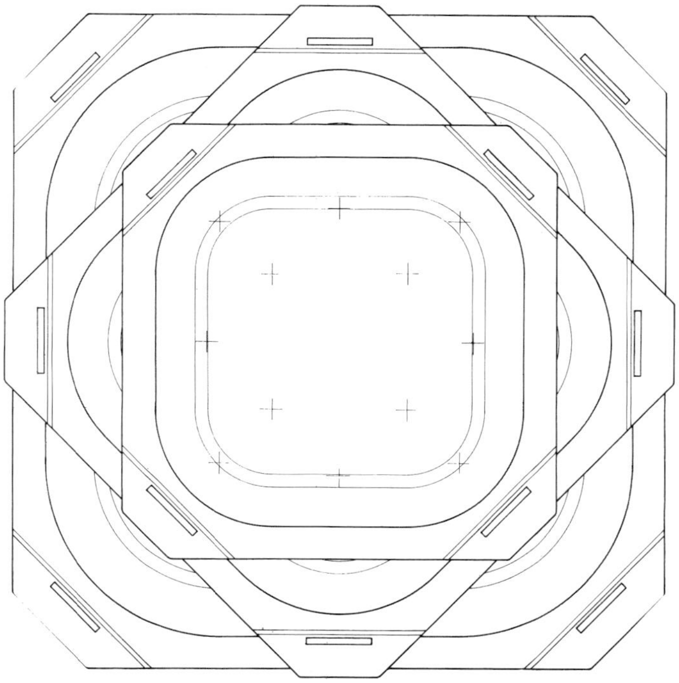

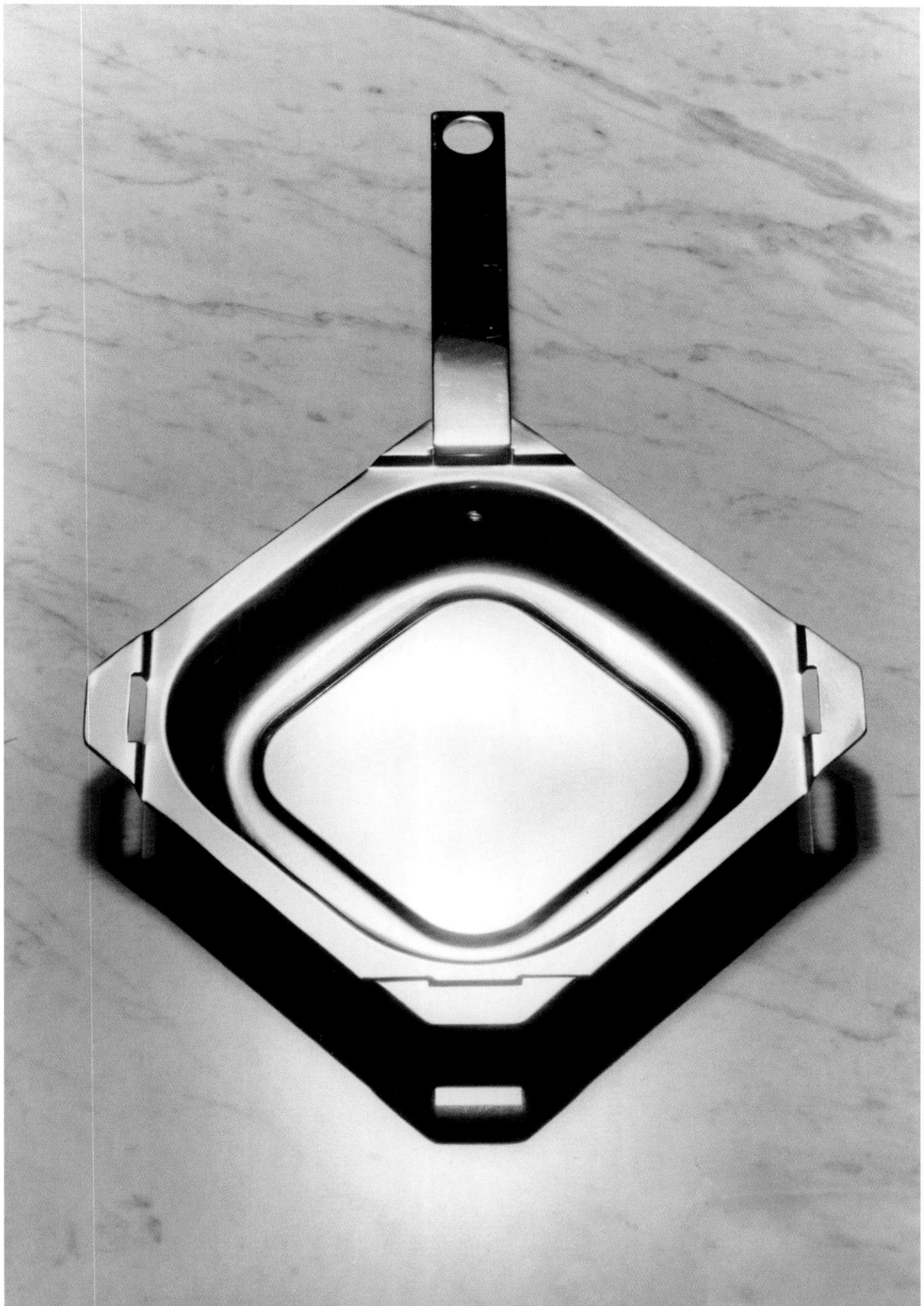

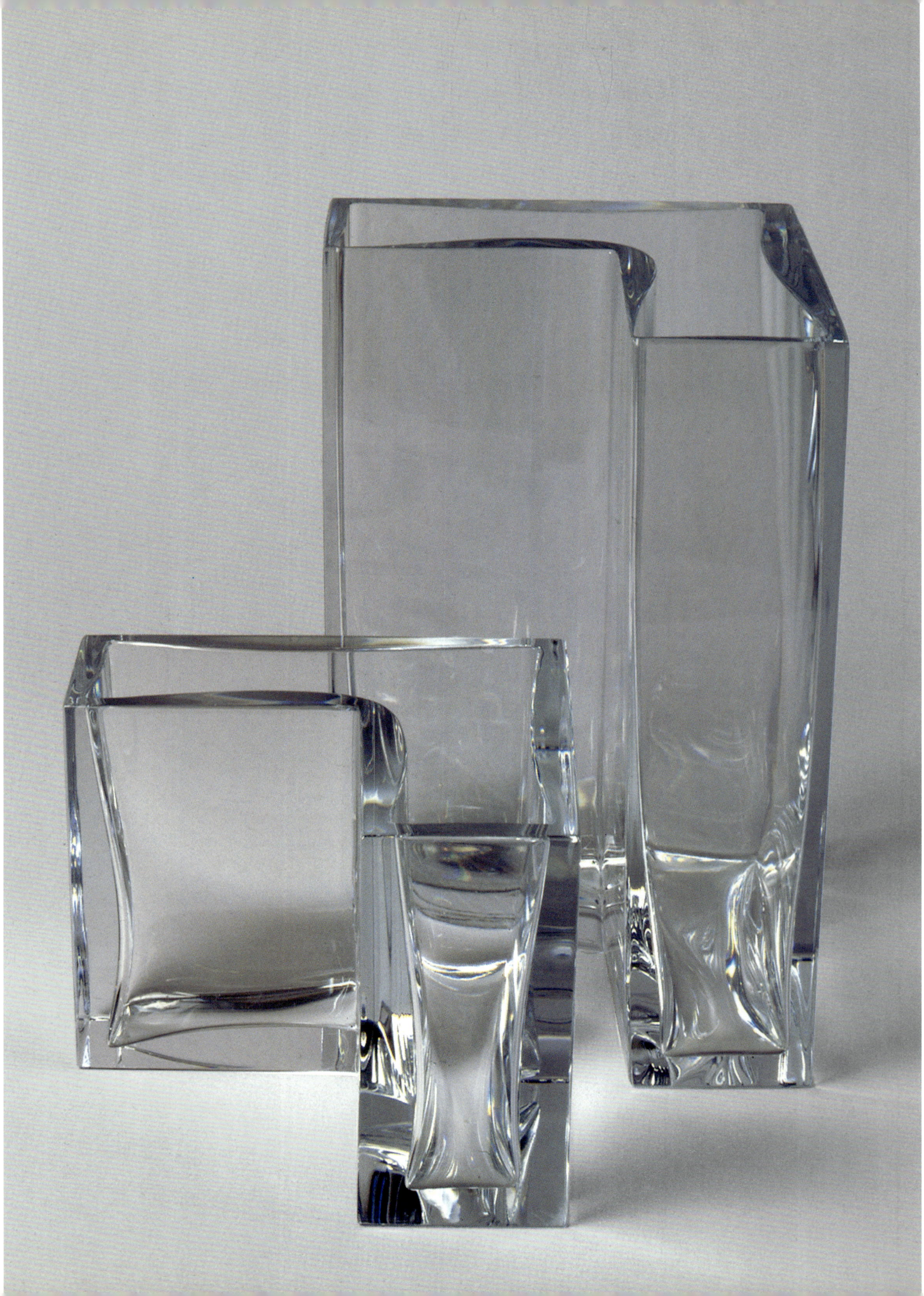

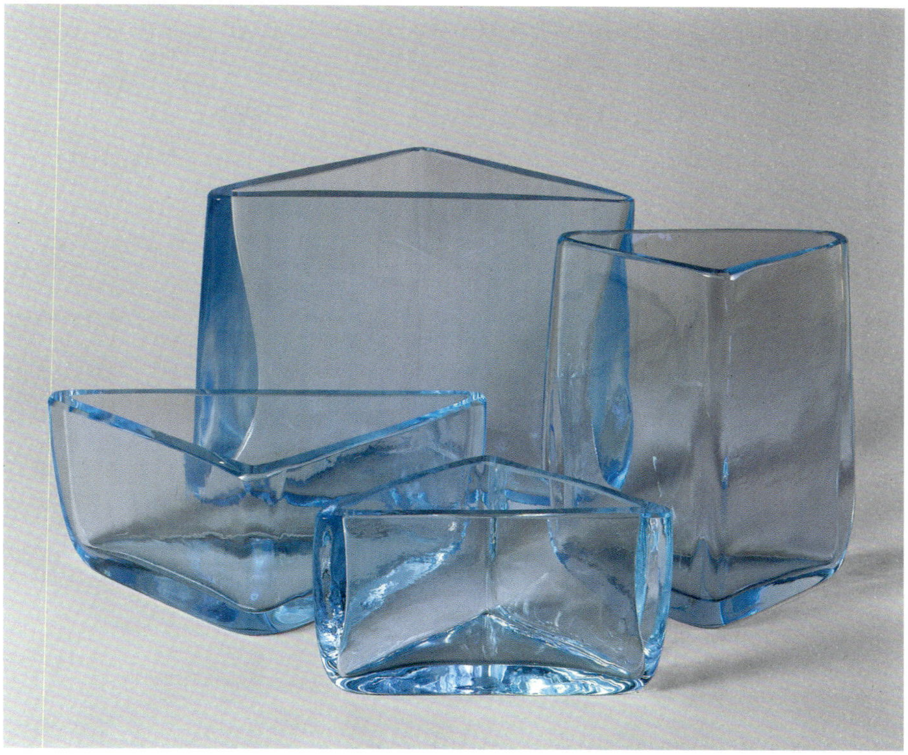

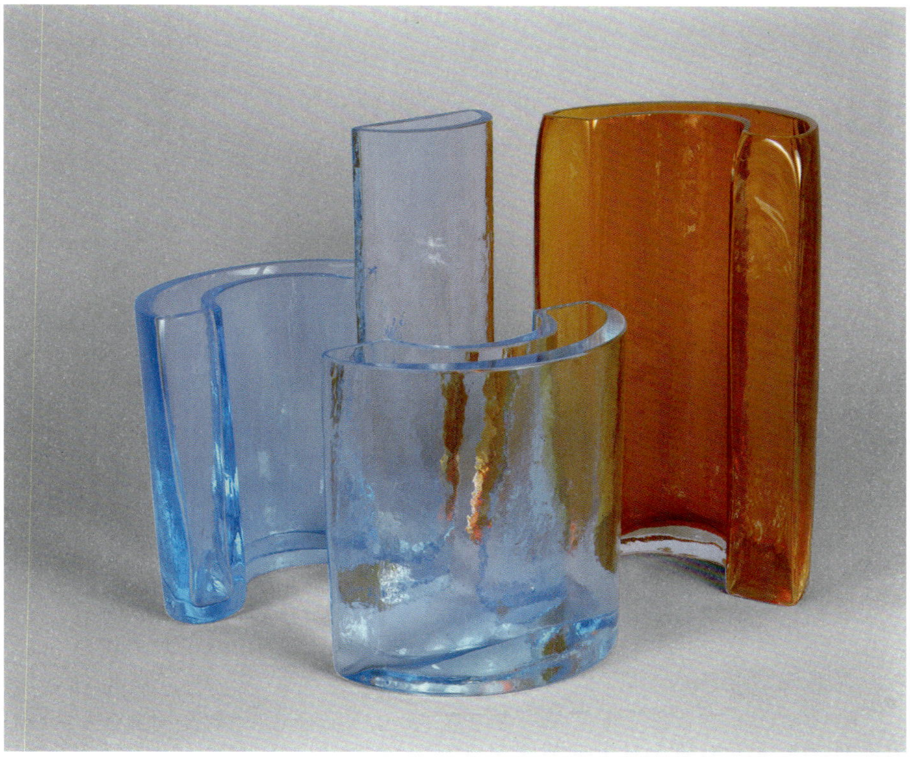

Angolari 1978
Quattro vasi ad angolo in cristallo. Superfici esterne complanari, interne sagomate. Mantenuta costante la misura di 15 x 15 cm della base, le altezze variano su base modulare 12-18-24-30 cm.
Produzione Compagnie des Cristalleries de Baccarat

Demi 1979
Vasi in vetro componibili a impronta semicircolare. Diametro 10-20 cm, altezza 20-31 cm. Produzione Seguso
Cubic 1979
Vasi in vetro a impronta triangolare. Base 10-14 cm, altezza 10-20 cm.
Produzione Seguso

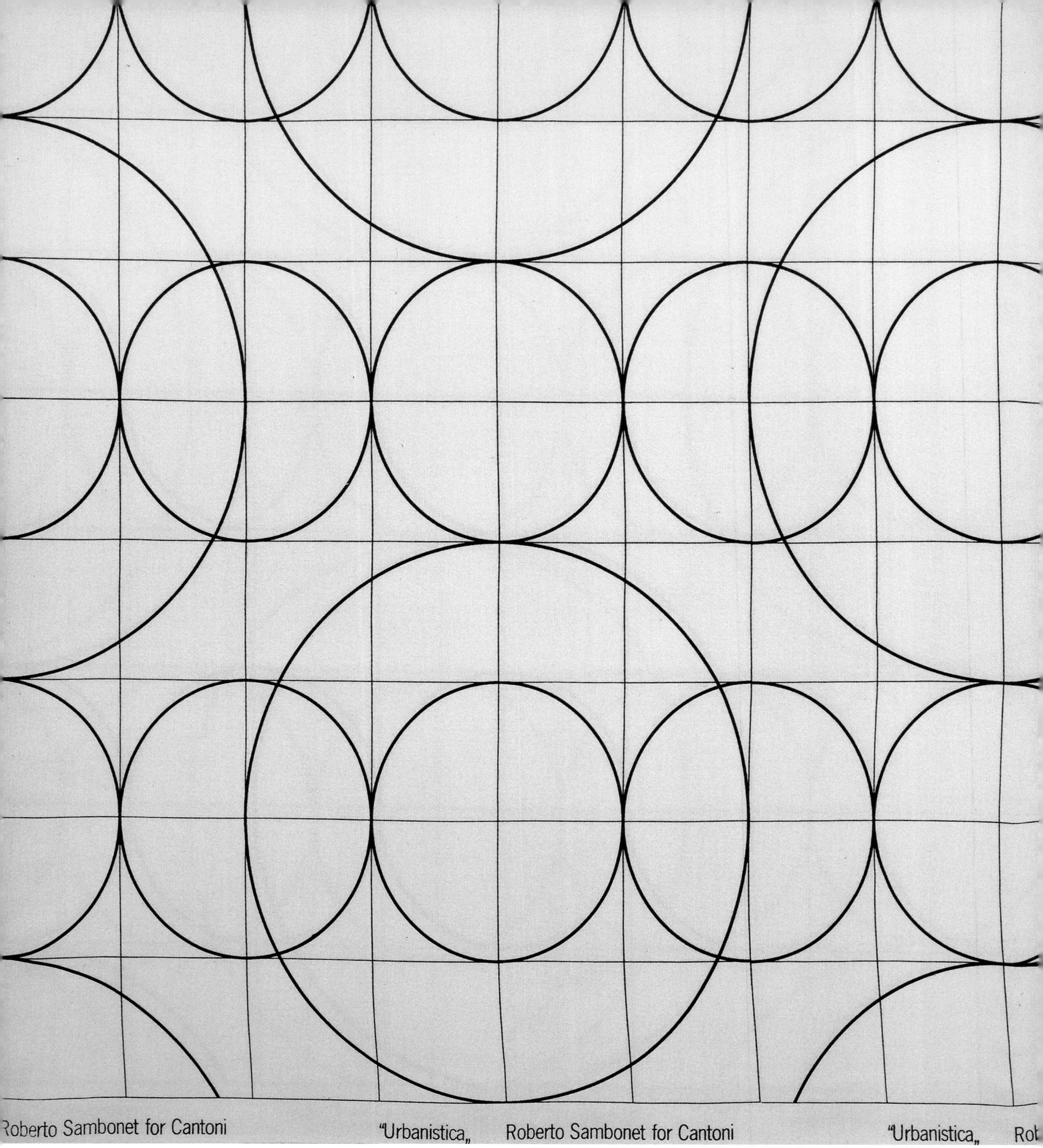
Roberto Sambonet for Cantoni
"Urbanistica„
Roberto Sambonet for Cantoni
"Urbanistica„

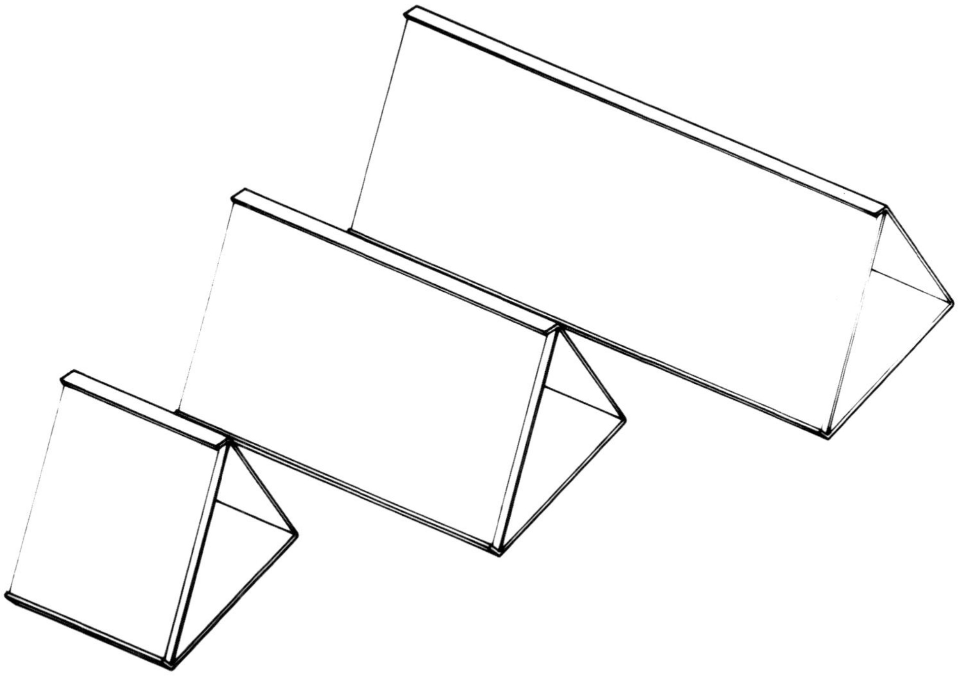

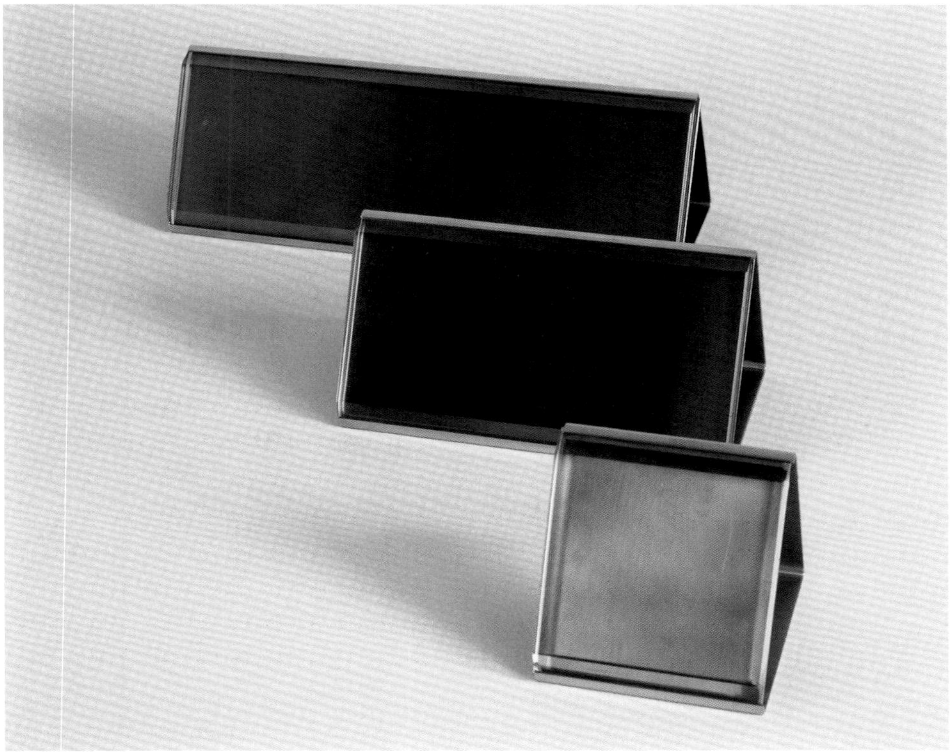

Urbanistica 1978
Tovaglia in cotone stampato. Produzione Cotonificio Cantoni

Foto set 1974
Portaritratti in acciaio e perspex. Tre formati per una, due o tre fotografie: misure 8 x 7,5; 16 x 7,5; 24 x 7,5. Produzione Sambonet
Foto set, disegno tecnico

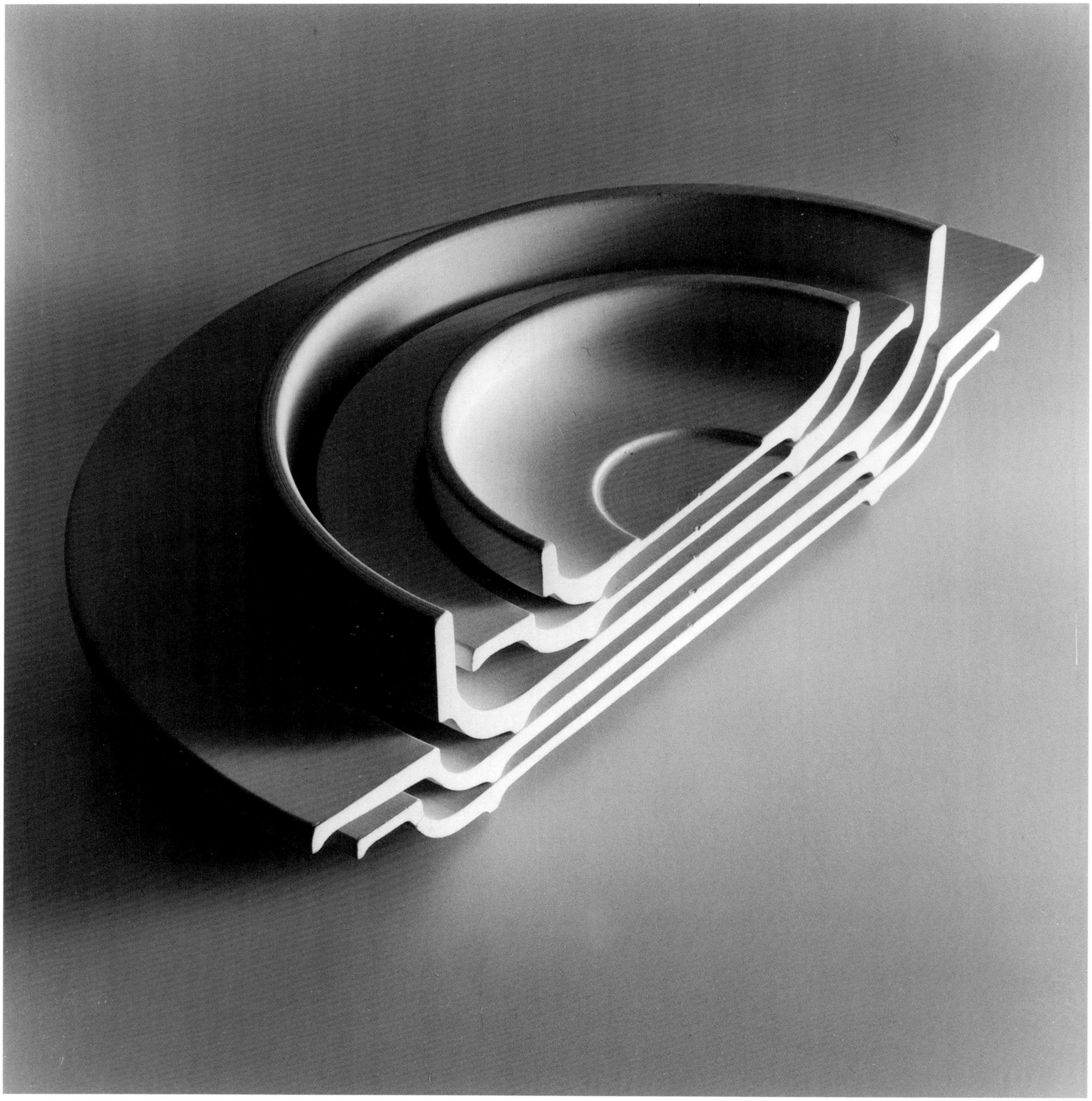

Sistema da tavola 1979
Servizio impilabile da tavola in porcellana, con Augusto Salviato.
Sezione di empilage dei piatti. Progetto per Richard-Ginori

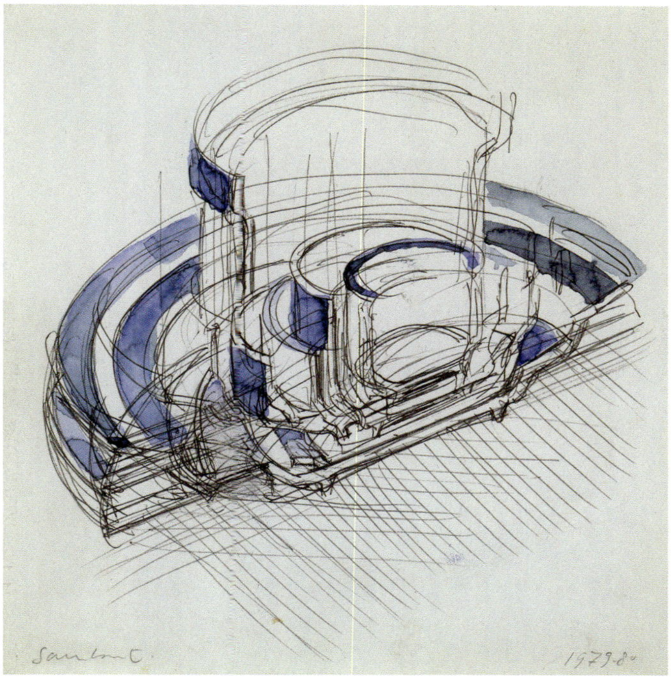

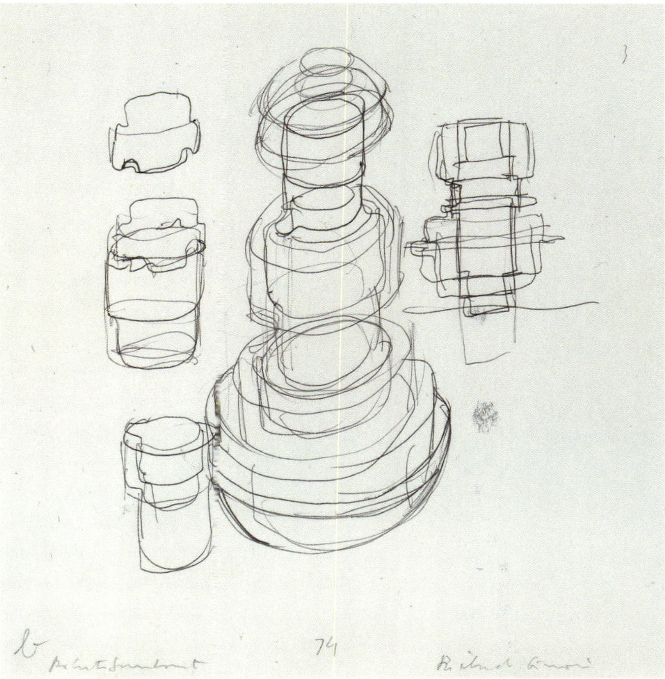

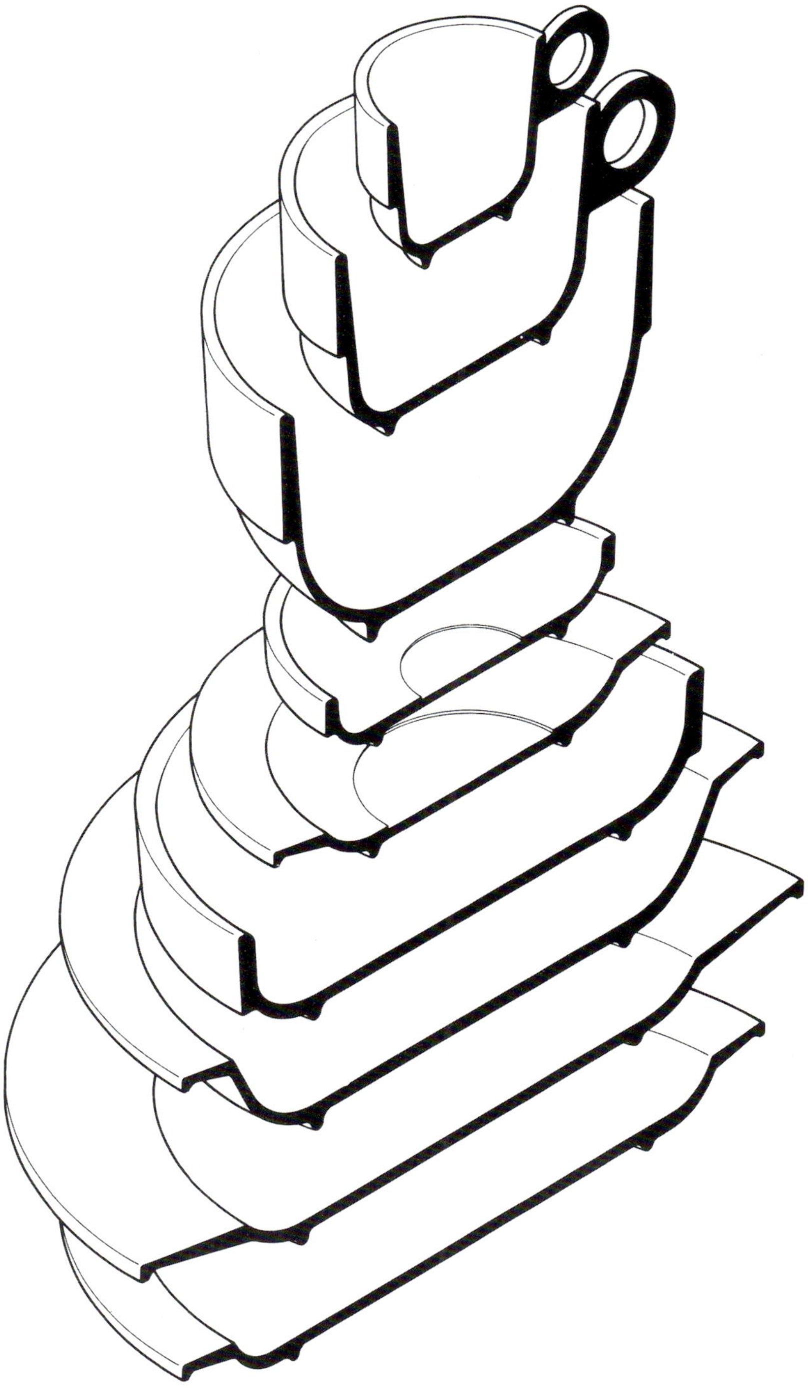

Sistema da tavola, studio, penna e acquerello su carta, 25 x 25 cm, 1979-80
Sistema da tavola, studio, matita su carta, 25 x 25 cm, 1974

Sistema da tavola, disegno tecnico

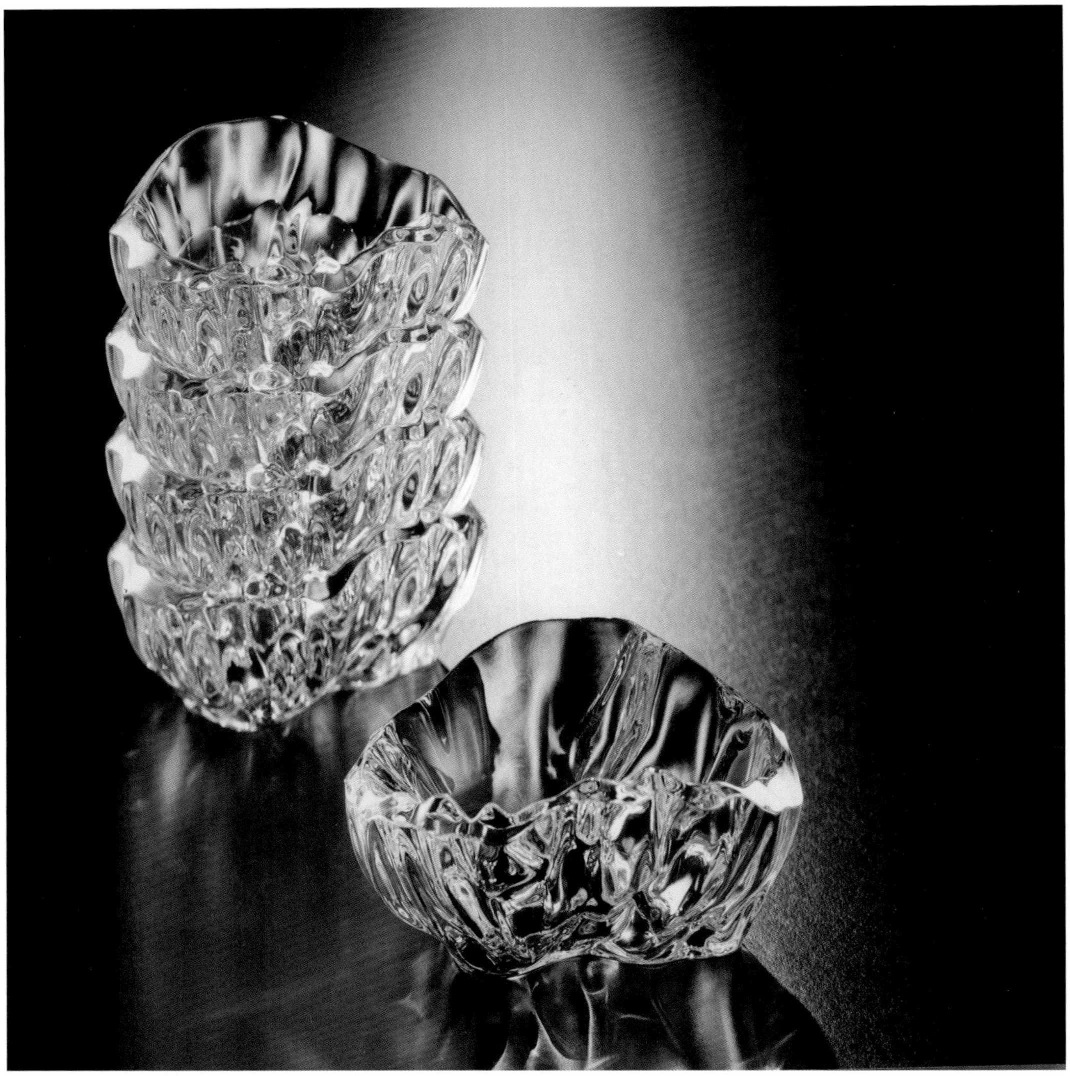

Huitre 1987
Piccolo piattino in cristallo qui raffigurato in un'immagine per i cataloghi Baccarat. Art director Roberto Sambonet, fotografo Serge Libiszewki. Produzione Compagnie des Cristalleries de Baccarat

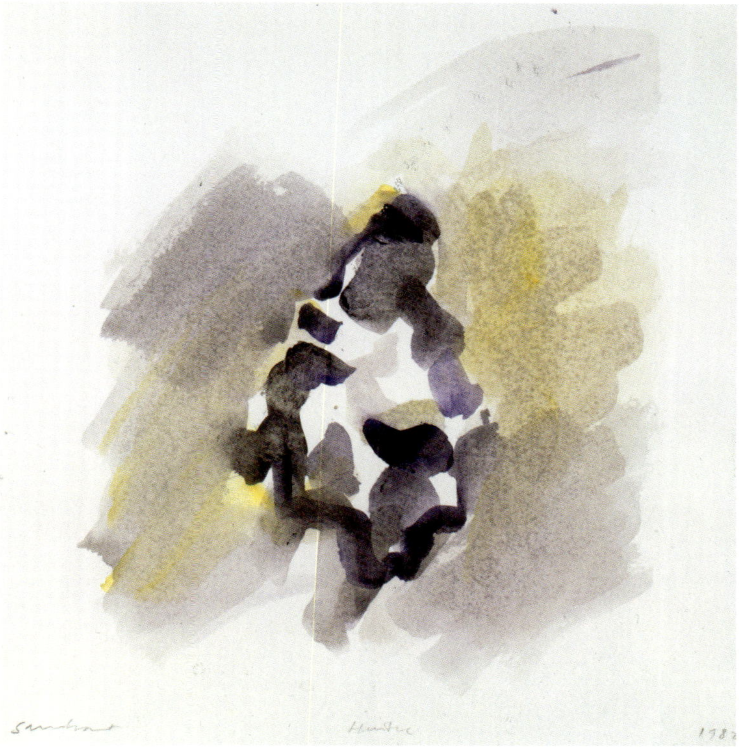

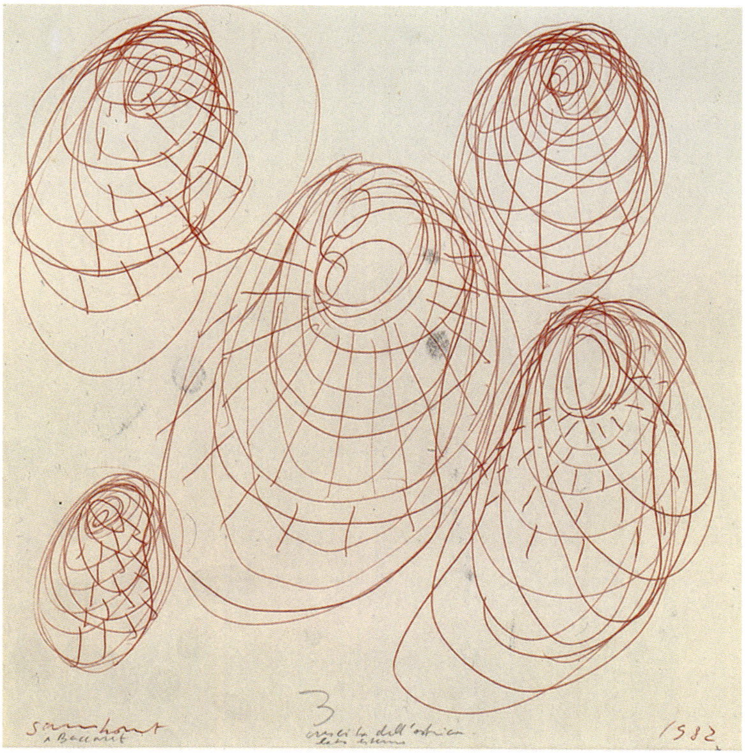

Huitre, acquerello su carta, 25 x 25 cm, 1982

Crescita dell'ostrica lato esterno, biro rossa su carta, 20 x 20 cm, 1982

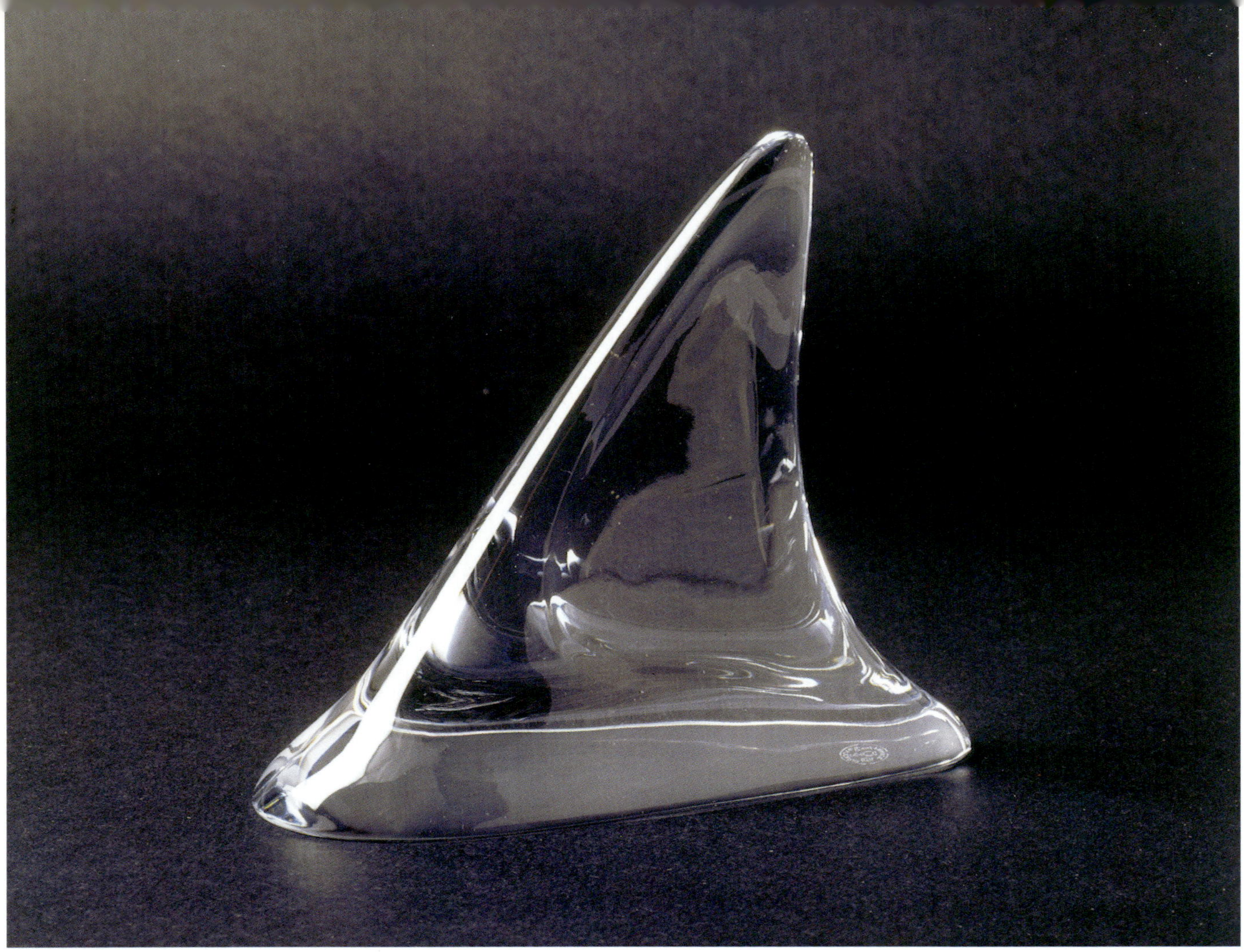

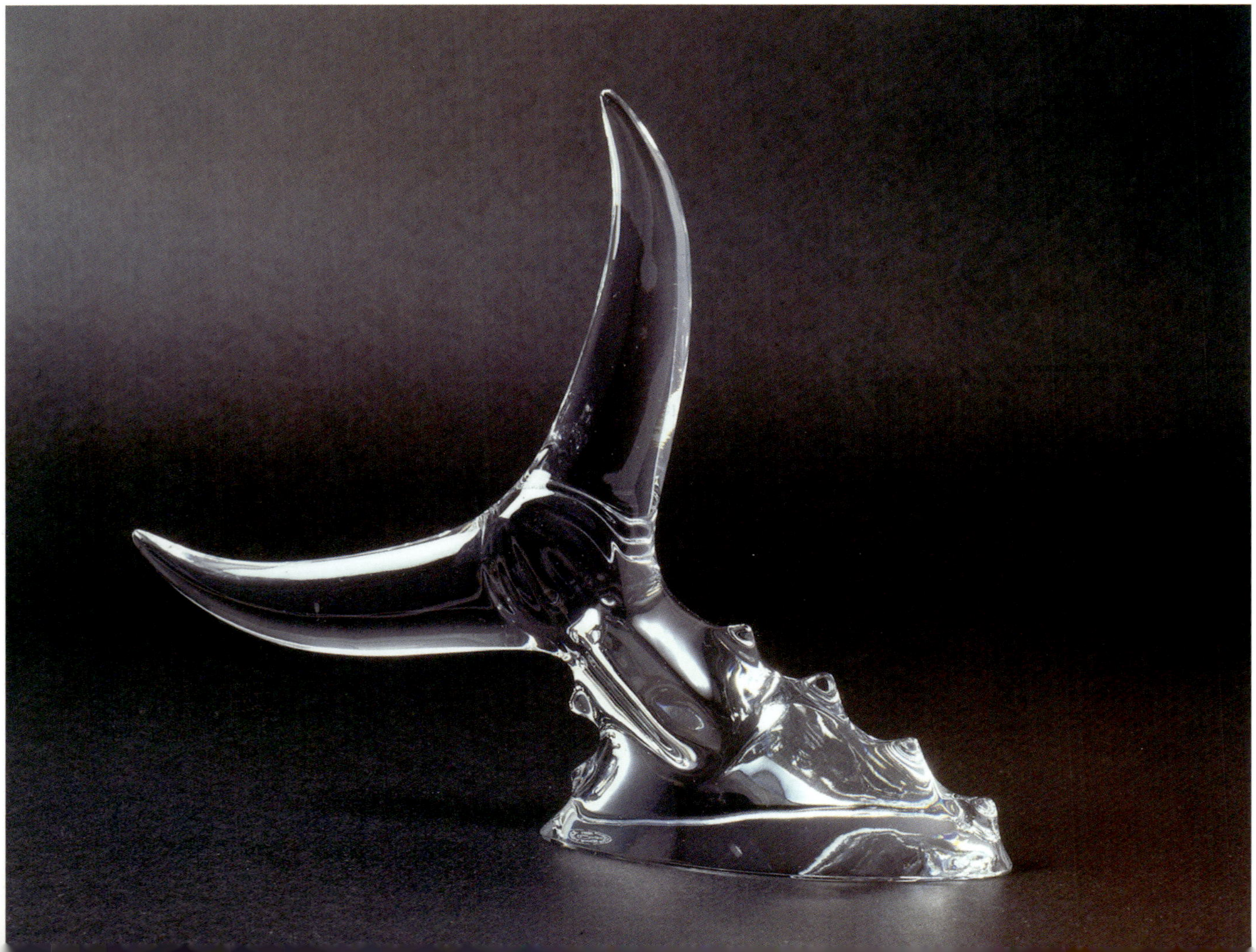

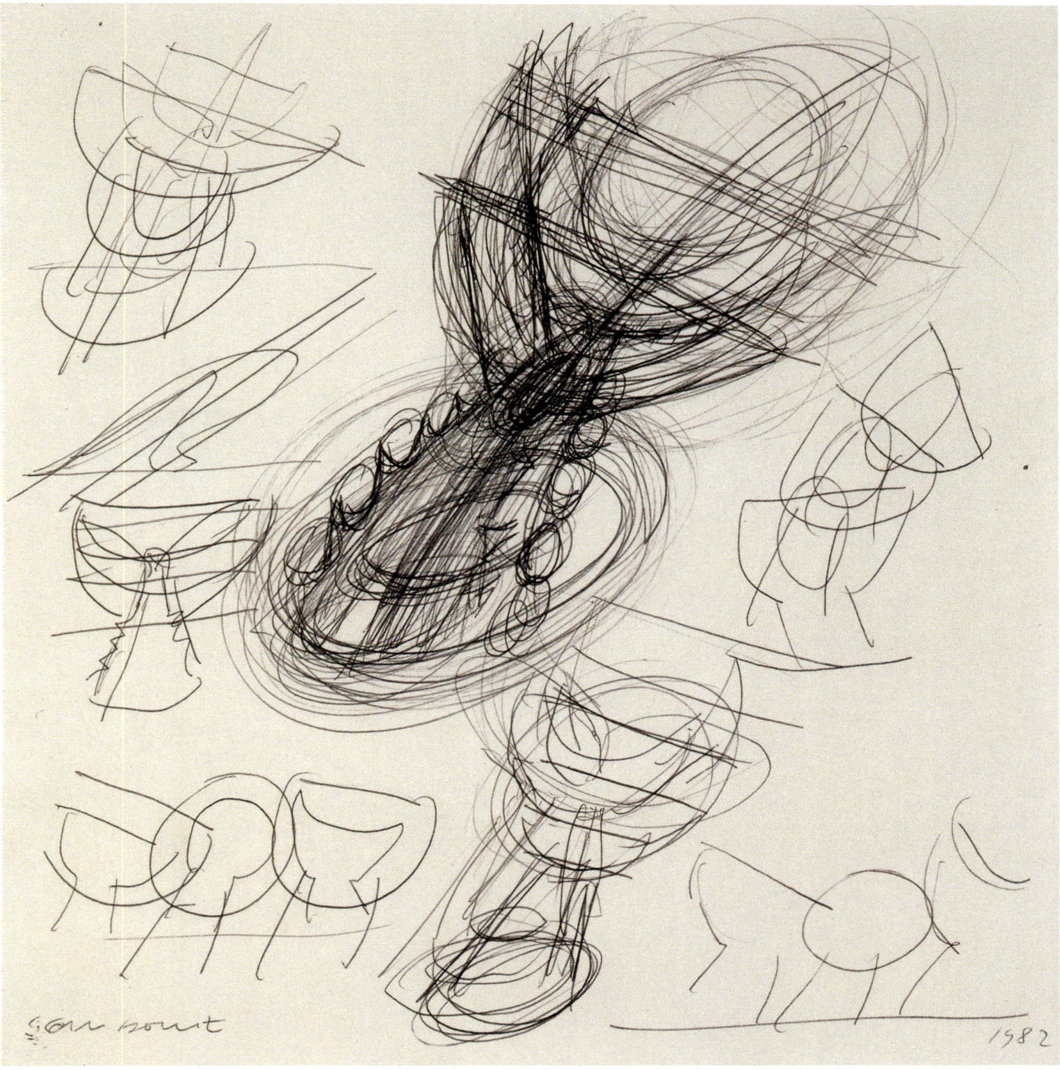

Bestiario marino 1987
Pinna di squalo in cristallo. Produzione Compagnie des Cristalleries de Baccarat
Bestiario marino 1987
Coda di tonno in cristallo. Produzione Compagnie des Cristalleries de Baccarat

Bestiario marino, studio, biro su carta, 25 x 25 cm, 1982

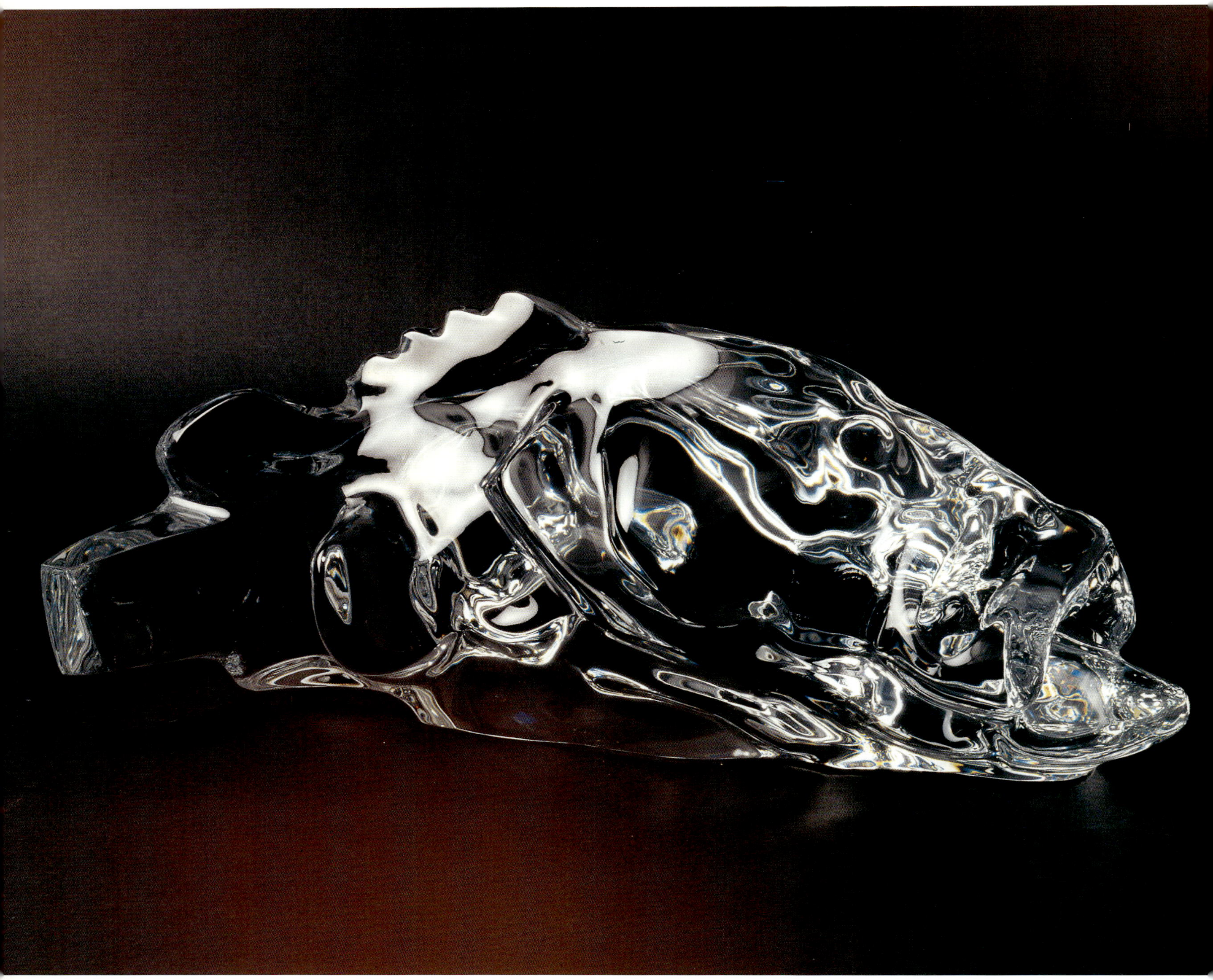

Bestiario marino 1987
Cernia in cristallo. Produzione Compagnie des Cristalleries de Baccarat

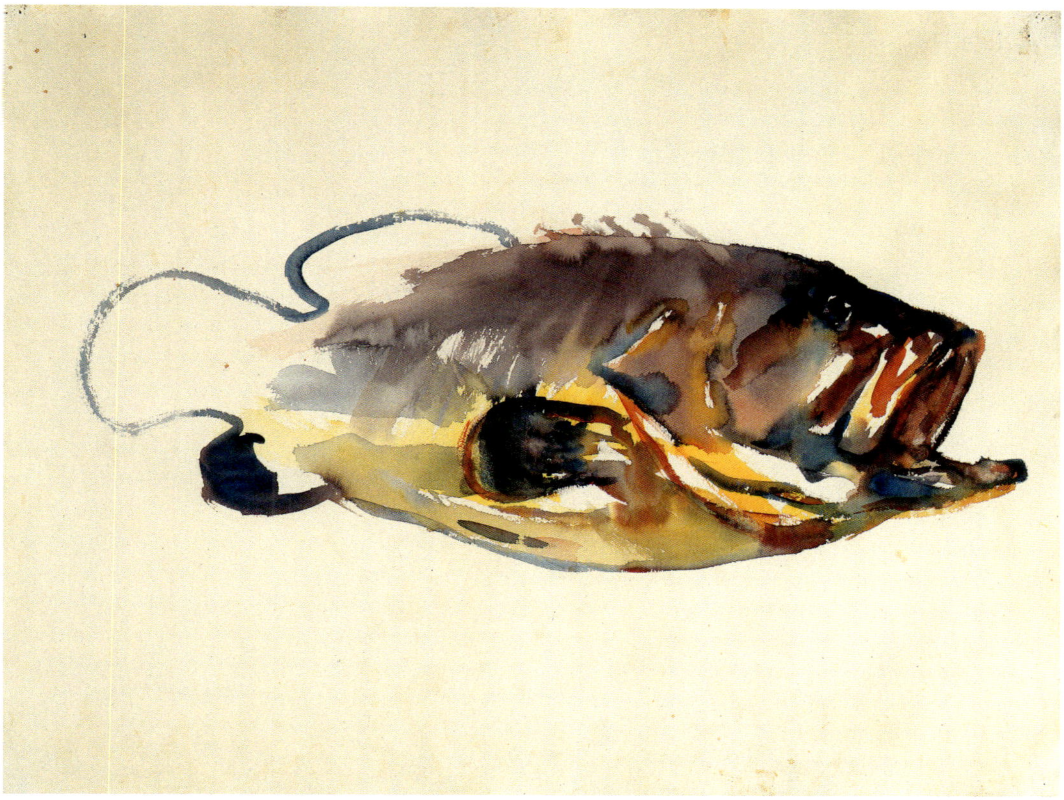

Cernia, acquerello su carta, 56 x 75 cm, 1972

Biografia

a cura di *Elisa Camesasca*

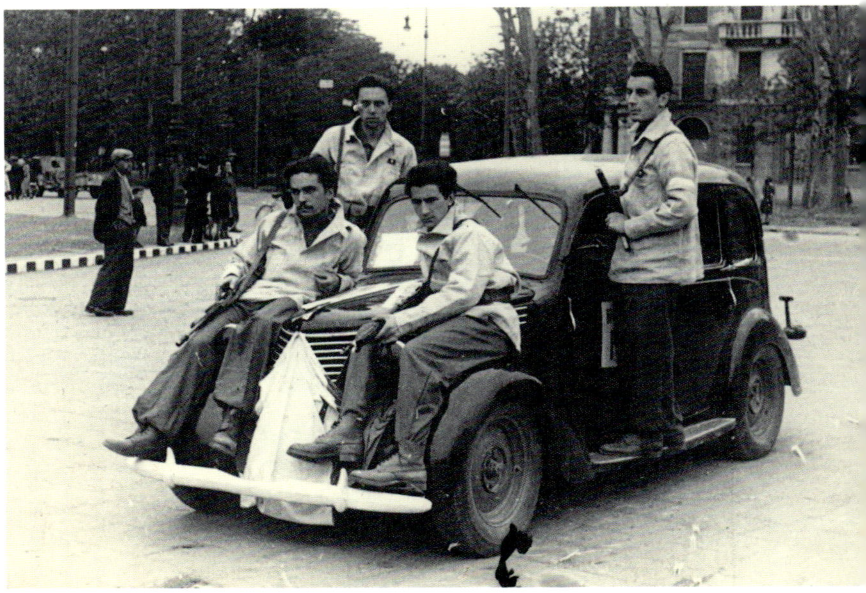

Le diverse attività svolte da Roberto Sambonet – pittura, design, grafica – sono strettamente intrecciate tra loro sin dai primi anni Cinquanta. Per rendere più leggibili questi percorsi, dopo aver delineato i tratti fondamentali del periodo formativo, si è preferito suddividere la biografia in nuclei tematici.

L'infanzia e la formazione

Roberto Sambonet nasce a Vercelli il 20 ottobre 1924. Il padre Guido appartiene a una famiglia di industriali, argentieri nell'800 e poi, dai primi del '900, fondatori della Sambonet s.p.a., azienda produttrice di posate e stoviglieper la tavola. La madre Maria è invece figlia di un artista, Francesco Bosso, che influenzerà molto il giovane Roberto, così come lo zio Vittorio, viaggiatore ed esploratore, vissuto per anni in Cina.
Sambonet trascorre i primi anni tra Vercelli e Zumaglia, piccolo paese nella campagna di Biella, dove la sua famiglia possiede una casa e dove amerà recarsi per tutta la vita.
Trasferitosi in seguito a Milano, compie studi classici al liceo Manzoni e frequenta contemporaneamente i corsi serali dell'Accademia di Belle Arti di Brera.
Nel 1942 si iscrive alla Facoltà di architettura del Politecnico di Milano, ma la abbandona dopo un anno appena preferendo dedicarsi interamente alla pittura.
Nel 1946 segue all'Accademia Carrara di Bergamo i corsi di affresco tenuti da Achille Funi e nel frattempo inizia a esporre regolarmente. Questo iter è, sotto molti aspetti, non dissimile da quello dei compagni d'avventura e d'età che con lui iniziano il loro percorso artistico nella Milano degli anni Quaranta: sulla strada di un nuovo realismo, che vede nella *Guernica* di Picasso (1937) l'emblema di un linguaggio moderno, Sambonet partecipa all'avventura del gruppo dei Picassiani assieme a Cassinari, Morlotti, Treccani e altri artisti che hanno il loro punto di ritrovo al bar Giamaica, storico locale milanese nel quartiere Brera.
In questi anni espone in diverse collettive («Premio di pittura de "La Colomba"», Officine grafiche Carlo Ferrari, Venezia, 1946; «II^{a} Primaverile Nazionale d'Arte», Associazione Artisti d'Italia, Venezia, 1949) e tiene le sue prime personali (Galleria Gummesons, Stoccolma, 1947; Galleria del Cavallino, Venezia, 1948).

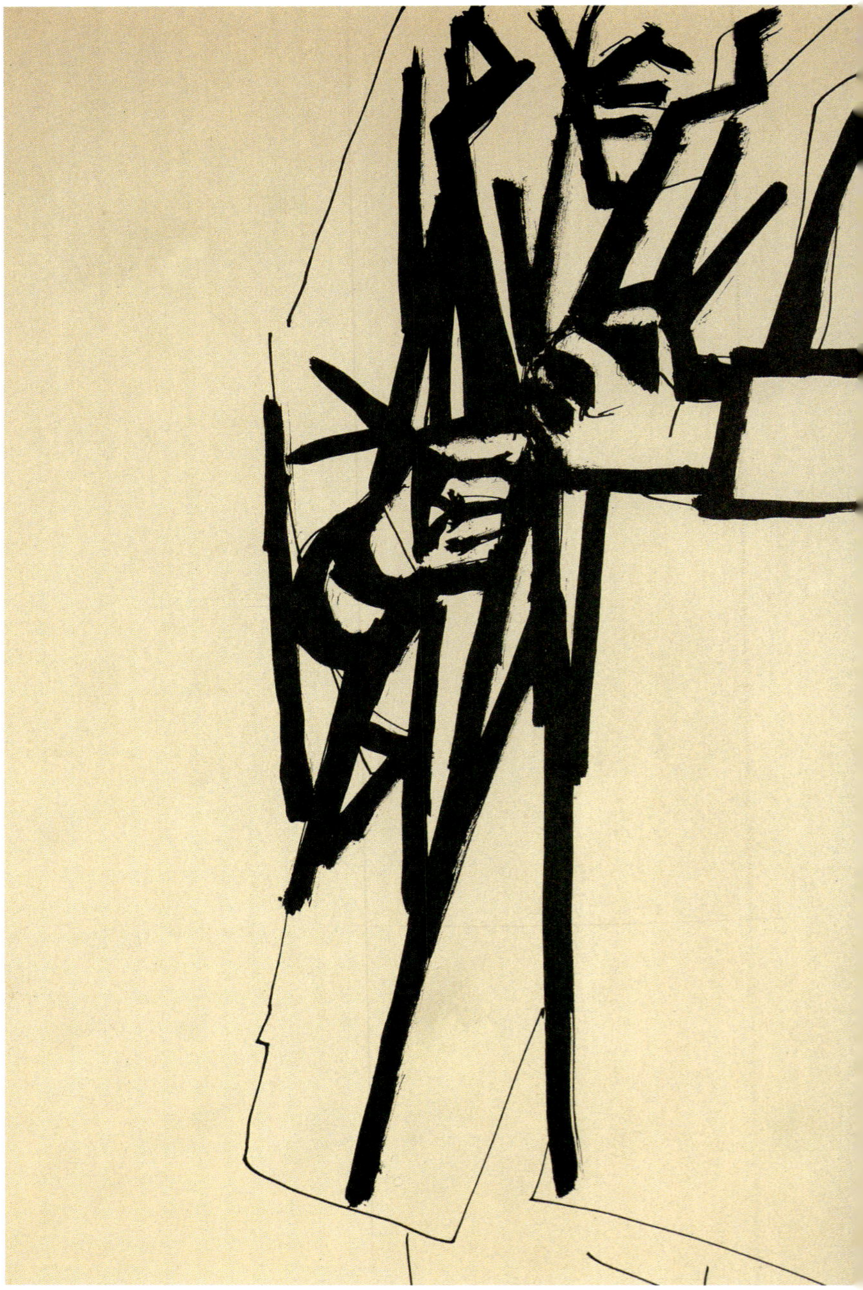

Sambonet durante l'esperienza coi partigiani a Milano, 1945 ca.
Figura, china su carta, 48 x 32,5 cm, 1952

Brasile

Nel 1948 Sambonet si reca in Brasile con la prima moglie, di origini brasiliane, e vi soggiorna fino al 1953, con qualche interruzione per tornare in Italia a esporre in mostre personali e collettive («Mostra di pittura italiana moderna e Mostra personale», Galleria di Pittura, Milano, 1949; «Mostra personale», Galleria del Milione, Milano, 1950).

Il Brasile è in quel momento un punto d'approdo per architetti, artisti, grafici, uomini di cultura europei che si ritrovano lì dopo la guerra. Tra questi emerge la figura di Pietro Maria Bardi, che con l'architetto Lina Bo, sua moglie, crea (1947) e dirige il Museu de arte de São Paulo (MASP). Bardi invita Sambonet a partecipare alle iniziative del museo, affidandogli l'insegnamento di grafica e un corso per tessuti stampati.

Prosegue intanto l'attività pittorica: sono del 1949 una personale al MASP e una al Museu de Arte Moderna di Rio de Janeiro. Sempre nel 1949, Bardi pubblica *Massaguassù*, una raccolta di disegni di Sambonet che prende il nome da un villaggio nella foresta sul litorale paulista, popolato da pescatori, granchi, serpenti e tucani.

Sambonet prepara inoltre una serie di modelli per la moda, compresi accessori e calzature, che nel 1952 verranno presentati al MASP nella manifestazione «Primeiro desfile da moda brasileira», primo evento del genere in Brasile.

Queste esperienze rappresentano la sua prima occasione di avvicinamento al mondo del design.

Nello stesso periodo è assistente regista di Gian Gaspare Napolitano sul set di *Magia Verde*, un film girato a Bahia, che contribuisce a rafforzare la sua forte attrazione per il Brasile 'selvaggio', evidente nei disegni di flora tropicale poi pubblicati nel volume *22 cause+1* (edizioni del Milione, Milano 1953).

Nel 1952 viene invitato dallo psichiatra Edu Machado Gomes a studiare persone e ambienti dell'Ospedale psichiatrico di Juquerí, quindicimila malati, a cinquanta chilometri da São Paulo, e lì, a china o a matita, ritrae i grandi disturbati di mente in una serie di disegni confluiti nella raccolta *Juquerí. Esperienza psichiatrica di un artista* (Italseber, Milano 1961) e, più avanti, nel volume *Della pazzia* (edizioni M'arte, Milano 1977).

Dopo questo lungo soggiorno, Sambonet tornerà molte altre volte in Brasile, soprattutto negli anni Settanta, e nel 1974 esporrà nuovamente in un'importante personale al MASP.

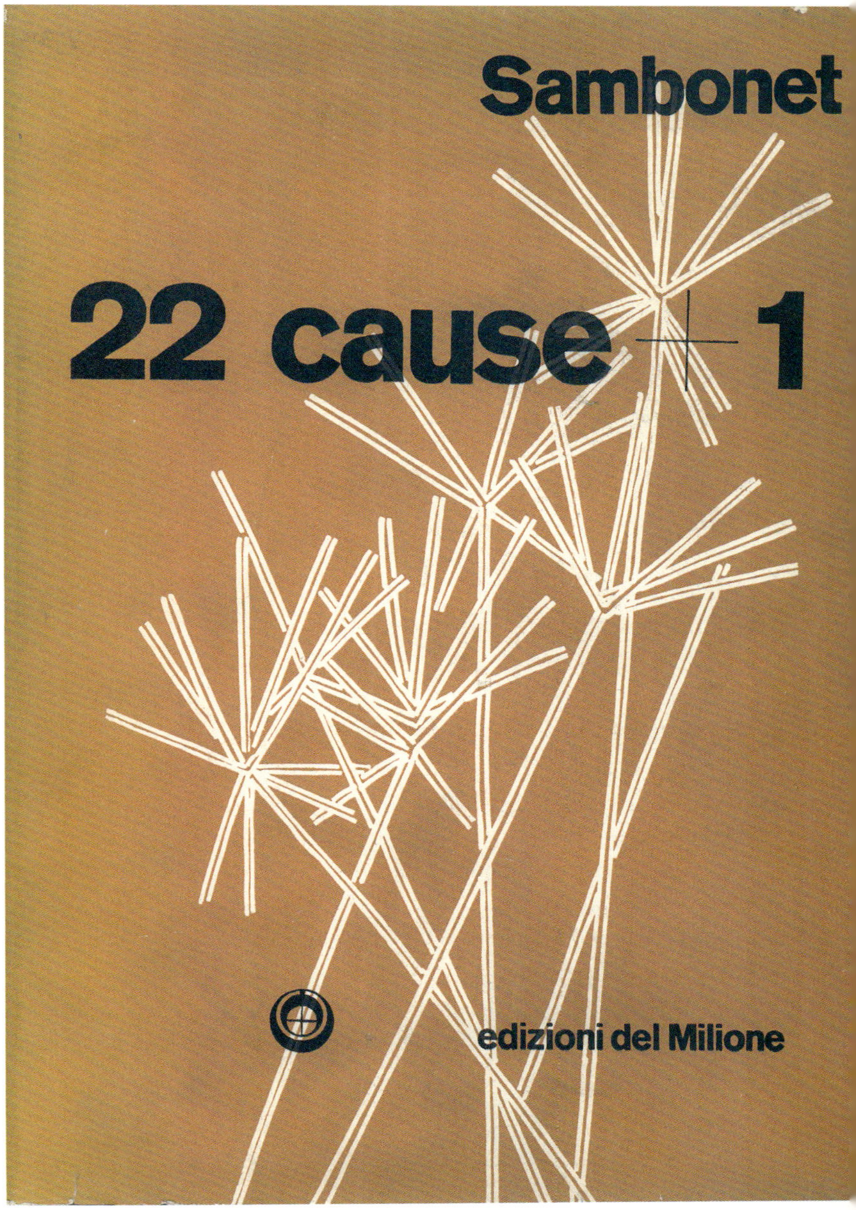

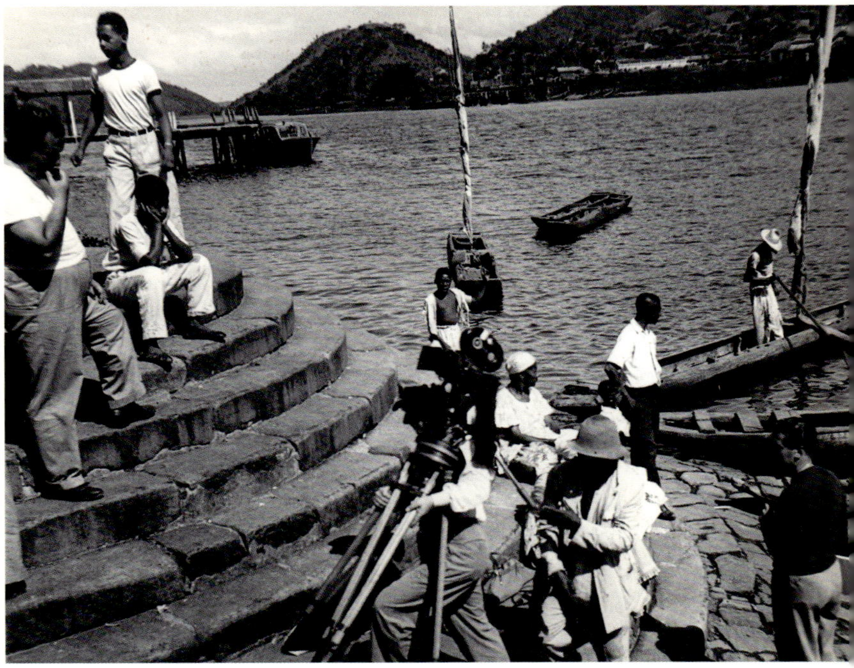

22 cause+1, con parole di Emilio Villa, Edizioni del Milione, Milano 1953
Sambonet sul set di Magia Verde, Bahia, 1950 ca.

Finlandia e Mediterraneo

Nei primi anni Cinquanta, rientrato in Italia dal Brasile, Sambonet compie numerosi viaggi tra cui uno in Finlandia. Qui incontra Göran Schildt, storico di vasta cultura e biografo di Alvar Aalto. Grazie a lui nel 1953 conosce il celebre architetto scandinavo, nel qualeil giovane Sambonet trova un maestro e un modello a cui guarderà per il resto della vita. In Finlandia Sambonet torna costantemente nei decenni successivi.
Il forte legame di amicizia instaurato con Göran Schildt, inoltre, dà il via alla serie di viaggi a bordo del Daphne, la barca a vela acquistata da Schildt nel 1947. A partire dal 1950 e fino agli anni Ottanta, Sambonet naviga lungo tutto il Mediterraneo: Grecia, Cicladi, Delos, Delphi, Epidauro, Corfù (tra il 1960 e il 1988), Anatolia e Turchia (dal 1967 al 1979), Libia (1962), Sicilia, Eolie e Ponza, che divenne una sorta di seconda casa per l'artista dal 1966 fino agli anni Novanta.
Da questi viaggi scaturiscono un'infinità di spunti e suggestioni per la pittura e Sambonet, durante ogni tappa, realizza sui suoi taccuini innumerevoli disegni, molti dei quali vengono poi trasformati in dipinti su tela nel suo studio milanese.

La Rinascente

Nel 1953 Sambonet viene chiamato alla Rinascente da Cesare Brustio, amministratore delegato, a collaborare alle iniziative promosse dall'azienda.
In questo periodo La Rinascente è un luogo promotore di cultura (nel 1954 istituirà il premio di design «Compasso d'Oro» da un'idea di Gio Ponti), con la propensione a cercare una stretta collaborazione con i creativi (tra questi, il fotografo Serge Libiszewski e i grafici Max Huber e Albe Steiner).
A Sambonet, che lavora a fianco di Bruno Munari, viene affidato l'allestimento di alcune vetrine e, dal 1955, la preparazione delle Grandi Manifestazioni , mostre tematiche dedicate a Paesi stranieri. Gli viene quindi chiesto di partire per diverse destinazioni e comprare tutto ciò che reputa significativo delle culture indigene, sulla base del suo gusto estetico e della sua sensibilità artistica, per poi organizzare le varie esposizioni di design e artigianato con il materiale accumulato.
Sambonet va a Tokio, a Hong Kong, in Thailandia (1958), poi ancora in Giappone, India, Kashmir e qualche anno dopo in Messico, Perù e Brasile (1963), Bulgaria, Romania, Russia (1963). Ogni volta al suo rientro allestisce, insieme all'architetto Giancarlo Ortelli e a Gianni Bordoli, queste mostre-mercato prese d'assalto dai clienti, conquistati dall'enorme quantità di oggetti nuovi, curiosi e affascinanti: sete, oggetti di paglia, cuoio, cartapesta colorata, porcellana, vetro, carta, legno e 'gioielli' mai visti prima. Le manifestazioni più importanti

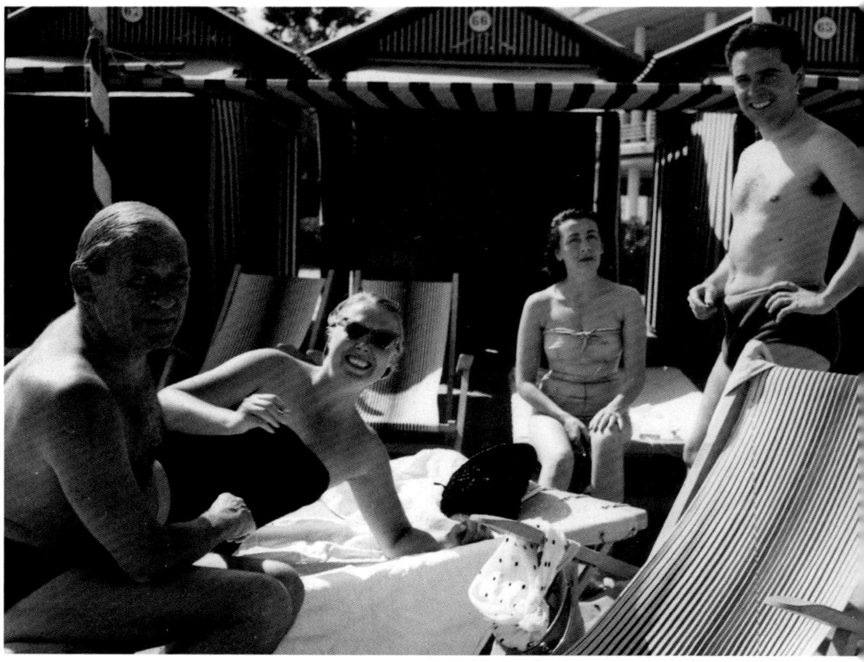

Sambonet con la prima moglie Luisa, Alvar Aalto ed Elissa, 1955 ca.

Barca, acquerello su carta, 20 x 20 cm, 1954
Sole al tramonto, acquerello su carta, 20 x 48 cm, 1954
Medelhav. Disegni mediterranei, testi di G. Schildt, Wahlstrom e Widstrand, Stoccolma 1955

da lui curate sono « India» (1959), «Indios» (1964) e «Natale Idea» (1967).
L'esperienza alla Rinascente è fondamentale nel percorso di Sambonet, che si avvicina qui concretamente alla grafica e al design.

Grafica

L'attività grafica di Sambonet inizia in Brasile nel 1951, anno in cui disegna il manifesto *Visite o Museo de Arte de São Paulo*.
Dal 1954 inizia la collaborazione con Max Huber per l'immagine della Sambonet s.p.a. Dal 1956 al 1963 realizza manifesti per la Rinascente, la Triennale di Milano, Pirelli, I.C.E.
Dal 1957 al 1960 è art director della rivista «Zodiac» edita da Olivetti, Ivrea.
Dal 1970 collabora con Bruno Monguzzi per gli imballaggi e l'immagine della Sambonet s.p.a., e per numerosi manifesti, tra cui Majakovskij e Bernardino Luini, 1975.
Del 1974 è il marchio per Regione Lombardia («Compasso d'Oro» 1979) con Noorda, Tovaglia e Munari.
Membro ADI, dal 1985 è Presidente della sezione italiana dell'Alliance Graphique Internationale (AGI).
Fra le altre opere grafiche, realiza progetti per la Pinacoteca di Brera, il Touring Club Italiano, RAI, Alfa Romeo, Renault, Einaudi, Feltrinelli, Sole 24 Ore, Banca CRT, Banca SovItCom di Mosca, Grandi magazzini Tobu di Tokyo.

Design

Nel 1953 Sambonet, durante un viaggio a Parigi, va a conoscere Constantin Brancusi nel suo atelier. Influenze e richiami all'arte dell'artista romeno saranno un'altra costante nella sua opera.
Nel 1954 Sambonet inizia a lavorare nell'azienda di famiglia a Vercelli, la Sambonet s.p.a., che produce oggetti in acciaio inossidabile prevalentemente per tavola e cucina. Ciò gli offre l'opportunità di operare al tempo stesso come designer, grafico e art director e, con l'aiuto di un gruppo di ingegneri, inizia a sperimentare le possibilità di lavorazione e di stampaggio dell'acciaio.
Tra gli anni Cinquanta e Settanta Sambonet realizza una serie di oggetti premiati con i maggiori riconoscimenti del settore, tra cui due «Compasso d'Oro» nel 1956 e nel 1970 e il «Gran Premio» alla XII Triennale di Milano nel 1960.Tra questi, il piatto da portata Tondo-ovale (1955), la Pesciera (1957, in esposizione permanente al MOMA di New York e conservata nella Collezione del Compasso d'Oro dell'ADI, Milano), la Posata Longilinea (1957), il servizio di pentole Electrogas (1960), le posate Metron (1960), il set di pentole impilabili Center Line (1965-71), le posate RSt set (1973), le posate Picnic (1975), i contenitori da forno Quadreglie (1977).
Sambonet inoltre lavora alla progettazione degli

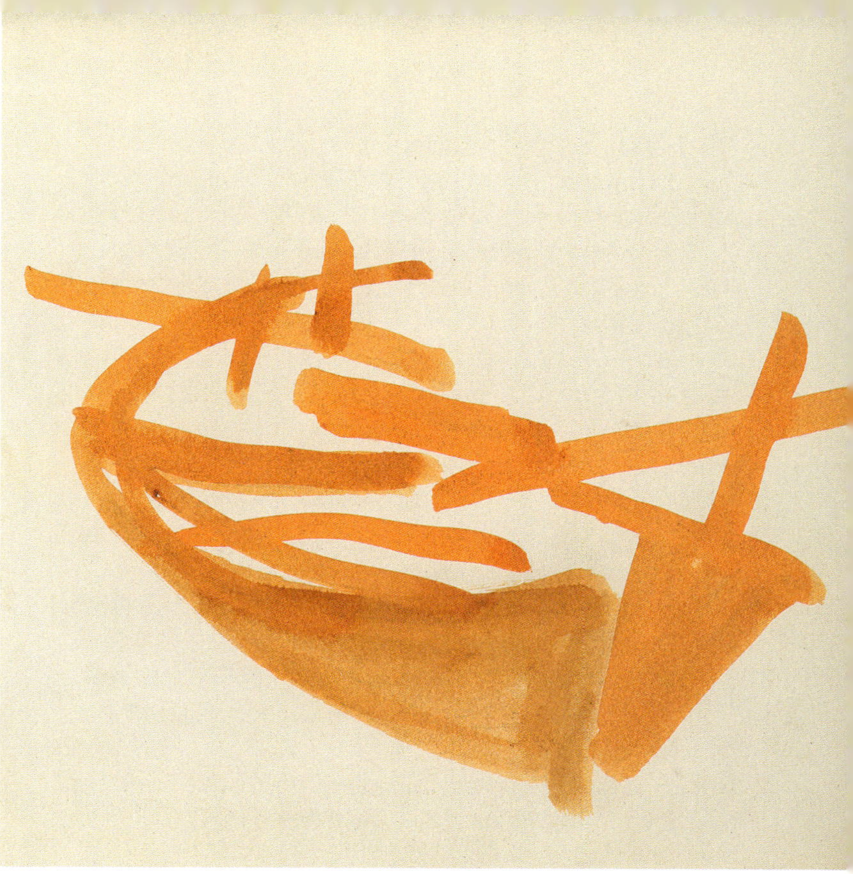

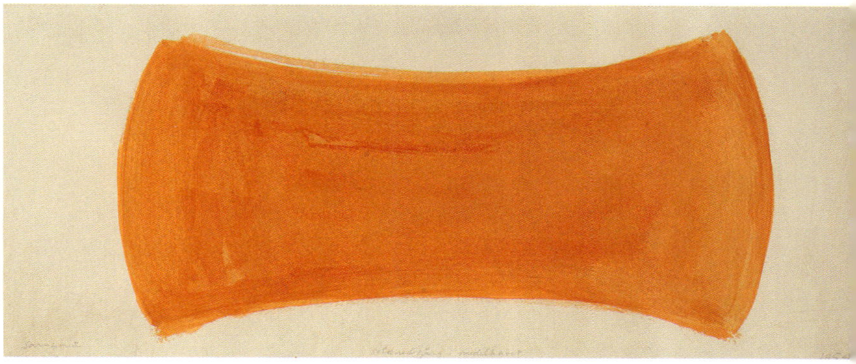

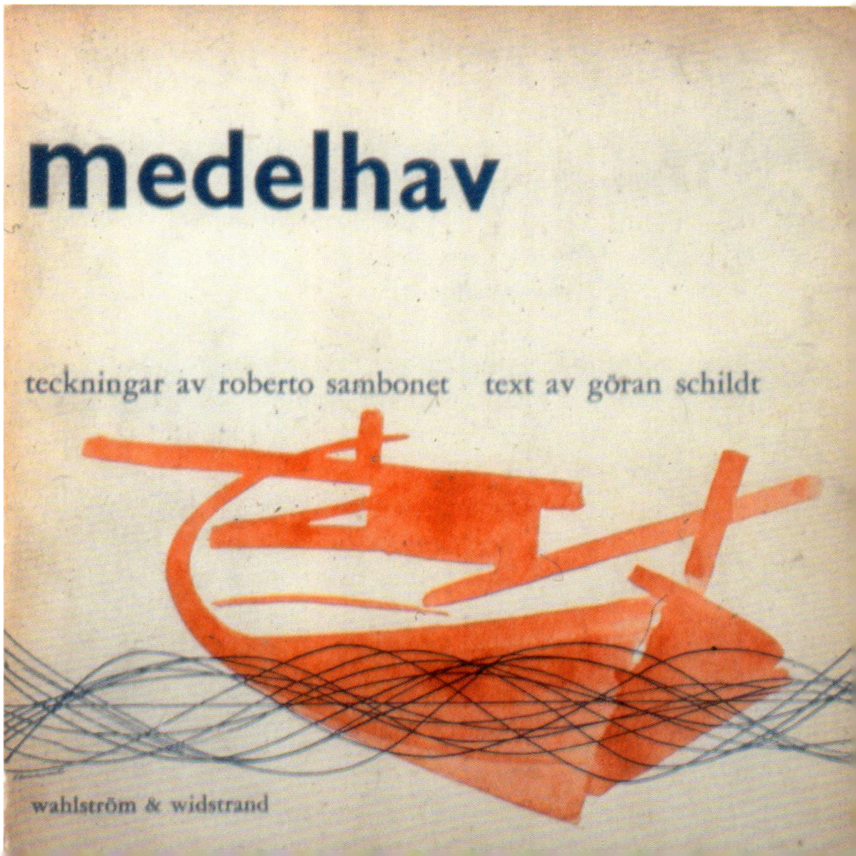

imballaggi, in collaborazione con Bruno Monguzzi e con un esperto di packaging, Mario Zacchetti. Nella motivazione della giuria per il premio «Compasso d'Oro» assegnatoli nel 1970 si segnala "la coerenza dell'imballaggio di presentazione e di spedizione per quanto riguarda la soluzione dell'immagine coordinata".
Nel 1971 inizia la collaborazione con Baccarat, storica azienda francese produttrice di cristalli, che continuerà fino al 1987. La produzione di Sambonet si caratterizza per l'esplorazione condotta sulle proprietà del cristallo – rifrazione, consistenza e trasparenza – unita alla stretta collaborazione con maestri vetrai altamente qualificati. Ne nascono oggetti dalla forma purissima in cui arte e design arrivano a una perfetta sintesi: Bolla per caviale (1971), posaceneri Ortogonale e Diagonale (1971), bicchieri Tir bar e Empilage (1971), vasi Préhistoire (1975-77), vasi Angolari (1978) e la serie del Bestiario marino (1987).
Nel 1972 inizia la collaborazione con Bing & Grondhal, azienda di porcellane di Copenhagen, per cui progetta due servizi di piatti, Blue Contemporary e Spectrum (1973), trascrivendo modelli tradizionali dell'azienda in forme moderne, improntate alla ricerca di composizioni cromatiche.
Nel 1978 disegna per il Cotonificio Cantoni di Milano la Tovaglia urbanistica.
Nel 1979 progetta per l'azienda di porcellane Richard Ginori un servizio completo di piatti pensato come "sistema urbanistico da tavola", basato sulla circolarità e concentricità, con riferimenti alla struttura del Guggenheim di New York.
Nello stesso anno realizza una serie di vasi in vetro per Seguso Murano: i modelli Cubic su base triangolare con altezze differenti e Demi su base semicircolare, caratterizzati da pareti lineari all'esterno e sinuose all'interno.
È del 1993 il progetto per un tavolo porta-collezioni con un piano in vetro poggiato su quattro semisfere in cui collocare oggetti di ogni tipo.
Dello stesso anno la maniglia Apollo per Kleis, produzione RDS, e il prototipo per pipa a doppio fornello dove mescolare due diverse qualità di tabacco.

Il progetto per Les Halles a Parigi

Un capitolo a sé stante, nel percorsodi Sambonet, che per tutta la vita ha nutrito un grande interesse per l'architettura, è la partecipazione, con un gruppo di architetti finlandesi e milanesi, al concorso indetto per la ricostruzione di Les Halles – la zona dei grandi magazzini generali in ferro – a Parigi nel 1979.
Il progetto, scartato dalla giuria, prevedeva di ricreare una grande Piazza di Spagna dominata da tre pennoni a ciminiera in cemento armato coi colori della bandiera francese, rosso bianco e blu.

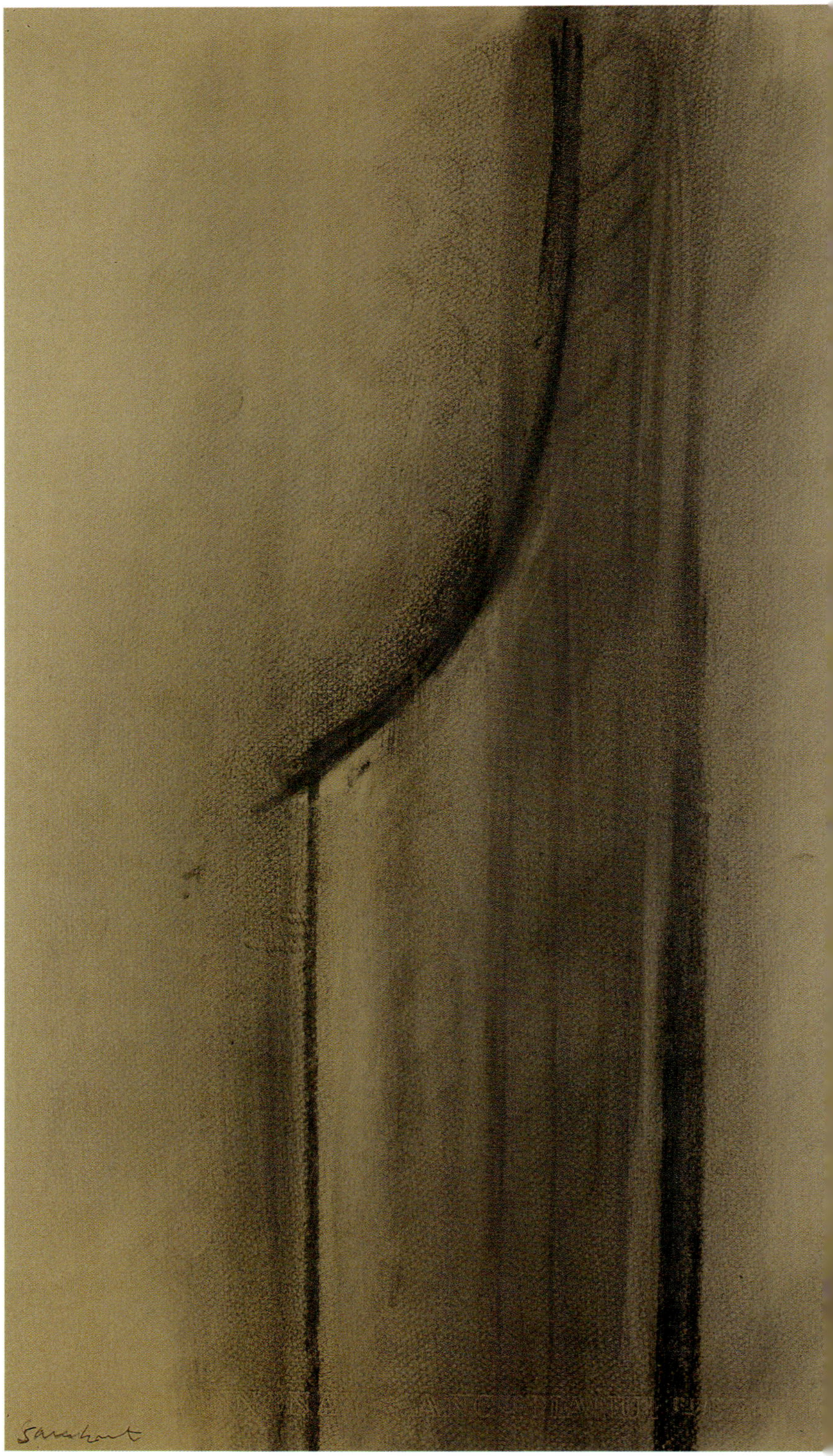

Bambù, carboncino su carta, 50 x 32,5 cm, s. d.

Pittura

A partire dagli esordi milanesi, Sambonet lavora costantemente alla sua produzione artistica, che comprende oli su tela, acquerelli, disegni a china, matita o biro, collages e, nell'ultimo periodo, elaborazioni realizzate con fotocopie.

Mari e acquerelli organici

Nel 1955 viene pubblicato il volume *Medelhav* con disegni mediterranei di Sambonet e testo di Goran Schildt, risultato dei primi viaggi in barca a vela. Altre opere vengono esposte a Stoccolma nel 1955 (Nordiska Companiet) e alla Galleria Artek di Helsinki nel 1956. Disegni, acquerelli e dipinti di soggetto mediterraneo ricorrono costantemente nell'arco della sua attività, e numerose sono le mostre dedicate esclusivamente a temi del mondo naturale, come quella nel 1966 alla Galleria Pater di Milano dove espone cinque olii e una serie di disegni nei quali il protagonista indiscusso è il mare, visto per 'ritagli', per spazi d'acqua circoscritti, a ogni ora del giorno, dall'alba al tramonto, al largo e presso le coste. In seguito, nella personale alla Galleria del Milione del 1969, espone una trentina di tele, accanto a disegni e tempere, aventi come soggetto le coste di Portofino, Ponza, Capo Circeo e del Golfo di Gaeta, e nel 1985 alla Galleria Artek di Helsinki mette in mostra *Disegni e acquerelli mediterranei* che raffigurano conchiglie, stelle marine, ricci di mare, elementi vegetali e minerali colti da prospettive particolari, indagati ora con una minuzia che riflette un atteggiamento da naturalista del '700, ora con pochi tratti essenziali che colgono l'essenza del soggetto. Seguiranno le personali «Mediterraneo» alla Galleria Palazzotto nel Canton Ticino nel 1993 e «Ligustica», interamente dedicata alla Liguria, a San Fruttuoso di Camogli nel 1994.

I ritratti

Sambonet inizia la sua attività di ritrattista sin da piccolo, ama infatti ritrarre tutti i suoi familiari e anche chi incontra per caso. A diciotto anni fa posare "vagabondi, mendicanti, nani, spazzacamini e zingari" nel suo studio in una casa di ringhiera nel cuore di Milano.
È l'interesse per l'umanità che lo spinge a raffigurare le persone, per conoscere più a fondo i caratteri, indagarne le strutture.
Nel 1963 tiene una personale di ritratti a Milano alla Galleria Profili e un'altra nel 1984 alla Galleria Gian Ferrari. Nel 1991 una serie di disegni di intellettuali e personaggi del mondo imprenditoriale è oggetto della mostra «Milanesi illustri e illustrati» (Studio Campari, Milano) e un'altra viene raccolta nel volume *Roberto Sambonet. Ritratti '86-'91* (Rotary Club, Milano).
Tra i molti ritratti a olio eseguiti si possono ricordare

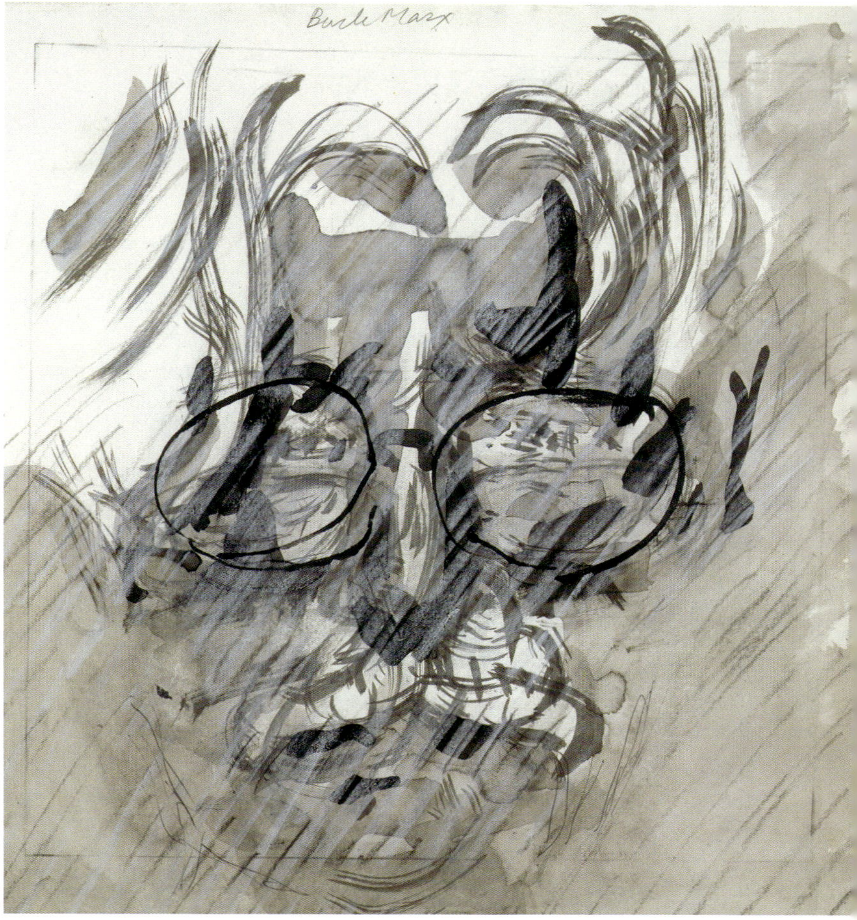

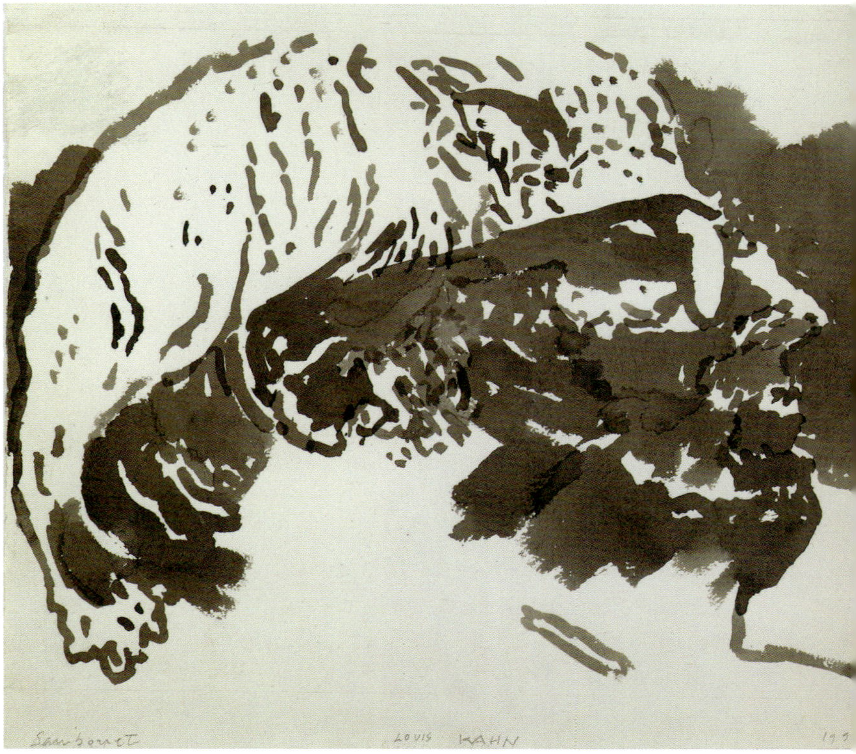

Burle Marx, acquerello e inchiostro su carta, 25 x 25 cm, s. d.
Louis Kahn, china acquerellata su carta, 25 x 30 cm, 1993

Ettore Sottsass come Kouros, Marco Zanuso, Alberto Pirelli, Lamberto Vitali, Alvar Aalto, Lucio Fontana, Gae Aulenti, Franco Albini, Lodovico Belgioioso, Giulio Castelli, Tomás Maldonado, Arnaldo Pomodoro.

Kleeiadi e Ricerche cromatiche

Negli anni Settanta e fino agli Ottanta, Sambonet realizza una serie di studi su alcune firme di Paul Klee degli anni Venti e, tramite queste, conduce un discorso sulla scrittura, realizzando una grande quantità di disegni, acquerelli e olii: le *Kleeiadi*, nome che racchiude in sé le parole Klee e Pleiadi.
La firma di Klee diventa il punto di partenza per un'indagine su artisti a cui Sambonet guarda costantemente. Nelle *Kleeiadi* compaiono riferimenti ai colori primari di Mondrian, ai papier découpé di Matisse, ai grafismi dei costruttivisti e così via, e le lettere originarie in certi casi perdono la loro leggibilità per diventare altro, un segno o un'immagine, con significato autonomo.
Le *Ricerche cromatiche* sono invece studi sul colore, eseguiti sia a olio sia ad acquerello, che l'artista realizza a partire dagli anni Settanta fino agli ultimi anni della sua vita. Sambonet in questo caso parte dal''osservazione di suoi modelli ricorrenti – tra cui Piero della Francesca, Cézanne, Kandinskij, Matisse – e ne scompone la tavolozza in sequenze di piccoli quadrati accostati in molteplici linee. Il risultato è una serie di scacchiere che, nella loro graficità, mantengono intatta l'idea cromatica e pittorica delle opere di partenza.

Gli ultimi anni: Plastiline e Ritratti di design

Dal 1991 Sambonet divide la sua attività tra Milano e New York.
Qui egli affronta oltre ai temi consueti un nuovo tipo di indagine, svolta questa volta su se stesso, sul proprio lavoro. Esegue una serie di opere di grandi dimensioni, degli olii monocromi, che chiama *Plastiline* per via del colore dominante simile appunto a quello della plastilina, in cui sono raffigurati oggetti di design da lui progettati, oppure architetture come il Guggenheim Museum.
Un'altra serie di dipinti ha invece come tema i bicchieri Tir e Empilage, 'ritratti' questa volta a vivaci cromie.
Roberto Sambonet muore a Milano il 1° novembre 1995.

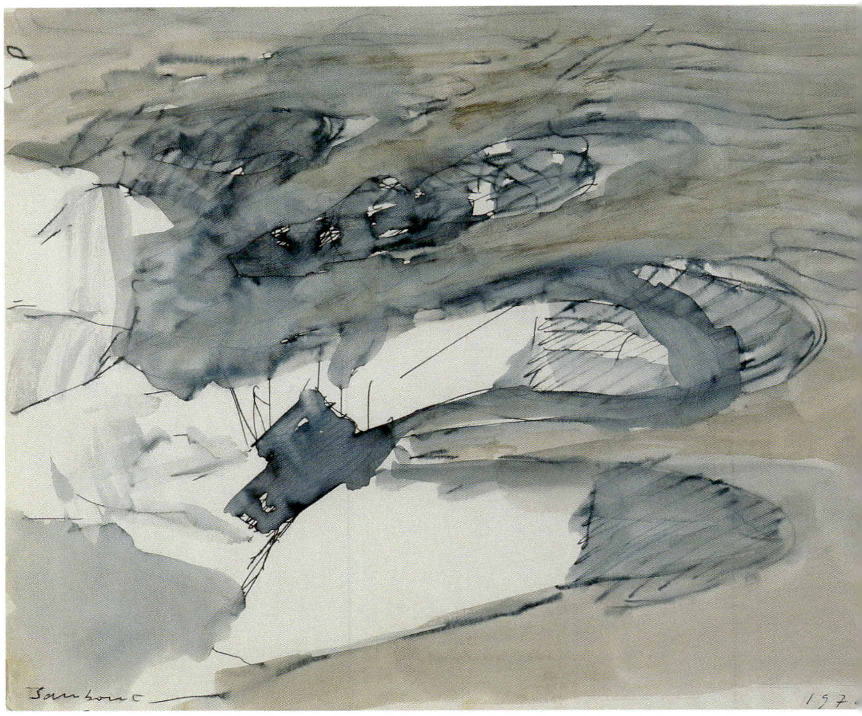

Ponza. Piscine naturali, acquerello su carta, 26 x 34 cm, 1972
Strutture, china su carta, 20 x 20 cm, 1959-60

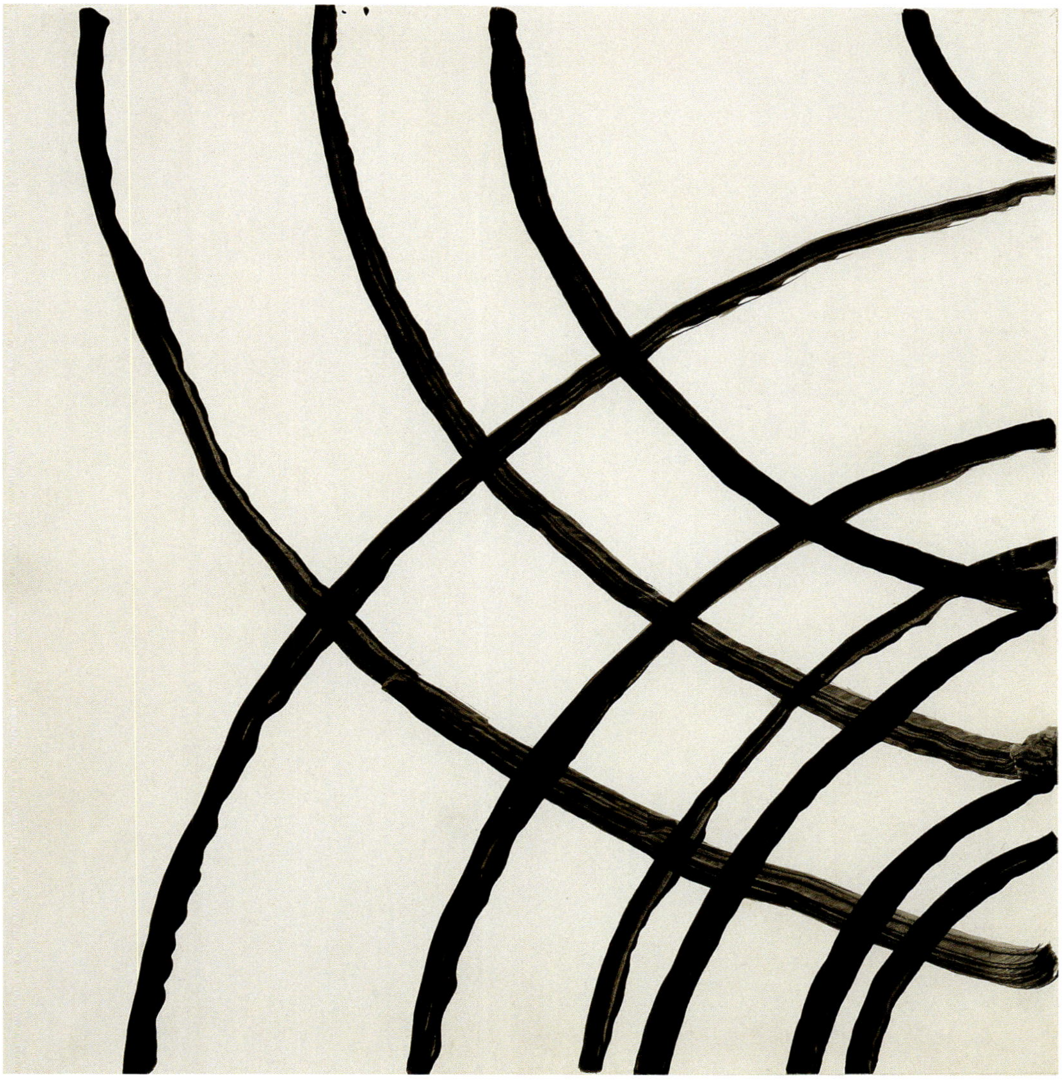

opere in mostra

Tutte le opere in mostra e in catalogo, salvo diversa indicazione, sono di Roberto Sambonet e provengono dall'archivio milanese dell'artista.

ALTRI MONDI: VIAGGI, INCONTRI, COLLEZIONI

Autoritratto, olio su tela, 1962
Autoritratto, acquerello su carta, 1984
Autoritratto, biro su carta, 1991
Occhio, copia fotostatica con bianchetto, 1991 ca.
Autoritratto, biro rossa su carta, 1991 ca.
Modello di tavolo portacollezioni, legno e vetro, 1993
Tavolo portacollezioni, acquerello su carta, 1990 ca.
Studi per tavolo portacollezioni, biro su carta, 1990 ca.
Modello di pipa Tabacco mixture, gesso e legno, 1993
Studi per pipa Tabacco mixture, biro e matita su carta, 1993
Il Capitano, di Giuliana Gadola Beltrami, copertina e illustrazioni di Roberto Sambonet, Edizioni Avanti!, Milano 1964, collezione Lica Covo Steiner, Milano
Rivista Zodiac, n. 1. Ritagli e studi per copertina e impaginati, china, matite colorate e collage su carta, 1958
Rivista Zodiac, n. 2. Menabò, 1958
Linoleum Pirelli, bozzetto, acquerello su carta, 1954
Copertina del catalogo della XII Triennale di Milano, 1960
Roberto Sambonet durante l'esperienza coi partigiani a Milano, fotografia, 1945 ca.
Roberto Sambonet con la prima moglie, Alvar Aalto ed Elissa, fotografia, 1955 ca.
Roberto Sambonet e Alvar Aalto, fotografia, 1950-60
Roberto Sambonet con Cesare Brustio mentre ritira il premio "Compasso d'Oro" a Milano, fotografia, 1956
Roberto Sambonet e Alberto Rosselli, fotografia, 1960 ca.

Il ritratto come percorso analitico

Guido Sambonet, olio su tela, 1962
Franco Albini, olio su tela, 1963, Fondazione Franco Albini, Milano
Lica Steiner, olio su tela, 1963, collezione Lica Covo Steiner, Milano
Lamberto Vitali, olio su tela, 1963
Figura, olio su tela, 1964
Gae Aulenti, olio su tela, 1964
Raffaele Carrieri, olio su tela, 1965
Raffaele Carrieri, olio su tela, 1965
Arnaldo Pomodoro, olio su tela, 1973
Rita Sambonet, olio su tela, 1984
Tomas Maldonado, olio su tela, s. d., collezione privata, Milano
Mia mamma, matite colorate su carta, 1934
Luisa, studio per un ritratto, inchiostro su carta, 1949
Alvar Aalto, acquerello e china su carta, 1953
Ernesto Nathan Rogers, matita su carta gialla, 1956
Vecchio siracusano, inchiostro su carta, 1965
Volto, matita su carta, 1966
Volto femminile di profilo, china su carta, 1967
Marco Zanuso, matita su carta, 1984-85
Charles Moore, biro su carta, 1985
Rita Sambonet, acquerello su carta, 1981
Ettore Sottsass, china e matita su carta, 1983
Ettore Sottsass, collage su cartoncino, 1983
Ettore Sottsass, biro e china su carta, 1983
Tomas Maldonado. Quattro studi per ritratto, matita su carta, china su lucido, biro su carta, acquerello e biro su carta, 1983
Saul Bass, biro su carta, 1984
Vittorio Gregotti, matita su carta, 1985
Volto, matita e biro su carta, 1986
Luigi Caccia Dominioni, matita su carta, 1986
Achille Castiglioni, biro rossa su carta, 1986
Giovanni Spadolini, biro su carta, 1986
Ernesto Calindri, inchiostro su carta, 1987
Giulio Cesoni, matita su carta, 1987
Barzini, matita su carta, 1987
Volto, matita e acquerello, 1987
Giancarlo Lunati, biro blu su carta, 1989
Roberto Rezzonico, biro su carta, 1990
Francesco Cattaneo, biro su carta, 1990
Giorgio Rumi, biro su carta, 1990
Leopoldo Pirelli, biro su carta, 1990
Bob Noorda, biro su carta, 1990
Riccardo Bonadeo, china su carta, 1991
Aldo Rossi, matita e acquerello su carta, 1992
Pietro Valpreda, biro su carta, 1992
Gaetano Pesce, biro su carta, 1993
Louis Kahn, china su carta, 1993
Kevin Roche, biro su carta, 1993
Paul Rand, biro su carta, 1993
Richard Meyer, matita e biro su carta, 1993
Scaffi e Don Ravasi, matita su carta, s. d.
Renzo Zorzi, acquerello su carta, s. d.
Ritratto, matita su carta, s. d.
Robert Venturi, acquerello su carta, s. d.
Woody Allen, biro su carta, s. d.
Volto, matita su carta gialla, s. d.
Volto, matita su carta gialla, s. d.
Bruno Monguzzi, inchiostro su carta, s. d.
Raffaele Canger, matita su carta, s. d.
Roberto Tronchetti, biro su carta, s. d.
Federico Zeri, matita su carta, s. d.
Edoardo Sanguinetti, china e matita su carta, s. d.

Pazzia

Studio di figure nel cortile del manicomio di Juquerí, china su carta, 1952
Studi sulla pazzia. Fogli di taccuino, inchiostro su carta, 1952
Pazzia. Sette disegni, china su carta, 1952
Tavola sinottica. Serie completa della Pazzia, china su carta, 1952

Brasile: uno shock culturale

"Tessuto Indios", cotone stampato, 1952, per Mappin Stores, São Paulo
Jungla brasiliana, acquerello su carta, 1950 ca., collezione privata, Milano
Pontile, china su carta, 1952
Palizzata, china su carta, 1952
Capanna, china su carta, 1952
Stuoia, china su carta, 1952
Gabbia, china su carta, 1952
Cesti, china su carta, 1952
Flora tropicale. Quattro disegni, china su carta, 1952
Bottiglia impagliata del litorale nord, china su carta, 1952
Massaguassù. Capanne di canoe, acquerello e china su carta, 1952
Foresta tropicale, acquerello su carta, 1972
Cesti, china su carta, s. d.
Motivi indios, inchiostro arancione su carta, 1952 ca.
Foresta tropicale. Disegno per tessuto, china su carta, 1952
Cesti, olio su tela, 1952 ca.
Visite o Museu de Arte, manifesto per il Museu de Arte di São Paulo, Brasile, 1951
Figura, olio su tela, 1952
Figura femminile seduta, matita blu su carta, 1949-50
Figura femminile sdraiata, china e matita grassa su carta, 1949-50
Figura femminile sdraiata, matita su carta, 1949-50
Due ceste, giunco, artigiano popolare brasiliano, 1940-50
Cesti. Borse sferiche, giunco, 1955, per Vittorio Bonacina, Lurago d'Erba (CO), distribuito da La Rinascente, Milano
Collezione di bastoni in un barile cinese per riso,

artigianato di provenienze diverse
Canoa indios, legno e metallo, artigianato popolare brasiliano, s. d.
Gabbia-trappola, bambù, artigianato popolare sudamericano, s. d.
Sei disegni per il "Primeiro desfile de moda brasileira", la prima sfilata di moda brasiliana, Museu de Arte di São Paulo (MASP), biro su carta, 1952
Bozzetti di modelli per la sfilata, biro su carta e frammenti di tessuto, 1952
"Tessuti Indios" con motivi ripresi dalla tradizione indios, tessuto stampato, 1952, per Mappin Stores, São Paulo
"Tessuto Indios" con motivo a griglia ripreso da una architettura di Oscar Niemayer, cotone stampato, 1952, per Mappin Stores, São Paulo
Campioni di tessuti per la sfilata, 1952
Invito alla sfilata e tre programmi di sala, 1952
Fotografie del "Primeiro desfile de moda brasileira", 1952
Otto studi di flora tropicale brasiliana, china su carta, 1952
Collage di giornali, 1950 ca.
Disegno per tessuto, tempera su carta, 1950 ca.
Disegno per tessuto, tempera su carta, 1950 ca.
Disegno per tessuto, tempera su carta, 1950 ca.
Studio per tessuto, china su carta, 1950 ca.
Studio per tessuto, acquerello su carta, 1950 ca.
Braccialetto ad incastro "Toi et moi", argento, per Tiffany, New York, 1955
Bracciali, artigianato povero brasiliano, ferro, 1950 ca.
Conchiglie
Roberto Sambonet sul set del film Magia Verde, fotografia, Brasile, 1950 ca.
Roberto Sambonet nella foresta amazzonica, fotografia, Brasile, 1950 ca.

Il paesaggio come registro dello sguardo

Carrugio, olio su tela, 1954, collezione privata, Milano
Carrugio, olio su tela, 1954, collezione privata, Milano
Fuori studio (*omaggio a F.Ll. Wright*), olio su tela, 1963
Ginestre, olio su tela, 1968
Il Piccolo Teatro in costruzione, olio su tela, 1991 ca., collezione privata, Milano
Basilica del Santo, Padova, olio su tela, 1954
Panarea, olio su tela, 1953
Parque Guell (omaggio a Gaudì), olio su tela, 1956
Partenone, olio su tela, 1955
Portolano, olio su tela, 1971 ca.
Portolano, olio su tela, 1985 ca.
Portolano, olio su tela, 1990 ca.
Parete rocciosa, olio su tela, s. d.
Villaggio greco, olio su tela, 1954
Carrugi. Cinque disegni, china su carta, 1954
Carrugio, Genova, china su carta, 1954
Carrugio, Genova, china su carta, 1954
Pendio di scogliera, china su cartoncino, 1955 ca.
F. Ll.Wright, Imperial Hotel, Tokyo, matita, china e acquerello su carta, 1958
Teatro di Pergamo, china su carta, s. d.
Le piscine naturali (Ponza), acquerello su carta, 1972
Sagrada Família, china su carta, 1956
Samotrakes Bergkammar, acquerello su carta, 1954 ca.
Teatro di Pergamo, inchiostro e acquerello su carta, 1954
Torre Velasca, Milano, china su carta, s. d.
Barca, acquerello su carta, 1954
Due composizioni senza titolo, acquerello su carta, 1954
Marinaio greco, china su carta, 1954 ca.
Brasile, china acquerellata su carta, 1951-52
Capanne di canoe. Massaguassù, china acquerellata su carta, 1951-52
In viaggio, su incarico de La Rinascente. Sei taccuini su Cochin, Kashmir, Kyoto, Madras, New Delhi, Tokyo,1950-60
Otto portolani, acquerello su carta, 1971-88
La documentazione di un viaggio: Pireo, Capo Sunion, Andros, Skyros, Monte Athos, Capo Oros, Tomba di Achille, Asia Minore, Tasso, Istanbul, Troia, Pergamon, Kios, Trenta cartoncini numerati, tecnica mista, 1954
La documentazione di un viaggio: Cefalonia, Pireo, Corinto, Patrasso, Itaca, Siracusa, Capo Passero, Porto Empedocle, Marsala, Egadi, Ustica, Punta Licosa,Capri, Procida, Ischia. Settantuno disegni numerati, matita, biro e pastello su carta, 1965
Anatolia. Diciassette studi, acquerello su carta, 1978
Mappa dei viaggi compiuti nel Mediterraneo tra il 1948 e il 1967, biro e matite colorate su carta

Rio delle Amazzoni

Rio delle Amazzoni. Serie di quattordici composizioni, acquerello su carta, 1982
Amazzonia. Due disegni, biro su carta, s. d.

L'AVVENTURA DEL FARE: L'ITINERARIO DEL PROGETTO

Astrazioni logiche

Antipastiera legumiera, acciaio, 1975, per Sambonet, Vercelli
Studio per antipastiera legumiera, biro su carta, 1973
Studio per antipastiera legumiera, biro su carta, 1973-75
Studio per antipastiera legumiera, biro su carta, 1977
Center Line bistecchiera. acciaio, 1972-73, per Sambonet, Vercelli
Tre studi per bistecchiera, biro su carta, 1972 ca.
Center Line, fondo rinforzato in acciaio, 1965 ca., per Sambonet, Vercelli
Studio per Center Line, acquerello su carta, 1971
Foto set, acciaio e perspex, 1974, per Sambonet, Vercelli
Pentola e.g. Electrogas, acciaio con diffusore di calore in rame, 1960, per Sambonet, Vercelli
Tre studi per pentola e.g. Electrogas, matita e pastello nero su carta, matita su carta, biro su carta, 1960 ca.
Marchio per lo Studio Roberto Sambonet, acciaio, 1974, per Sambonet, Vercelli
Menage. Set di quattro contenitori da tavola, acciaio, cristallo e legno, Roberto Sambonet, Pieraldo Mortara, Augusto Salviato, Piero Fornara, 1975-76, per Sambonet, Vercelli
Menage. Imballaggio, cartone industriale stampato con inchiostro viola copiativo, Roberto Sambonet, Bruno Monguzzi e Mario Zacchetti, 1975-76, per Sambonet , Vercelli
Studio per Menage, acquerello su carta, s. d.
Pesciera, acciaio formato con getti d'acqua ad alta pressione in stampi di gomma 1957, per Sambonet, Vercelli
Studio per pesciera, carboncino su carta, 1955 ca.
Descrizione del ciclo di lavorazione della pesciera, 1985
Piatto tondo-ovale, acciaio, 1955, per Sambonet, Vercelli
Quadreglie, acciaio, 1977, per Sambonet, Vercelli
Servizio di piatti, resina melaminica, alluminio e acciaio, 1974, per Sambonet, Vercelli
Studio per servizio di piatti in melamina, biro su carta, 1974 ca.
TIR bar, cristallo, 1971, per Compagnie des Cristalleries de Baccarat, Parigi
Studio per TIR bar, biro su carta, 1971 ca.
Quattro studi per TIR bar, acquerello su carta, 1974
TIR bar, olio su tela, 1985-90, collezione privata, Milano
TIR bar, acquerello su carta, 1995
Tovaglia Urbanistica, cotone, 1978, per Cotonificio Cantoni, Legnano
Centrotavola, acciaio, s. d., per Sambonet, Vercelli
Studio per manici, matita e carboncino su carta, s. d.
Tre studi perSistema da tavola Richard-Ginori, matita, penna e acquerello su carta, 1974-79
Mairea, omaggio ad Alvar Aalto, olio su tela, 1956
Andros, olio su tela, 1954
Orti di Montale, Monterosso, olio su tela, 1955
Panarea, olio su tela, 1953 ca.
Panarea, olio su tela, 1953 ca.
Senza titolo, olio su tela, 1950-60
Strombolicchio, olio su tela, s. d.
Aalto Mairea, china e matita su carta, 1953
Bagnanti, china su carta, s. d.
Bergamo alta. Incrocio di vie, china su carta, 1954
Struttura, china su cartoncino, s. d.
Fontana di fumo, china su carta, s. d.
Giunca. Hong Kong, china su carta, 1958
Renzo Piano, litografia, 1991
Occhio di Renzo Piano, litografia, 1991
Orti di Montale. Dieci limoni, china su carta, 1955
Orti di Montale, china su carta, 1974
Pioggia, acquerello e matita su carta, 1978
Struttura, china su carta, 1959-60
Struttura, matita e china su carta, 1959
Struttura, matita e china rossa su carta, 1959
Strutture vegetali, carboncino su carta, s. d.
Skyros, china e acquerello su carta, 1954 ca.
Struttura, china su carta, s. d., collezione privata, Milano
Struttura organica, china e matita su carta, s. d., collezione privata, Milano
Organismo, china su carta, s. d., collezione privata, Milano
Struttura organica, china su carta, 1963, collezione privata, Milano
Cerchi, matita colorata su carta, 1960
Vaso di gerani visto in "pianta" Bogliasco, china acquerellata su carta, 1957

Superfici del mare

Triangoli Module, cristallo, 1971, per Compagnie des Cristalleries de Baccarat, Parigi
Triangoli Appetizer, acciaio, 1966, per Sambonet, Vercelli
Triangoli Appetizer, foto Aldo Ballo
Prototipo di posacenere, alluminio, 1971 ca.
Posacenere tondo. Oggetto promozionale FIAT, acciaio, 1971, per Sambonet, Vercelli, Archivio Sambonet e collezione privata, Milano
Ortogonale. Posacenere , cristallo, 1971, per Compagnie des Cristalleries de Baccarat, Parigi, collezione privata, Torino
Mosaico. Posacenere , cristallo, 1971, per Compagnie des Cristalleries de Baccarat, Parigi
Diagonale. Posacenere , cristallo, 1971, per Compagnie des Cristalleries de Baccarat, Parigi, collezione privata, Torino
Scoglio a Bogliasco, olio su tela, 1963
Frangente, olio su tela, 1963
Egeo, olio su tela, 1964
Alto mare, olio su tela, 1966
Mare, olio su tela, s. d.
Mare, olio su tela, s. d., collezione privata, Milano
Superficie del mare. Otto studi, matita, biro e carboncino su carta, 1965
Superficie del mare. Otto studi, matita, biro e carboncino su carta, 1965
Studio di riflessi sull'acqua, china su carta, 1957
Studio per Baccarat, matita e biro su carta, 1977
Sole sul mare. Studio di riflessi, matita e china colorata su carta, 1957
Scogli di Nervi. Tre disegni, china su carta, s. d.
Superfici del mare. Sei studi, china su carta, 1959

Teoria della luce

Bol à caviar. Cratere per caviale con contenitore inferiore per il ghiaccio, cristallo, 1971, per Compagnie des Cristalleries de Baccarat, Parigi
Bol à caviar, acquerello su carta, 1982
Crateri di cemento oppure di asfalto, acquerello su carta, 1969
Crateri d'erba a un casello d'autostrada, carboncino su carta, 1969
Crateri di ghiaia. Per la sponda del Ticino al ponte della Milano-Torino, china e carboncino su carta, 1969
Mortaio, pietra, artigianato popolare
Padella a tondo, acciaio, 1955, per Sambonet, Vercelli
Studio per padella a tondo, biro su carta, 1955 ca.
Piatti Spectrum, porcellana, 1973, per Bing & Grøndahl, Copenhagen
Prove di colore per piatti Spectrum, porcellana, 1973
Studio per piatti Spectrum, pastello su carta, 1973 ca.
Studio cromatico per piatti Spectrum, acquerello su carta, s. d.
Vasi Préhistoire, cristallo pieno, 1975-77, per Compagnie des Cristalleries de Baccarat, Parigi
Préhistoire, pastello su carta, 1974
Préhistoire, biro su carta, s. d.
Préhistoire, olio su tela, 1990 ca.
Sassi Cailloux, cristallo pieno, 1975-77, per Compagnie des Cristalleries de Baccarat, Parigi
Sassi. Due studi, acquerello e matita su carta, 1975
Sassi Cailloux. Tre disegni di studio, pennarello e biro su carta, 1975

Vasi angolari, cristallo, 1978, per Compagnie des Cristalleries de Baccarat, Parigi
Tre studi per vasi angolari, biro su carta, 1978 ca.
Vasi Cubic, vetro, 1979, per Seguso, Murano
Vasi Demi, vetro, 1979, per Seguso, Murano
Prototipi per vasi Demi, legno, 1979
Ricerca cromatica, olio su tela, s. d.
Ricerca cromatica, olio su tela, 1981
Ricerca cromatica, olio su tela, s. d.
Ricerca cromatica da Piero della Francesca, olio su tela, 1975 ca., collezione privata, Milano
Ricerca cromatica, olio su tela, 1993
Ricerca cromatica, olio su tela, s. d.
Tre studi per ricerca cromatica, acquerello su cartoncino, s. d.
Cinque ricerche cromatiche, acquerello su carta, s. d.
Studio per ricerca cromatica "Ponza", acquerello e biro su carta, 1976
Schema per ricerca cromatica, biro su carta, s. d.
Tre schemi matematici per ricerca cromatica, matita e acquerello su carta, biro su carta, biro e matita colorata su carta, s. d.

Organismi e minerali

Cernia, cristallo, 1987, per Compagnie des Cristalleries de Baccarat, Parigi
Studio per Cernia, matita e pastello su carta, s. d.
Cernia, acquerello su carta, 1972
Ostrica, cristallo, 1987, per Compagnie des Cristalleries de Baccarat, Parigi
Crescita dell'ostrica. Lato esterno, biro rossa su carta, 1982
Huitre, acquerello su carta, 1982
Ostrica, acquerello su carta, 1982
Coda di tonno e *Pinna di pescecane*, cristallo, 1987, per Compagnie des Cristalleries de Baccarat, Parigi
Studio per Coda di tonno, biro su carta, 1982
Piatto Blue Contemporary, porcellana, 1973, per Bing & Grøndahl, Copenhagen
Piatto tradizionale Blue fluted (Bla malet), porcellana, Bing & Grøndahl, Copenhagen, collezione privata, Milano
Schizzo progettuale per piatti Blue Contemporary, matita colorata su carta, 1973
Brocca due becchi, cristallo, 1975 ca., per Compagnie des Cristalleries de Baccarat, Parigi, collezione privata, Milano
Tavole sinottiche della produzione di Roberto Sambonet per la Compagnie des Cristalleries de Baccarat, biro e matita su carta, s. d.
Empilage. Set di tre bicchieri impilabili a sezione concentrica, cristallo, 1971, per Compagnie des Cristalleries de Baccarat, Parigi
Bambù, carboncino su carta, s. d.
Empilage, acquerello su carta, 1982
Empilage, olio su tela, 1990 ca.
Massaguassù. Tre schizzi di germogli, matita su carta, 1974
Forme vegetali. Tre studi per posata, biro su carta, s. d.
Posate Longilinea, acciaio, 1957, per Sambonet, Vercelli
Posate Metron, acciaio, 1960, per Sambonet, Vercelli
Posate Picnic, acciaio satinato, 1965, per Sambonet, Vercelli
Posate RSt Set 845, acciaio lucido, 1973, per Sambonet, Vercelli
Posate RSt Set 845. Prototipi non prodotti, esemplari unici, resina melaminica, 1973, per Sambonet, Vercelli
RSt Set 845. Prove di lavorazione e prototipi delle posate in acciaio, 1973 ca.
Elenco dell'assortimento della linea RSt, per Sambonet, Vercelli
Posate Sambonet, fasi di lavorazione, acciaio, s. d.
Studio per posate, matita e biro su carta, s. d.
Prototipo di impugnatura, legno, 1972 ca.
Studio per posate e impugnature, biro su carta, s. d.
Studio per posate, matita su carta, s. d.
Studio per posate, matita su carta, s. d.
Quattro studi vegetali, acquerello su carta, 1977-78
Ammonite fossile, acquerello su carta grigia, s. d.
Ammonite, acquerello su carta, 1972
Conchiglia, acquerello su carta, 1971
Conchiglia, acquerello su carta, 1975
Conchiglia, acquerello su carta, 1986
Conchiglia, acquerello su carta, 1975
Conchiglia, acquerello su carta, 1986
Conchiglia, acquerello su carta, s. d.
Conchiglia, acquerello su carta, 1986
Conchiglia, acquerello su carta, s. d.
Conchiglia, biro e acquerello su carta, s. d.
Corallo, acquerello su carta, 197
Cranio di giaguaro, biro su carta, s. d.
Cranio di tartaruga, acquerello su carta, 1971
Esoscheletro di riccio, acquerello su carta, 1988
Riccio, acquerello su carta, 1973
Gattuccio. Ponza, acquerello e biro su carta, 1981
Granseola, acquerello su cartoncino, 1972
Granseola, china e biro su carta, 1973
Granseola, acquerello su carta, 1984
Granseola, biro e acquerello su carta, s. d.
Medusa, acquerello su carta, 1982
Medusa. Bogliasco, china su carta, s. d.
Medusa, china su carta, 1957
Razza, acquerello su carta, 1984
Rosa del deserto, acquerello su carta, 1970
Salamandra, matita e acquerello su carta, 1992
Spugna, china su carta, 1965
Spugna, acquerello su carta, 1985
Spugna, biro su carta, 1978
Mela, acquerello su carta, s. d.
Melograno, carboncino su carta, 1971
Melograno, acquerello su carta, 1973
Pigna, acquerello su carta, 1988
Sasso prismatico, acquerello su carta, 1976
Sasso prismatico, Ponza, acquerello su carta, 1976
Foglia secca di filodendro, acquerello su carta, 1971
Banane, biro e acquerello e su carta, 1974
Banana. Sei studi, acquerello su carta, 1990
Banana, olio su tela, 1990 ca.
Banana. Sei studi, copia fotostatica, 1995
Banana. Quattro studi, copia fotostatica, s. d.

La grafica come narrazione sintetica

Richard Sapper. 40 progetti di design 1958-88, progetto per la copertina del catalogo e della cartolina di invito, mostra organizzata da Artemide-Litech, Milano, 1988
Studi per il trofeo del Centro Velico Caprera, tecnica mista su carta, 1985
Studi e progetti per il logo del Consiglio Nazionale Ragionieri Commercialisti, cartoncino, 1983
Studio per il Codice Deontologico Ragionieri Commercialisti, cartoncino, 1984
Progetti per biglietti e totem segnaletico del XXV Congresso Nazionale Ragionieri Commercialisti, cartoncino, 1990
Quattro disegni per il concorso per il marchio Lago Maggiore, tecnica mista, 1988
Sei disegni per il concorso per il marchio Lago Maggiore, china su carta, 1988
Studio per il marchio Lago Maggiore, Roberto Sambonet e Bob Noorda, 1988
Progetto immagine coordinata Banca CRT. Studi per marchio e colore, Roberto Sambonet e Bob Noorda, tempera su carta, 1988-90
Orologi gadget per Banca CRT, Roberto Sambonet e Bob Noorda, 1988-90
Studio per cravatte e pochette gadget della Banca CRT, Roberto Sambonet e Bob Noorda, collage, 1988-90
Studi per ombrello gadget della Banca CRT , Roberto Sambonet e Bob Noorda, collage, 1988-90
Studio per modulo versamento della Banca CRT, Roberto Sambonet e Bob Noorda, 1988-90
Studio per insegna della Banca CRT, Roberto Sambonet e Bob Noorda, 1989
Studio per insegne della Banca CRT, Roberto Sambonet e Bob Noorda, 1988-90
Studio per marchio della London Italian Bank, Roberto Sambonet e Bob Noorda, 1988-90
Studio per segnaletica interna della Banca CRT, Roberto Sambonet e Bob Noorda, 1988-90
Studio lettering della Fondi Piemonte, 1988-90
Layout cancelleria con busta della FIDA Fiduciaria Torino, 1989
Studio per le buste della SOV.IT.COM, 1990
Coppe gadget della Banca CRT, metallo e legno, 1988-90
Studio per le coppe della Banca CRT, biro su carta, 1988
Progetti di copertina per la collana editoriale «design», Federico Motta Editore: Marco Zanuso, a cura di F. Burkhardt, e Achille Castiglioni, a cura di A.C. Quintavalle, 1991
Progetti di copertina e impaginati per la collana editoriale «design», Federico Motta Editore: Roberto Sambonet, a cura di A.C. Quintavalle, 1991
Disegno del francobollo per il Centenario del Touring Club Italiano, 1994
Lettera e due emissioni postali del francobollo per il Centenario del Touring Club Italiano, 1994
Disegni per l'immagine coordinata del Golf del Rosa, copie fotostatiche a colori, s. d.
Progetto grafico per Logica-Necchi, Roberto Sambonet e Bruno Monguzzi, 1970 ca.
Progetto per la pagina della cultura del Corriere della Sera, 1988
Prova di impaginato per il Corriere della Sera, 1988
Disegni per il logo della Triennale, acquerello su carta, 1987
Disegni per il logo della Triennale, collage e matita su carta, 1987
Studio per il logo della Vetri Murano, copia fotostatica, 1981
Studi per il marchio Vetreria Rocco Bormioli, matita blu su carta, 1978
Studio per il marchio Vetreria Rocco Bormioli, china su carta, 1978
Stomodeum, china su carta, 1954
Rosa Camuna. Studi per il marchio della Regione Lombardia realizzato da Roberto Sambonet, Bob Noorda, Pino Tovaglia e Bruno Munari, matita su carta e collage, 1974
Mondo cubico. Oggetto promozionale Touring Club Italiano, cartone, 1987
Mondo cubico. Oggetto promozionale Touring Club Italiano, bronzo, 1987
Studio per Mondo cubico Touring Club Italiano, biro su carta, 1987
Palla da tennis cubica. Oggetto promozionale Pirelli, feltro, 1964
Confezione della palla da tennis cubica per Pirelli, cartone, 1964
Palla da tennis divisa in isometria. Oggetto promozionale Pirelli, bronzo, 1965
Studio per palla da tennis cubica, biro su carta, 1970
Colorificio italiano Max Meyer, manifesto, foto Serge Libiszewski, s. d.
Richard Sapper. 40 progetti di design: 1948-88, manifesti della mostra organizzata da Artemide-Litech, Roberto Sambonet, foto Serge Libiszewski, Milano 1988
Pazzia, due manifesti, Bruno Monguzzi, Milano, 1978
Pirelli confezioni, manifesto per La Rinascente, Milano, s. d.
Alvar Aalto. Mobili e design. manifesto della mostra a cura di Franco De Ponti, Cesano Maderno, 1987
La casa e la scuola, manifesto della 12ª Triennale di Milano, 1960
La casa e la scuola, manifesto della 12ª Triennale di Milano, 1960
Otto progetti per Milano, manifesto della 16ª Triennale di Milano, Roberto Sambonet e Bruno Monguzzi, 1979
XXVI Congresso Nazionale dei Ragionieri Commercialisti, manifesto, 1990

La Rinascente

Studio calligrafico, china su carta, 1959
India. Progetto di impaginato per il catalogo della mostra del prodotto indiano, collage, 1959, per La Rinascente, Milano
Undici bozzetti per allestimenti, collage, acquerello e tecnica mista su cartoncino, 1950–1960, per La Rinascente, Milano
Fiori a Brera, 1956, locandina per La Rinascente, Milano
Ben arrivati a Milano per la XXXV Fiera (La Scala), 1957, manifesto per La Rinascente, Milano
Ben arrivati a Milano. per la XXXIV Fiera (Duomo), 1956, manifesto per La Rinascente, Milano

Packaging

Imballaggi, Roberto Sambonet, Bruno Monguzzi e Mario Zacchetti, cartone industriale stampato con inchiostro viola copiativo, 1960-70, per Sambonet, Vercelli

Manifesti

Sottonapoli, idee per la città sotterranea, manifesto-trittico della mostra di progettazione architettonica promossa da Agip Petroli, 1988
La bellezza dell'Architettura, manifesto del seminario interdisciplinare promosso dal Dipartimento di Progettazione Urbana dell'Università di Napoli, 1990
AA, manifesto per l'A.N.L.AIDS Associazione Nazionale Lotta contro l'AIDS, 1990
Mejerchol'd, Majakovskij, Stanislavskij, manifesto della mostra tenuta al Castello Sforzesco a cura del Ministero della Cultura dell'U.R.S.S., Roberto Sambonet e Bruno Monguzzi, 1975
Ceramiche dei concorsi di Faenza, manifesto della mostra alla Triennale di Milano, Pierluigi Cerri e Roberto Sambonet, 1984
Venti itinerari nel nostro paesaggio quotidiano. Il progetto grafico, manifesto della mostra per la Società Umanitaria di Milano, Roberto Sambonet, Giancarlo Iliprandi, Alberto Marangoni, Franco Origoni, 1981
Antonio Gramsci. Quaderni dal carcere, manifesto per Einaudi, 1975
Il disegno dell'architettura. Incontri di lavoro, manifesto del convegno del CSAC Centro Studi e Archivio della Comunicazione dell'Università di Parma, 1980
Bernardino Lanino. Indagini sul Rinascimento a Vercelli, manifesto della mostra a cura della Soprintendenza ai Beni artistici e storici del Piemonte, 1985
Raffaello MDIIII. Lo sposalizio della vergine , manifesto della mostra alla Pinacoteca di Brera a cura dell'Associazione Amici di Brera, Roberto Sambonet e Bruno Monguzzi, 1974
Immagine del Caravaggio, manifesto della mostra didattica, Bruno Monguzzi, Bergamo,1973-74
Renato Guttuso da Andrea Mantegna, manifesto della mostra "D'après per Brera", Roberto Sambonet e Bruno Monguzzi, s. d.
Italienisches Mobel Design. Kultur und technologie im italienischen Möbel 1950 - 1980, manifesto della mostra presso lo Stadt-museum di Colonia, Roberto Sambonet e Bruno Monguzzi, foto Serge Libiszewski, 1980-81
Piero della Francesca, manifesto per la Pinacoteca di Brera, Roberto Sambonet e Bruno Monguzzi, 1972
Roberto Sambonet da Piero della Francesca, manifesto della mostra "D'après per Brera", Roberto Sambonet e Bruno Monguzzi, 1977
Milton Glaser da Bernardino Luini, manifesto per la mostra "D'après per Brera", Roberto Sambonet e Bruno Monguzzi, 1977
Duomo di Milano. VI Centenario della fondazione, manifesto, foto Mario Carrieri, 1986
Ligustica. Roberto Sambonet cinquant'anni di Liguria, manifesto della mostra personale a San Fruttuoso di Camogli, 1994
t. O. talking Office sistema per uffici a spazio aperto, manifesto, Alberto Rosselli e Armando Milani, s. d.
Roberto Sambonet da Alfa Romeo, manifesto per ICSID International Council of Societies of Industrial Design, 1983
Bonsai, manifesto per Mercedes Benz, Roberto Sambonet, Matteo Lamacchia, foto Serge Libiszewski,1978
6-13 DIC.1978. Incontri cinematografici Monticelli Terme Parma, manifesto per il CSAC Centro Studi e Archivio della Comunicazione Università di Parma, Roberto Sambonet e Bob Noorda, 1978
Roberto Sambonet Artek, manifesto della mostra personale alla Galleria Artek per il Festival di Helsinki, Roberto Sambonet e Bruno Monguzzi, 1976
Da Via Rovello in via Rivoli. Sempre, con Milano. Il Piccolo Teatro degli anni '80. manifesto per il Comune di Milano, 1980
Processo per il Museo-Brera, manifesto della mostra alla Pinacoteca di Brera, grafica Bruno Monguzzi, foto Guia Sambonet, 1976-77
Sciliar 2145 Alpe di Siusi, manifesto per il Touring Club Italiano, Roberto Sambonet e Bob Noorda, 1982
Sciliar 2145 Alpe di Siusi, manifesto per il Touring Club Italiano, Roberto Sambonet e Bob Noorda, 1983
Graham Sutherland [ritratti di] Helena Rubinstein, manifesto, Roberto Sambonet, Giancarlo Ortelli e Bruno Monguzzi, 1957
Di mano in mano, da uomo a uomo, dall'Italia all'Italia, da chi ha a chi non ha, dall'oggi al domani di tutti, manifesto commissionato dal Comune di Milano per sostenere i paesi dell'Irpinia colpiti dal terremoto, Roberto Sambonet e Bruno Monguzzi, 1980
1974 – Roberto Sambonet – 1979. Design grafica pittura, manifesto della mostra personale al Museo Bagatti Valsecchi, Bruno Monguzzi, 1980
India. tradizione attualità moda colore, manifesto della mostra del prodotto indiano per La Rinascente, Milano, 1959
Moda Estiva, manifesto per La Rinascente, Milano, s. d.

Kleeiadi

Kleeiade, olio su tela, 1980
Kleeiade, olio su tela, 1980 ca.
Kleeiade, olio su tela, 1981
Kleeiade, olio su tela, 1981
Kleeiade "Omaggio a Mondrian", olio su tela, 1981
Kleeiade "Omaggio a Kandinskij", olio su tela, 1981
Kleeiadi. Trentaquattro composizioni, acquerello su carta e collage su cartoncino, 1975-82

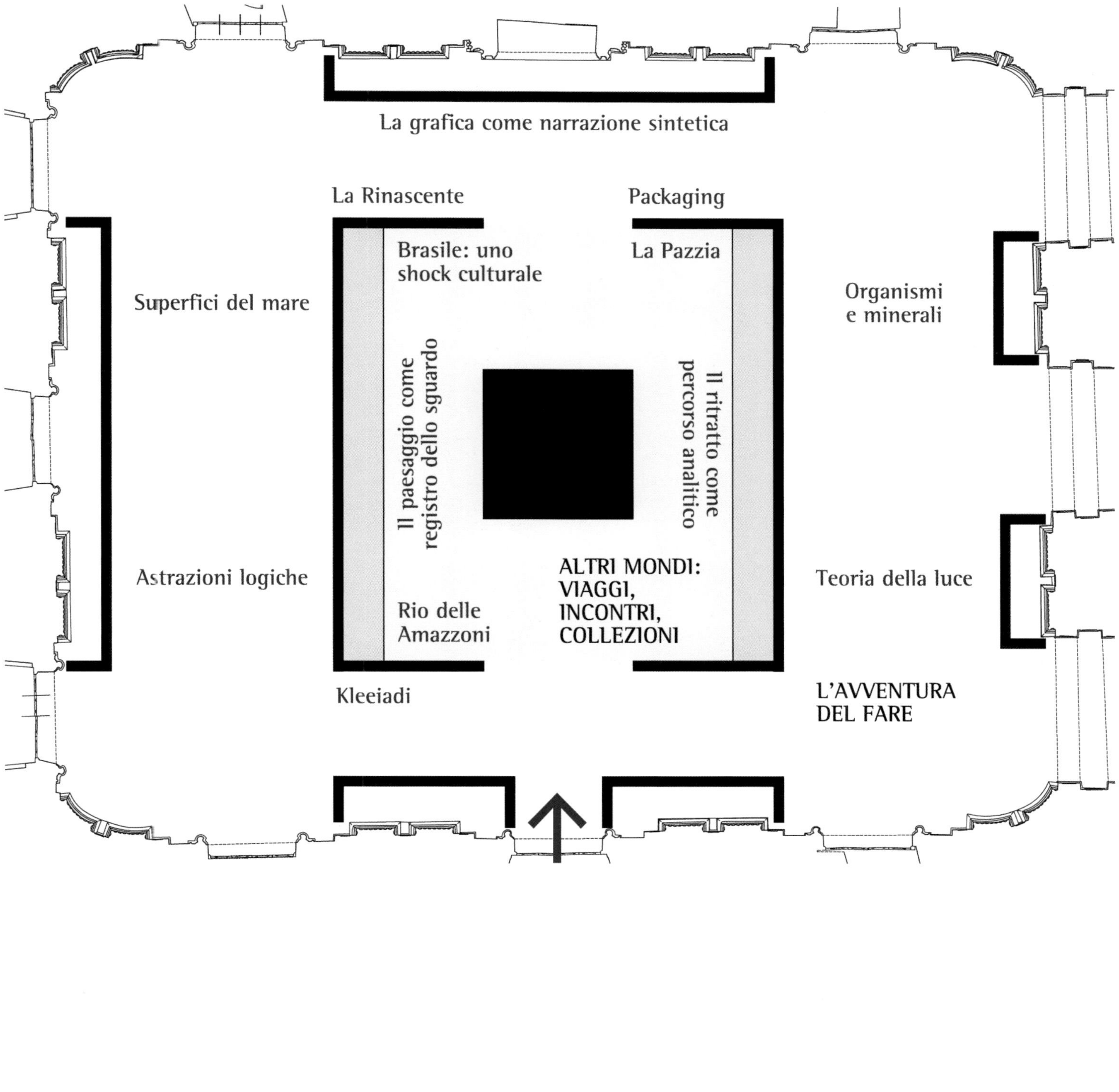
La grafica come narrazione sintetica
La Rinascente
Packaging
Brasile: uno shock culturale
La Pazzia
Superfici del mare
Organismi e minerali
Il paesaggio come registro dello sguardo
Il ritratto come percorso analitico
Astrazioni logiche
ALTRI MONDI: VIAGGI, INCONTRI, COLLEZIONI
Teoria della luce
Rio delle Amazzoni
Kleeiadi
L'AVVENTURA DEL FARE

bibliografia

A. Cruciani (introduzione), *R.V. Sambonet*, catalogo della mostra, Milano, Galleria di Pittura, marzo 1949.
Sambonet. Esposizione della sua opera 1948-49, catalogo della mostra, San Paolo, MASP, Museo de Arte de São Paulo Editor, San Paolo 1949.
P.M. Bardi (introduzione), *Massaguassù: figuras e paisagens pintadas no Brasil por Roberto Sambonet*, Museo de Arte de São Paulo Editor, San Paolo 1949.
U. Galetti, E. Camesasca, *Roberto Sambonet*, in *Enciclopedia della Pittura Italiana*, Garzanti, Milano 1950.
R. Sambonet, E. Villa (parole), *22 Cause+1*, Edizioni Il Milione, Milano 1953.
G. Schildt, *Medelhav. Disegni mediterranei*, Wahlstrom e Widstrand, Stoccolma 1955.
E. N. Rogers (introduzione), *Roberto Sambonet*, catalogo della mostra, Milano, Biblioteca Comunale, 15 aprile-11 maggio 1957.
D. De Maio, B. Orsi (introduzione), *Juqueri. Esperienza psichiatrica di un artista*, Edizioni Italseber, Milano 1961.
U. Galetti (a cura di), *Pittori e valori contemporanei*, Istituto Editoriale Brera, Milano 1963.
P. C. Santini, E. Rogers (introduzione), *Roberto Sambonet. Ritratti milanesi*, catalogo della mostra, Milano, Galleria Profili, novembre 1963.
G. Godola Beltrami, R. Sambonet (illustrazioni), *Il Capitano*, Avanti!, Milano 1964.
XXXIII Biennale Internazionale d'Arte di Venezia, catalogo della mostra, Venezia, Palazzo Centrale, 18 giugno-16 ottobre 1966.
P. C. Santini (introduzione), *Un'isola nel Tirreno. Ponza in trentadue disegni scelti dal taccuino di Roberto Sambonet*, Alfieri & Lacroix, Milano 1969.
M. De Micheli (introduzione), *Mostra personale di Roberto Sambonet*, catalogo della mostra, Milano, Galleria Il Milione, 22 febbraio-17 marzo 1969.
P. C. Santini, *Roberto Sambonet*, in *Premio Compasso d'Oro ADI 1970*, Milano 1970.
J. F. Robert, *Selezione Biennale d'Arte Pittori Italiani*, J. F. Robert, Torino 1972.
P. Fossati (introduzione), *Roberto Sambonet. Ricerca e strutture '49-'74*, catalogo della mostra, San Paolo, MASP, Pizzi Editore, Milano 1974.
P. Fossati, *Roberto Sambonet. Il disegno come doppio. 61 disegni 1956-1972*, Pizzi Editore, Milano 1974.
R. Sambonet (a cura di), *Della pazzia*, M'arte, Milano 1977.
A. C. Quintavalle (introduzione), *Il progetto e il segno*, in *Roberto Sambonet. Design grafica pittura '74-'79*, catalogo della mostra, Milano, Palazzo Bagatti Valsecchi, Mazzotta, Milano 1980.
C. Cederna (introduzione), *Roberto Sambonet. Ritratti '43-'83*, catalogo della mostra, Milano, Galleria Gian Ferrari, Feltrinelli, Milano 1983.
A. C. Quintavalle (introduzione), *Sambonet e il viaggio dentro l'immagine della natura*, in *Roberto Sambonet. Disegni a penna e acquerelli mediterranei*, catalogo della mostra, Helsinki, Gallerie Artek, Elli & Pagani, Milano 1985.
Roberto Sambonet, *L'arte in tavola*, Edizioni de «Il Sole 24 Ore», Milano 1988.
Roberto Sambonet. Ritratti '86-'91, a cura del Rotary Club di Milano, Elli & Pagani, Milano 1991.
Milanesi illustri ed illustrati. 50 disegni di Roberto Sambonet, catalogo della mostra, Milano, Studio Campari. Arte nella comunicazione, giugno 1991.
A. Mulas, *Roberto Sambonet artista esploratore*, video-intervista per Rai 1, 1993.
C. Bertelli (a cura di), *Roberto Sambonet. Mediterraneo. Oli, disegni, acquerelli 1953-1993*, catalogo della mostra, Carona (Canton Ticino), Galleria Palazzotto, Fidia Edizioni d'Arte, Lugano 1993.
A. C. Quintavalle, *Design. Roberto Sambonet*, Federico Motta Editore, Milano 1993.
F. Dioli (a cura di), *Ligustica: Robero Sambonet cinquant'anni di Liguria*, catalogo della mostra a cura del FAI, San Fruttuoso di Capodimonte, Microart's, Genova, 9 luglio-21 agosto 1994.
P. M. Bardi, *Dialogo presocratico con Roberto Sambonet e Claudio M. Valentinetti*, Edizioni All'insegna del pesce d'oro di Vanni Scheiwiller, Milano 1995.

crediti fotografici

BRUNA BIAMINO, TORINO

composizione di immagini dell'archivio di Roberto Sambonet alle pp. 2-3; pp. 30, 32, 33, 54, 55, 57, 171, 181, 182, 183, 184, 186, 187, 189, 190, 191, 192, 193, 198, 200, 202, 206, 207, 208, 212, 214, 218, 222, 224, 226, 228, 231, 234, 236, 237, 238, 239, 240, 241, 242, 246, 248, 250, 251, 253, 258, 260.

STUDIO GONELLA, TORINO

pp. 10, 17, 18, 19, 20, 21, 22, 23, 24, 26, 27, 28, 29, 31, 34, 37, 38, 39, 42, 43, 44, 45, 47, 49, 50, 51, 52, 53, 54, 56, 58, 59, 60, 62, 63, 64, 65, 67, 69, 70, 71, 72, 73, 74, 75, 76, 78, 79, 80, 81, 82, 83, 85, 86, 87, 88, 89, 90, 91, 92, 93, 94, 95, 96, 97, 99, 100, 101, 102, 103, 104, 105, 106, 107, 108, 109, 111, 112, 113, 114, 115, 116, 117, 118, 119, 120, 121, 123, 124, 125, 126, 127, 128, 129, 131, 132, 133, 134, 135, 136, 137, 138, 139, 140, 141, 142, 143, 144, 145, 146, 147, 148, 149, 150, 151, 153, 154, 155, 156, 157, 158, 159, 160, 161, 162, 163, 164, 165, 166, 167, 168, 169, 170, 171, 172, 173, 174, 175, 176, 177, 178, 179, 180, 181, 182, 185, 191, 196, 199, 201, 203, 204, 209, 212, 216, 219, 220, 221, 225, 227, 230, 233, 235, 237, 240, 241, 243, 244, 247, 252, 255, 257, 259, 261, 262, 265, 266, 267, 268, 269, 280, 281, 282, 283, 284, 285, 286, 287.

ARCHIVIO ROBERTO SAMBONET, MILANO

pp. 36, 48, 59, 159, 262, 263, 264, 265.

Archivio fotografico Museo de Arte, São Paulo:
p. 61.

Gelso Chiodi:
p. 232.

Serge Libiszewski, Milano:
immagine di copertina, immagine di risvolto copertina;
pp. 14, 25, 35, 37, 39, 40, 41, 194, 195, 196, 197, 205, 207, 208, 209, 210, 211, 212, 213, 215, 217, 219, 223, 224, 229, 230, 232, 233, 239, 243, 245, 249, 253, 254, 255, 256.

Saporetti, Milano:
p. 77.

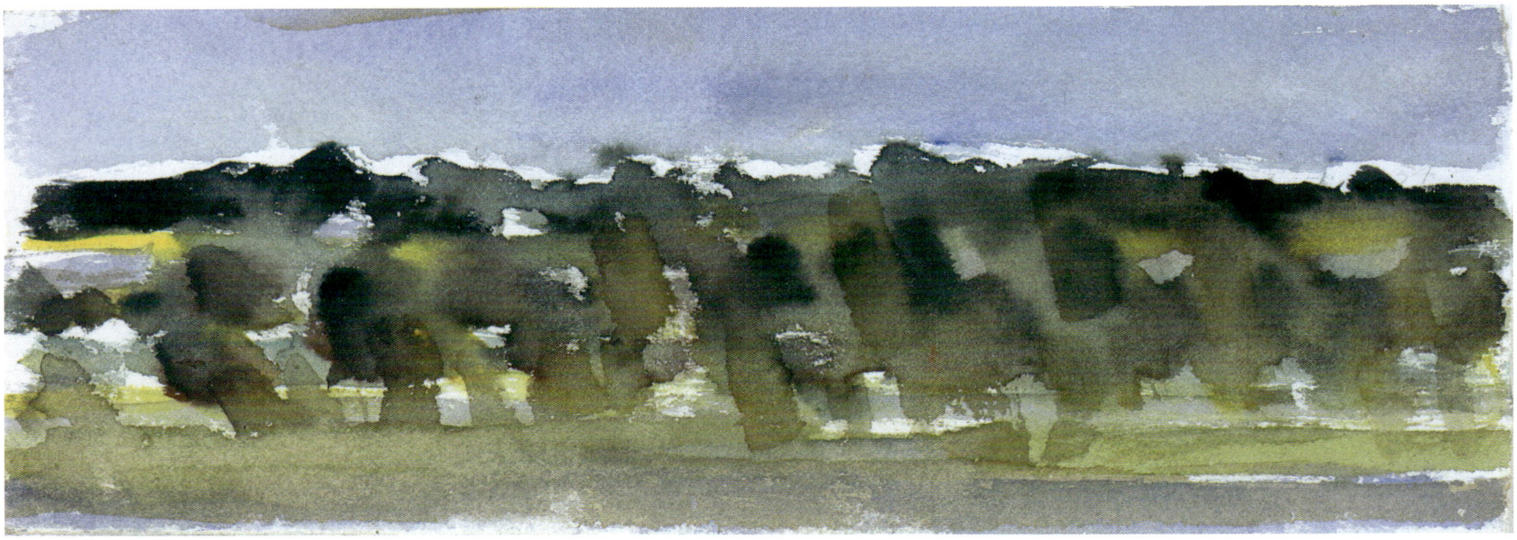

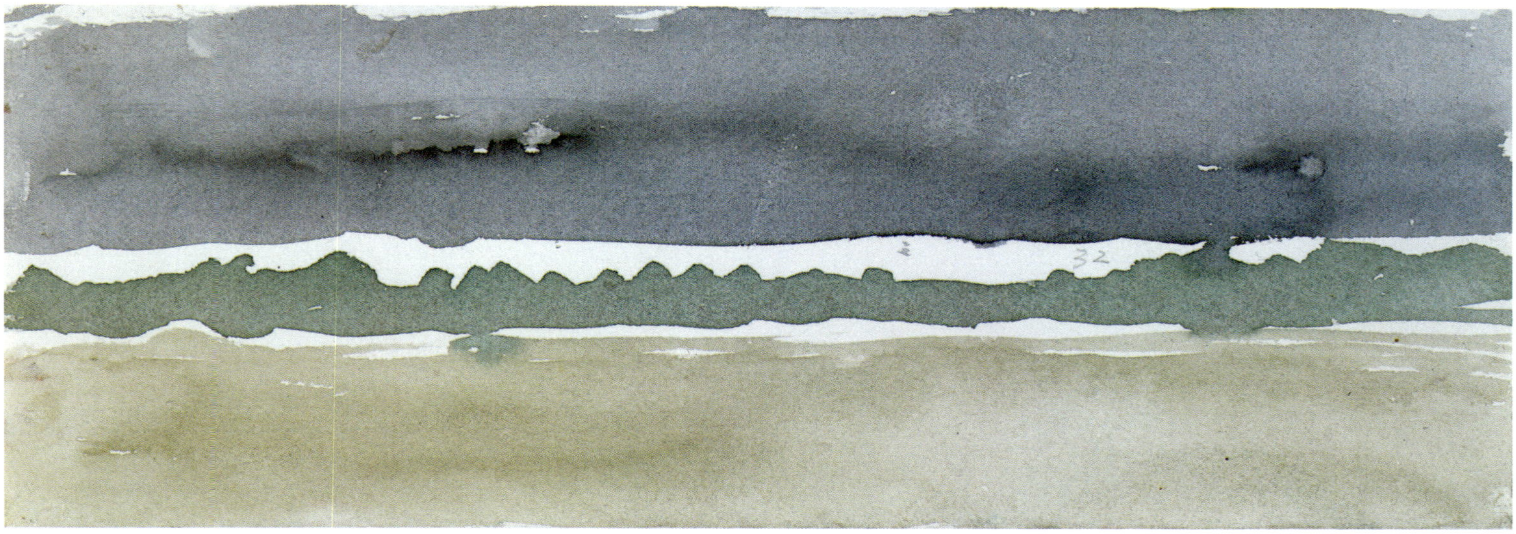

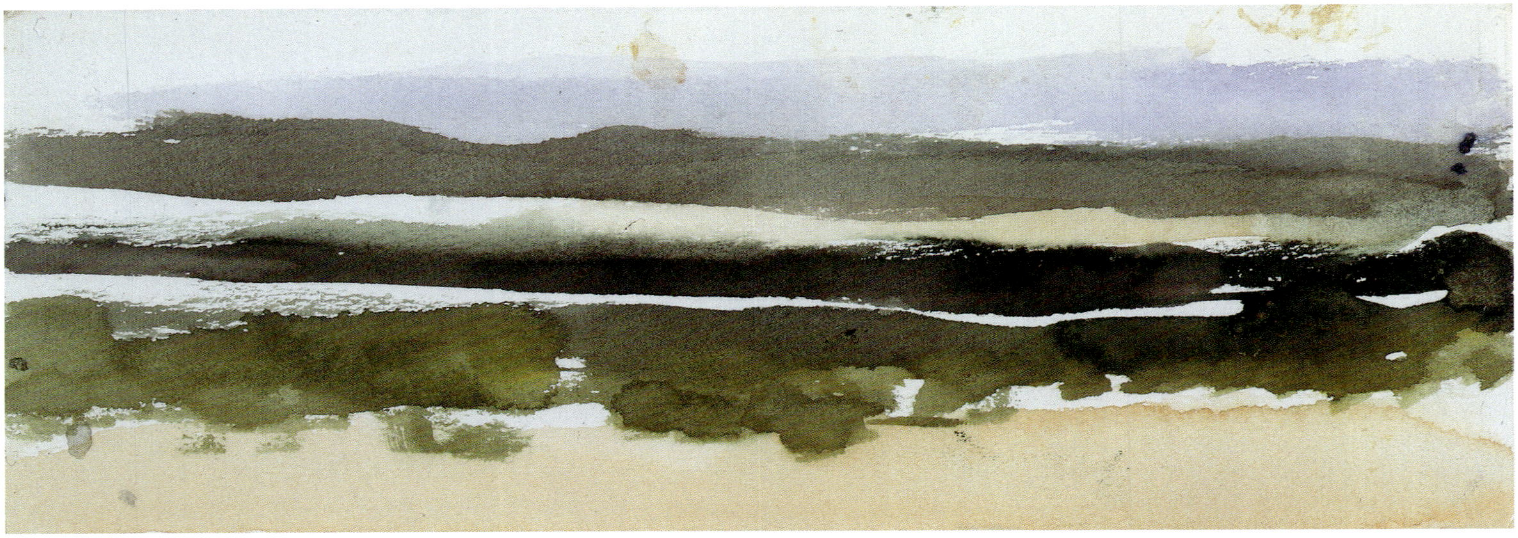

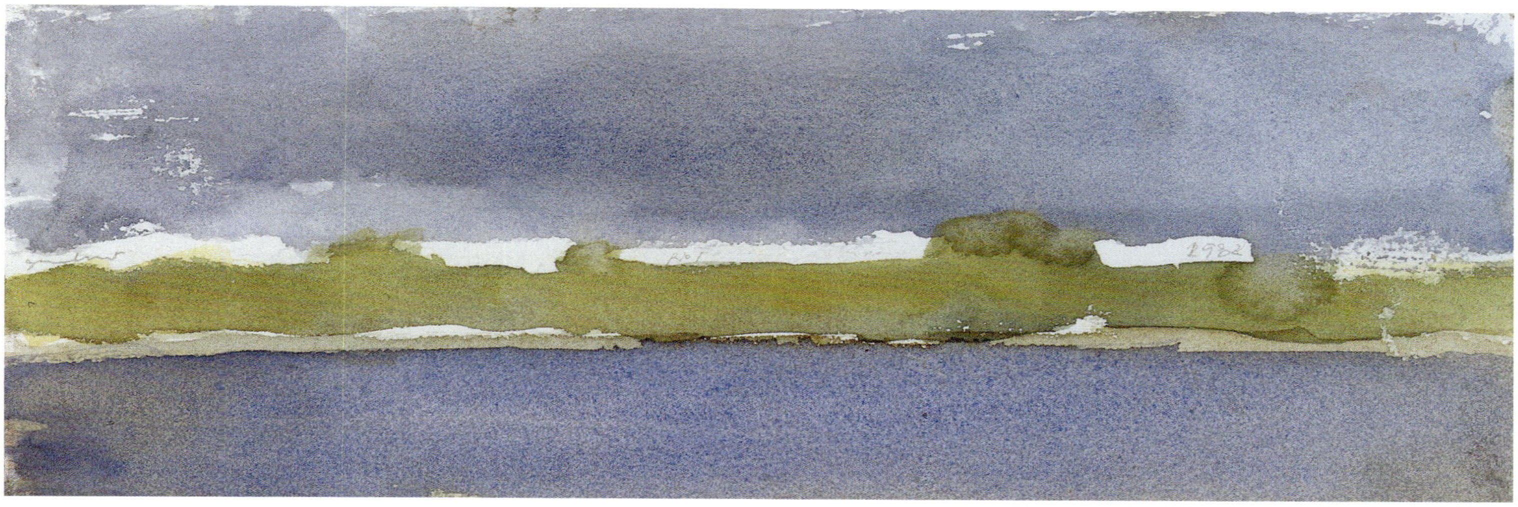

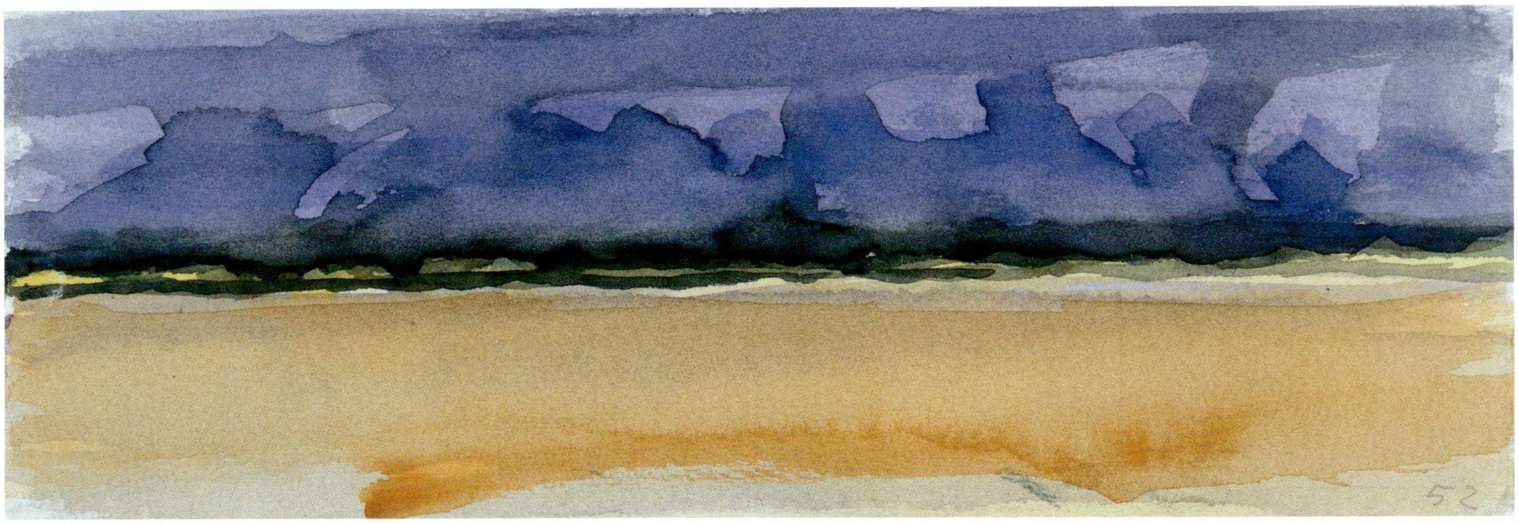
52

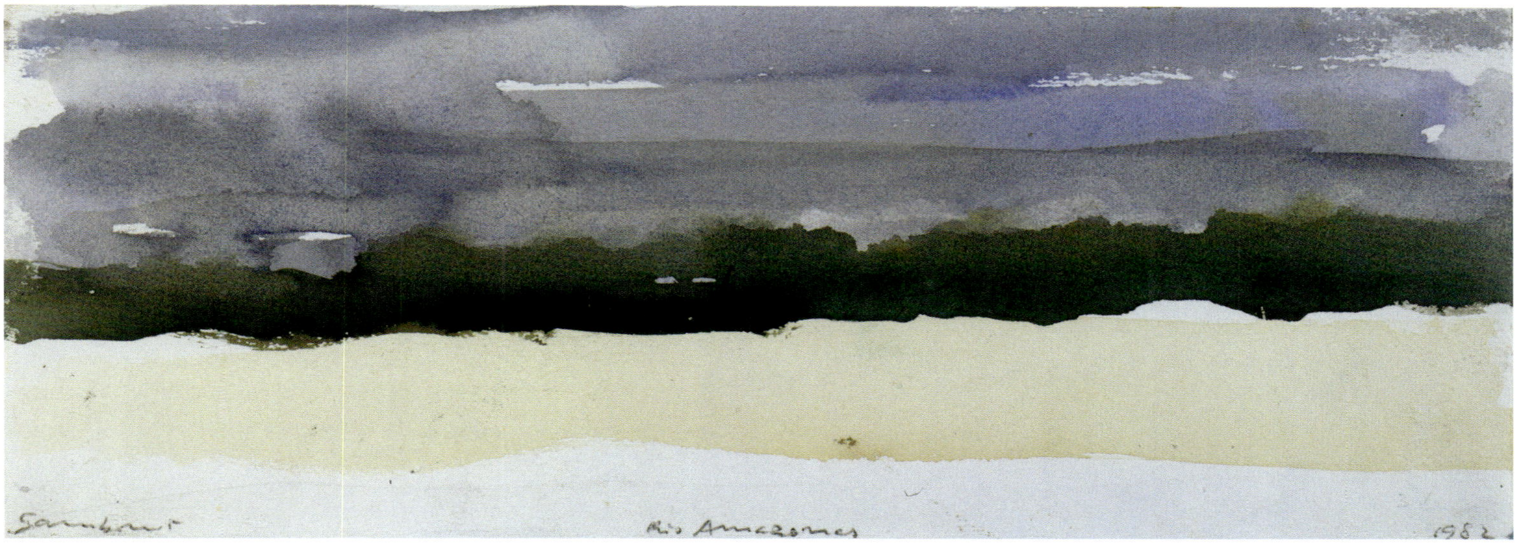
Rio Amazonas

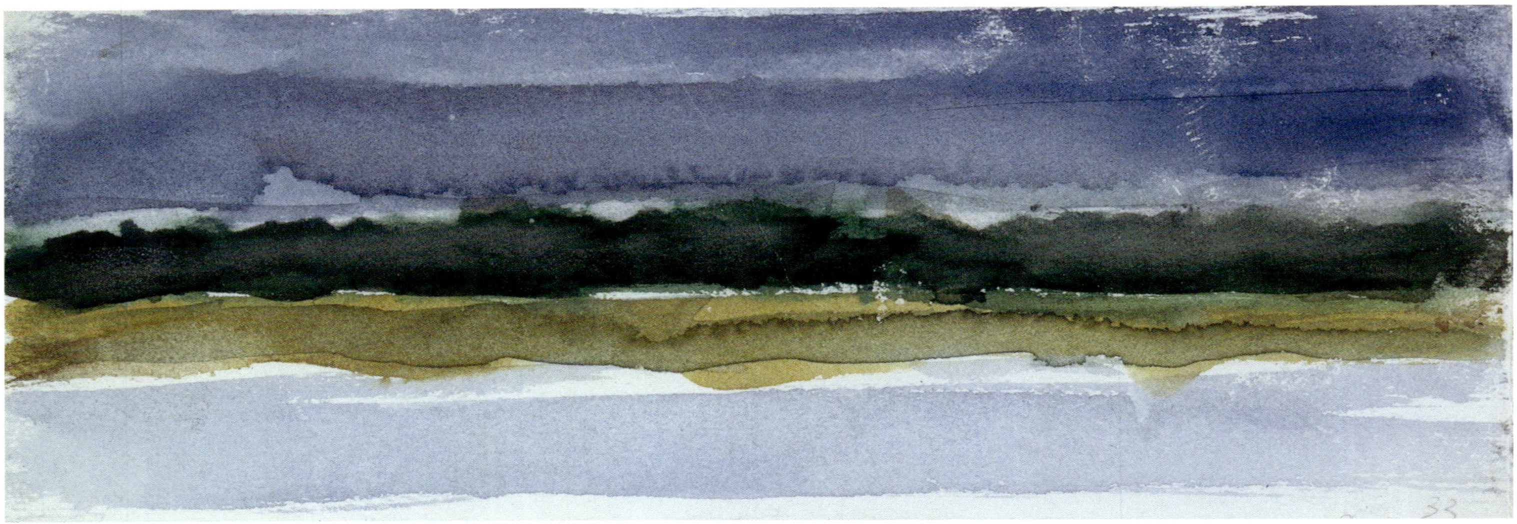

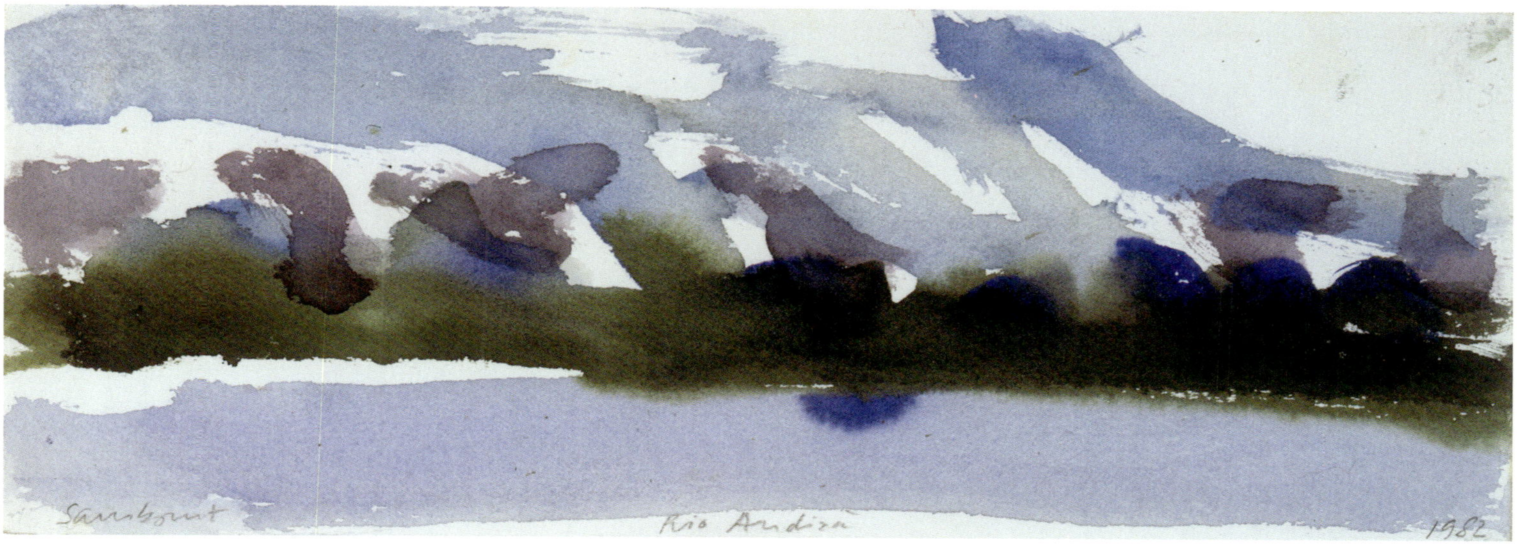

Rio delle Amazzoni, 8 acquerelli su carta, 25 x 8,5 cm, 1982

Questo libro è composto in Berthold Akzidenz Grotesk per i titoli,
NeuzeitS Book per il testo.
Finito di stampare su carta Magno matt 150 g delle cartiere Sappi
nel mese di aprile 2008.
ex Officina Libraria Jellinek et Gallerani